MANUEL

DE

CHIMIE-MÉDICALE,

Par M. Julia-Fontenelle,

PROFESSEUR DE CHIMIE-MÉDICALE,

MEMBRE DE LA PLUPART DES SOCIÉTÉS SAVANTES DE FRANCE.

PARIS,

BÉCHET JEUNE,

LIBRAIRE DE L'ACADÉMIE ROYALE DE MÉDECINE,

PLACE DE L'ÉCOLE DE MÉDECINE, N° 4.

1824.

LE PÈRE. — Tu l'as trouvé. C'est l'œuvre de M. Cortot; le Triomphe après la campagne d'Autriche et la paix de Vienne en 1810, alors que Napoléon avait obtenu la main de Marie-Louise d'Autriche, fille de l'empereur François Ier, après avoir répudié Joséphine.

MARIA. — Ah! mademoiselle Tascher de la Pagerie, qui avait épousé le vicomte Alexandre de Beauharnais, et l'avait vu, pendant la terreur, périr sur l'échafaud (23 juillet 1794). Elle resta veuve avec deux enfants: Eugène, qui se conduisit avec un remarquable courage dans toutes les guerres de l'empire, et Hortense, qui épousa Louis Bonaparte, frère de Napoléon et père de l'empereur Napoléon III.

LE PÈRE. — Bien, mon enfant. Elle était citée pour sa bienfaisance, son amabilité, sa grâce, son bon sens.

EUGÈNE. — On l'aimait beaucoup en France, et il n'a rien moins fallu que le désir de la postérité impériale pour que les Français pardonnassent à Napoléon d'avoir éloigné de lui cet ange conciliateur.

LE PÈRE. — Et Marie-Louise?

EUGÈNE. — Elle n'épousa, dit-on, Napoléon qu'avec effroi, et resta peut-être sous cette influence quand, en 1815, il s'échappa de l'île d'Elbe. Fit-elle pour revenir auprès de lui? C'est ce Au reste, elle causa une vive joie à donnant un fils (20 mars 1811), qui sance du titre de roi de Rome et qui che, à Schœnbrunn (22 juillet 1832), de Reichstadt.

LE PÈRE. — Passons de l'autre c droite de la façade de Neuilly, est la

MANUEL

DE

CHIMIE MÉDICALE.

DE L'IMPRIMERIE DE LEBEL,
Imprimeur du Roi.

MANUEL

DE

CHIMIE MÉDICALE;

Par M. JULIA-FONTENELLE,

Professeur de chimie médicale; commissaire examinateur de la marine pour le service de santé; ancien médecin en chef de l'hôpital de convalescence de l'armée de Catalogne; membre honoraire de la Société royale littéraire de Varsovie; des Académies royales des sciences et de médecine de Barcelone; membre de la Société royale académique des sciences de Paris; de l'ancienne Académie celtique et de la Société royale des antiquaires de France; des Sociétés de pharmacie et médicale d'émulation de Paris; de l'Académie royale des sciences, de la Colonie Linnéenne, et du Cercle littéraire de Lyon; vice-président de la Société Linnéenne, et associé de la Société philomathique de Bordeaux; des Sociétés royales de médecine de Montpellier, Marseille, Nîmes, Rouen et Toulouse; etc., etc.

A PARIS,

CHEZ BÉCHET J^e, LIBRAIRE DE L'ACADÉMIE ROYALE DE MÉDECINE, PLACE DE L'ÉCOLE DE MÉDECINE, N° 4.

1824.

INTRODUCTION.

Un chimiste, dont j'estime beaucoup les talens et l'opinion, a dit (1) : « Un traité élémentaire de chimie que sa brièveté mît à portée des étudians est un des ouvrages les plus difficiles à faire. La chimie est maintenant composée d'un si grand nombre de faits, qu'à moins d'en vouloir faire un simple catalogue, on ne pourrait les comprendre tous dans un traité ; et ici se présente un grand écueil : Que faut-il conserver, que doit-on omettre ? Question difficile à résoudre, et contre laquelle viendront échouer beaucoup de ceux qui entreprendront de donner un traité élémentaire de chimie. Cependant, et en raison même des difficultés, on doit tenir compte à celui qui se charge de cette tâche des efforts qu'il a faits pour parvenir à son but. » De même que M. Gauthier de Claubry, j'avais reconnu la difficulté de faire un pareil ouvrage ; et ce n'est que les avantages qu'il peut offrir dans les premières études médicales qui m'ont fait entreprendre cette pénible tâche. On risque beaucoup plus à ne rien tenter qu'à ne pas réussir, a dit le chancelier Bacon (2). Quant à la question que présente ce chimiste : Que faut-il conserver, que doit-on omettre ? j'ai tâché de la résoudre, en passant sous silence ce

(1) Gauthier de Claubry, *Journal général de médecine.*
(2) *Analyse de la philosophie,* tome I.

qui n'offrait aucun intérêt, et en conservant tout ce qui se rattachait essentiellement aux arts, principalement à celui de guérir. J'ai fait tous mes efforts pour renfermer dans ce volume ce qu'il importe à MM. les étudians en médecine et à ceux des écoles vétérinaires de connaître, sinon pour en faire des chimistes parfaits, du moins pour pouvoir appliquer avec fruit cette science à la médecine. Sous ce point de vue, j'ai cherché, en ne présentant que l'ensemble des principaux faits, et en y joignant plusieurs tableaux propres à leur servir de répertoire, à rendre mon travail nécessaire à ceux qui se préparent à subir leurs examens. Afin de mettre cet ouvrage au niveau des découvertes les plus modernes, j'ai puisé tous les documens nécessaires dans ceux de MM. Lavoisier, Berthollet, Fourcroy, Thomson, Chaptal, Berzélius, Ure, Davy, Chevreul, et surtout de M. Thénard. J'aurais pu me dispenser de nommer ce dernier : il est si riche de travaux et de découvertes, que, depuis qu'il a publié son excellent *Traité de chimie*, il n'est pas d'auteur qui ait écrit sur cette science sans le mettre à contribution : tant de larcins ne sauraient l'appauvrir. J'ai également recueilli plusieurs faits nouveaux dans les *Annales de chimie et de physique*, le *Journal de pharmacie*, les *Archives générales de médecine*, la *Revue médicale*, le *Bulletin universel des sciences* de M. de Férussac, et dans la plupart des journaux français et anglais. Je dois aussi beaucoup de remercîmens à quelques amis qui ont eu la bonté de me communiquer plusieurs mémoires inédits qu'ils ont lus à l'Institut ; je me bornerai à nommer MM. Lassaigne, Payen, Béquerel, Rousseau, etc. J'y ai consigné enfin le résultat de ceux que j'ai lus moi-même à l'Académie royale des Sciences, etc.

Pour ne pas trop grossir ce volume, j'ai cru devoir passer rapidement sur les corps qui n'offraient qu'un faible intérêt, afin de m'étendre sur ceux qui se rattachent aux principes de cette science ou à la médecine. C'est sous deux points de vue que j'ai donné plus de développement aux articles *air, calorique, électricité, eau, eaux minérales, chlore, iode, soufre, arsenic,* etc. J'ai cru rendre mon ouvrage plus utile en consacrant un livre entier à l'étude des réactifs : par ce moyen on évitera des recherches aussi longues que pénibles. Les terminaisons en *eux* et en *ique* indiquant dans les acides, d'après la nomenclature chimique de MM. Guyton de Morveaux, Lavoisier, Berthollet et Fourcroy, la présence de l'oxigène, quoiqu'on connaisse des acides qui doivent cette propriété à l'hydrogène, et d'autres qui sont le produit de la combinaison de deux bases acidifiables sans le concours de l'oxigène ni de l'hydrogène, j'ai cru devoir attaquer cette erreur, en modifiant la nouvelle nomenclature chimique. Je suis bien loin de regarder la théorie que je propose comme à l'abri de toute objection ; je ne la considère que comme une pierre propre à servir à la reconstruction de l'édifice. Quant au plan que j'ai suivi, il diffère peu de celui qui a été adopté par l'illustre président de l'Académie royale des Sciences ; lorsque je m'en suis écarté, je n'ai point eu la vaine prétention de mieux faire que M. Thénard, je n'ai cherché qu'à mettre sous les yeux de MM. les étudians en médecine et de ceux des écoles vétérinaires l'ensemble des faits qui se rattachent plus intimement à leurs études.

. Mon *Manuel de chimie* est divisé en quatre parties :

La première comprend les notions préliminaires de la chimie et les corps impondérables : elle se compose des deux premiers livres.

. La seconde est sous-divisée en neuf livres, qui commencent au troisième.

Le troisième livre traite de l'oxigène, de la combustion, de l'hydrogène, du carbone, du bore, du phosphore, du soufre, du sélénium, du chlore, de l'azote et de l'iode.

Le quatrième est consacré à l'air atmosphérique.

Le cinquième, aux substances métalliques.

Le sixième, aux oxides divers.

Le septième, aux acides.

Le huitième, aux combinaisons formées par l'hydrogène.

. Le neuvième, aux combinaisons des corps combustibles simples.

Le dixième, aux substances salines et aux réactifs.

Le onzième, aux eaux minérales.

La troisième partie offre l'ensemble des substances végétales : elle est divisée en sept sections : la première comprend les acides ; la deuxième, les alcalis végétaux ; la troisième, les substances neutres ; la quatrième, celles qui contiennent plus d'oxigène qu'il ne faut pour former de l'eau avec leur hydrogène, etc. ; la cinquième, les matières colorantes ;

la sixième, les substances peu étudiées; et la septième, celles qui contiennent de l'azote.

La quatrième partie renferme les substances animales, divisées en huit sections. Dans

La première sont les substances grasses;

La deuxième, les acides;

La troisième, ni grasses ni acides ;

La quatrième, les salines et terreuses;

La cinquième, celles qui sont le produit de la
digestion ;

La sixième, le sang;

La septième, les liqueurs sécrétées;

La huitième, les substances molles et solides.

Quels que soient les efforts que j'ai faits pour at-
teindre le but que je m'étais proposé, je suis bien
loin de croire mon ouvrage parfait. On se tromperait
étrangement si l'on me prêtait l'intention de le croire
propre à rivaliser avec ceux que nous avons *ex pro-
fesso* sur cette science. Je n'ai fait que glaner dans
le vaste champ qu'ont moissonné les plus habiles
chimistes; heureux si des faits que j'ai recueillis
j'ai pu en former un ensemble propre à faciliter
l'étude de la chimie à MM. les étudians. Ceux qui
cultivent déjà cette science seront peut-être bien
aises de trouver en un seul volume le tableau de
son état actuel; car je ne crains pas d'avancer que
mon travail renferme une foule de substances nouvelles, qui n'ont jamais encore été décrites dans
aucun ouvrage élémentaire de chimie. Quant aux
erreurs que je puis avoir commises, j'attends de la
critique des conseils salutaires pour les faire disparaître. La plupart des auteurs semblent la redouter;

moi je l'aime et ne la crains point. J'entends cependant cette critique sage, juste, éclairée, toujours guidée par la bonne foi, n'ayant en vue que les progrès des sciences, et non celle qui, ne respirant que la haine ou le désir de nuire, n'est, à proprement parler, qu'une diatribe virulente. Tous les gens éclairés savent fort bien les distinguer; c'est aussi ce qui a fait dire à cet éloquent professeur dont la jeunesse studieuse de la capitale court recueillir les brillantes leçons (1) : « Souvent la critique attaque l'homme de talent, et vante le mauvais écrivain ; souvent par ses censures, ou par ses éloges, elle trompe le goût public; mais une vérité consolante qu'il faut rappeler avant tout, c'est la puissance d'un bon livre, puissance à laquelle on ne peut comparer qu'une seule chose, l'incurable faiblesse d'un mauvais livre, puisqu'il est également impossible d'anéantir l'un ni de faire durer l'autre. » Ce serait une étrange erreur que de croire qu'un livre, quelque bon qu'il puisse être, obtienne l'approbation de tout le monde :

Quot homines, tot sententiæ (2).

Mais si l'homme qui dirige ses travaux vers ce qui peut contribuer aux progrès des sciences, ou bien qui cherche à en applanir les difficultés à ceux qui se livrent à leur étude, a quelques droits à l'indulgence, je crois pouvoir la réclamer.

(1) M. Villemain, *Discours sur la critique.*
(2) Térence, *Phormio.*

MANUEL

DE

CHIMIE MÉDICALE.

PREMIÈRE PARTIE.

LIVRE PREMIER.

NOTIONS PRÉLIMINAIRES.

Définition de la Chimie.

Lorsqu'on se propose d'écrire sur une science, il convient d'en donner une définition propre à présenter à l'esprit l'objet qu'elle a pour but. La chimie est une science pour ainsi dire nouvelle, si nous la comparons du moins avec ce qu'elle était au commencement du 18me siècle. De toutes les

1

définitions qu'on en a données , nous adopterons celle de Fourcroy, à cause de son exactitude Cet éloquent chimiste l'a définie : « *Une science qui* » *apprend à connaître l'action intime et réciproque* » *de tous les corps de la nature les uns sur les au-* » *tres.* » Cherchant ensuite à faire connaître les grands avantages qu'elle offre aux sciences et aux arts, il ajoute : « *Placée pour toujours au rang le* » *plus élevé, riche de toutes ses nouvelles conquêtes,* » *ne connaissant presque plus d'obstacles ni de* » *difficultés dans ses recherches, elle est devenue* » *en même temps la science la plus propre aux* » *spéculations sublimes de la philosophie, et la plus* » *utile à la perfection de toutes les pratiques des* » *arts. Il n'est presque aucune occupation humaine* » *qu'elle n'éclaire de son flambeau, et sur le per-* » *fectionnement de laquelle elle ne puisse avoir une* » *grande influence* (1). »

Une science qui embrasse tous les corps de la nature a dû recevoir diverses dénominations. Aussi, lorsque la chimie s'attache spécialement à l'étude des arts en général, ou à celle de l'agriculture, de la pharmacie, de la médecine, etc., elle prend celles de *chimie appliquée aux arts, chimie agricole, chimie pharmaceutique, chimie médicale,* etc. Elle reçoit aussi différens noms suivant qu'on l'applique aux diverses productions de la nature. Lorsqu'elle se livre à l'examen des substances végétales, elle porte celui de *chimie végétale;* à celui des substances animales, *chimie animale;* à celui

---

(1) Système des connaissances chimiques.

des corps inorganiques, *chimie minérale,* qui est elle-même sous-divisée en *chimie métallurgique,* etc.

La chimie est si intimement liée avec la physique, qu'elles sont devenues inséparables, surtout depuis que l'électricité, qu'on n'avait d'abord considérée que comme phénomène physique, a été reconnue pour un des plus puissans agens de la chimie, et comme exerçant la plus grande influence sur cette *action intime et réciproque de tous les corps de la nature.* La physique s'occupe plus particulièrement de l'action qui a lieu entre les grandes masses des corps, ainsi que des propriétés et des phénomènes particuliers qu'ils présentent, tandis que la chimie porte son examen sur celle qui s'opère entre les dernières molécules de ces corps, c'est-à-dire entre des masses si petites qu'elles ne sauraient être ni mesurées ni calculées. Malgré que, dans l'étude des corps en général, l'étude physique doive précéder les recherches chimiques, cependant il est un grand nombre de circonstances où elles marchent ensemble, et dans des rapports tels qu'il est alors bien difficile d'établir entre elles une ligne de démarcation, surtout d'après les travaux importans des Gay-Lussac, des Davy, des Thénard, des Arago, des Berzélius, des Wollaston, etc.

APERÇU

Sur les corps, sur leurs parties constituantes, et sur la force qui tend à les unir.

On est convenu de donner le nom de corps à tout ce qui est susceptible d'affecter nos sens. Cette définition nous paraît inexacte, puisque nous éprouvons aussi des sensations qui ne reconnaissent pour cause aucun corps, et qu'il arrive souvent que nos sens ne sont point affectés par la présence d'un ou de plusieurs corps. En effet, nous éprouvons quelquefois un sentiment de chaleur ou de froid sans que la température atmosphérique change, tandis que le contact de l'air non agité, abstraction faite des changemens de température, ne nous cause aucune impression. Nous pensons donc qu'il est plus exact d'appeler corps *tout ce qui obéit aux lois de l'attraction.*

Les philosophes grecs avaient donné le nom d'élémens à l'air, au feu, à la terre et à l'eau, qu'ils regardaient comme les principes primitifs ou constituans de tous les autres corps. On a maintenant reconnu que trois de ces prétendus élémens étaient eux-mêmes composés, et cette dénomination n'est plus admise. On s'est contenté de donner celle de substances élémentaires à toutes celles qui se dérobent à l'analyse chimique.

L'histoire naturelle a divisé tous les corps de la nature en deux grandes classes :

Dans la première elle comprend les corps inorganiques ou bruts ;

Dans la seconde, les corps organiques, qui sont eux-mêmes sous-divisés en végétaux et animaux.

La *chimie* les a tous rangés dans deux autres classes, en prenant pour ligne de démarcation leur poids :

Dans la première elle a compris les corps qui

ne présentent aucun poids et qu'elle a désignés sous le nom d'impondérables;

Dans la seconde, ceux qui sont doués d'un poids spécifique plus ou moins fort.

Les corps impondérables ne sont connus que par les effets qu'ils produisent.

Les pondérables existent sous les formes solide, liquide ou aériforme; par une soustraction ou une addition de calorique, le plus grand nombre peut passer sous ces trois formes.

Les molécules dernières, ou les plus petites particules qui constituent les corps, ont reçu les noms d'intégrantes et de constituantes.

Les *molécules intégrantes* sont les particules d'un corps simple ou composé.

Les *molécules constituantes* sont toujours d'une nature différente.

Supposons, par exemple, que nous ayons le corps A, qui soit composé d'une foule de molécules a, a, a, a, a; et le corps B, formé par les molécules composées chacune de a b, a b, a b, a b, a b. Il est clair que les molécules a, a, a, a, du corps A, et celles a b, ab, a b, a b, du corps B, seront des molécules intégrantes, et que les molécules a et b, qui donnent lieu par leur combinaison aux particules du corps B, seront chacune des molécules constituantes des molécules a b. Il est donc évident que les corps simples n'ont que des molécules intégrantes, et que les composés en ont de constituantes et d'intégrantes.

Les molécules dernières des corps sont régies par deux puissances, dont l'une tend à les séparer et l'autre à les réunir. La première a reçu le nom *répulsion*, et doit ses effets au calorique, et même, suivant quelques physiciens, au fluide électrique ; la seconde porte celui d'*attraction moléculaire*, pour la distinguer de l'*attraction planétaire* de Newton, qui a lieu entre les grandes masses, et dont la force est en raison directe de ces mêmes masses et du carré des distances.

Cette attraction moléculaire se démontre de plusieurs manières, nous nous bornerons aux deux exemples suivans :

1° Si l'on prend deux disques de glace bien polie, armés chacun d'une virole à laquelle soit adaptée une plaque transversale munie d'un crochet, et qu'on les fasse glisser l'un sur l'autre, en leur faisant subir une certaine pression, leur adhérence deviendra telle qu'on pourra les renverser sans que le disque inférieur se sépare du supérieur, même en y ajoutant un certain nombre de poids.

2° Si l'on plonge deux plans de verre, ou des tubes capillaires, dans des liquides, on les verra de suite s'élever entre ces deux plans ou dans les tubes, bien au-dessus du niveau du vase qui les contient.

L'attraction moléculaire est divisée en cohésion et en affinité.

De la cohésion.

On a long-temps donné le nom d'affinité d'agrégation à cette force qui tend à unir les molécules intégrantes des corps et à conserver cette union. Elle porte maintenant celui de cohésion ; et celle qui a lieu entre les molécules constituantes a reçu celui d'affinité.

Le degré de cohésion n'est pas le même dans tous les corps : il est plus fort dans les solides que dans les liquides ; il est nul dans les gaz. Il se mesure par la difficulté qu'on éprouve à en séparer les particules ; c'est ce qui constitue leur degré de dureté.

La cohésion est un puissant obstacle à l'union des corps ; car, si elle est supérieure à l'affinité qu'ils ont l'un pour l'autre, ils ne pourront se combiner qu'autant qu'on l'aura détruite.

Exemple : supposons que les molécules intégrantes du corps A aient une force de cohésion égale à 4, et celles du corps B, à 5, et que, d'un autre côté, celle de leur affinité soit égale à 3 ; il est démontré qu'ils ne pourront contracter aucune union, à moins que de rompre cette cohésion en les divisant à l'infini par des dissolvans, ou par le calorique, qui, dans ce cas, est lui-même un dissolvant. Offrons-en un exemple.

Le *soufre* et l'*antimoine*, le *fer*, le *plomb*, etc., ont chacun une force de cohésion qui s'oppose à leur union ; si on la détruit par le calorique, cette union aura lieu de suite.

Un fait digne de remarque, et qui est du plus grand intérêt, c'est que la combinaison des molécules constituantes est d'autant plus facile, que le composé qui doit en résulter est doué d'une plus grande force de cohésion. Ainsi la baryte enlèvera l'acide sulfurique aux sulfates de potasse et de soude, etc. Par la suite nous aurons l'occasion d'en présenter d'autres exemples.

De l'affinité.

L'affinité, décrite dans les anciens ouvrages de chimie sous le nom d'*attraction* ou *affinité de composition*, est, comme nous l'avons déjà dit, cette force qui tend à combiner les molécules de nature différente et à conserver cette union. Elle a lieu le plus souvent entre deux ou trois différentes espèces de molécules, quelquefois entre quatre, et rarement entre cinq. La force d'affinité n'est pas la même dans tous les corps, il en est même qui n'en ont aucune entre eux. L'étude de cette propriété a contribué puissamment aux progrès de la chimie. Elle a été calculée, pour la première fois, par Geoffroy, et successivement par Bergmann, Guyton-Morveaux, etc.

Exemple : si la force d'affinité qui unit les corps A B est égale à 2, et que le corps C ait pour le corps A une affinité égale à 3, il est évident que si l'on fait agir le corps C sur le composé A B, et qu'il n'ait point une force supérieure de cohésion à vaincre, il y aura décomposition, et l'on obtiendra un nouveau composé A C, et B sera mis à nu. Le corps A C pourra, à son tour, être décomposé par le corps D, si celui-ci jouit d'une plus forte affinité pour un de ses principes constituans. C'est ce que Bergmann appelle affinités électives.

Mon illustre maître, M. le comte Berthollet, renversa la théorie du chimiste suédois en démontrant, par un grand nombre d'expériences, que l'influence des masses sur l'action chimique des corps pouvait suppléer à la force d'affinité, c'est-à-dire qu'on pouvait décomposer deux corps unis par une forte affinité, par un troisième qui n'en avait qu'une très-faible pour un des deux principes constituans, si on le faisait agir en grande quantité.

Les corps peuvent s'unir en toutes proportions, ou en quantités plus ou moins fortes; et, dans ces cas, ils ont une adhérence d'autant plus grande que la proportion de l'un d'eux est plus petite. Prenons pour exemple trois composés qui aient pour principes constituans :

N° 1, 2 molécules de A et 2 de B.
N° 2,　　　2　de A et 3 de B.
N° 3,　　　2　de A et 4 de B.

Si nous cherchons à les séparer, nous éprouverons moins de difficulté à extraire une molécule du composé A B n°. 1, que du n° 2, et de celui-ci beaucoup moins encore que du n° 3. Dans ces trois cas, les molécules constituantes du premier corps ont des forces égales; dans le second, elles sont comme 3 est à 2; et dans le troisième, comme 4 est à 2, c'est-à-dire doubles.

Les corps ont entr'eux une affinité d'autant plus forte, qu'ils ne s'unissent que dans des proportions très-petites et dans des rapports simples, tandis qu'ils se combineront ensemble dans des proportions très-grandes s'ils n'en ont qu'une très-faible. L'alcool et l'eau, le sulfate de soude, le sucre, et ce dernier liquide, nous en offrent des exemples.

Il est plusieurs circonstances, et même quelques corps, qui peuvent seconder ou s'opposer à l'affinité.

10 *Le calorique*. Cet agent la favorise en détruisant la force de cohésion. Ainsi, lorsqu'on chauffe deux corps solides au point de les rendre liquides, l'é-

(10)

cartement des molécules donne lieu à leur union.
Si la dose du calorique est assez forte pour les faire
passer à l'état de gaz, alors cet écartement peut se
trouver assez fort pour que la combinaison ne puisse
point avoir lieu.

2° *Le fluide électrique.* L'expérience a démontré
que les corps électrisés par un même fluide, soit
vitreux ou résineux, se repoussaient mutuellement,
et qu'ils s'attiraient, au contraire, si un l'était par
le fluide vitreux et l'autre par le résineux. Les effets
produits par la pile voltaïque sur les composés chimiques ont jeté le plus grand jour sur cette branche
intéressante de la chimie; ils ont démontré :

1° Que, quelque forte que soit l'affinité qui unit
deux corps, et l'état où ils se trouvent, on parvient
constamment à les isoler en les électrisant fortement,
ou en faisant agir sur eux les pôles opposés d'une
forte pile.

2° Que les corps dont les dispositions électriques
sont le plus opposées sont ceux qui ont la plus forte
affinité.

L'on peut tirer de ces faits la conclusion suivante :
qu'il est naturel de penser que l'état électrique des
corps joue un grand rôle dans leur combinaison et
leur analyse. Berzélius croit même que cet état est
la seule puissance chimique.

3° *Le poids spécifique.* Lorsqu'il diffère sensiblement dans les corps qu'on veut combiner, il devient
un obstacle à leur union, s'ils n'ont qu'une faible
affinité l'un pour l'autre.

Exemple : l'éther, l'huile, etc., se séparent de
l'eau et viennent occuper la partie supérieure. Si

l'on fond avec l'or quelques métaux doués d'un poids spécifique moindre, et qu'on les laisse refroidir lentement, ils ne contractent point d'union ; l'or, comme plus pesant, occupe le fond du culot.

4º *La cohésion.* Si cette force l'emporte sur celle de l'affinité, elle ne saurait avoir lieu, comme nous l'avons déjà dit. Ces corps sont appelés insolubles lorsqu'ils résistent à l'action des dissolvans, ce qui prouve que leur cohésion l'emporte sur leur affinité pour les dissolvans. L'action de l'eau sur les résines, le quartz, les métaux, le soufre, etc., en est un exemple.

5º *La pression.* Cette force n'est point applicable aux corps solides ; on avait même cru qu'elle ne pouvait point contribuer à l'union des liquides ; cependant les expériences de M. Perkins ont démontré qu'en soumettant de l'eau et de l'huile à une pression de 1100 atmosphères, l'huile était dissoute par l'eau, et la liqueur devenait claire et transparente. La pression agit d'une manière bien énergique sur les gaz, en rapprochant leurs molécules et favorisant ainsi leur union ou leur combinaison avec les corps solides ou liquides, avec lesquels ils ont quelque affinité. C'est d'après ce principe qu'on fabrique les eaux minérales gazeuses, et qu'on est parvenu à dissoudre dans l'eau des volumes considérables de divers gaz. Du moment que cette pression cesse, la plus grande partie du fluide élastique s'échappe avec force et produit quelquefois une sorte d'explosion : c'est ce qui a lieu lorsqu'on débouche les bouteilles de vins mousseux de Champagne, de bière, de cidre, etc. Il est pourtant quelques exceptions à cette règle, puisque le phosphore placé dans du gaz oxigène ne brûle point sous la pression et à la température ordinaire, tandis que la combustion a lieu dès qu'on raréfie ce gaz en diminuant la pression. Labillardière a fait la même remarque au sujet du *gaz hydrogène proto-phosphoré*.

6º *Les combinaisons.* Il est bien évident qu'un corps combiné avec un autre n'aura pas autant de facilité pour s'unir avec un troisième, que s'il était seul; il peut même arriver que son action soit nulle. L'acide carbonique se combine facilement avec la potasse; mais si on la lui présente unie avec l'acide sulfurique, il n'aura plus d'action sur cet oxide.

Lorsque deux corps différens contractent une union, il arrive quelquefois que leurs propriétés particulières sont seulement modifiées; mais le plus souvent ils en acquièrent de nouvelles bien différentes de chacune de celles des corps intégrans.

L'union des acides, du sucre, des sels, etc., avec l'eau, nous offre un exemple du premier cas. Nous allons énumérer les propriétés principales qu'elles acquièrent dans le second.

1º Il y a production de calorique, ou de froid et de lumière.

a. Si l'on unit de l'acide sulfurique avec de l'eau, il s'opère un dégagement de calorique tel, qu'il est suffisant pour porter à l'ébullition de l'eau contenue dans un tube qu'on plonge dans cette combinaison.

b. Les dissolutions des sels dans l'eau, et surtout dans la glace ou la neige, peuvent donner

un degré de froid égal à 54 degrés — o. C'est par
ce moyen que l'on congèle le mercure.

c. Tous les corps exposés à une température
cinq fois égale à celle de l'eau bouillante, deviennent lumineux.

2° *Couleur.* La plupart des couleurs bleues végétales sont rougies par les acides, et verdies par les
alcalis; l'acide hydrocyanique produit avec le fer des
composés verdâtres ou bleus; le soufre avec ce dernier métal, un composé doré et faisant feu au briquet;
avec le mercure, une belle couleur rouge; avec l'arsenic, un beau jaune doré; une autre rougeâtre, etc.

Saveur. Deux corps insipides, ou n'ayant presque
point de saveur, peuvent donner un composé très-
sapide, comme le soufre avec l'oxigène; tandis que
des corps très-sapides et même caustiques, tels que
la baryte, la chaux et l'acide sulfurique, en produisent d'insipides.

Odeur. Deux corps odorans forment souvent un
composé inodore; nous en citerons pour exemple l'a-
cide hydrochlorique avec l'ammoniaque; et deux
corps inodores peuvent former des corps très-odo-
rans : l'hydrogène avec le soufre, le carbone ou le
phosphore; l'oxigène avec le soufre; l'azote avec
l'hydrogène, etc., en sont une preuve.

Solidité, liquidité ou *gazéité* (1). Nous citerons
pour exemple l'union des gaz ammoniac et hydrochlorique qui donnent un sel solide; celle du gaz
hydrogène avec l'azote, et du carbone avec l'oxigène, qui produisent des corps gazeux; de l'hy-

____

(1) Quoique ce nom ne soit pas français, nous avons cru devoir l'employer parce qu'il rend bien notre idée.

drogène avec l'oxigène, qui constituent l'eau; toutes ces combinaisons étant faites à la température ordinaire.

Forme. Il est bien reconnu que le volume des corps augmente ou diminue ; nous nous bornerons à un seul exemple : un volume de vapeur de carbone et un volume d'oxigène produisent un volume d'acide carbonique, au lieu de deux volumes qu'ils eussent dû former.

Enfin leur degré de fusibilité, leur capacité pour le calorique, leur état électrique, etc., changent, augmentent ou diminuent.

Il est des corps qui se combinent dans des proportions différentes, comme le soufre avec quelques métaux, l'oxigène avec les bases oxidifiables métalliques et les acidifiables; tandis qu'il en est plusieurs qui contractent des combinaisons très-intimes, et qui, selon M. Gay-Lussac, s'unissent toujours dans des rapports simples. C'est ainsi que ce savant chimiste a démontré que deux volumes de gaz hydrogène et un de gaz oxigène produisaient de l'eau; trois du premier gaz et un d'azote, du gaz ammoniac, etc.

De la forme des molécules des corps.

Il est impossible de déterminer la forme des dernières molécules des corps, que nous supposons dans un degré de divisibilité tel, qu'il ne nous est pas permis de les saisir, ni de les examiner physiquement. Il y a lieu de croire qu'elles ont des formes régulières, puisqu'un grand nombre, en s'unissant lentement, donnent lieu à des solides symétriques qu'on appelle cristaux. Tous les corps ne jouissent pas de cette propriété ; cela tient peut-être à ce que nous ignorons les procédés qui pourraient les amener à cet état. Nous savons qu'il nous est impossible d'en faire cristalliser quelques-uns dans nos laboratoires que la nature nous offre en très-beaux cristaux, tels que le quartz, le diamant, etc.

En général, pour qu'un solide cristallise, il faut le faire passer auparavant à l'état liquide ou gazeux. Dans le premier cas, on doit le laisser refroidir lentement ; sinon, l'on n'obtient que des masses informes. On le fait passer à l'état liquide par l'action du calorique ou de certains menstrueux qui n'exercent point sur lui aucun effet désorganisateur, comme l'alcool, l'eau, etc. Lorsqu'on soustrait par l'évaporation la quantité de menstrue qui écartait les molécules d'un corps, au point de s'opposer à leur réunion, elles se combinent de nouveau pour reproduire des solides qui affectent souvent des formes régulières plus ou moins prononcées. Presque toujours les solides se dissolvent en plus grande quantité dans les menstrues à chaud qu'à froid ; c'est sur ces deux principes qu'est basée la théorie de la cristallisation. Nous devons à M. Leblanc un très-bon procédé pour obtenir de gros cristaux, et qu'on a adopté dans presque toutes les fabriques. Il consiste à placer dans une dissolution saline des cristaux bien réguliers, et à les retourner chaque jour. Règle générale : plus la masse saline sera forte, plus les cristaux seront gros. Le froid favorise beaucoup la cristallisation ; aussi l'on ne manque pas d'exposer dans des endroits frais les dissolutions salines. Lorsque le froid est très-intense, il contribue à les concentrer en congelant une quantité plus ou moins forte d'eau.

La présence de l'air paraît influer sur la cristallisation. On sait que le sulfate de soude ne cristallise point dans le vide, et qu'il suffit d'une seule bulle d'air pour le faire naître.

Une légère agitation peut la favoriser, comme une grande peut la troubler.

On peut aussi faire cristalliser un certain nombre de corps par l'action du calorique, soit en les faisant, passer à l'état de vapeur, soit par la fusion. Si on les laisse refroidir lentement, et que l'on crève la croûte qui s'est d'abord formée à leur surface, on obtient une espèce de géode remplie de très-beaux cristaux. C'est de cette manière qu'on prépare ceux de soufre, de bismuth, etc.

La pression peut déterminer aussi la cristallisation. M. Perkins est parvenu, au moyen d'une pression de 1400 atmosphères, exercée sur les eaux de la mer et sur d'autres dissolutions salines, à faire cristalliser les sels qui y étaient contenus.

De l'analyse chimique.

On donne le nom d'analyse chimique à l'ensemble des moyens qu'on emploie pour opérer la séparation des principes constituans des corps, et en reconnaître la nature et les proportions. Nous devons à l'étude de ces moyens les progrès qu'a faits la chimie, et les découvertes importantes qui lui ont assigné le premier rang parmi les sciences. C'est en

étudiant les phénomènes que les corps présentent
en se combinant, qu'on est parvenu à en déterminer
les principes constituans.

En considérant les divers procédés propres à séparer les principes des corps, on peut compter
quatre sortes d'analyses.

1º. *L'analyse mécanique*, c'est-à-dire résultant
de l'emploi de certains moyens mécaniques propres
à séparer quelques principes des corps. Dans cette
classe on comprend l'extraction des huiles par la
presse, des sucs végétaux ; des principes des huiles
analogues à l'élaïne et à la stéarine, etc.

2º *L'analyse par le calorique.* Cette analyse ne
doit point être considérée comme on la pratiquait
autrefois, mais comme on en fait usage maintenant
pour en séparer les corps qui se fondent à divers
degrés de chaleur ou qui s'évaporent à des températures différentes. Ainsi l'alcool se sépare de l'eau ;
ce liquide, des acides et des sels ; diverses substances, de leurs dissolvans, etc. Il est évident qu'une
accumulation plus ou moins forte de calorique dans
un corps, peut contribuer à l'union des molécules
intégrantes, comme à la séparation des constituantes de plusieurs substances.

3º *L'analyse par l'électricité.* C'est à la connaissance de l'action du fluide électrique sur les corps, que
nous devons une grande partie des progrès que la chimie a faits dans le dix-neuvième siècle. C'est à cette
même action que nous devons aussi la découverte de
plusieurs métaux regardés auparavant comme des
terres ou des alcalis ; ainsi que la connaissance exacte
du chlore, la décomposition de l'acide hydrochlo-

rique, l'analyse la plus exacte de l'air, et la preuve la plus évidente de la décomposition de l'eau. Nous allons fournir un exemple de son action. Si nous mêlons dans un appareil convenable du gaz hydrogène avec de l'air atmosphérique, et que nous y fassions passer l'étincelle électrique, il y aura de suite détonnation, formation d'eau, et l'azote sera mis à nu. Dans ce cas, l'eau se trouve formée par l'hydrogène et l'oxigène de l'air. Le résidu est le gaz azote, autre principe constituant de l'air, dont le poids et le volume indiquent la quantité d'oxigène qui était contenue dans cet air.

4° *L'analyse par les réactifs.* Cette analyse exige une connaissance entière de tous les moyens que nous offre la chimie. A proprement parler, les deux précédentes rentrent dans son domaine, puisque le calorique et l'électricité agissent souvent comme réactifs. C'est donc en faisant réagir une série de corps les uns sur les autres, et en étudiant soigneusement les nouveaux phénomènes qu'ils présentent, qu'on parvient à en reconnaître la nature, ainsi que les proportions de leurs principes constituans, s'ils ne sont pas simples. Il est aisé de voir que cette analyse est la base fondamentale de la chimie.

De la synthèse.

Si par l'analyse chimique on parvient à reconnaître la nature d'un corps simple, ou celle des principes constituans d'un composé et ses équivalens chimiques, la synthèse vient imprimer le sceau de l'exactitude à ces résultats. Il est donc bien reconnu que l'analyse chimique n'offrirait sans elle que des faits incertains et souvent erronés, et qu'elle rentrerait enfin dans la classe des sciences conjecturales. De là vient qu'on l'a divisée en *analyse vraie* et en *analyse fausse.*

L'analyse vraie est celle qui donne des produits tels qu'en les combinant de nouveau on peut reproduire le corps décomposé. Exemple : l'acide carbonique donne du carbone et du gaz oxigène ; *vice versa*, le gaz oxigène et le carbone donnent de l'acide carbonique.

L'analyse fausse a lieu quand, avec les principes qu'on a extraits ou séparés d'un corps, on ne peut plus en recréer un de semblable. Cette analyse est malheureusement la plus fréquente. Elle s'applique plus particulièrement aux substances végétales et animales, qui offrent une très-grande complication de produits. Il n'est pas besoin de faire observer que nous n'entendons pas, par ces mots *en créer un de semblable*, parler de la même conformation ; parce qu'il est de toute impossibilité de reproduire un être organique avec les principes qu'on peut en extraire ; mais bien de former avec les substances obtenues par l'analyse de leurs produits immédiats, ces mêmes produits. Exemple : l'analyse du sucre, de l'amidon, des gommes, de l'alcool, etc., donne de l'oxigène, de l'hydrogène et du carbone ; et l'on ne peut cependant, avec ces trois corps, faire du sucre, de la gomme, de l'amidon, et de l'alcool. C'est au sujet de l'analyse de l'amidon, que J. J. Rousseau dit, en assistant à une des leçons de Rouelle : « Je ne croirai à l'exactitude de l'analyse chimique, que lorsque, avec les principes que vous obtenez de l'amidon, vous pourrez faire de l'amidon. »

Cependant cette définition d'analyse fausse ne nous paraît pas exacte; car, s'il est vrai que, dans un grand nombre d'analyses faites, surtout par l'application directe du calorique, la plupart des produits obtenus soient dus à des combinaisons nouvelles, il est aussi bien reconnu qu'on peut déterminer, avec la plus grande exactitnde, la nature des substances élémentaires dont ils sont formés, et leurs proportions chimiques. Ce genre d'analyse est donc fort exact lorsqu'on s'attache à reconnaître la nature des molécules constituantes d'un corps et ses équivalens chimiques. MM. Wollaston, Gay-Lussac, Berzélius, Dalton, Richter, Petit, Dulong, etc., ont jeté le plus grand jour sur cette partie. On peut consulter, avec le plus grand avantage, l'Echelle synoptique de Wollaston, la Table des nombres proportionnels de Despretz, et l'ouvrage de Berzélius sur la théorie des proportions chimiques.

Des Réactifs.

Tous les corps de la nature jouissent de la faculté de réagir les uns sur les autres, si on les place dans des circonstances convenables. L'on est convenu de donner le nom de réactifs à ceux qui, mis en contact avec d'autres, en décèlent la présence, quoiqu'ils soient combinés avec d'autres corps, en présentant des phénomènes particuliers et propres à chacun d'eux. Ainsi, le calorique tend constamment à écarter leurs molécules; les acides rougissent la plupart des couleurs bleues végétales ; les alcalis les verdissent; le cuivre précipite le mercure de ses dissolutions à l'état métallique; le soufre noircit le plomb, l'argent, etc. Nous allons citer deux exemples qui rendront l'effet des réactifs plus intelligible.

1° Supposons que nous ayons à reconnaître lequel des deux corps AB ou CD est de l'indigo ou du bleu de Prusse. En faisant agir l'acide sulfurique sur ces deux composés, si AB se dissout dans cet acide, sans altération, c'est de l'indigo; si la couleur, au contraire, est altérée et qu'il s'opère une décomposition, c'est du bleu de Prusse, qui est un hydro-cyanate de fer dont l'oxide s'unit avec l'acide sulfurique.

2° Si nous avons à reconnaître la nature de deux dissolutions alcalines dont l'une soit de la potasse et l'autre de la soude, en les traitant l'une et l'autre séparément par l'acide sulfurique, on obtiendra deux sels différens.

Si les prismes de l'un sont longs, à six pans, terminés par des sommets dièdres; qu'ils soient très-solubles dans l'eau et s'effleurissent à l'air : c'est du sulfate de soude, et, par conséquent, l'alcali en dissolution était de la soude.

Si les cristaux sont en prismes, très-courts, à quatre ou six pans, terminés par des sommets tétraèdres ou hexaèdres; qu'ils soient moins solubles que les précédens, qu'ils n'effleurissent point à l'air et décrépitent au feu : c'est du sulfate de potasse.

L'effet des réactifs peut être tel, que souvent la

plus petite quantité suffit pour reconnaître la nature d'un corps. Ainsi, l'ammoniaco-acétate de cuivre indique dans l'eau la 110,000 partie de son poids d'arsenic, par un précipité d'un beau vert.

L'électricité, comme le calorique, doit être comptée parmi les réactifs. Cette méthode a été rendue assez facile par Wollaston. Elle consiste à placer sur un plan de verre un peu de dissolution arsenicale, sur laquelle on fait agir les deux fils. L'oxigène se porte au pôle positif ou vitreux, et l'arsenic au pôle négatif ou résineux. Si les fils sont de cuivre, le dernier sera blanchi par son union avec l'arsenic.

Il est maintenant bien reconnu qu'un traité complet sur les réactifs, basé sur un grand nombre d'expériences, serait l'ouvrage le plus propre à reculer les bornes de la chimie, et à expliquer les phénomènes, qui varient suivant quelques circonstances qu'on ne saurait prévoir, d'après les combinaisons plus ou moins compliquées des corps. Nous ne possédons encore en ce genre que l'ouvrage sur les réactifs de M. Accum, qui contient plusieurs faits intéressans, mais classés sans aucun ordre, ce qui le rend très-difficile à consulter, et celui de MM. Payen et Chevalier, qui est beaucoup plus complet et plus méthodique. Ces deux chimistes vont en publier une seconde édition, qu'ils ont eu le bon esprit de soumettre à l'examen d'un des hommes les plus fertiles en ressources chimiques, et dont les nombreux travaux ont servi, pour ainsi dire, de guide à presque tous les chimistes qui sont l'orgueil de la France : à ce titre on reconnaît le modeste Vauquelin. Lorsque nous aurons terminé l'examen des métaux, des acides et des sels, nous parlerons de l'effet que produisent les divers réactifs.

Classification des corps.

Tous les corps de la nature ont été rangés en deux grandes classes.

La première comprend ceux qui ne sont point doués de cette propriété connue sous le nom de pesanteur : on leur a donné le nom de corps *impondérables*. Ils sont au nombre de trois : le *calorique*, la *lumière*, et le *fluide électrique*, dont on a reconnu l'identité avec le *fluide magnétique*.

La seconde renferme ceux qui ont une pesanteur bien démontrée. On les a appelés *pondérables;* ils sont divisés en simples et en composés.

Les simples ou élémentaires sont au nombre de cinquante et un.

Quarante et un sont à l'état métallique.

Les dix autres non métalliques portent le nom de :

Oxigéne.	Bore.
Azote.	Soufre.
Hydrogéne.	Phosphore.
Chlore.	Iode.
Carbone.	Sélénium.

Nomenclature chimique.

Avant que la chimie se fût enrichie de ce grand nombre de découvertes, dues à la décompo-

sition de l'eau et de l'air, et de celle de plusieurs fluides élastiques, l'analyse était loin d'avoir atteint le
degré de perfection où elle se trouve. Les principes
constituans de la plus grande partie des corps étant
inconnus, on leur avait assigné des noms qui ne
présentaient à l'esprit que des idées vagues et inca-
pables de nous donner aucune idée de ces principes
constituans. Mais lorsque la chimie pneumatique
eut renversé la brillante théorie de Stahl, on sentit
la nécessité d'une bonne nomenclature, qui, repo-
sant sur les propriétés de plusieurs corps et sur les
phénomènes constans qu'ils présentent, fît disparaître cette foule de noms insignifians, souvent
même barbares, dont la plupart des corps étaient
surchargés, pour leur en assigner d'autres qui, en
indiquant leurs divers principes ou quelques-unes
de leurs propriétés caractéristiques, les rattachas-
sent intimement à la grande chaîne des vérités
chimiques. Guyton de Morveaux en conçut la première idée ; il présenta à l'académie royale des
sciences un plan que MM. Lavoisier, Berthollet et
Fourcroy furent chargés d'examiner et de perfectionner. C'est à cette heureuse association qu'est due
cette nomenclature chimique qui a tant contribué aux progrès de cette science. Pour plus de
clarté, ils conservèrent aux corps simples les noms
qu'ils portaient, sauf quelques changemens qui leur
parurent nécessaires ; quant à ceux qui venaient
d'être découverts, on leur en donna de propres à
rappeler leurs propriétés principales ; à défaut, on
leur en assigna d'insignifians. Pour les corps composés, ils en reçurent de propres ; autant que possi-

ble , à désigner leurs principes constituans. Ainsi,
le nom de

Oxigène , signifiant j'engendre les oxides , fut
donné à l'air vital ;

Hydrogène, signifiant j'engendre l'eau , à l'air inflammable ;

Azote , signifiant privatif de la vie , au gaz connu
sous le nom de *mofette* atmosphérique. M. le comte
Chaptal , considérant que cette propriété lui était
commune avec une foule d'autres gaz, lui donna
celui de *nitrogène,* que plusieurs chimistes anglais
lui ont conservé.

Acides devint le nom de tous les corps simples
ou composés qui , par leur union avec l'oxigène ,
produisent des composés d'une saveur plus ou moins
aigre , rougissent les couleurs bleues végétales, et
forment des sels avec les bases salifiables ;

Oxides, de tous les corps qui , en se combinant
avec l'oxigène, n'ont point de saveur aigre, et neutralisent les acides en produisant des sels. L'on verra
que cette dénomination s'applique maintenant à
plusieurs autres corps.

Comme plusieurs acides pouvaient s'unir avec
différentes proportions d'oxigène, on donna à ceux
qui n'en prenaient qu'une constante, une terminaison en *ique ;* à ceux qui étaient susceptibles de se
combiner avec lui en plusieurs proportions, la terminaison en *eux* pour le premier degré d'oxigénation, et en *ique* pour le second.

Quant aux sels que ces acides formaient, les premiers reçurent la terminaison en *ite* , et les seconds
en *ate. Acide sulfureux , acide sulfurique ; sulfite*

de potasse, *sulfate de potasse*. Lorsqu'on crut qu'il pourrait exister un nouveau degré d'oxigénation plus fort, on proposa d'ajouter, à la seconde terminaison, les mots oxigéné ou suroxigéné, suivant la nouvelle proportion d'oxigène.

Tel était, à peu de chose près, le point fondamental sur lequel reposait la nouvelle nomenclature chimique. Il semblait propre à rendre compte de tous les faits, quand l'illustre Berthollet annonça que l'oxigène ne possédait pas la propriété exclusive de former des acides en s'unissant avec les bases acidifiables, puisque l'hydrogène, combiné avec le soufre, donnait également lieu à un acide. Cette assertion fixa l'attention des plus savans chimistes, qui ne tardèrent pas à reconnaître que l'hydrogène, dans l'acidification de plusieurs corps, jouait le même rôle que l'oxigène, et qu il était des bases acidifiables qui pouvaient être acidifiées par l'un et par l'autre gaz. Ainsi le soufre et l'iode donnent, avec l'oxigène, les acides sulfureux, sulfurique, et iodique; tandis que ces corps, avec l'hydrogène, forment les acides hydrosulfurique et hydriodique. Depuis on a été plus loin; on a découvert qu'il suffisait souvent de la seule union de deux combustibles pour donner lieu à quelques acides. C'est ainsi qu'on obtient les acides

fluoborique,	chloriodique,
fluosilicique ,	chloroprussique.

Il est donc évident que l'oxigène ne peut plus être considéré comme l'unique principe acidifiant, puisque l'hydrogène partage cette propriété. L'on peut même soupçonner qu'il n'est pas certain qu'ils soient eux-mêmes les agens spéciaux de l'acidification, qui pourrait bien n'être qu'une des propriétés que certains corps acquièrent en se combinant, comme semble le démontrer la formation des quatre acides précités par l'union de deux bases combustibles, sans le concours de l'oxigène ni de l'hydrogène.

D'après ces faits, la terminaison en *ique* que portent les hydracides, et ces derniers acides, est d'autant plus inexacte qu'elle présente une idée fausse, la présence de l'oxigène dans des corps qui n'en contiennent pas un atome. MM. Thénard et Orfila l'ont si bien senti, que le premier a puissamment contribué à perfectionner la nomenclature chimique, soit dans ses ouvrages, soit dans ses brillantes leçons. Ces noms, dit-il, ont l'inconvénient de ne point assez distinguer les acides oxigénés de ceux qui ne le sont pas [1]. Nous allons présenter à ce sujet quelques idées, comme des matériaux propres à la reconstruction de cet édifice. Dans l'ouvrage que nous publions, pour faciliter l'étude de la chimie à MM. les élèves, nous assignerons la terminaison en *ique* à tous les acides, en faisant observer qu'elle n'indique plus la présence de l'oxigène dans ces corps, mais seulement qu'elle est la terminaison caractéristique de ces corps. Pour distinguer ensuite ceux qui résultent de l'union de l'oxigène ou de l'hydrogène avec une base, nous ajouterons à ce composé les deux premières syllabes de ces deux mots *oxi* et *hydro;* ainsi nous dirons acide oxisulfurique et

[1] **Traité de chimie.**

hydro-sulfurique. Quant à ceux qui résultent seulement de deux combustibles, nous ne les accompagnerons d'aucune épithète. Il y a des corps qui peuvent recevoir plusieurs degrés d'oxigénation qu'on a exprimés par le mot *hypo* pour marquer une oxigénation moindre. On a nommé l'acide moins oxigéné que le sulfureux, *hyposulfureux*, et celui qui l'est moins que le sulfurique, *hyposulfurique*. Nous avons cru simplifier la nomenclature en adoptant les épithètes adoptées pour divers degrés d'oxigénation des oxides : *proto, deuto, trito* et *per*.

Prenons pour exemple le soufre.

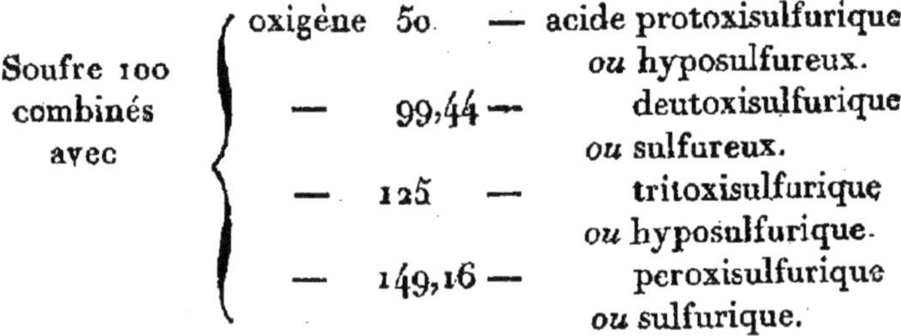

<table>
<tr><td rowspan="4">Soufre 100
combinés
avec</td><td>oxigène 5o</td><td>—</td><td>acide protoxisulfurique
ou hyposulfureux.</td></tr>
<tr><td>— 99,44</td><td>—</td><td>deutoxisulfurique
ou sulfureux.</td></tr>
<tr><td>— 125</td><td>—</td><td>tritoxisulfurique
ou hyposulfurique.</td></tr>
<tr><td>— 149,16</td><td>—</td><td>peroxisulfurique
ou sulfurique.</td></tr>
</table>

Quant aux sels qu'ils formeront avec les bases salifiables, nous suivrons la même marche et nous dirons protoxisulfate de potasse, ou deutoxide de potasse, etc., suivant qu'on voudra indiquer en même temps le degré d'oxigénation de l'acide et de l'oxide.

Cette classe d'acides sera connue sous le nom d'oxacides ;

Celle qui résulte d'une combinaison avec l'hydrogène, hydracides.

Un fait bien digne de remarque, c'est que les deux principes qu'on appelait acidifians, en se combinant ensemble, donnent lieu à un oxide (l'eau ou oxide d'hydrogène), et que l'hydrogène, qui donne des acides par son union avec quelques combustibles, produit, en s'unissant à l'azote, un alcali (l'ammoniaque), tandis que l'oxigène, avec ce dernier gaz, forme des oxides et des acides. Cela tend à prouver que la propriété d'acidifier un corps n'est pas spécialement due à l'oxigène, à l'hydrogène, ni aux combustibles avec lesquels ils se combinent, mais qu'elle est le résultat de cette combinaison, et que les deux corps y contribuent également.

On avait primitivement donné le nom d'oxide à cette union des métaux avec l'oxigène, qu'on connaissait autrefois sous celui de chaux métallique. Cette dénomination s'applique maintenant à tous les corps combustibles simples, susceptibles de se combiner avec l'oxigène, en dégageant constamment du calorique, quelquefois de la lumière, et n'ayant point les propriétés des acides. La combustion du phosphore, du carbone, du gaz hydrogène, etc., nous en offre un exemple, quand les proportions d'oxigène ne sont point suffisantes pour convertir les deux premiers en acides ; car il est plusieurs corps simples, même parmi les métalliques, qui peuvent former des oxides et des acides. Un fait qu'il est bon de faire connaître, c'est que les oxides les plus oxigénés, ou les peroxides, contiennent moins d'oxigène que les acides les moins oxigénés.

D'après ces faits, nous diviserons les oxides en *oxides salifiables* et en *oxides non-salifiables*.

Les *oxides salifiables* comprennent tous les oxides métalliques, et notamment ceux qui étaient appelés alcalis, terres, etc. Ils ont pour propriétés caractéristiques de rétablir les couleurs rougies par un acide, de s'unir avec ces derniers corps et de former des sels. Quelques-uns de ces oxides ont une saveur âcre, et même caustique ; le plus grand nombre est insipide. L'oxigène peut exister en proportions diverses avec les métaux ; pour les exprimer on se sert, pour les plus faibles, du mot *proto*, et pour les plus forts, de celui de *per;* pour les intermédiaires, de ceux de *deuto, trito*, etc. Avec quelques substances métalliques, outre la formation des oxides, il peut donner lieu, par une nouvelle quantité, à des acides. Nous nous bornerons à citer le chrôme, le colombium, le tungstène, l'arsenic et le molybdène, qui peuvent être convertis en oxides et en acides chrômique, colombique, tungstique, arsenique et molybdique. Ces deux derniers même sont susceptibles de deux degrés d'oxigénation. On applique les mots *proto, deuto, trito* et *per* aux oxides plus ou moins oxigénés, et on les désigne de la manière suivante :

100 parties de plomb donnent par leur combinaison avec	7,725 d'oxigène,	le protoxide de plomb ou litharge.
	11,587	le deutoxide ou minium.
	15,450	le tritoxide ou peroxide, oxide brun.

Les *oxides non salifiables* ne neutralisent point

les acides, et ne peuvent point par conséquent former des sels : tels sont les oxides

d'hydrogène,   de chlore,

d'azote,   de phosphore.

de carbone,

Le nom de bases salifiables, consacré aux oxides susceptibles de former des sels, est également donné à des composés non métalliques qui jouissent de cette même propriété, comme la *quinine*, la *cinchonine*, la *morphine*, l'*ammoniaque*, etc.; celui d'alcalis a été conservé aux corps susceptibles de verdir la plupart des couleurs bleues végétales, et de former des sels avec les acides. La saveur de quelques-uns est âcre et urineuse, comme la potasse, la soude, etc.; de quelques autres, d'une amertume insupportable, comme la *strichnine*, la *buccine*, la *picrotoxine*, la *quinine*, la *cinchonine*, etc. : ces alcalis ont reçu le nom d'alcalis végétaux.

La combinaison des acides avec les oxides et les alcalis a conservé celui de sels. Les sels sont appelés *neutres* quand ni l'acide ni la base salifiable ne manifestent point leurs propriétés particulières; *sursels* ou *soussels*, suivant qu'il y a excès de base ou d'acide. Dans le premier état ils ne changent point la plupart des couleurs bleues végétales ; dans le second ils les rougissent, et dans le troisième ils les verdissent. Le *sulfate de deutoxide de mercure* est neutre, et par conséquent sans action sur les couleurs bleues.

Le *sursulfate*, etc. les rougit, et est avec excès d'acide.

Le *soussulfate* est avec excès de base.

La combinaison des substances combustibles non acides ni oxides a reçu différens noms :

1º Celle des substances métalliques entre elles a pris celui d'*alliages*, à moins que ce ne soit avec le mercure ; alors on y substitue celui d'*amalgames*.

Celle des substances métalliques avec un corps combustible , ou de deux corps combustibles qui ne forment point un acide, que les produits soient solides ou liquides, prend la terminaison en *ure* qu'on applique à la première substance. Ainsi l'on dira également : *phosphure de plomb , phosphure de soufre; sulfure de plomb , sulfure de soufre*. Si l'un des composés est susceptible d'entrer en combinaison en proportions diverses , on dira, comme pour les oxides, *protosulfure, deutosulfure*, etc. L'union de l'hydrogène avec l'azote fait exception à cette règle ; elle porte le nom d'ammoniaque. Si le produit qu'on obtient par les combinaisons est gazeux, il conserve le nom du gaz, et l'on y joint le nom de la substance à laquelle il est combiné, en changeant sa terminaison en *é*. Si ce dernier corps peut s'y trouver en proportions diverses, le composé prendra la même épithète des oxides. Ainsi l'on dira : *gaz hydrogène phosphoré, gaz hydrogène carboné, gaz hydrogène percarboné* , etc.

On appelle *hydrures* les composés solides ou liquides provenant de l'union du gaz hydrogène avec un combustible : hydrure de soufre, hydrure d'arsenic.

Le mot *hydrate* est affecté à l'union de l'eau avec certains oxides métalliques.

Il est enfin beaucoup de corps qui ont pour prin-

cipes constituans l'oxigène, le carbone et l'hydrogène; et d'autres, l'oxigène, le carbone, l'hydrogène
et l'azote. Les premiers sont dus aux substances
végétales, et les derniers presque toujours aux substances animales. Quelques-uns de ces composés ont
toutes les propriétés des acides, et sont rangés dans
cette classe; d'autres au contraire agissent comme
bases salifiables, et sont classés parmi ces substances,
en les séparant des oxides, à cause de la complication de leurs principes. On leur a donné des noms
insignifians, et quelquefois propres à rappeler la
substance d'où on les extrait, ou leurs vertus médicales, etc. Telles sont l'asparagine, la dalhine,
la cinchonine, l'émétine, la morphine, la quinine, etc. (1).

(1) Dans le courant de cet ouvrage, pour éviter les répétitions fastidieuses, nous avons employé tantôt la nomenclature que nous proposons, et tantôt celle qui est adoptée
dans les divers ouvrages.

LIVRE II.

Des corps impondérables.

CETTE dénomination de corps ou fluides impondérables a été donnée à ceux dont on n'a pu encore
découvrir l'existence de la pesanteur, et qui sont
les causes des divers phénomènes produits par la
lumière, la chaleur, l'électricité et le magnétisme.
Ils ont reçu les noms de calorique, fluide lumineux,
fluide électrique et fluide magnétique. Nous allons
les étudier dans ce même ordre, sans discuter si ce
sont véritablement des corps réels, ou seulement
des phénomènes produits par d'autres.

Du calorique.

Le calorique est un fluide invisible qui pénètre
tous les corps, s'interpose entre leurs molécules, les
dilate et les fait passer de l'état solide à l'état liquide, et souvent à celui de fluide élastique. L'existence matérielle du calorique ne saurait être démontrée que par ses effets, et principalement par

celui que nous connaissons sous le nom de chaleur.
Il est donc bien évident que les mots *calorique* et
chaleur ne sont pas synonymes, puisque la chaleur
n'est autre chose que la sensation que nous fait
éprouver le calorique libre, lorsqu'il tend à se
mettre en équilibre dans les corps. Malgré cette
utile distinction, on confond souvent ces deux mots
dans les divers traités de chimie, tant pour ne pas
compliquer l'étude des phénomènes auxquels il
donne lieu, que pour éviter les répétitions et abré-
ger les descriptions. Nous allons étudier successivement les diverses propriétés du calorique.

Propriétés du calorique.

De l'impondérabilité. Si l'existence matérielle
du calorique ne peut être démontrée que par ses
effets, il est bien certain que c'est parce qu'il ne
possède point cette propriété commune à tous les
corps, la *pesanteur*. Quelques physiciens ont cru
qu'il en était doué : l'expérience suivante a démontré le contraire. En effet, si l'on met dans un
flacon de l'acide sulfurique et dans un autre de
l'eau, et qu'après les avoir soudés ensemble, et
avoir exactement pesé le tout, on mêle ces deux
liquides, il se dégage une grande quantité de calorique; et cependant, lorsque cet appareil est ramené à la température ordinaire, il n'a rien perdu
de son poids. Le calorique est plus subtil que la
lumière, puisqu'il pénètre les corps qu'elle ne peut
traverser.

Attraction et répulsion. Le calorique obéit, comme

tous les corps, aux lois de l'attraction. On en trouve la preuve en dirigeant un rayon solaire sur un prisme; on s'aperçoit qu'après les sept rayons colorés, au-delà de celui qui est le moins réfracté, il en existe un qui n'est pas lumineux, mais calorifique. Toutes les molécules du calorique jouissent d'une force répulsive qu'elles communiquent aux corps, et qu'on appelle élasticité. Elles tendent en effet à s'échapper des corps où elles sont accumulées, pour se mettre en équilibre avec les autres.

Du rayonnement du calorique. Cette propriété fut découverte par Schéele. Le calorique rayonne et se disperse en raison inverse du carré des distances, comme l'électricité, la lumière et toutes les actions centrales. Dans les fluides aériformes et dans les espaces vides, il se meut en ligne droite avec une vitesse considérable, et peut être réfléchi en grande partie sous un angle égal à celui de son incidence. On démontre cette propriété en plaçant, à deux ou trois mètres de distance, deux miroirs concaves paraboliques, vis-à-vis l'un de l'autre, et en mettant un corps très-chaud, comme un boulet de canon, au foyer de l'un, et à celui de l'autre l'une des boules d'un thermomètre différentiel, tandis que l'autre boule se trouve placée vers les deux foyers. Tout étant ainsi disposé, on ne tarde pas à s'apercevoir que la boule placée au foyer marque une élévation de température bien supérieure à celle qui est entre les deux foyers, et qui est dans les rapports de 8 à 1 centigrade. Si on place à l'un des foyers des charbons incandescens, le calorique qui sera lancé sur l'autre miroir en élèvera tellement la température, qu'on pourra y enflammer l'amadou, le soufre, la poudre à canon, etc.

Les découvertes les plus récentes prouvent que le calorique rayonnant développe des courans électriques. Ses rapports avec la lumière sont connus depuis bien long-temps. Herschell observa les différences de température dans les rayons lumineux diversement colorés, entr'eux et l'air environnant; il trouva que le *minimum* était dans les rayons bleus, et qu'il y avait un accroissement progressif dans le vert, dans le jaune, jusqu'au rouge où la température était plus élevée; enfin que le *maximum* était au-delà des rayons rouges, hors de toute la partie visible du spectre.

MM. Wollaston, Richter et Berckmann, en répétant ces expériences, reconnurent que l'extrémité du spectre opposée aux rayons calorifiques, déterminait, avec beaucoup plus d'énergie que les autres parties, les actions chimiques. Ils conclurent de leurs recherches que la lumière était composée de trois sortes de rayons que l'on pouvait distinguer en calorifiques, colorifiques et chimiques. Tous ces faits ont été vérifiés et confirmés par un grand nombre d'expériences nouvelles, par mon ami le professeur Bérard. D'après tout ce qu'on a observé sur le rayonnement du calorique, il est bien démontré,

1° Que tous les corps en rayonnent dans les fluides aériformes et dans le vide, mais non dans les liquides ni les solides;

2° Que le rayonnement du calorique est en raison directe de la température des corps et de leur surface; enfin que les corps s'en lancent à toutes les températures, pour se mettre en équilibre de calorique;

3° Que la quantité de calorique rayonnant d'une surface sur un miroir est toujours en raison directe du co-sinus de l'angle que fait la surface avec l'axe du miroir;

4° Que les surfaces métalliques, blanches et bien polies, n'en rayonnent presque point;

5° Que celles qui ne sont pas polies, mais rugueuses, ainsi que celles qui sont enduites d'une couche noire rayonnent huit fois plus de calorique que celles qui sont blanches et bien polies. Nous passerons sous silence plusieurs faits moins intéressans. Nous nous bornerons à faire observer que, de l'ensemble de ces faits, M. Pelletan pense que les lois du rayonnement du calorique sont exactement celles de la lumière. Il résulte de ce que nous venons d'exposer, que les rayons du calorique sont presque totalement réfléchis par les surfaces métalliques blanches et polies, qui, dans ce cas, s'échauffent fort peu, tandis que celles qui sont noires ou rugueuses en réfléchissent peu et s'échauffent beaucoup.

On appelle la propriété qu'ont les corps de lancer du calorique, *pouvoir émissif*.

— Celle de l'absorber, *pouvoir absorbant*.

— Celle de le réfléchir, *pouvoir réfléchissant*.

Il est aisé de voir que le poli et la couleur des surfaces influent singulièrement sur ces trois pouvoirs, puisqu'il est bien démontré,

1° Que le pouvoir réfléchissant est en raison

directe du poli des surfaces, et les pouvoirs émis-
sifs et absorbans, en raison inverse;

2° Que plus ce premier pouvoir sera faible,
plus les autres seront forts.

Equilibre du calorique. D'après ce qui vient
d'être exposé, il est bien évident que le calorique
tend à se mettre en équilibre dans tous les corps.
Nous en avons des preuves certaines par les im-
pressions de froid ou de chaud que nous sentons
par le contact des corps portés à diverses températures. Si nous touchons un corps à la température de o , nous éprouvons un sentiment de froid,
parce qu'il s'opère, dans la partie de notre corps qui
se met en contact avec lui, une soustraction de calorique qui passe dans ce corps froid. Si le corps
qu'on touche est au contraire à 5o degrés, nous
éprouvons un sentiment de chaleur, parce qu'il
nous cède la quantité de calorique nécessaire pour
nous mettre en équilibre avec lui. Telles sont les
causes des sensations de froid et de chaud qui
se font sentir dans les fortes variations de température.

Le calorique émis par les corps porte le nom de
calorique libre. On peut le mesurer au moyen de
plusieurs instrumens très-ingénieux qu'on nomme
thermomètres, et dont la plupart sont basés sur la
dilatabilité que le calorique fait éprouver aux
corps.

Des thermomètres liquides.

Pour la construction de ces instrumens on emploie l'alcool coloré ou le mercure bien pur.

Ce dernier liquide doit être préféré au premier, parce qu'il réunit les conditions essentielles de n'entrer en ébullition qu'à une température plus élevée que celle de l'eau ; d'être plus sensible à l'action du calorique, à cause de sa plus grande conductibilité et de son peu de capacité pour la chaleur. Pour indiquer les degrés de froid au-dessous de 40°, les thermomètres à esprit-de-vin sont indispensables, parce que le mercure se congèle à cette température. Pour la construction des thermomètres, on prend des tubes capillaires bien calibrés, ayant à la partie inférieure une boule ou bien un réservoir cylindrique. La forme de ce réservoir n'est pas indifférente ; les derniers sont préférables aux premiers. Ils sont d'autant plus sensibles qu'ils présentent plus de surface à l'action de la chaleur. Quand on y a introduit le mercure par les procédés usités, on le gradue de diverses manières. La graduation cent° est la plus usitée ; elle est fondée sur deux degrés de température constans qu'il est facile d'opérer. Celui de la fusion de la glace, et celui de l'ébullition de l'eau pure, sous la pression de o,76. Le premier terme est marqué de o, et le second de 100. L'espace intermédiaire est divisé en 100 divisions bien égales qu'on appelle degrés. On a continué ces divisions au-dessus de 100 et au-dessous de o. Celles qui sont au-dessous de o, sont marquées du signe —, et celles qui sont au-dessus, de +. Ce thermomètre porte le nom de Réaumur quand l'espace compris entre le o de la glace fondante et le terme de l'ébullition de l'eau n'est divisé qu'en 8o parties. Quand il est divisé en 100, on l'appelle centigrade. Il est d'autres thermomètres, tels que celui de Fahrenheit, dont les divisions diffèrent tellement, que le 80 degré de Réaumur, qui correspond à 100 centigrades, équivaut à 212 de celui de ce physicien. M. Gay-Lussac en a décrit un dans le tome III des *Annales de Physique et de Chimie* qui indique le *minimum* et le *maximum* de température, et à l'aide duquel on peut mesurer celle des lacs et des mers à de grandes profondeurs.

Thermomètres à air.

Si la pression atmosphérique était invariable, ces thermomètres devraient être préférés à tous les autres, à cause de la dilatation uniforme de tous les gaz. Mais cette condition n'a pu jusqu'à présent se rencontrer. La construction du *thermomètre différentiel de Leslie* ne peut indiquer que des différences de température. Il se compose d'un tube courbé en U, qui a une boule à l'extrémité de chaque branche. Une petite quantité d'acide sulfurique remplit une des branches verticales, la partie horizontale du tube et quelques millimètres de l'autre branche, où l'on trouve marqué le point O. Au-dessus sont marqués 100 degrés, dont 10 équivalent à 1 centigrade.. Si l'on place la boule de l'autre branche, dite focale, dans un milieu chaud, l'air de cette boule se dilatera, et fera monter d'autant plus l'acide dans la branche graduée, que sa température sera plus élevée. C'est avec ce thermomètre qu'on peut mesurer exactement la différence de température de deux milieux, et démontrer le rayonnement du calorique.

4

Thermomètres solides.

Ces instrumens, plus particulièrement connus sous le nom de pyromètres, consistent généralement en tiges métalliques, qui, par leur dilatation par le calorique, indiquent le degré de température. Ces thermomètres servent à déterminer les degrés élevés de chaleur. Il en est un qui s'écarte de la règle générale, et qui porte le nom de pyromètre de Wegdwood, du nom de l'inventeur. Il est basé sur la propriété qu'a l'argile de prendre du retrait lorsqu'elle est exposée à une haute température. Ainsi, plus ce retrait est considérable, plus la température est élevée. On a pour cela deux règles en cuivre, convergentes et divisées en degrés. On y met un cylindre d'argile préparée et qu'on a fait cuire à une chaleur rouge; on le place ensuite dans le fourneau ou dans la substance en fusion dont on veut connaître la température, on le laisse refroidir, et on l'introduit entre les deux règles : plus il a pris du retrait, plus il s'enfonce, et plus il marque de degrés. Le o de cet instrument correspond au 58ᵉ cent. et le 160, qui est celui de la fusion du fer, à 1750 cent. Wegdwood évalue chaque degré de son pyromètre à 72° 22 cent. Ce pyromètre n'est plus usité. A Sèvres, M. Brongniart en emploie un depuis vingt ans, qui est basé sur la dilatabilité d'une règle de platine, etc.

De la conductibilité des corps pour le calorique.

Le calorique pénètre plus ou moins rapidement

tous les corps ; ceux qui lui livrent le plus facilement passage sont appelés *bons conducteurs;* ceux qui entravent plus ou moins long-temps sa marche sont connus sous le nom de *mauvais conducteurs.* Les corps solides sont meilleurs conducteurs que les liquides et les gaz. Parmi les solides, les métaux tiennent le premier rang ; ils sont rangés dans l'ordre suivant :

Argent.	Platine.
Or.	Fer.
Cuivre	Acier
et Etain.	et Plomb.

Après les métaux, viennent les pierres et le verre ; ensuite les bois. L'on voit en effet que si l'on fait rougir une tige métallique, on ne saurait la tenir dans la main qu'à une grande distance du point incandescent ; tandis qu'on peut tenir impunément un morceau de bois enflammé à un pouce près du point de l'incandescence. Le charbon se place après le bois. Il est enfin des substances qui ne sont presque pas conductrices, comme les plumes, le poil de divers animaux, la soie, la laine, etc. ; c'est d'après ce manque de propriété que les vêtemens faits avec ces substances tiennent le corps chaud, en interceptant le passage de la chaleur animale.

De la dilatabilité des corps par le calorique.

Dilatation des gaz. Les gaz, à proprement parler, sont des corps fondus dans le calorique, et leur volume, toujours sous une même pression, est relatif à leur degré de température. MM. Gay-Lussac et Dalton ont démontré que tous les gaz éprouvaient une dilatation uniforme par une même élévation de température, qu'ils reconnurent être, pour chaque degré du thermomètre centigrade, de $\frac{1}{266,67}$ de leur volume primitif.

Dilatation des liquides. Presque tous les liquides sont dilatés par le calorique, mais non point d'une manière uniforme comme les gaz, ni dans un même rapport. En général, la dilatation, pour chaque degré, devient d'autant plus forte, que le liquide est plus voisin du terme de l'ébullition. L'eau présente un phénomène particulier dont nous aurons occasion de parler lorsque nous traiterons de ce fluide. Les liquides, par divers degrés de calorique, passent à l'état de fluide élastique, comme nous allons le démontrer.

De l'ébullition.

Les liquides exposés à l'action du calorique se dilatent; cette dilatation commence par les molécules qui sont le plus près du foyer, et qui, acquérant plus de légèreté, forment un courant qui se porte à la surface du liquide, tandis que les couches froides en établissent un autre qui descend. Lorsque la liqueur est échauffée à un point déterminé, la température n'augmente plus, mais les couches les plus près du foyer viennent crever en bulles à sa surface, et se réduisent en vapeurs, c'est ce qu'on appelle ébullition. Le degré d'ébullition pour les liquides diffère essentiellement; on a reconnu que

L'éther sulfurique bout à	36 ° cent.
Le sulfure de carbone à	46.
L'alcool à	78.
L'eau à	100.
L'acide sulfurique concentré à	318.
Le mercure à	347.

Le degré d'ébullition est calculé sous la pression de o, 76. Il est évident que moins elle sera forte, moins il faudra d'élévation de température pour faire bouillir les liqueurs; il en est même que la pression seule tient en cet état et qui se vaporisent dans le vide. Ces corps, ainsi fondus dans le calorique et réduits à l'état de vapeurs, reprennent leur état liquide aussitôt qu'ils se trouvent en contact avec des corps plus froids, auxquels ils cèdent leur calorique surabondant; telle est la théorie de la distillation. En prenant l'eau pour exemple, l'on voit qu'elle bout à 100 cent.; sa vapeur contient une si grande quantité de calorique latent, qu'un kilogramme qu'on fait passer dans 4, 1/4 d'eau à o en donne 5 1/4 à 100. On a tiré parti de cette propriété pour la distillation, pour les bains, etc.

Il est des corps, tels que les sels, qui retardent l'ébullition. Les liquides en se vaporisant augmentent beaucoup de volume; M. Gay-Lussac a reconnu que celui de l'eau devenait 1700 fois plus fort.

Les vapeurs exercent une pression barométrique qu'on appelle tension, et dont la force est en raison directe de leur température. Celle de l'eau est telle que, chauffée à 120°, elle fait équilibre à 2 ou 3 atmosphères. La pesanteur sp. des vapeurs est en raison inverse de leur température.

Indépendamment de la réduction des liquides en vapeurs par l'accumulation du calorique, la plupart en éprouvent une autre lorsqu'ils sont exposés à l'air. C'est en vertu de cette propriété que les corps mouillés se sèchent plus ou moins vite, suivant que l'atmosphère est plus ou moins humide. On attribuait cette évaporation à l'action dissolvante de l'air, mais il est à présent bien reconnu que la vapeur de l'eau qui s'évapore ainsi, contient autant de calorique latent que celle qui est produite par l'ébullition, et qu'elle prend ce calorique au liquide, lequel subit une diminution de température.

Dilatation des solides.

Les solides sont les moins dilatables de tous les corps, et leur dilatabilité ne reconnaît point d'uniformité; on sait seulement qu'elle augmente par chaque degré, d'autant plus que le corps s'approche du point de fusion. MM. Dulong et Petit ont reconnu que le fer se dilatait beaucoup plus de 200° à 300° que de 100° à 200°. On a dressé pour celle des autres corps des tables assez exactes.

Du changement d'état des corps par le calorique.

Si le calorique fait passer les solides à l'état liquide, et ceux-ci à l'état gazeux, non-seulement ils reprennent leur état primitif en leur enlevant ce calorique; mais, en s'emparant d'une partie de celui qui, à la température et sous la pression ordinaires, les constitue gaz ou liquides, on peut les liquéfier ou les solidifier. Ils exigent pour cela un abaissement de température plus ou moins considérable. Ainsi l'eau se congèle à o et le mercure à — 4o cent°.

Il est des solides que le calorique ne peut point liquéfier; on les nomme *apyres* ou *infusibles*, et ceux qu'on peut fondre, *fusibles*.

Calorique latent.

On donne ce nom au calorique que contiennent les corps dans certains états, et qui n'est pas sensible au thermomètre. Ainsi, en mêlant un kilogramme de glace avec un kilogramme d'eau à 77°, on aura deux kilogrammes d'eau à o; tandis que si l'on mêle une égale quantité d'eau à o et d'eau à 77°, ces liquides réunis marqueront 38,5 : d'où il est aisé de s'apercevoir que la glace, pour passer à l'état liquide et à o, absorbe 77° de calorique qu'elle rend latent.

Calorique spécifique, ou capacité des corps pour la chaleur.

Nous avons déjà vu que tous les corps, portés à diverses températures, se lançaient réciproquement du calorique, jusqu'à ce que leur équilibre de température fût bien établi. L'observation a démontré que, pour établir cette espèce de niveau entre les différens corps, sous le même poids, il fallait des quantités inégales de calorique. C'est cette quantité de chaleur, nécessaire pour élever les corps à un même degré de température, qu'on nomme *calorique spécifique*. C'est à Black qu'on en doit la première idée, ainsi que la *méthode des mélanges* pour la déterminer. Nous allons fournir deux exemples de ce phénomène. Si l'on mêle un kilogramme d'eau à 0 avec un de mercure à + 34, ce mélange acquerra une température de + 33. Il est donc évident que la quantité de calorique qui élèvera un poids d'eau d'un degré, élèvera un poids égal de mercure de 33; d'où il suit que la capacité de l'eau pour le calorique est à celle du mercure :: 33 : 1. Si au lieu d'eau on prend un morceau de fer chauffé, l'on trouvera qu'à poids égal, pour chaque degré de température que le fer prendra, celle du mercure s'élèvera de 3, 8, d'où l'on doit tirer la conclusion suivante; que, pour porter le fer à la même température du mercure, il faudra 3, 8 fois plus de calorique. C'est cette différence d'absorption de chaleur, pour s'échauffer au même degré, qu'on nomme *capacité des corps pour le calorique :* plus un corps en absorbe, plus cette capacité est grande. En opérant ainsi un grand nombre de ces mélanges, à diverses températures, on pourra non-seulement trouver les diverses capacités des corps, mais encore reconnaître des températures que les thermomètres ne sauraient démontrer. La *méthode des mélanges* ne peut avoir lieu entre les corps qui réagissent les uns sur les autres, parce que dans toutes les actions chimiques il y a changement de température. Cette méthode ne peut indiquer que les rapports de calorique spécifique entre les divers corps, mais non le calorique réel que contiennent

les uns et les autres. Pour le reconnaître, MM. Black,
Watt, Crawford, Irvine, Lavoisier, de Laplace,
Petit et Dulong, Bérard et de Laroche, ont inventé
des instrumens plus ou moins ingénieux, qu'on
nomme *calorimètres*. Nous allons nous borner à
donner une idée de celui à glace de MM. Lavoisier
et de Laplace, et de celui à eau de M. de Rumford.

Calorimètre à glace. D'après ce que nous avons
déjà dit que la glace fondante et l'eau, au moment
qu'elle vient d'être liquéfiée, avaient une même
température, et que la glace, pour passer à l'état
liquide, absorbait et rendait latens 77 de calorique, il est bien certain que l'on pourra calculer,
par la quantité de glace que fondra un corps, celle
du calorique spécifique qu'il contenait. C'est sur ce
principe que MM. Lavoisier et de Laplace ont construit leur calorimètre. Cet instrument est composé
de trois vases concentriques qui s'emboîtent de manière à laisser, entre chacun d'eux, un espace qu'on appelle *chambre* ou *cavité*. On suspend au milieu du vase
interne un panier en fil de fer, où l'on place le corps
dont on veut déterminer le calorique spécifique. On
remplit de glace les deux espaces ou chambres qui
se trouvent entre les vases. La glace de la chambre
qui est près du corps échauffé sert à en soutirer le
calorique, et celle de la chambre extérieure, à garantir la glace, qui doit fondre, de l'influence de la
température atmosphérique. L'eau de la glace fondue s'écoule par un robinet, lequel est disposé en
entonnoir. On juge par le poids de l'eau obtenue, de
celui du calorique émis par ce corps.

Calorimètre à eau. Cet instrument est dû à M. de

Rumford; il sert à déterminer le calorique spécifique des gaz, ou bien celui qui se dégage pendant la combustion des corps dans l'air. Il est composé d'une caisse en fer-blanc, qui contient quelques
litres d'eau, laquelle recouvre un serpentin étroit
par où passe le gaz dont on veut déterminer le calorique spécifique. Le gaz entre par la partie inférieure de ce serpentin. L'eau qui sert à cette expérience doit avoir une température de 5o au-dessous
de celle de l'air; l'opération doit être arrêtée dès
que ce liquide est à 5o au-dessus de celle de l'atmosphère. On juge par la quantité de corps brûlé ou
de gaz ainsi traité, et les 1o deg. communiqués à une
quantité d'eau connue, leur calorique spécifique.
On peut ensuite, par le calcul, réduire ces 1o deg.,
communiqués à ce poids d'eau connu, en eau à 75,
et reconnaître ainsi la quantité de glace qu'il aurait
fondue. On trouvera dans les mémoires des savans
précités les descriptions de leurs ingénieux appareils, que les bornes de cet ouvrage ne nous per-
mettent pas d'exposer.

Du froid.

L'on est convenu d'appeler chaleur la sensation
que nous fait éprouver le contact du calorique;
l'on donne le nom de froid à celle que nous sentons
lorsque notre corps se trouve en contact ou dans
un milieu où règne une basse température. C'est
alors une véritable soustraction de calorique de
notre corps pour se mettre en équilibre avec ceux
qui nous environnent. Plusieurs physiciens avaient

admis un fluide, qu'ils appelaient *frigorique;*
ils citaient à l'appui de leur opinion l'expérience
suivante de Pictet. Si l'on place un thermomètre
au foyer d'un miroir concave, et qu'on mette à peu
de distance une certaine quantité de glace, le thermomètre descendra. Ils attribuaient cet effet à des
rayons frigoriques réfléchis par le miroir, tandis
qu'il n'est dû qu'à la quantité respective de calorique que se lancent ces deux corps.

On produit des froids artificiels très-considéra-
bles par le simple mélange de la glace ou de la neige
avec les sels déliquescens, ainsi qu'avec quelques
acides, tels que le sulfurique, le nitrique, etc. C'est
sur cette propriété qu'est fondé l'art des glaciers.
L'expérience a démontré qu'un mélange de parties
égales d'hydrochlorate de soude et de neige, produit un degré de froid de—18 deg. Ce sont les proportions que les limonadiers emploient pour la préparation des glaces. Si l'on expose séparément, dans le
mélange précité, 2 parties de neige et 3 d'hydrochlorate de chaux, et qu'après les avoir portés à la
température de ce mélange, on les mêle, ils produisent un froid de 27 deg. En exposant dans ce second
mélange frigorifique, et séparément, 1 partie de
neige et 2 de ce dernier sel, le degré de froid qu'on
produit est égal à 54 deg. Si l'on fait les mêmes expériences avec 8 parties de neige et 10 d'acide sulfurique affaibli, l'abaissement de température est
porté à son *maximum*, qui est de 68 degrés.

Il est une règle générale, c'est que les solides, en
se dissolvant dans les liquides, absorbent du calorique et produisent par conséquent du froid, et

que les liquides ne passent à l'état gazeux qu'en s'emparant d'une quantité de calorique qu'ils enlèvent aux corps avec lesquels ils sont en contact. C'est sur ce principe qu'est fondé le refroidissement et même la congélation des liqueurs contenues dans des vases enveloppés de toiles trempées dans des liquides plus ou moins volatils. Personne n'ignore que, dans l'été, les paysans exposent au soleil les bouteilles qui contiennent leur boisson, en les couvrant d'une toile qu'ils ont soin de tenir mouillée. Dans les laboratoires, on parvient à congeler l'eau et le mercure, renfermés dans une petite fiole, en l'entourant d'un linge trempé dans de l'éther ou du carbure de soufre, en en favorisant l'évaporation par un mouvement de rotation prolongé, et en entretenant ce linge imbibé de l'une de ces liqueurs. Ce même effet peut être produit en vaporisant ces liquides dans le vide. Ces divers principes expliquent la température douce qui règne pendant les temps pluvieux, et le froid qui leur succède.

Sources du calorique.

Rigoureusement parlant, on pourrait regarder le soleil comme l'unique source du calorique, parce qu'il en transmet continuellement à la terre. Cependant, comme dans l'étude des divers corps de la nature on en opère le développement dans plusieurs circonstances, nous regarderons également comme sources du calorique, la *combustion*, les *combinaisons chimiques*, la *percussion*, le *frottement* et *l'électricité*.

Le soleil nous envoie continuellement des quantités de calorique, qui sont en raison directe du temps pendant lequel il reste sur l'horizon. Ces rayons calorifiques peuvent, pour ainsi dire, être concentrés par le foyer d'une lentille, et développer un degré de chaleur tel que nos meilleurs fourneaux n'en sauraient produire d'égal. C'est du moins ce qu'on a observé avec la belle lentille de Tchirnhausen. Les autres sources du calorique se trouvent expliquées dans plusieurs articles relatifs à ce fluide.

Température.

Lorsqu'on se rend compte de la soustraction ou de l'addition du calorique des corps, on exprime ce changement par les mots *abaissement* ou *élévation de temperature.* Ce changement est mesuré par les thermomètres ou les pyromètres. D'après ce que nous avons déjà dit, on appelle degrés de froid tous ceux qui sont au-dessous de o, et degrés de chaleur ceux qui sont au-dessus. Quoiqu'il soit très-difficile de bien établir ce qu'on doit entendre par température, nous nous contenterons cependant de l'acception générale, qui donne ce nom à l'effet que produisent les corps sur le thermomètre, de manière que ce nom de degré de froid ou de chaleur devient synonyme de degré d'abaissement ou d'élévation de température. En un mot, la température des corps est leur degré de chaleur sensible, qu'on peut mesurer par le thermomètre ou le pyromètre.

Des rapports du calorique avec la vie.

Plusieurs physiologistes regardent le calorique comme la cause immédiate de la vie. Lorsque les fonctions vitales cessent, la respiration n'ayant plus lieu, la source du calorique est tarie, et le corps se refroidit peu à peu. Vainement insufflerait-on de l'air dans la poitrine; le principe de la vie, ce moteur général de toutes les actions et réactions mécaniques et chimiques des corps, se trouvant éteint, l'air ne subit plus aucune altération : les fluides et les solides, cessant d'être animés, tendent à leur décomposition. Les chimistes modernes avaient cru que toute la chaleur humaine était produite par la fixation d'une partie de l'oxigène de l'air par la respiration. Il est maintenant démontré que le calorique, dû à cette fixation, est inférieur à celui qui se développe pendant le même espace de temps dans le corps humain. On a beaucoup raisonné sur ces mots *principe vital, fonctions vitales*, etc. L'Eternel a couvert d'un voile épais les phénomènes de la vie auxquels nous attribuons une partie de la chaleur animale. Toutes les hypothèses des mécaniciens, des organiciens, des chimistes, etc., échoueront toujours lorsqu'ils voudront expliquer la cause qui produit ces diverses actions autrement que par le souffle divin dont le Créateur a animé l'homme, et que nous désignerons par le nom de *principe vital* ou bien *force ou puissance vitale.* On est convenu de donner le nom de chaleur animale, ou chaleur organique, au calorique ainsi produit; on réserve celui de *température propre* à celle que ce même calorique développe et entretient dans les êtres organisés. Quel que soit le degré de température auquel le corps humain soit exposé, la chaleur animale est habituellement de 36 à 37° centigr. C'est ce qu'on observe en effet chez les peuples qui vivent sous les glaces du Nord comme dans les régions brûlantes de l'Afrique. Tout le calorique qui se développe dans le corps humain n'est pas employé à entretenir la chaleur animale. Une partie se dégage par la transpiration pulmonaire, laquelle est relative à la fréquence des inspirations, à l'idiosyncrasie des sujets, à leur état normal ou pathologique, et à la température des boissons. On peut cependant considérer comme terme moyen du calorique qui passe tous les jours par la transpiration pulmonaire, celui qui serait nécessaire pour porter 4 kilogrammes 662 d'eau à 100.

Si l'homme était exposé à une très-basse température, la déperdition de calorique qu'éprouverait son corps deviendrait telle, que, n'étant plus en rapport avec celle qui se développe par les fonctions vitales, la mort en serait la suite inévitable. Nous n'en avons malheureusement que trop vu de funestes exemples. Le calorique, pour se mettre en équilibre avec les autres corps, traverse rapidement nos organes. S'il s'échappe en trop grande quantité, il produit un sentiment de brûlure et une inflammation telle, que bien souvent la perte de l'organe qui a éprouvé ce refroidissement, a lieu. C'est ce qu'on a observé lors de la retraite de Moscow chez plusieurs militaires. On peut se garantir de cette action du froid, en arrêtant la marche du calorique par des corps qui en sont mauvais conducteurs. Voilà pourquoi les étoffes de laine, de soie, de coton, etc., tiennent, comme on dit vulgairement, le corps chaudement. Nous ne pousserons pas plus loin cet examen, qui est susceptible des plus grands développemens; nous nous bornerons à engager nos lecteurs à consulter le Traité de chimie de M. Thénard, le Dictionnaire des sciences médicales, et celui de M. Pelletan (1).

De la lumière.

Nous devons à la lumière la visibilité de presque tous les corps et celle du superbe spectacle de la nature. C'est à son mouvement sur la surface des corps, et à son intromission dans nos yeux; c'est en portant sur la rétine l'image de divers objets, qu'elle nous en démontre l'existence, les formes diverses, leur distance respective et leur coloration. Nous n'entreprendrons point de décrire la théorie de la vision: un semblable travail serait ici déplacé. Nous allons nous borner à indiquer ses principales propriétés.

L'origine de la lumière a donné lieu à deux opinions qui ont partagé les plus grands physiciens. La première est celle de Newton, qui la considère comme un fluide émané du soleil et des autres corps lumineux, tandis que Descartes, Euler et Huygens la regardent comme un fluide répandu dans tout l'es-

(1) Pelletan, Dictionn. de Chimie.

pace, dont la vitesse est due à celle du soleil et des étoiles qui lui impriment leur mouvement.

Les expériences modernes, entreprises par un grand nombre de physiciens, ont mis en doute si le calorique et la lumière étaient deux fluides bien distincts. M. Thénard a adopté celle qui les suppose dus à la modification d'un même fluide, jusqu'à ce que de nouvelles recherches nous aient éclairé à cet égard.

La vitesse avec laquelle la lumière traverse l'espace est telle, que les géomètres ont trouvé par le calcul, qu'elle parcourait par seconde environ quatre-vingt mille lieues, tandis que le son ne parcourt que trois cent vingt-cinq mètres. La vitesse de sa marche est donc, d'après Euler, 900,000 fois plus rapide : en huit minutes elle vient du soleil jusqu'à la surface de la terre.

La lumière traverse certains corps que l'on nomme transparens, et est réfléchie par d'autres qu'on appelle opaques.

Elle se meut toujours en ligne droite, en passant à travers des corps transparens et denses ; elle se divise en sept rayons diversement colorés dans le spectre solaire. On les trouve placés dans l'ordre suivant et de haut en bas, c'est-à-dire en bandes :

Le rouge, l'orangé, le jaune, le vert, le bleu, l'indigo et le violet.

Parmi les corps opaques, il en est dont la surface renvoie toute la lumière qui vient les frapper, en lui imprimant un mouvement égal à celui qu'elle avait. Cette propriété est le partage des corps brillans ; elle sert de base à l'optique. Le changement de direction des rayons lumineux est appelé *ré-flexion*, et le rayon renvoyé, *réfléchi*. Il est bon de faire observer que dans ce cas le rayon, en se réfléchissant, forme un angle qui est toujours égal à celui de son incidence.

Il est certains corps qui sont traversés par la lumière, et que l'on appelle *milieux*. Les rayons lumineux, en tombant obliquement sur ces corps, ou bien en passant d'un milieu rare dans un milieu dense, dévient et se rapprochent de la perpendiculaire : c'est ce qu'on appelle *réfraction;* le rayon porte le nom de *réfracté*.

La lumière solaire dilate et échauffe les corps, ce qui a porté plusieurs physiciens à conclure qu'elle était formée de rayons lumineux, de rayons calorifiques obscurs, et d'autres qui étaient propres à produire des effets chimiques, comme la coloration de quelques corps, l'altération ou la destruction des couleurs de quelques autres, etc. Dans tous ces cas, les corps sur lesquels cet effet a lieu éprouvent une sorte de décomposition. Il n'est pas démontré que ces résultats soient exclusivement dus à une sorte de rayons ; mais il est bien évident que la lumière les produit. Si l'on substitue à l'action de la lumière sur ces corps celle du calorique, on opère les mêmes effets. Cela, joint à l'action semblable à celle de la lumière, qu'exerce presque toujours le calorique rayonnant, et au calorique que produit la lumière condensée au foyer d'une lentille, lequel devient tel, qu'il peut opérer la fusion des corps qui sont presque infusibles par les procédés ordinaires, a porté plusieurs physiciens à regarder ces fluides comme identiques. Suivant eux, la lumière passe à l'état de calorique en s'unissant avec les corps, et celui-ci à l'état de lumière lorsqu'il se trouve en grande quantité dans ces corps, ou qu'il acquiert un degré de tension très-fort. Il s'en faut de beaucoup, dit M. Thénard, que cette hypothèse soit à l'abri de toute objection.

Les divers rayons lumineux ne sont pas tous également calorifiques ; le violet élève moins le thermomètre que l'indigo ; celui-ci moins que le bleu ; de manière que le pouvoir calorifique va en décroissant jusqu'au rouge.

Relativement à leur action chimique, Schéele a reconnu que le rayon violet était celui qui avait une action plus énergique. Sennebier a fait une observation curieuse, c'est qu'il avait aussi la propriété de mieux développer la couleur verte des plantes.

La division de la lumière en trois sortes de rayons est soutenue par quelques physiciens, d'après les observations de Herschell, qui a vu que, hors du spectre, au-delà du rayon rouge, il se trouvait des rayons calorifiques plus chauds que lui, et celles de Wollaston, Richter et Beckhmann, constatant qu'après le rayon violet, toujours hors du spectre, on en trouve d'obscurs, qui ne produisent point de chaleur, et qui noircissent plus promptement le chlorure d'argent que tous les autres.

La lumière exerce la plus grande influence sur presque tous les corps de la nature, principalement sur ceux que nous avons appelés organiques. En effet, les végétaux qui en sont privés s'étiolent, perdent leurs belles couleurs vertes, ainsi qu'une grande partie de leurs principes aromatiques, et deviennent aqueux : leur saveur change, leur couleur est jaunâtre, etc. ; ils sont alors appelés *étiolés*. Ils cherchent avec avidité la lumière ; aussi les voit-on, s'ils sont placés dans un lieu obscur où la lumière pénètre par quelque ouverture, s'y diriger constamment, et leurs rameaux s'étendre prodigieusement pour y arriver. Il en est de même des arbres placés dans les forêts épaisses ; leurs rameaux inférieurs, dont les supérieurs interceptent le contact de la lumière, s'allongent jusqu'à ce qu'ils puissent se mettre en contact avec elle. Les végétaux étiolés, exposés à la lumière, reprennent leurs propriétés. Son influence sur l'espèce humaine est aussi bien reconnue. Nous savons que les individus qui en sont privés deviennent chlorotiques, et s'étiolent, pour ainsi dire. Ils sont sujets aux maladies scrophuleuses, s'affaiblissent, perdent leur activité, et leur système absorbant s'engorge le plus souvent, etc. On n'a qu'à jeter un coup d'œil sur ce grand nombre d'enfans entassés dans les hospices, sur les prisonniers, et généralement sur tous ceux qui vivent en reclusion. La lumière paraît influer même sur les diverses affections morbides. La société de médecine de Bruxelles, pénétrée de cette influence, mit cette question au concours. Le prix fut adjugé à l'ouvrage du docteur Murat intitulé : *Traité des maladies nocturnes.*

De l'électricité et du magnétisme terrestre.

Le premier fait physique que l'on trouve consigné dans l'histoire de l'électricité, c'est la propriété dont jouit le succin ou ambre jaune qu'on vient de frotter, d'attirer de petits corps. Thalès de Milet attribue la force d'attraction et de répulsion de l'électricité, à un esprit particulier mis en mouvement par le frottement; cette hypothèse fut reproduite par Boyle. L'histoire des phénomènes que présente l'électricité se rattache plus particulièrement à la physique. Cependant, comme il est reconnu maintenant que l'électricité joue un grand rôle dans les réactions chimiques, et que c'est par son secours qu'on est parvenu à reconnaître la nature intime de plusieurs corps, nous allons entrer dans quelques détails relativement à ses rapports avec la chimie.

Dans des circonstances favorables, le frottement, le contact, la pression, l'élévation de température, etc., développent, dans tous les corps, une propriété dite électrique, en vertu de laquelle ils attirent à eux et repoussent ensuite les corpuscules légers. L'explication de ce phénomène, et celle des attractions qui ont lieu entre certains corps électrisés, ont conduit le plus grand nombre de physiciens à admettre dans les corps deux fluides de nature différente, qui se neutralisent dans les corps à l'état ordinaire et constituent cet état d'équilibre qu'ils appellent *repos électrique.* Lorsqu'ils contiennent un excès de l'un de ces deux fluides, ils attirent les autres corps non électrisés. Par le frottement on accumule l'un de ces fluides à la surface des corps. Si l'on en approche alors un autre, ce fluide pourra traverser l'air et produire, en s'unissant avec celui qui est de nature différente, une étincelle, accompagnée de bruit, de lumière et de chaleur, et en répandant une odeur *sui generis*. Ces deux fluides réunis et neutralisés ont reçu le nom d'*électricité* ou *fluide électrique*. On a assigné à chacun d'eux un nom différent; l'un est connu sous celui de *fluide positif*, et l'autre sous celui de *négatif*: on leur donne également ceux de fluide *vitré* et de fluide *résineux*. Ces dernières dénominations sont impropres, attendu que le verre et la résine se chargent de l'un et de l'autre de ces fluides, suivant la nature des corps avec lesquels on les frotte (1), et même suivant l'état de leur surface. Les molécules d'un même fluide se repoussent, et celles des fluides de diverse nature s'attirent. C'est sur cette propriété, aujourd'hui bien constatée, que plusieurs physiciens cherchent à établir la théorie des affini-

---

(1) Il existe une loi générale, c'est que les corps frottés et frottans acquièrent des électricités opposées, à l'exception du dos d'un chat vivant, qui s'électrise toujours vitreusement, quel que soit le frottoir que l'on emploie. Tous les métaux électrisent le soufre vitreusement, si l'on en excepte le plomb et les autres frottoirs qui l'électrisent résineusement. Les résines, frottées entre elles, développent l'électricité vitrée et résineuse, et avec tous les autres corps, cette dernière. La soie blanche s'électrise vitreusement avec la soie noire, le drap noir et les métaux, tandis qu'elle s'électrise résineusement avec le papier, la main de l'homme, la peau de belette, etc.

tés chimiques. Suivant eux, le degré d'affinité des corps les uns pour les autres, est d'autant plus fort qu'ils ont des affinités électriques plus opposées. Ce qu'il y a de bien démontré, c'est que les corps, en réagissant les uns sur les autres, présentent des phénomènes électriques fort curieux, que M. Becquerel vient de consigner en partie dans un mémoire qu'il a lu à l'Institut et qu'il a eu la bonté de nous communiquer.

Lorsque la nature des corps qui aboutissent à du fluide électrique le permet, ce fluide s'étend à leur surface jusqu'à ce qu'il en rencontre un autre dont la nature particulière s'oppose à sa marche. Ceux qui donnent passage, ou transmettent l'électricité, sont appelés bons conducteurs d'électricité; quand ils n'en développent pas par le frottement, on les appelle *anélectriques*. Ceux qui s'opposent à son passage, et par conséquent ne la transmettent pas, sont appelés non conducteurs ou isolans; ceux-ci développent l'électricité par le frottement, et portent le nom d'*idioélectriques*. Il suffit souvent d'un changement de forme pour leur donner ou leur ôter cette propriété conductrice. La forme cristalline, par exemple, à l'exception de celle des métaux, s'y oppose. Ainsi, le diamant et la glace sont mauvais conducteurs, tandis que le carbone et l'eau sont conducteurs; le verre, la graisse, les résines, etc., sont de mauvais conducteurs, tandis qu'ils transmettent le fluide électrique lorsqu'ils sont fondus. Il est aussi des conducteurs qui ne sont susceptibles que de recevoir une espèce d'électricité lorsqu'on en forme des chaînons pour le circuit voltaïque.

M. Hermann, à qui nous devons ces observations, les appelle *unipolaires*.

Le frottement a été long-temps l'unique moyen dont on se servait pour développer l'électricité; les machines électriques reposaient sur cette propriété. De tous les moyens connus, celui que les chimistes ont généralement adopté, c'est celui qui est fondé sur le contact de deux métaux de nature différente, tant parce qu'il est beaucoup plus énergique que parce qu'il agit sans interruption. La découverte de cette propriété date de 1789; elle est due à Galvani, professeur de physique à Bologne. Il la fit en examinant l'excitabilité que produit l'électricité sur les organes musculaires. Il crut que le fer et le cuivre, par leur contact, développaient un fluide particulier auquel on donna le nom de fluide galvanique, et à la nouvelle science qu'il venait de créer, celui de galvanisme. Volta entra bientôt après dans cette carrière, et la parcourut avec le plus grand succès. Il perfectionna les appareils de Galvani et inventa celui qui porte le nom de *pile voltaïque*, au moyen duquel H. Davy, Gay-Lussac, Thénard, Berzélius, Wollaston, etc., ont fait une foule de découvertes. Depuis ce temps, plusieurs bons physiciens, à la tête desquels nous placerons le docteur Wollaston (1), se sont livrés à une foule d'expériences du plus grand intérêt, et ont reconnu l'identité des fluides galvanique et électrique, comme Francklin avait reconnu l'identité de celui de la foudre

____

(1) *Voyez* son bel ouvrage ayant pour titre : *Experiments on the Chemical and agency of electricity*.

avec ce dernier ; de manière que la science électro-chimique est maintenant une de celles qui contri-buent le plus aux progrès de la chimie. Lorsque l'on soude une plaque de cuivre avec une plaque de zinc, leur système se constitue à l'état électrique ; le fluide positif s'accumule sur le zinc, et le négatif sur le cuivre. En réunissant plusieurs de ces élé-mens, qu'on appelle *paires de plaques*, et en les sépa-rant par des corps conducteurs de l'électricité, sans action électromotrice sur les métaux, tels que des morceaux de drap imbibés d'une dissolution saline ou acide, on forme cette pile de Volta, au moyen de laquelle on est parvenu à décomposer l'eau, la po-tasse, la soude, etc., et à produire un tel degré de chaleur, qu'on a liquéfié par ce moyen le carbone. Ce fut en 1800 que Volta fit connaître son appareil ; depuis ce temps on l'a beaucoup perfectionné. Celui dont on fait usage est composé d'une cuve en bois de chêne, dans laquelle on place plusieurs paires de plaques carrées, disposées de manière à ce que le métal zinc soit toujours à côté du cuivre. On les fixe dans la cuve au moyen d'un mastic com-posé d'une partie de cire et trois de résine, et on les vernisse. Ces plaques sont placées à des distances égales et quelquefois assez grandes pour y interpo-ser d'autres paires adhérentes à une pièce de bois qu'on élève ou abaisse à volonté. Lorsqu'on veut s'en servir, on remplit l'auge avec de l'eau contenant un mélange de $\frac{1}{40}$ à $\frac{1}{60}$ d'acides nitrique et sulfuri-que, dans les proportions de deux du premier sur cinq du second. L'on adapte à chacune des extré-mités de la pile un fil de platine, d'or, ou de laiton, qu'on fait communiquer avec les corps qu'on veut décomposer. La force de cet appareil est relative au nombre et à la surface de ces plaques; on peut donc les faire aussi minces que l'on veut, sans en diminuer l'effet. Lorsqu'on veut produire de grands effets, on réunit plusieurs de ces auges, par leurs pôles positif et négatif, au moyen de conducteurs faits avec de gros fils de platine ou de cuivre jaune, en leur donnant la forme d'un U. La plus belle pile voltaïque est celle de M. Children, qui est composée de deux mille paires. Elle a été faite par souscription à l'institution royale de Londres; sa surface totale est de 128,000 pouces carrés, ou environ 83 mètres carrés (1). C'est la plus puissante que l'on connaisse tant en effets calorifiques qu'en intensité électro-chimique.

Les deux fluides positif et négatif se meuvent séparément avec une telle vitesse, qu'on a calculé qu'ils pouvaient parcourir en dix secondes un fil métallique d'une longueur de dix lieues. Le fluide électrique ne peut être conservé dans le vide; ce qui annonce qu'il est retenu sur la surface des corps par la pression atmosphérique. Il est même bien démontré qu'il ne se répand que sur la surface des corps, et qu'il n'en existe aucune trace dans l'intérieur. La quantité qu'ils en contiennent est en raison directe de cette surface, sans que la forme creuse ou solide puisse y apporter aucun changement, de même que la nature des corps, à moins

(1) *Voyez* l'excellent article *Electricité* du *Dictionn. de Chimie* du docteur Ure.

qu'ils ne décrivent un ellipsoïde. Dans ce cas, le sommet du grand axe aura la couche la plus épaisse, et celui du plus petit, la plus mince. D'après ce principe, il est bien évident que les corps sphériques retiendront beaucoup mieux le fluide électrique que les corps aigus, attendu que la couche de fluide électrique est bien plus considérable à l'extrémité des pointes que dans toutes les autres parties. L'on a constaté que la déperdition du fluide électrique était en raison directe du carré de l'épaisseur. C'est sur la connaissance de la propriété des pointes qu'est fondée l'invention des paratonnerres.

Lorsque les deux extrémités de la pile sont isolées l'une de l'autre, l'électricité galvanique est alors à l'état de tension ou de repos, et ses propriétés sont analogues à celles des machines électriques ordinaires. Mais dès qu'elles sont mises en communication par un corps conducteur, de manière à former un circuit complet, l'électricité change d'état, elle se met en mouvement, établit des courans et un autre ordre de phénomènes, qui deviennent tels que sa puissance chimique est incalculable. Ainsi la plupart des composés insolubles ne résistent point à son action ; l'agrégation la plus forte est rompue ; les corps sont fondus, brûlés ou oxidés, etc. M. H. Davy, l'un des chimistes qui se sont le plus occupés d'électro-chimie, a établi cette loi générale que les métaux, les oxides, les substances inflammables, etc., se portaient au pôle négatif, tandis que l'*oxigène*, le *chlore*, l'*iode* et les *acides* se rendaient au pôle positif. La décomposition de l'eau nous en offre un exemple. L'hydrogène se rend au pôle négatif et l'oxigène au pôle positif.

Les corps non conducteurs servent à isoler le fluide électrique contenu à la surface des corps, de la terre, qui en est le réservoir commun; on les nomme *isoleurs*.

On a imaginé des instrumens très-ingénieux pour reconnaître la quantité de fluide électrique des corps; on les appelle *électromètres*.

Ceux qui sont destinés à reconnaître l'espèce de fluide qu'ils contiennent, ont reçu le nom d'*électroscopes*.

Quant aux corps qui sont propres à développer l'électricité par leur seul contact avec des corps d'une nature différente, on leur a donné celui d'*électromoteurs*, d'après la dénomination d'*appareil électromoteur*, que Volta avait donné à son appareil.

De l'action de l'électricité sur le corps humain.

Le corps humain est susceptible de recevoir les deux espèces de fluides électriques, de s'en charger à sa surface, s'il est isolé de la terre, ou de servir de conducteur, s'il est en communication avec d'autres corps. Le fluide électrique peut traverser un nombre indéterminé d'individus isolés de la terre, se tenant par la main, et se porter sur le corps que le dernier touche sans éprouver aucune interruption dans sa marche, à moins que l'un d'eux ne se mette en communication avec la terre. Si l'on approche un corps conducteur, qui ne soit ni électrisé, ni isolé, ni terminé en pointe, d'un homme électrisé et isolé de la terre, il se produit aussitôt un bruit accompagné d'une étincelle et d'une douleur *pongitive* : si plusieurs individus sont en communication électrique, ils l'éprouvent tous en même temps. On peut, en tirant un grand nombre d'étincelles dans une même partie du corps, y développer une rougeur et même un gonflement.

Dès le moment qu'on est isolé et qu'on est en communication avec le fluide électrique, on sent les cheveux se dresser, le pouls devient quelquefois accéléré et la transpiration plus forte. Le fluide électrique ne se porte qu'à la surface de notre corps et jamais à l'intérieur; il est donc bien évident qu'il ne doit exercer une action vive que sur les fonctions de la peau. S'il s'opère une réaction sur les autres organes, ce ne peut être, comme l'ont pensé messieurs Hallé et Nysten, que par l'effet sympathique que les nerfs cutanés exercent sur les autres parties du corps; tandis que l'augmentation d'activité dans les fonctions de la peau est constante.

L'abbé Nollet fut le premier physicien qui proposa d'appliquer l'électricité à la médecine, comme M. Jalabert de Genève est celui qui annonça, en 1747, la guérison d'une paralysie par ce moyen. Le professeur Sauvage, Lindhult, médecin suédois, et de Haën, confirmèrent cette observation et en publièrent de semblables. Ce nouveau champ fut exploité presque aussitôt par le charlatanisme, comme il l'est encore de nos jours. Témoin des éloges et des critiques que recevait cette nouvelle méthode, la société royale de médecine nomma une commission pour suivre les expériences qu'on allait entreprendre dans l'établissement qu'avait formé M. Mauduyt, l'un de ses membres. Il en résulta que, pour le traitement de l'épilepsie, l'électricité fut quelquefois utile et quelquefois dangereuse. Pour les paralysies récentes elle opérait le plus souvent de bons effets, ainsi que pour les surdités qui n'étaient pas de naissance. Quant au traitement des rhumatismes simples ou goutteux, des engorgemens, des amauroses, les guérisons furent rares; on n'en obtint aucune de cette dernière maladie, quoique M. de Saussure ait annoncé en avoir opéré une. L'électricité agit assez bien pour rappeler le flux menstruel. De Haën assure avoir guéri par ce moyen la chorée. Enfin le docteur Strong a rappelé à la vie, au moyen de l'électricité, un noyé, malgré que le traitement n'eût commencé qu'une demi-heure après l'événement. On peut voir les détails de la manière dont il procéda, dans les *Archives générales de médecine*, août 1823. Parmi les physiciens modernes, MM. Dumas et Prévost doivent être cités pour leurs travaux sur l'application de l'électricité à la médecine. Ils ont entrepris une série d'expériences pour tâcher de dissoudre quelques calculs dans la vessie des chiens; si ces deux savans parviennent à de si heureux résultats, ils auront rendu le plus grand service à l'humanité. Enfin, le docteur Marcelin, qui s'occupe depuis long-temps d'électricité médicale, va publier sur ce sujet un ouvrage plein de faits intéressans.

Magnétisme terrestre.

Jusqu'à nos jours on ne connaissait à l'aimant que la propriété *attractive*, ou bien d'attirer le fer, son protoxide, son protocarbure ou acier, le cobalt et le nickel ; et la propriété *directrice*, ou bien de rechercher le pôle nord dans nos climats : c'est ce qui a rendu la boussole si précieuse aux navigateurs et aux géographes. L'explication de ces phénomènes et des répulsions magnétiques avait fait admettre deux fluides particuliers, désignés sous le nom de *fluide magnétique austral*, et *fluide magnétique boréal*. M. Oërsted, en observant l'action d'un courant électrique sur l'aiguille aimantée, a ouvert une nouvelle porte aux découvertes de MM. Arago, Ampère, Davy, Faraday, etc. Il en est résulté, de leurs savantes recherches, la connaissance de l'identité des fluides électrique et magnétique. Tous les faits observés dépendent en effet des attractions et des répulsions qui ont lieu entre deux courans électriques, suivant leurs directions et leurs positions respectives. L'action de la terre sur les courans électriques est la même que celle qu'elle exerce sur l'aiguille aimantée ; elle est entièrement représentée par l'action d'un courant électrique circulant autour de la terre dans une direction voisine de celle de l'est à l'ouest dans nos climats. Or, comme l'action des aimans sur les courans électriques est semblable à celle de la terre sur ces courans ; comme l'on fabrique avec des courans électriques des aimans artificiels, et que l'on aimante enfin des aiguilles par l'influence des courans électriques, l'on a été forcé de reconnaître l'identité des fluides électrique et magnétique.

Le fluide magnétique se trouve intimement uni au fer oxidé qu'on trouve à l'île d'Elbe, en Suède et en Corse. D'après ce qui précède, il est évident qu'il existe des aimans naturels et des artificiels. On prépare les derniers comme nous l'avons déjà dit, mais communément en frottant les métaux précités l'un contre l'autre, toujours dans le même sens. Quoique l'acier soit le métal dont le magnétisme est le plus intense, il est cependant bien démontré que les métaux magnétiques, en se combinant avec d'autres combustibles, surtout avec le soufre, perdent leur magnétisme. M. Hatchett a cependant annoncé que les protosulfures et les phosphures métalliques étaient susceptibles de former de bons aimans (1).

L'aimant, soit naturel, soit artificiel, jouit d'une propriété bien remarquable, celle de se diriger d'un côté vers le pôle nord, et de l'autre vers le pôle sud, en s'inclinant vers le premier de ces pôles dans l'hémisphère boréal, et vers le second, dans l'hémisphère austral. A tous les points de la ligne dite *équateur magnétique*, il ne penche d'aucun côté.

(1) Cette assertion n'est vraie que lorsque le métal n'est uni qu'avec une petite quantité de combustible, car en grandes portions il détruit totalement sa vertu magnétique. Nous en avons des exemples dans l'acier et le carbure de fer ou plombagine.

SECONDE PARTIE.

DES CORPS PONDÉRABLES.

LIVRE III.

CHAPITRE PREMIER.

De l'oxigène et de la combustion.

HISTOIRE de l'oxigène. L'oxigène est un corps simple qu'on ne rencontre jamais pur dans la nature, mais combiné avec d'autres corps. Il y existe sous les formes solide, liquide, ou aériforme. C'est sous ce dernier état que nous allons l'étudier.

Le gaz oxigène, inconnu aux anciens, fut entrevu par Bayen, en 1774, en réduisant, sans aucune addition, quelques oxides métalliques. Priestley, frappé des expériences de Bayen, les répéta de diverses manières, et parvint, le premier août de la même année, à découvrir ce gaz, auquel

7

il donna le nom d'air déphlogistiqué. Presqu'en même temps, Schéele reconnut que les sulfures liquides et le phosphore absorbaient une partie de l'air, et que le résidu était impropre à la combustion. Dès que ces découvertes furent connues, les plus grands chimistes s'empressèrent de s'emparer de ce nouveau corps, auquel ils assignèrent divers noms, tels que ceux d'*air éminemment respirable, air vital, air pur, air du feu, air empiréal, principe sorbile;* enfin celui d'*oxigène* lui fut donné par les auteurs de la nouvelle nomenclature chimique, en raison de la propriété qu'ils lui attribuaient d'être le seul corps propre à acidifier les autres. On lui a conservé ce nom, tout en reconnaissant que cette même propriété lui était commune avec un autre gaz, et qu'elle pouvait être même le résultat de la simple combinaison de quelques combustibles.

Propriétés de l'oxigène. L'oxigène, combiné avec le calorique, est un gaz incolore, inodore et insipide. Son poids spécifique est à celui de l'air :: 1,1025 est à 1000, et à celui de l'eau :: 13,3929 : 1000. Si on lui fait subir une forte et subite pression, il s'échauffe et dégage de la lumière. On sait que tous les gaz sont susceptibles de s'échauffer lorsqu'on les comprime; mais l'oxigène, l'air et le chlore jouissent seuls, d'après M. Saissy, de la propriété de devenir lumineux; ils la possèdent dans l'ordre suivant : oxigène, chlore, air.

Le calorique le dilate; c'est de tous les gaz celui qui réfracte le moins la lumière. Une propriété bien caractéristique de l'oxigène, c'est de pouvoir s'unir avec tous les corps simples, tantôt avec émission de calorique, et tantôt avec émission de calorique et de lumière. Fourcroy le regarde comme la cause de la saveur des corps insipides avec lesquels il se combine. Il est le seul gaz propre à la respiration.. Un oiseau placé dans une cloche pleine de ce fluide élastique y vit plus long-temps que si elle était remplie d'air commun. Après sa mort, le gaz résidu est assez pur pour qu'un autre oiseau puisse y vivre encore quelque temps. C'est à son union avec une classe de combustibles simples qu'est due l'oxidation. Le gaz oxigène est soluble dans l'eau ; la quantité que ce liquide est susceptible d'en dissoudre est d'autant plus forte que sa température est plus basse et sa pression plus forte. Sous celle de 76 centimètres et à $+$ 10 degrés, il en dissout plus de 4 pour cent de son volume.

Extraction. On se procure le gaz oxigène en pulvérisant du peroxide de manganèse, et l'introduisant dans une cornue de grès qu'on porte successivement jusqu'au rouge. A ce degré de température, le gaz oxigène passe par un tube qu'on a adapté à la cornue, et va se rendre sous une cloche pleine d'eau placée sur la machine pneumatique. On doit rejeter les premiers produits, parce qu'ils contiennent toujours de l'air atmosphérique, et quelquefois même de l'acide carbonique, si le peroxide est uni, comme cela arrive souvent, avec quelque carbonate.

On le prépare aussi en introduisant le même peroxide dans une cornue, et y versant par-dessus de l'acide sulfurique étendu d'eau. Il suffit d'une douce chaleur pour en opérer le dégagement. Il arrive souvent qu'il passe en même temps une substance saline très-blanche qui obstrue le tube et fait manquer l'opération. On peut l'obtenir aussi à l'état de pureté, en chauffant du chlorate de potasse dans une cornue de verre. On reconnaît que le gaz oxigène est très-pur lorsqu'il se combine avec deux fois son volume de gaz hydrogène.

Usages. Le gaz oxigène a été employé en médecine dans quelques maladies de poitrine. MM. Beddoës et Watt assurent en avoir obtenu de bons effets en le faisant inspirer à des personnes attaquées d'ulcères invétérés d'une mauvaise nature, dans la lèpre, la paralysie, etc. L'asthme humide est la maladie dans laquelle ses propriétés médicamenteuses ont été le mieux constatées. Sur vingt-deux malades, douze ont été guéris, neuf soulagés, et trois n'en ont éprouvé ni soulagement ni malaise [1]. Le gaz oxigène a été très-vanté dans les phthisies, mais on n'a pas tardé à s'apercevoir de ses mauvais effets. M. Chaptal est bien loin de le regarder comme un spécifique dans cette maladie; « mais il inspire, » dit-il, de la gaîté, contente le malade, et dans » les cas désespérés c'est assurément un remède » précieux, que celui qui répand des fleurs sur » notre tombe, et nous prépare de la manière la » plus douce à franchir ce pas effrayant. »

[1] Bibliothèque britann., tom. VI.

De la combustion.

Nous avons déjà vu que le nom de corps combustibles avait été donné à tous ceux qui étaient susceptibles de se combiner avec l'oxigène : d'après cela, on a donné le nom de combustion à cette combinaison. La combustion ne s'opère jamais sans qu'il y ait une production plus ou moins forte de calorique, et quelquefois de lumière, avec cette différence qu'il peut y avoir émission de calorique sans lumière, et jamais dégagement de lumière sans calorique. Pour bien concevoir ce phénomène, il faut se rappeler ce que nous avons dit à l'article *Calorique*, que cet agent dilatait tous les corps de la nature en s'unissant avec eux, et que, lorsque ces corps passaient à l'état de gaz, ils étaient pour ainsi dire fondus dans le calorique, et leurs molécules très-écartées par cet agent répulsif. Il est donc clair que, dans la combustion, les molécules du gaz oxigène se rapprochent considérablement pour se combiner avec le combustible, et abandonnent le calorique qui les tenait écartées. Ce calorique, devenu libre, manifeste sa présence par ses effets ; de manière qu'en admettant, avec un grand nombre de physiciens-chimistes, que la lumière n'est qu'une modification du calorique, une portion de ce calorique, lorsque la température s'élève de 550 à 600 °, peut devenir lumière ; car ce n'est qu'à cette température que les corps deviennent lumineux. Telle est la théorie admise par le plus grand nombre des chimistes, et à laquelle on a fait des objections puissantes. Il en est une surtout qui paraît péremptoire; c'est la combustion du carbone dans le gaz oxigène qui donne son volume égal de gaz acide carbonique; de manière que le carbone, en passant à l'état gazeux, absorbe nécessairement beaucoup de calorique qu'il ne peut prendre au gaz oxigène, qui n'est ni liquéfié, ni solidifié. Outre cela, il s'en dégage une si grande quantité, qu'elle opère la fusion de plusieurs corps que la combustion dans l'air ne peut produire. Dans cette combinaison, le rapprochement des molécules du gaz oxigène n'est pas assez fort pour dégager tant de calorique. Il est aussi des corps qui, en se combinant, produisent beaucoup de chaleur, tels que l'acide sulfurique et l'eau, ou l'alcool; d'autres qui produisent du calorique et de la lumière, comme les métaux qui sont brûlés par le chlore; il en est, enfin, qui dégagent de la lumière sans que l'émission de calorique soit très-forte, comme dans la combustion lente du phosphore.

M. Berzélius, dans son *Essai sur la théorie des proportions chimiques*, a émis la théorie suivante. La combustion est, suivant lui, la combinaison des corps avec un dégagement de calorique qui n'appartient pas uniquement à l'oxigène, et qui peut, dans certaines circonstances favorables, avoir lieu dans les combinaisons entre la plupart des corps. Il croit aussi que la lumière et le calorique, qui en sont le produit, ne sont point dus à un changement de densité des corps, ni à un moindre degré de calorique spécifique des nouveaux produits, puisque le calorique spécifique est souvent plus fort que celui des principes constituans des corps brûlés.

Après avoir fixé son attention sur l'action du fluide électrique sur les corps combustibles, il suppose que les corps qui sont près de se combiner montrent des électricités libres, opposées, qui augmentent de force à mesure qu'elles approchent plus de la température à laquelle la combinaison a lieu, jusqu'à ce qu'à l'instant de l'union les électricités disparaissent avec une élévation de température si grande qu'il se produit du feu. Dans l'état actuel de nos connaissances, ajoute-t-il, l'explication la plus probable de la combustion, et de l'ignition qui en est l'effet, est donc *que dans toute combinaison chimique il y a neutralisation des électricités opposées, et que cette neutralisation produit le feu de la même manière qu'elle le produit dans les décharges de la bouteille électrique, de la pile électrique et du tonnerre, sans être accompagnée dans ces derniers phénomènes d'une combinaison chimique.* On voit que cette théorie repose sur des hypothèses à la vérité très-ingénieuses. Ce savant a la bonne foi d'en convenir : « J'ai introduit, dit-il, au lieu d'une hypothèse qui ne suffit plus, une autre qui, jusqu'à présent, est conforme à l'expérience acquise, mais qui peut-être sous peu aura le sort de la première, et ne sera plus d'accord avec une expérience plus étendue. »

M. Pelletan ne regarde pas les cas que nous avons cités contre la théorie de la combustion, comme de vrais combustions, mais comme de simples combinaisons.

Nous ne parlerons point de la théorie des combustions humaines ; il paraît que la nature a jeté sur ce phénomène un voile épais qu'on n'a pas encore soulevé. Je me bornerai à dire que le docteur Marchand a vu un forgeron atteint d'une semblable combustion qui n'a altéré que la main et la cuisse. La chaleur du jour était très-forte. Le malade est bien guéri.

Rigoureusement parlant, si l'on appelle oxides les corps simples qui se combinent avec l'oxigène sans éprouver aucune décomposition, et acides ceux qui forment également, par cette union, une classe d'acides particuliers, on devrait réserver ce mot de combustion à l'action de l'oxigène sur les corps composés végétaux ou animaux qu'il détruit complétement, en donnant lieu à des produits nouveaux.

M. Davy a fait des recherches très-curieuses sur la flamme, qui l'ont conduit à la découverte d'un acide qu'il a appelé, avec MM. Faraday et Daniell, acide *lampique*. Nous regrettons qu'elles soient trop étendues pour être consignées dans cet ouvrage élémentaire.

CHAPITRE II.

Des corps combustibles simples.

Le nom de corps combustibles simples a été donné à tous ceux qui sont susceptibles de se combiner avec l'oxigène, et d'être jusqu'à présent indécomposés. Par cette union, les corps forment des oxides ou des acides. On a porté leur nombre à cinquante et un, sans y comprendre le radical présumé de l'acide fluorique, auquel M. Ampère a donné le nom de phthore, qui signifie en grec *ruiner, détruire, délétère.* On les divise en combustibles simples non métalliques et en métaux. Nous allons les examiner successivement dans les deux chapitres suivans.

Combustibles simples non métalliques.

Ces corps sont au nombre de neuf. Trois sont constamment à l'état gazeux : ce sont l'hydrogène, le chlore et l'azote. Par aucun abaissement de température on n'a pu les liquéfier ; cependant M. Faraday, de Londres, est parvenu, par une forte pression, à faire passer le chlore à l'état liquide. Les six autres conservent toujours leur état solide à la température ordinaire. On les divise en fusibles et volatils, et en fixes et infusibles. Le phosphore, le soufre, le sélénium et l'iode appartiennent à la première classe; le bore et le carbone constituent la seconde. A la température ordinaire, aucun de ces neuf corps n'a d'action sur le gaz oxigène. Il est même bien reconnu qu'à une température élevée, l'azote, le chlore et l'iode ne s'unissent point avec lui, tandis que les six autres brûlent dans ce gaz avec dégagement de calorique et de lumière.

De l'hydrogène.

Histoire. Depuis long-temps l'expérience avait démontré qu'il se dégageait des houillères un air, auquel les mineurs donnent le nom de *feu grisou*, qui s'enflammait et détonnait fortement, aussitôt qu'il était en contact avec un corps en ignition. Boyle, Hales, Boërhaave, Stahl, ont également parlé dans leurs ouvrages d'un gaz qui se produisait dans quelques opérations, et qui joignait à la propriété de s'enflammer celle de détonner. Cavendish est le premier chimiste qui a fait connaître, en 1766, la nature particulière et les propriétés de ce gaz. Il lui donna le nom d'*air inflammable.* Un des plus grands physiciens de son temps, Priestley, l'étudia avec soin, et depuis, Sennebier, Volta, et la plupart des chimistes français, en firent l'objet de leurs recherches. Lorsqu'on créa la nouvelle nomenclature chimique, on lui donna le nom de gaz *hydrogène*, tiré de deux mots grecs *j'engendre l'eau.* Cette dénomination n'est pas de la dernière exactitude, puisque ce gaz engendre également une classe d'acides, un alcali, etc.

Propriétés physiques. L'hydrogène pur n'a ni odeur ni saveur. Son poids spécifique est à celui de l'air :: 1,0000 : 0,0688. Il est donc 15 fois plus léger : c'est d'après cette propriété que l'on construit de nos jours les aérostats. On peut même le conserver dans des vases découverts, en plaçant l'ouverture en bas; si on la tient au contraire en haut, il s'élève dans l'air en raison de sa légèreté. On produira le même effet si l'on place deux éprouvettes l'une sur l'autre; l'une, plus petite, pleine de gaz hydrogène, et l'autre remplie d'air; ce gaz s'élèvera toujours dans l'éprouvette supérieure.

Malgré que l'hydrogène soit très-inflammable, il éteint cependant les corps enflammés. Si l'on plonge dans un vase plein de ce gaz une bougie allumée, elle enflamme d'abord la couche supérieure, et s'éteint ensuite. Elle ne se rallume que lorsqu'on l'en retire.

Par aucun degré de froid ni par aucune pression on n'a pu faire perdre au gaz hydrogène sa forme gazeuse. MM. Kerby, Merrick, Lelie et Farey ont reconnu qu'il était très - mauvais conducteur du son.

Propriétés chimiques. Le calorique dilate ce gaz de même qu'une diminution de pression; voilà pourquoi on ne remplit qu'aux trois quarts les aérostats. Sans cette sage précaution, dès qu'ils seraient assez élevés pour que la diminution de pression fût assez forte, le ballon serait déchiré. Aussi, le aéronautes ne manquent pas, lorsqu'ils voient que le gaz est bien raréfié, et que par conséquent la pression atmosphérique diminue, d'ouvrir une soupape pour en évacuer une partie. Ce fut la cause de la mort de l'infortunée madame Blanchard. Elle avait placé dans sa nacelle un feu d'artifice auquel elle mit le feu. S'étant aperçue, par la grande dilatation du gaz, que le ballon montait rapidement, elle s'empressa d'ouvrir la soupape, afin d'éviter l'explosion. Il en résulta que le ballon, s'élevant avec une grande rapidité, laissa une trainée de gaz hydrogène qui s'enflamma de suite, et détermina la combustion de l'aérostat.

De tous les corps gazeux, l'hydrogène est celui qui réfracte le plus la lumière à froid. Il peut se mêler avec le gaz oxigène sans contracter aucune union. Pour qu'elle ait lieu, il faut que la température soit portée à ce qu'on appelle la chaleur rouge. Par sa combustion, il dégage beaucoup plus de calorique qu'aucun des autres corps combustibles. C'est en raison de cette propriété, qu'en le combinant avec le gaz oxigène, on parvient à donner un tel degré de chaleur, qu'en quelques secondes on fond les corps qu'on expose à leur foyer.

Le gaz hydrogène, en brûlant avec l'oxigène, en absorbe la moitié de son volume; ce qui fait 88,90 d'oxigène en poids, et 11,10 d'hydrogène : le résultat est de l'eau pure. L'instrument dans lequel on fait cette expérience est connu sous le nom d'endiomètre; nous en parlerons lorsque nous traiterons de l'air.

Avec *l'air atmosphérique*, il ne contracte pas d'union à froid; il ne fait que s'y mêler. Mais si on en approche un corps enflammé, ou qu'on y fasse passer l'étincelle électrique, il y a de suite combustion et détonation. C'est cette propriété qui le fait regarder comme un des meilleurs moyens eudiométriques que nous possédions.

Avec *le gaz azote*, il ne produit qu'un simple mélange, à moins qu'ils ne se trouvent en contact au moment qu'ils se dégagent d'un corps organique en décomposition : ils forment alors de l'ammoniaque.

Le *carbone*, le *chlore*, le *phosphore*, le *soufre*, le *sélénium*, l'*iode*, le *potassium*, l'*arsenic* et le *tellure*, etc. peuvent s'unir avec l'*hydrogène*, et former, par cette union, les composés suivans :

Hydrogène combiné

Avec oxigène,	forme eau et peroxide d'hydrogène.
chlore,	acide hydrochlorique.
iode,	acide hydriodique.
soufre,	acide hydrosulfurique et hydrure de soufre.
arsenic,	hydrogène arseniqué et hydrure d'arsenic.
tellure,	hydrogène telluré et hydrure de tellure.
potassium,	hydrogène potassié et hydrure de potassium.
cyanogène,	acide hydrocyanique.
carbone,	hydrogène proto et percarboné.
azote,	ammoniaque.
phosphore,	hydrogène proto et perphosphoré.

État naturel. L'on n'a encore trouvé le gaz hydrogène qu'en combinaison avec d'autres corps, et surtout avec l'oxigène, l'azote, le carbone et le soufre.

Avec le premier gaz, il constitue l'eau ; avec le second, l'ammoniaque; avec le troisième, le gaz in-flammable des mines de houille et des marais; avec le quatrième, l'acide hydrosulfurique, qu'on trouve aux environs des volcans, et dans une classe d'eaux minérales ; enfin, il existe en union compliquée avec tous ces corps dans les végétaux et les animaux.

Préparation. On se procure le gaz hydrogène par la décomposition de l'eau, qu'on opère en mettant de la limaille de fer, ou du zinc en grenaille, dans un flacon à deux tubulures. On y verse ensuite une suffisante quantité d'eau, après quoi on y introduit par un tube de l'acide sulfurique. Il se produit aussi-tôt une vive effervescence, et il passe, sous la cloche qu'on a placée sur la planchette de la machine pneu-mato-chimique, du gaz hydrogène. On rejette les premières portions, parce qu'elles sont mêlées avec l'air atmosphérique des appareils. En cet état, ce gaz n'est pas pur; il tient en dissolution une substance hui-leuse qui lui communique une légère odeur. MM. Ber-zélius et Dulong ont proposé de le mettre en con-tact avec la potasse caustique, pour le purifier.

Usage. Le gaz hydrogène est employé dans nos laboratoires pour l'analyse de l'air et la recompo-sition de l'eau; pour diverses expériences de phy-sique, comme le pistolet de Volta; pour produire une grande chaleur, et pour les aérostats. On lui a attribué mal à propos des effets délétères. Schéele l'a respiré souvent sans en éprouver aucun danger. Depuis, d'autres chimistes ont répété cette expé-rience avec le même succès. Si les animaux qu'on plonge dans son atmosphère y périssent, ce n'est que

par asphyxie, causée par la privation de l'air. Dans
ce cas, le sang des animaux contracte une couleur
noirâtre ; et l'on observe aussi que leur cœur et
leurs muscles ont perdu toute irritabilité. Mêlé à
l'air commun ou au gaz oxigène, il peut être respiré
sans en éprouver d'autre incommodité qu'une légère
pesanteur de tête. Lorsqu'il est respiré pur et pendant long-temps, il produit sur l'organe de la voix
un effet singulier. M. Maunoir s'amusait chez
M. Paul, à Genève, à respirer du gaz hydrogène
pur : après qu'il en eut pris une très-grande dose,
il fut étrangement surpris de voir que le son de sa
voix était devenu faible, glapissant et même criard.
M. Paul ayant répété cette expérience, les effets
furent les mêmes. Sans révoquer en doute ces faits,
je me bornerai à dire qu'ayant tenté le même essai
avec M. Robert, médecin de la cour de Suède, nous
n'avons point obtenu les mêmes résultats. Il peut se
faire que cette action du gaz hydrogène soit relative à l'idiosyncrasie des sujets, etc.

Du bore.

La découverte du bore ne date que de 1809 ; elle
est due à MM. Gay-Lussac et Thénard. Cette substance n'est pas encore bien connue.

Propriétés. Le bore est sous forme d'une poudre
d'un brun verdâtre, n'ayant ni odeur ni saveur. Son
poids spécifique n'est pas encore déterminé ; on sait
seulement qu'il est plus pesant que l'eau.

Préparation. On obtient ce combustible en traitant l'acide borique par le potassium ou le sodium ,

qui s'emparent de l'oxigène de l'acide, et mettent le bore à nu. Par le prix de ces deux métaux on doit juger de celui du bore.

Usages. Aucun.

Du carbone.

Histoire. On est convenu de donner le nom de carbone à la substance qui fait la base des charbons, lesquels contiennent, en outre, des sels, de l'hydrogène, de l'air atmosphérique, etc. Le carbone constitue en grande partie le squelette végétal. Il se présente ici une grande question : ce combustible en est-il seulement séparé par la combustion, ou est-il un de ses produits ? Jusqu'ici aucune expérience bien positive n'a tranché la difficulté ; je n'en excepte pas même la combustion du diamant. La couleur noire du charbon, bien différente de celle du ligneux pur, l'influence du calorique dans l'opération de la carbonisation, semblent indiquer deux substances différentes. Le carbone a été étudié par un grand nombre de chimistes, et notamment par Lavoisier, Tennant, Guyton-Morveaux, etc.; et malgré cela, je crois qu'il reste encore bien des choses à faire pour en bien connaître la nature.

Newton, d'après le principe qu'il avait admis que le pouvoir réfringent des corps était en raison directe de leur combustibilité, considérant la force de réfraction du diamant, entrevit sa combustibilité. En 1794, l'académie de Florence prêta de nouvelles forces à son opinion, en annonçant la combustion des diamans au foyer d'un miroir ardent. En France, plusieurs chimistes répétèrent cette expérience, et y ajoutèrent de nouveaux faits, par lesquels ils démontrèrent que cette combustion n'avait lieu que lorsque le diamant était fortement chauffé avec le contact de l'air, tandis que sans ce même contact il ne perdait rien de son poids. C'est à l'illustre et malheureux Lavoisier qu'était réservée la solution de ce problème. Ce grand homme fut plus loin que ses devanciers; il examina le gaz qui se formait pendant la combustion des diamans, dans des vaisseaux clos, et reconnut qu'il était de même nature que celui qui se produit en pareille circonstance par la combustion du carbone; enfin, que ce gaz était de l'acide carbonique. C'est donc à Lavoisier qu'est due la connaissance de la nature du diamant, laquelle est maintenant reconnue par tous les chimistes comme analogue au carbone. « Résultat fort extraordinaire, sans contredit, mais sur lequel il est impossible d'élever le moindre doute : car, soit que l'on combine 72,62 d'oxigène avec 27,38 de charbon pur, ou de diamant, il en résulte 100 parties de gaz acide carbonique. Or le gaz acide carbonique est un corps constamment formé des mêmes élémens et dans les mêmes proportions : donc le diamant n'est que du charbon pur, et ne diffère de celui-ci que par l'arrangement de ses molécules (1). »

Propriétés physiques. Quoique la plupart des propriétés physiques du carbone soient variables, il en est cependant quelques-unes qui sont constantes. Ainsi, ce combustible pur est toujours sous forme

(1) Thénard , *Traité de Chimie.*

solide, inodore et insipide. Sa couleur est noire; sa dureté assez faible pour être réduit facilement en poudre. Celui qui se trouve en masses dans le sein de la terre est compacte, plus ou moins dur, luisant et en couches horizontales, n'affectant aucune forme régulière; c'est l'*anthracite* des naturalistes. Celui qui est cristallisé porte le nom de diamant. En cet état, il est d'une dureté telle qu'il peut rayer tous les corps sans être rayé par aucun.

Le poids spécifique du carbone n'a pu être bien déterminé, parce que ce corps est plus ou moins poreux, et par conséquent d'une densité variable.

Propriétés chimiques. Le carbone a été long-temps regardé comme infusible; cependant le docteur Silliman vient de faire connaître [1] qu'en exposant du diamant dans une cavité pratiquée dans un morceau de chaux, il avait opéré un commencement de fusion, à l'aide du chalumeau à gaz hydrogène et oxigène, et qu'il en avait été de même de l'anthracite. Le carbone est mauvais conducteur du calorique, quoique bon conducteur du fluide électrique : il est digne de remarque que le diamant ne partage point cette dernière propriété.

Mis en contact avec le gaz oxigène, à une température élevée, il brûle avec flamme et lumière, et donne lieu à du gaz acide carbonique. Si le carbone est plus que suffisant pour absorber l'oxigène, il se produit de l'oxide de carbone; l'un et l'autre à l'état gazeux. Avec l'air atmosphérique il se comporte à peu près également.

[1] *Edimb. phil. journ.*, juillet 1823.

Le carbone est susceptible de s'unir avec quelques combustibles. Les seules combinaisons bien connues sont celles avec l'hydrogène, le soufre, l'azote et le fer. Par cette union, il forme, avec le premier, les gaz hydrogène carboné et percarboné; avec le second, le carbure de soufre (liqueur de lampadius); avec le troisième, le cyanogène (radical du bleu de Prusse); et avec le quatrième, le carbure de fer et l'acier.

Pouvoir absorbant du charbon. Fontana reconnut le premier que le charbon jouissait de la propriété d'absorber tous les gaz; Morozzo, Noorden et Rouppe constatèrent bientôt les expériences du physicien italien. M. Théodore de Saussure a depuis fait une nouvelle étude de cette propriété qu'il a trouvé être commune à tous les corps poreux. Suivant lui, cette absorption est en raison directe de l'abaissement de température et de la pression; elle est relative aussi à la nature du gaz, et à celle du corps absorbant.

Le nombre des pores influe singulièrement sur la force absorbante des charbons.

Ainsi le charbon de buis entier absorbe 7 fois 25 son volume
d'air.
    idem en poudre, 4   25

L'absorption est en raison inverse du diamètre de ces pores.

Exemple.

Le charbon de liége ; dont
le poids spécifique est 0,1,   n'absorbe pas sensiblement
l'air.
Celui de sapin,   0,4,   absorbe 4 fois 5 son volume.
    de buis,   0,6   7   5
Houille de Ratisberg,   1,326   10   5

Lorsque la densité des charbons est trop forte, ce pouvoir absorbant devient nul, parce que les gaz ne peuvent plus pénétrer à travers leurs pores. Quant aux diverses quantités de gaz que le charbon de bois peut absorber, elles ont été ainsi calculées par M. de Saussure, en prenant pour point de comparaison une mesure de charbon de buis qui absorbe

90 mesures de gaz ammoniaque.
85   —   acide hydrochlorique.
65   —   acide sulfureux.
55   —   acide hydrosulfurique.
40   —   protoxide d'azote.
35   —   acide carbonique.
35   —   hydrogène percarboné.
9,4   —   oxide de carbone.
9,25   —   gaz oxigène.
7, 5   —   — azote.
1,75   —   hydrogène.

Pendant que cette absorption a lieu, il y a production de calorique. Il suffit d'une température de 100 à 150 degrés pour en dégager les gaz. Mais il est un phénomène particulier qui a lieu par l'absorption de trois de ces gaz.

1º L'*oxigène* absorbé, même à la température ordinaire, dans l'espace de quelques mois se convertit en acide carbonique.

2º Le *protoxide de carbone*, par la chaleur, se dégage en *protoxide d'azote*, acide *carbonique*, et *azote*.

3º L'*acide hydrosulfurique*, même à la température ordinaire, et avec le contact de l'air, est converti en eau et en soufre, avec dégagement de calorique. M. Thénard a même vu que, lorsque le charbon était bien saturé de gaz hydrogène sulfuré, si on l'introduisait dans une éprouvette pleine de gaz oxigène, et placée sur la cuve à mercure, au bout de quelques minutes il y avait quelquefois détonation.

Etat naturel. Diamant. C'est le nom que porte le carbone pur qu'on trouve à peu de profondeur dans les royaumes de Golconde et de Visapour, dans l'Inde et dans le district de Serra-do-Frio, au Brésil. La forme primitive du diamant est l'octaèdre; et sa molécule intégrante, d'après Haüy, le tétraèdre régulier. On en trouve aussi à vingt-quatre et quarante-huit faces, affectant une forme sphéroïdale. Le diamant est incolore; on en trouve cependant qui sont coloriés en rose, en bleu, etc. Il réfracte fortement la lumière, et la décompose en brillant des plus vives couleurs.

Charbon. Le charbon se trouve en masse dans le sein de la terre combiné avec une substance huileuse, le sulfure de fer, et d'autres corps étrangers.

On l'extrait aussi des bois par la combustion, principalement dans les forêts difficiles à exploiter.

Usages. Le diamant est un corps des plus inaltérables et des plus durs; il est regardé comme un ornement des plus précieux. Il n'est employé dans les arts que pour couper le verre.

Les usages du charbon sont très-multipliés, l'on peut même dire que c'est un des corps qui rendent le plus de services aux arts.

Il est regardé comme un très-bon antiputride, ce qui l'a fait employer avec le plus grand succès pour désinfecter les viandes et empêcher l'eau de se putréfier. En effet, si l'on fait bouillir dans de l'eau où l'on aura mis du charbon concassé, de la viande qui commence à se décomposer, sa mauvaise odeur se dissipera. Il suffira également de filtrer de l'eau trouble et sale à travers une couche de charbon, et de l'exposer pendant vingt-quatre heures à l'air, pour la changer en eau claire et potable. M. Berthollet, en raison de la faculté dont jouit le charbon de prévenir la putréfaction de l'eau, a conseillé de charbonner les tonneaux destinés à conserver l'eau pour les voyages de long cours. Ce procédé est maintenant employé avec le plus grand succès. Le charbon est employé dans les usines pour la réduction des oxides métalliques, pour la fabrication de l'acier, et pour purifier, décolorer et enlever le goût à quelques liquides, particulièrement pour les sirops et le miel. C'est à Lowitz que nous devons les premières expériences qui ont été tentées. Le charbon est maintenant employé, avec le plus grand succès, pour la purification et le blanchîment de quel-

ques substances salines, et notamment pour le raffinage du sucre, la décoloration du vinaigre, etc.
Tous les charbons n'ont point la même force décolorante; ceux qu'on extrait des substances animales l'emportent sur ceux qui proviennent des
végétaux. M. Payen, qui a fait un grand nombre
d'expériences très-curieuses sur les charbons, a
démontré :

1° Que le charbon animal a, outre son pouvoir
décolorant, la propriété d'enlever la chaux en dissolution dans l'eau et les sirops;

2° Que le pouvoir décolorant des charbons en
général, dépend de l'état de division dans lequel ils
se trouvent;

3° Que dans les divers charbons, le carbone agit
seul sur les matières colorantes, qu'il les précipite
en s'unissant avec elles;

4° Que, dans le raffinage du sucre, son action se
porte aussi sur les matières extractives, puisqu'il
en favorise singulièrement la cristallisation;

5° Que l'action décolorante des charbons peut
être modifiée au point que les plus inertes deviennent les plus actifs;

6° Que ni le charbon végétal, ni quelques autres
charbons, ne peuvent enlever la chaux à l'eau ni
aux sirops.

Cet habile manufacturier vient d'inventer un
instrument qu'il appelle *décolorimètre*, et qu'on a
pu voir à l'exposition de 1823, pour apprécier
d'une manière exacte le pouvoir décolorant de tous
les charbons.

On vient de découvrir dans l'Auvergne un schiste

qui contient environ $\frac{11}{100}$ de carbone, et qui, par la calcination, donne un noir qui jouit de la propriété décolorante, et sur lequel M. Payen et moi avons donné un mémoire à la Société d'Encouragement pour l'industrie nationale, qui se trouve inséré dans le *Journal de Pharmacie* du mois d'octobre 1823.

La houille est exploitée pour les fourneaux des divers ateliers. On la distille aussi pour obtenir le gaz hydrogène percarboné, qui sert à l'éclairage. Le résidu est un charbon assez léger, qui brûle sans répandre aucune odeur. Il est connu en Angleterre sous le nom de *coak*.

Le charbon est aussi employé en médecine comme antiputride. On l'a conseillé pour corriger la mauvaise haleine, et comme un fort bon dentifrice. Il est très-propre à hâter la cicatrisation des plaies, et à corriger le mauvais état des ulcères. Dans le midi de la France, lorsqu'on tond les troupeaux, et qu'il arrive qu'on blesse l'animal, on s'empresse de couvrir la blessure avec le charbon en poudre, pour prévenir toute suppuration. Le charbon a été conseillé pour le traitement de la teigne. Depuis quinze ans que j'en fais usage, le succès a toujours répondu à mes espérances. Je l'emploie en pommade faite avec deux parties de saindoux et une de charbon de chêne en poudre très-fine. Je panse soir et matin les croûtes teigneuses avec cette pommade, en les lavant auparavant avec une infusion de quinquina dans le vin, et mettant en usage en même temps un traitement interne convenable.

Du phosphore.

Le hasard est, dit-on, père de presque toutes les découvertes. Les alchimistes ont vainement cherché la *pierre philosophale* et le *remède universel;* leurs rêveries sont rentrées dans la nuit éternelle du temps ; mais leurs travaux n'ont pas été perdus pour la chimie. Au lieu du grand œuvre qu'ils cherchaient, ils ont trouvé une foule de corps dont les arts et la médecine se sont enrichis. Le phosphore est de ce nombre. Ce combustible fut ainsi découvert par l'alchimiste Brandt, qui, après en avoir fait un secret, le vendit à Krafft, auquel Kunkel s'était, dit-on, associé pour cet achat. Trompé par le premier, qui garda le secret pour lui, et sachant seulement qu'on extrayait le phosphore de l'urine, Kunkel se livra à un grand nombre de recherches et parvint à le découvrir à son tour, en 1674. Ce ne fut cependant que soixante-trois ans après que cette préparation fut portée en France par un étranger, qui l'exécuta en présence de Hellot, Duffay, Duhamel et Geoffroy, commissaires nommés par l'Académie royale des Sciences pour y assister. La même année, elle fut publiée dans les Mémoires de cette académie. Peu de temps après Kunkel, Boyle parvint à préparer aussi du phosphore, de manière que ce combustible a porté long-temps le nom de phosphore de Kunkel, phosphore d'Angleterre (1).

(1) Ce nom lui vient de ce que Godfried Hankwitz, chimiste de Londres, à qui Boyle communiqua son procédé,

On n'avait encore reconnu l'existence du phosphore que dans les sels de l'urine, lorsqu'en 1774 Gahn et Schéele découvrirent qu'il existait dans les os, à l'état d'acide, combiné avec la chaux et une substance animale. On parvint dès lors à l'obtenir en plus grande quantité et à meilleur marché. Le procédé qu'ils indiquèrent a été, par la suite, perfectionné par MM. Nicolas et Pelletier.

Propriétés physiques. Le phosphore, à l'état de pureté, est solide, demi-transparent, et d'une consistance égale à celle de la cire. Il réfracte beaucoup plus la lumière que sa densité ne semble l'indiquer. Sa saveur est un peu âcre et son odeur alliacée ; il est lumineux dans l'obscurité. Son poids spécifique est égal à 1770.

Propriétés chimiques. Exposé à l'action du calorique, il fond à 43°. Si on porte sa température de 60 à 70, et qu'on le refroidisse tout-à-coup, il devient noir ; par un refroidissement lent il est transparent et incolore. Tous les phosphores ne partagent pas cette propriété ; il faut pour cela qu'ils aient été distillés de 3 jusqu'à 10 fois. On ignore d'où provient un tel phénomène. La distillation du phosphore a lieu à environ 200 degrés ; elle exige beaucoup de précautions, et la prudence veut qu'on n'opère que sur des petites quantités à la fois. On l'introduit dans une petite cornue de verre, dont on fait plonger le col dans un récipient contenant de

en fournit long-temps tous les physiciens de l'Europe. Fourcroy a tracé l'histoire de la découverte du phosphore d'une manière très-intéressante.

l'eau presque bouillante ; l'on chauffe ensuite peu à peu la cornue ainsi que le col, jusqu'à ce qu'on l'ait porté en ébullition ; alors il passe dans le récipient.

La lumière solaire colore le phosphore en rouge, sans en troubler la transparence, tant dans le vide que dans l'air, dans le gaz azote, ou le gaz hydrogène. Cette remarque est due à M. Vogel. M. Thénard soupçonne que cet effet pourrait bien être dû à une petite quantité d'eau que le phosphore retiendrait, et qui, par sa décomposition, donnerait lieu à de l'oxide rouge de phosphore. Avec l'oxigène, à un degré de température au-dessous de 27 degrés, et sous une pression de 76, au bout même de vingt-quatre heures, il n'y a pas un atome de gaz absorbé. Si l'on réduit la pression de 5 à 10 centimètres, la température restant la même ou diminuant de quelques degrés, il y aura combustion, production de lumière et de vapeurs blanches, absorption complète de gaz oxigène et formation d'acide phosphorique: C'est à Bellani de Monza que nous devons cette curieuse expérience. Il est encore un autre fait digne de remarque, c'est que si, au lieu de diminuer la pression, on mêle le gaz oxigène avec du gaz azote ou du gaz hydrogène, il se produit le même effet. Cela explique pourquoi le phosphore est lumineux dans l'air. A la température et sous la pression ordinaires, ce combustible se réduit en vapeur dans tous les fluides élastiques qui n'exercent aucune action sur lui ; alors la force de cohésion se trouvant vaincue, il devient susceptible de s'unir avec l'oxigène. Exemple : si nous plaçons du phosphore sous trois cloches contenant l'une de l'azote, l'autre de l'hydrogène, et la troisième du gaz acide carbonique, et qu'au bout d'une heure nous le retirions, nous nous apercevrons qu'en faisant passer dans chacune du gaz oxigène ou de l'air, il se forme un nuage blanc qui, dans l'obscurité, paraît lumineux.

Le phosphore, fondu et mis en contact avec l'air ou le gaz oxigène, brûle rapidement avec une vive lumière et une chaleur très-intense. Il est susceptible de former avec l'oxigène deux oxides et quatre acides, qui sont :

l'acide protoxiphosphorique — hypophosphoreux,

deutoxiphosphorique — phosphoreux,

tritoxiphosphorique — phosphatique,

peroxiphosphorique — phosphorique,

que nous examinerons ailleurs.

Ce combustible se combine aussi avec presque toutes les substances métalliques, principalement avec le soufre, le sélénium, l'iode, l'hydrogène et le chlore. Il décompose le sulfate de cuivre, et en précipite le métal revivifié; il produit le même effet sur le nitrate d'argent et l'hydrochlorate d'or.

Etat naturel. Le phosphore n'existe point dans la nature à l'état de pureté, mais bien à celui d'acide combiné avec quelques bases salifiables. Avec la chaux, il constitue la charpente osseuse des animaux et une chaîne de montagnes de la province d'Estramadure en Espagne ; il existe aussi à l'état salin dans l'urine, dans plusieurs matières animales, et dans quelques substances végétales. MM. Fourcroy et Vauquelin (1) assurent avoir trouvé le phosphore exempt de toute combinaison chimique dans la laite de quelques poissons, et dans une partie de la matière cérébrale et des nerfs de l'homme.

Extraction. On prend de préférence les os de mouton (2) qu'on fait calciner jusqu'à ce qu'ils aient acquis une couleur blanche, ce qui indique que toute la gélatine est brûlée; on les réduit en poudre, et on en forme, avec de l'eau, une bouillie liquide, qu'on délaie peu à peu avec environ 80 parties d'acide sulfurique. Il se produit aussitôt une vive effervescence due au dégagement de l'acide carbonique, partie constituante du carbonate calcaire que contiennent les os. Après un repos de 24 heures, afin de mieux favoriser l'action de l'acide sur le phosphate, on y verse une suffisante quantité d'eau bouillante, et l'on filtre en remettant la liqueur sur le dépôt jusqu'à ce qu'elle passe claire. On ajoute sur le marc de l'eau bouillante jusqu'à ce que la liqueur qui filtre ne soit plus acide. On évapore ces dissolutions réunies en consistance sirupeuse, on en fait une pâte épaisse avec environ un tiers de son poids de charbon en poudre. On

(1) *Annales de chimie,* tome IV.

(2) M. Boudet a remarqué que les os de mouton, en général les os minces, moins spongieux, ainsi que ceux des animaux adultes, fournissaient, proportion gardée, une plus grande quantité de phosphore. Voyez *Essai sur quelques propriétés du phosphore,* page 6.

dessèche bien le tout, et on l'introduit ensuite dans une cornue de grès lutée, à laquelle on donne graduellement un grand coup de feu, et l'on recueille le phosphore dans un récipient de verre ou de cuivre, à moitié plein d'eau, qu'on a bien luté avec la cornue. Dans cette opération l'acide sulfurique décompose,

1° Le carbonate calcaire, qui fait environ les 20 centièmes des os, et qui donne lieu à une effervescence produite par le dégagement de l'acide carbonique, lequel entraîne avec lui un peu d'acide sulfurique, ce qui rend les vapeurs piquantes. Il se produit alors du sulfate calcaire.

2° Une autre partie de l'acide sulfurique se porte sur le phosphate calcaire qu'il convertit en phosphate acide et en sulfate de chaux. Par la filtration on sépare ces sels. Quand la dissolution du phosphate acide est rapprochée en consistance sirupeuse, et qu'on la distille avec le charbon, ce combustible décompose, à une haute température, l'acide phosphorique, s'empare de son oxigène, avec lequel il forme de l'acide carbonique qui se dégage, et le phosphore passe à la distillation. En cet état il n'est pas pur; il contient ordinairement un peu de charbon, d'oxide de phosphore, et quelquefois même d'acide phosphorique et de soufre, si l'on a employé une trop grande quantité d'acide sulfurique.

Dans cette opération, du moment que la décomposition de l'acide phosphorique a lieu, il se dégage beaucoup d'oxide de carbone et d'hydrogène carboné, et ce n'est qu'après environ quatre heures de feu que le phosphore commence à passer. Tant que l'opération dure, il y a dégagement de gaz oxide de carbone et de gaz hydrogène phosphoré; lorsqu'il cesse, elle est terminée. Ce travail exige environ un jour. On laisse refroidir l'appareil, et l'on en retire le phosphore qu'on purifie, soit en le redistillant dans une cornue de verre, ou bien en le faisant passer par la pression à travers une peau de chamois neuve et bien lavée, qu'on plonge dans l'eau bouillante. M. Boudet est un des premiers qui ont obtenu ainsi le phosphore sans couleur. On le moule ensuite dans des tubes de verre plongés dans l'eau chaude, d'où on l'extrait quand le tout est bien refroidi. MM. Bajet et Destouches ont publié chacun, dans le *Bulletin de Pharmacie*, un procédé très - commode pour le mouler en grand et en peu de temps.

Usages. Le phosphore est employé pour faire des bougies et des briquets phosphoriques, pour faire l'analyse de l'air, et pour étudier l'action de quelques substances avec lesquelles on le met en contact.

En médecine, il est regardé comme un puissant excitant, surtout des organes de la génération ; mais son emploi est dangereux, car le plus souvent il cause de grands désordres dans l'économie animale, et même de funestes effets en déterminant une vive inflammation. Les expériences de M. Leroy, sur lui-même, et celles de MM. Chenevix, Pelletier, Alibert, etc. en offrent la preuve évidente. Quoique le phosphore soit très-peu soluble dans l'eau, il paraît que ce liquide en prend une légère partie, puisqu'elle donne une mort prompte aux gallinacées, comme s'en est convaincu M. Boudet.

Les médecins qui en ont fait usage l'ont administré en pilules avec la mie de pain, ou en dissolution dans l'huile, l'alcool ou l'éther. La plus forte dose est d'un grain par jour.

Du soufre.

Histoire. Le soufre est un des corps dont la connaissance date de la plus haute antiquité; il a été l'objet des recherches des alchimistes, et les chimistes mêmes, qui pendant si long-temps s'en sont occupés, n'ont donné sur sa nature que de brillantes hypothèses. C'est en effet sur ce corps qu'un des hommes dont les vastes connaissances firent l'admiration de son siècle, Stahl, établit son ingénieuse théorie du phlogistique, qui fut exclusivement professée dans les écoles, et qui semblait inébranlable dans ses fondemens. Il était réservé à la chimie pneumatique, et au génie des Lavoisier, des Berthollet, des Priestley, des Schéele, etc., de la renverser.

Propriétés physiques. Le soufre, tel qu'on le trouve dans la nature, est solide, d'une belle couleur jaune particulière, d'une demi-transparence, et affecte ordinairement la forme octaédrique; son poids spécifique est égal à 20,332. Celui qu'on extrait de ses combinaisons avec les substances métalliques, et qui se trouve dans le commerce, a la même couleur, mais il n'offre point les mêmes formes régulières; il est opaque et son poids spécifique est beaucoup plus foible; Brisson l'a trouvé égal à 19,907. Le soufre se réduit facilement en poudre; il est très-cassant, sans saveur, et légèrement odorant par le frottement, alors il devient en même temps électrique : cette électricité est résineuse. Lorsqu'on l'échauffe dans la main, en le pressant pendant quelque temps, il craque et se rompt quelquefois. Il est considéré aussi comme un mauvais conducteur électrique; son pouvoir réfringent est considérable.

Propriétés chimiques. Ce combustible se fond de 107 à 109 degrés. Lorsqu'on le laisse refroidir lentement, si on perce la croûte qui paraît à la surface, aussitôt qu'elle est formée, et qu'on évacue par ce trou le soufre qui est encore liquide, on obtient une belle cristallisation en aiguilles allongées, se rapprochant tantôt du prisme, tantôt de l'octaèdre. Si on le laisse au contraire entièrement refroidir, on l'obtient en masse. Quand on le tient quelque temps en fusion, il prend une couleur rougeâtre, et reste long-temps mou, quoique plongé dans l'eau froide. On avait regardé cette propriété comme une oxidation, mais l'expérience a démontré qu'il reprenait, avec le temps, sa couleur, sa dureté et ses propriétés. Le soufre se réduit également en vapeur, dont on a tiré parti de nos jours pour pratiquer quelques fumigations.

L'oxigène n'exerce aucune action à froid sur le soufre; à 150 degrés, il y a combustion et production d'acide sulfureux. Il en est de même avec l'air, à l'exception que cette combustion est moins vive. En s'unissant avec l'oxigène, le soufre peut former quatre acides qui contiennent des proportions diverses d'oxigène; ce sont les acides

protoxisulfurique	—	hyposulfureux,
deutoxisulfurique	—	sulfureux,
tritoxisulfurique	—	hyposulfurique,
peroxisulfurique	—	sulfurique.

Avec l'hydrogène, il donne lieu à l'acide hydrosulfurique; il s'unit enfin avec le phosphore, le carbone, tous les métaux, et presque tous les corps simples non-métalliques.

État naturel. Le soufre existe dans la nature uni à une foule de substances qui en troublent la pureté. On le trouve plus rarement à l'état natif sous forme de très-beaux cristaux octaèdres, ainsi que dans les dépôts formés par quelques eaux sulfureuses. Il existe aussi à l'état de sulfure avec le fer, le plomb, le mercure, l'arsenic, l'antimoine, le cuivre, le zinc, etc. Toutes ces mines sont exploitées. On le rencontre encore à l'état d'acide dans une classe d'eaux minérales et dans un grand nombre de sels formés par l'acide sulfurique. Quelques substances animales et végétales en contiennent également.

Extraction. On extrait le soufre des terres qui environnent les volcans, ou des pyrites martiales et cuivreuses. Pour l'exploitation de ces terres, on place des pots de terre cuite, assez grands, dans lesquels on en opère la distillation; on recouvre ces pots d'un couvercle en terre percé d'une ouverture, à laquelle on place un tube qui conduit le soufre dans un pot percé d'un trou qui laisse couler le soufre fondu dans une tinette de bois pleine d'eau. En cet état, il est d'une couleur grise foncée, et est appelé soufre vif. Il contient $\frac{1}{12}$ de substances étrangères dont on le débarrasse par la distillation dans une grande chaudière en fonte. On l'extrait également des pyrites par un procédé distillatoire perfectionné par M. Dartigues.

Usages. On emploie le soufre dans les arts pour prendre les formes des statues et de divers sujets de sculpture qu'on reproduit en plâtre. Il sert à faire des allumettes. C'est en exposant la soie à la vapeur de l'acide sulfureux qu'on parvient à la blanchir. On fabrique les allumettes des briquets, dits *physiques*, en recouvrant le bout avec une pâte faite avec parties égales de soufre et de chlorate de potasse, et suffisante quantité de gomme. Avec le charbon et le nitrate de potasse, il constitue la poudre à giboyer, ainsi que la poudre fulminante des nouvelles armes à feu, laquelle est composée de

Chlorate de potasse,	100
Nitrate de potasse,	55
Soufre,	33
Lycopode,	17
Bois de bourdaine râpé et tamisé,	17
	222

Il sert enfin pour la fabrication du sulfate de cuivre, pour sceller les fers qui servent à unir et consolider les pierres des édifices, ainsi que pour la fabrication de l'acide sulfurique, et pour prendre diverses empreintes, lorsqu'on l'a ramolli.

En médecine on l'emploie à l'extérieur contre les

maladies cutanées, soit en vapeur, soit à l'état de pommade avec le saindoux. A l'intérieur, on l'administre pour pousser à la peau dans les maladies psoriques, ainsi que pour le traitement des maladies chroniques des poumons et des viscères abdominaux. On vient de le préconiser comme un bon préservatif de la rougeole. M. Tourtual ayant observé à Munster, lors de l'hiver de 1817, que cette maladie n'attaquait pas les enfans galeux qui faisaient usage du soufre, soit à l'intérieur, soit à l'extérieur, en fit l'application à la rougeole en 1822. Chez presque tous les individus, la maladie était précédée, pendant plusieurs jours, d'une toux convulsive; un mélange de fleur de soufre et de sucre, administré trois fois par jour, depuis 12 grains jusqu'à demi-cuillère à café, les préserva de la rougeole. Si cette découverte est confirmée, elle sera précieuse pour la médecine.

Du sélénium.

La découverte du sélénium est due à Berzélius, qui lui a donné ce nom provenant de celui de séléné (lune).

Ce combustible est très-rare. Ce chimiste l'a placé parmi les métaux. Comme il est jusqu'à présent sans usages, nous nous bornerons à dire qu'il est cassant, inodore, insipide et facile à réduire en poudre; il est très-mauvais conducteur du calorique et du fluide électrique. Son poids spécifique est égal à 4,30. A une chaleur de 100 à 150° il entre en fusion, bout à une température un peu plus élevée, et passe à l'état d'une vapeur jaunâtre.

Il est susceptible d'entrer en combinaison avec l'oxigène, l'hydrogène, le chlore et les métaux.

M. Berzélius n'a encore rencontré le sélénium que dans une espèce de pyrite qui se trouve à *Fahlun*, et dans un minéral qu'il a appelé *eukairite*.

Du chlore.

Histoire. Un pharmacien suédois qui, ne possédant dans son modeste laboratoire que quelques fioles à médecine et quelques tubes, fit seul plus de découvertes que tous ses prédécesseurs, Schéele enfin, découvrit le chlore en 1774, et lui donna le nom d'*acide marin déphlogistiqué*. Ce corps important a fixé l'attention du plus grand nombre des chimistes, et sa nature a été long-temps l'objet des recherches d'une foule de savans, parmi lesquels nous nous bornerons à citer MM. Berthollet, Kirwan, Guyton-Morveaux, Chenevix, Davy, Gay-Lussac, Thénard, etc. Jusqu'à ces deux derniers chimistes, on l'avait regardé comme un composé d'acide hydrochlorique et d'oxigène, ce qui lui avait fait donner, dans la nouvelle nomenclature, le nom d'acide muriatique oxigéné. Ces deux habiles professeurs tirèrent de leurs expériences cette conséquence importante, que ce corps pouvait être considéré comme un corps simple, et que tous les phénomènes qu'il présentait s'expliquaient très-bien par cette hypothèse. Quoique M. Davy (1) et la majeure partie des chimistes aient adopté cette

(1) Thénard, *loco citato.*

théorie, elle a trouvé cependant un adversaire redoutable en Berzélius, qui pense au contraire que l'hydrogène, en agissant sur l'acide muriatique oxigéné, s'unit avec son oxigène, et forme de l'eau de laquelle il conserve une partie nécessaire à son existence, et que cette eau est dégagée par le ca-lorique, quand on chauffe fortement les muriates, qui contiennent alors l'acide muriatique sec. Comme les combinaisons du chlore avec les combustibles sont très-étendues, nous allons ajouter ici une synonymie des noms employés dans ces deux hypothèses. Nous adoptons cependant celle de MM. Gay-Lussac et Thénard, comme la plus généralement reçue, et s'accordant le mieux avec les faits.

SYNONIMIE DES NOMS EMPLOYÉS DANS LES DIVERSES COMBINAISONS DU CHLORE.

Nouvelle théorie.	*Ancienne théorie.*
Chlore.	Gaz et acide muriatique oxigéné. Gaz oximuriatique.
Acide hydrochlorique.	Acide muriatique contenant un radical inconnu.
Oxide de chlore.	Acide muriatique suroxigéné. — oximuriatique oxigéné.
Acide chlorique.	Acide muriatique hyperoxigéné.
Chlorures métalliques.	Muriates secs.
Chlorures de soufre, de phosphore, etc.	Soufre, phosphore, etc., oximuriatés.
Chlorates.	Muriates hyperoxigénés.
Hydrochlorates.	Muriates dans lesquels l'acide muriatique a retenu son eau.

Propriétés physiques. Le chlore est un corps

simple , gazeux , d'une couleur jaune-verdâtre , ayant une saveur et une odeur très-fortes, désagréables, et *sui generis*. Lorsqu'il est bien sec, son poids spécifique est égal à 2,4216. Il éteint les corps en ignition , et l'on a observé que la flamme, avant de disparaître , pâlit et devient rougeâtre.

Propriétés chimiques. Ce gaz fait passer les couleurs végétales à la couleur fauve, et finit par les détruire sans retour; il produit également cet effet sur l'indigo.

Le chlore bien sec ne passe point à l'état liquide, même à un froid de 50°. S'il tient de l'eau en dissolution , il est susceptible de cristalliser à quelques degrés au-dessous de o.

La plus forte chaleur ne lui fait éprouver aucune altération. Il est électro-négatif. En effet, si on le dissout dans l'eau, et qu'on y fasse passer un courant de fluide électrique, il se rend, avec l'oxigène au pôle positif, et l'hydrogène au pôle négatif. Par la pression et le froid réunis, M. Faraday est parvenu à liquéfier le chlore desséché sur l'acide sulfurique : son poids spécifique paraît être 1,33 (1).

Avec le gaz oxigène il ne contracte directement aucune union, à moins que l'un d'eux ne soit à l'état de gaz naissant. Il forme alors deux oxides et deux acides.

Avec le *gaz hydrogène*, et à volumes égaux, il donne lieu à du gaz acide *hydrochlorique,* dont le volume est égal à celui des deux gaz constituans.

___

(1) *Ann. of philos.* avril 1823.

Les circonstances qui accompagnent cette union sont dignes de remarque. Si on les combine à parties égales, le chlore étant très-sec, dans un lieu bien obscur et à la température ordinaire, ils n'exercent aucune action l'un sur l'autre, même après plusieurs jours; si c'est à une lumière diffuse, ils se combinent peu à peu et forment un volume égal de gaz acide muriatique; enfin si l'on expose le mélange à l'action des rayons solaires, il se produit de suite une détonation violente et du gaz acide muriatique. Un corps en ignition ou une chaleur de 200° donnent lieu au même phénomène.

L'influence de la lumière sur le chlore est telle, qu'elle détermine son union avec le gaz oxide de carbone, et donne lieu à une formation de *chlorure d'oxide de carbone* ou gaz oxicarbonique.

Eau. Le chlore est très-soluble dans l'eau. A la température ordinaire, ce liquide en prend une fois et demie son volume; elle acquiert alors une couleur semblable à celle de ce gaz. A deux ou trois degrés au-dessus de o, le chlore liquide se congèle et cristallise en lames d'un jaune doré que M. Davy avait regardées, en 1810, comme des hydrates. M. Faraday [1], après avoir séché ces cristaux entre des feuilles de papier joseph, les introduisit dans un tube qu'il ferma ensuite à la lampe, et les plongea dans de l'eau à 3o°. Ces cristaux furent décom-

[1] Faraday, *loco citato.* Le *Bulletin général et universel des nouvelles scientifiques,* de M. le baron de Ferussac, contient également un article très-intéressant sur la liqué-faction, par la pression, de ce gaz et de quelques autres, extraits du mémoire de M. Faraday.

posés, et il obtint deux liquides, l'un d'un jaune pâle qui paraissait être de l'eau, l'autre d'un jaune verdâtre qui ne se mêlait pas avec ce liquide. Refroidis à 21, ils se réunissaient de nouveau en cristaux. Au-dessus de ces liquides il s'était formé une atmosphère de chlore, dont la couleur foncée indiquait la grande densité. En divisant le tube, il se fit une explosion; le liquide jaune disparut, et il se dégagea une grande quantité de chlore gazeux. M. Faraday pensa d'abord que ce liquide était un nouvel hydrate de chlore, mais il se convainquit qu'il se formait également lorsqu'il condensait par la pression et le froid du chlore gazeux très-sec.

Le chlore, ainsi liquéfié, est très-limpide et reste liquide à un froid de 17°. Il est très-volatil; à la température et sous la pression ordinaires, une portion se volatilise et produit un froid assez intense pour maintenir, pendant un certain temps, la liquidité du reste.

Tous les oxides métalliques, excepté ceux de la première section, à une haute température, sont décomposés par le chlore sec, pour former des chlorures; l'oxigène devient libre.

Le chlore se combine aussi avec l'azote, l'iode, le phosphore, le soufre, le sélénium et tous les métaux.

Préparations. Pour obtenir le chlore, on introduit dans un matras de 5 à 6 parties d'acide hydrochlorique, et 1 de peroxide de manganèse. En faisant chauffer l'appareil légèrement, il se dégage aussitôt une grande quantité de chlore qui peut servir alors à la désinfection de l'air. Si l'on veut obtenir ce gaz et le conserver, on adapte au matras un tube recourbé qui va plonger sous une cloche pleine d'eau. Lorsqu'on veut l'obtenir en dissolution dans ce liquide, on fait plonger ce tube dans un flacon à trois tubulures, plein aux trois quarts d'eau qu'on a soin d'entourer de glace pour augmenter l'absorption de ce gaz; on ajoute à cet appareil celui de Woulf, si l'on veut dissoudre le chlore en grande quantité dans ce liquide. Dans cette opération, l'hydrogène de l'acide hydrochlorique s'unit à une portion de l'oxigène du peroxide, et forme de l'eau; il se dégage alors du chlore, tandis que l'oxide, désoxidé en partie, se combine avec une partie d'acide hydrochlorique non décomposé. On peut obtenir également le chlore, en traitant, par 2 parties d'acide sulfurique à 66, étendu de 2 parties d'eau, un mélange de 4 parties d'hydrochlore de soude (sel marin), et 1 de peroxide de manganèse.

Usages. Le chlore est très-employé pour le blanchiment des toiles et d'un grand nombre d'étoffes, ainsi que pour leur décoloration; c'est principalement à M. Berthollet que nous en devons l'application à ces deux arts. Lorsqu'on le destine à ces usages, on le prépare à l'état liquide, ou mieux on le fait passer à l'état de chlorure de chaux. Ce sel est maintenant généralement adopté. MM. Chaptal, Payen, etc., en fabriquent une grande quantité.

Le chlore gazeux a été annoncé par M. Guyton-Morveaux comme un puissant désinfectant de l'air vicié. L'expérience a confirmé cette heureuse observation. Il est cependant sans aucun effet sur l'air altéré par les miasmes produits par la fièvre jaune,

(115)

comme MM. Bailly, Balcells (1) , Arejula (2) , Lefort (3) et moi (4), l'avons démontré.

Ce gaz respiré, même disséminé dans l'air , irrite fortement les membranes muqueuses, en produisant une espèce de coriza; il peut causer aussi des crachemens de sang. Cependant, dans les cas d'asphyxie par l'hydrogène sulfuré, on peut en obtenir de bons effets; c'est même, dit M. Thénard, le seul agent qu'on puisse employer avec succès. Dans les maisons d'observation, dans les lazarets, etc., on expose les marchandises et les vêtemens aux fumigations du chlore; les papiers même n'en sont pas exempts. Lors de ma rentrée d'Espagne, dix mois après que la fièvre jaune eut cessé, mes livres, et mon manuscrit sur cette maladie, subirent cette épreuve au lazareth de Bellegarde, et, par-dessus le marché, mon manuscrit fut mis en infusion dans de très—bon vinaigre rouge, qui, comme on le sent bien, l'effaça presque entièrement. Je dois rendre justice au jeune médecin chargé du service sanitaire qui, très-novice encore, ignorait les expériences précitées, et qu'il suffisait d'exposer les objets, pendant quelques jours, à l'air pour les désinfecter, si toutefois ils étaient infectés.

(1) *Mémoire sur la désinfection de Barcelone,* imprimé dans le n° 2 du *Periodico de la Sociedad de salud publica de Catalugna.*

(2) *Memoria sobre la ninguna utilidad de los gazes acidos.*
(3) *Journal général de médecine,* tome LII.

(4) *Voyez* mon ouvrage sur l'air marécageux, couronné par l'Académie royale des sciences de Lyon.

Plusieurs médecins ont fait tous leurs efforts pour appliquer le chlore liquide au traitement de quelques maladies. Williams Wallace l'a proposé dans quelques affections internes, et particulièrement dans celle du foie et de la rate, soit à l'intérieur, soit en fumigations. Ce dernier moyen lui paraît plus avantageux; c'est ainsi qu'il dit avoir guéri beaucoup de lésions anciennes qui avaient résisté à tous les remèdes ordinaires (1). Le docteur Braun porte si loin son enthousiasme pour les vertus du chlore contre la fièvre scarlatine, qu'il le proclame le spécifique de cette maladie. Il le donne en dissolution dans l'eau, à la dose d'une cuillerée à café pour les enfans de 3 à 6 ans, toutes les 2 ou 3 heures, et à celle d'une cuillère à soupe pour les adultes. Hufeland le recommande contre le typhus bellicus et la fièvre nerveuse; le professeur Baumes, et plusieurs autres médecins, l'ont également employé dans les fièvres adynamiques, etc.

De l'azote.

Histoire. L'azote, comme l'oxigène, est un corps simple qu'on trouve rarement seul (2); mais à l'état de combinaison, solide, liquide ou gazeuse.

Les anciens le regardaient comme de l'air gâté,

____

(1) *Researches respecting the medical powers of chlorine.* London, 1823.

(2) On avait cru, jusqu'à présent, que le gaz azote n'existait pas seul dans la nature; mais on vient d'en découvrir plusieurs sources dans le comté de Rensstaere. Les princi-

et les stahliens, comme vicié par le phlogistique, qu'ils supposaient se dégager par la combustion et la respiration. C'est Lavoisier qui découvrit ce gaz dans l'air atmosphérique en 1775; il lui donna le nom de mofette atmosphérique, dénomination qui fut successivement remplacée par celle de septon, gaz méphitique, gaz nitrogène, alcaligène, enfin par celle d'azote, qui dérive de deux mots grecs : *privatif de la vie*. Plusieurs chimistes se livrèrent de suite à l'étude de ce corps. M. Berthollet annonça qu'il était un des principes constituans de toutes les substances animales; Fourcroy ajouta que la chair des vieux animaux en donnait plus que celle des jeunes, et que celle des frugivores en produisait moins que celle des carnivores, etc. M. Cavendish le reconnut pour le radical de l'acide nitrique ; M. Berthollet, comme principe constituant de l'ammoniaque et de l'acide hydrocyanique; Fourcroy le trouva dans les vessies natatoires des carpes. L'azote existe aussi dans quelques substances végétales : M. Davy enfin l'a découvert pur, avec un peu d'eau, dans plusieurs échantillons de cristal de roche. Ce gaz y était 6 à 10 fois plus rare que l'air.

pales sont situées au sud-est de la ville de Hosick. Dans une étendue de quatre ou cinq acres on en rencontre trois qui en donnent une grande quantité. Il paraît s'exhaler des graviers qui couvrent le sol de ces sources, ainsi que des parties sèches du sol. Lorsque le terrain est inondé d'eau, il se fait jour à travers ce liquide, en produisant une espèce d'ébullition. Si l'on presse une surface de ce sol d'environ cinq à six pouces carrés, dans dix ou douze secondes on recueille jusqu'à un litre de gaz azote.

Il le trouva également dans des cristaux dont l'origine est attribuée au feu, mais de 60 à 70 fois plus rare que l'air. Un fait digne de remarque, c'est que M. Davy annonce avoir vu un de ces cristaux dont la cavité contenait du gaz azote 10 ou 12 fois plus comprimé que l'air atmosphérique, et au lieu d'eau un liquide visqueux; enfin un autre cristal sans gaz. Ces curieuses observations offrent trois phénomènes propres à exercer la sagacité des physiciens.

Propriétés physiques. Le gaz azote est incolore et insipide; son odeur est un peu fade, quand il a été dégagé des substances animales; retiré des autres corps, il est inodore; son poids spécifique est de 0,957; il est impropre à la combustion et à la respiration.

Propriétés chimiques. Le calorique le dilate sans lui faire éprouver d'altération à aucune température; il n'exerce aucune action sur le gaz oxigène; ils ne font que se mêler ensemble comme avec l'air; il se combine avec les corps simples suivans : le chlore, l'hydrogène, le carbone, l'iode, le potassium et le sodium.

Préparation. On peut se procurer le gaz azote par tous les moyens propres à opérer la décomposition de l'air; on emploie ordinairement le phosphore ou le gaz hydrogène; on brûle le premier sous une cloche pleine d'air, et on lave ensuite le gaz; et le second, dans l'endiomètre de Volta. Nous devons à M. Berthollet un procédé propre à l'obtenir en grand, et qui consiste à prendre de la chair musculaire, fraîche et bien lavée, à la couper en petits morceaux et à l'introduire dans une cornue, ou une fiole à médecine, à laquelle on adapte un tube recourbé ; on y verse ensuite une suffisante quantité d'acide nitrique étendu d'eau, et, en favorisant son action par le calorique, on obtient une grande quantité de gaz azote qu'on recueille sous des cloches.

Usages. L'azote n'est encore d'aucune utilité dans les arts ni dans la médecine, quoique Beddoës l'ait proposé pour le traitement de la phthisie pulmonaire. Ingenhouzs'étant fait une plaie au doigt au moyen des cantharides, y éprouvait une vive douleur lorsqu'il l'exposait au contact de l'air ou de l'oxigène ; mais il s'aperçut qu'en le plongeant dans le gaz azote ou l'acide carbonique, elle cessait bientôt après, ce qui lui fit proposer l'azote pour le traitement des plaies.

De l'iode.

Histoire. M. Courtois fit en 1813 la découverte de l'iode, et M. Gay-Lussac nous a donné la connaissance de ses propriétés ; c'est lui qui a démontré que ce combustible était un corps simple contenu dans la plupart des *fucus* qui croissent sur les bords de la mer, dans les éponges et les eaux-mères de la soude de Vareck. On vient de constater sa présence dans les eaux minérales de Sales en Piémont, et dans l'eau-mère de la saline de Sulz.

Propriétés physiques. L'iode est un corps solide et lamelleux à la température ordinaire ; sa couleur tire sur le bleu, et a presque l'aspect de la plombagine ; il a l'odeur du chlorure de soufre ; sa ténacité est très-faible, et son poids spécifique, à une température de 16 à 17°, est égal à 4,946 ; si on l'applique sur la peau, elle prend une couleur jaune qui disparaît à mesure que l'iode s'évapore. L'iode jouit des mêmes propriétés électriques du gaz oxigène, de manière que, si l'on fait passer un courant électrique dans une dissolution d'acide hydriodique, l'iode se rend au pôle positif et l'hydrogène au négatif.

Propriétés chimiques. L'iode se fond à 107 et bout à 175°; il se vaporise également dans l'eau bouillante; sa vapeur est d'un beau violet; il n'est susceptible de contracter d'union avec l'oxigène que lorsque celui-ci est à l'état de gaz naissant; il donne lieu alors à l'acide iodique; il paraît avoir une plus grande affinité pour l'hydrogène, puisqu'il se combine avec lui à une haute température, et qu'il peut même l'enlever à plusieurs corps; il forme avec ce gaz un acide connu sous le nom d'hydriodique. L'iode se combine également avec presque toutes les substances métalliques, ainsi qu'avec l'azote, le chlore, le soufre et le phosphore.

Préparation. Nous devons à M. Gaultier Claubry le procédé suivant : on brûle les divers fucus qui croissent sur les côtés de Normandie ; on lessive les cendres et on concentre l'eau-mère qui refuse de cristalliser. On l'introduit dans une cornue et on y verse dessus un excès d'acide sulfurique concentré, qui décompose l'hydriodate de potasse et forme un sulfate de potasse. Tandis qu'une portion de l'acide sulfurique est décomposée et passe à l'état d'acide sulfureux, son oxigène s'unit à l'hydrogène de l'acide hydriodique et forme de l'eau ; l'iode mis à nu se réduit en vapeurs violettes et se rend dans le récipient avec un peu d'acide, et s'y dépose sous forme de lames qui ont un coup d'œil métallique. On le purifie en le distillant avec de l'eau alcalisée par la potasse ; on le sèche entre des feuilles de papier Joseph, et on le fond dans un tube.

Wollaston a donné un procédé peu différent du précédent ; il consiste à introduire dans la cornue, dès que l'effervescence est passée, du peroxide de manganèse ; son oxigène s'unit avec l'hydrogène de l'acide hydriodique, ce qui rend cette opération moins longue.

Usages. L'iode est devenu, entre les mains des chimistes, un réactif précieux pour reconnaître l'amidon dans les substances végétales. En effet, en versant quelques gouttes d'une teinture alcoolique dans une forte décoction contenant de l'amidon, elles lui communiquent une couleur qui varie du bleu au noir, suivant les quantités d'iode et d'amidon. Cette teinture produit le même effet sur la partie d'une racine fraîche qu'on vient d'inciser, si elle contient de l'amidon. La teinture d'iode se prépare de la manière suivante :

   ℞ iode — 20 grammes.
    alcool à 33°   80.

La médecine s'est également emparée de l'iode, soit à l'état de pureté, soit à l'état salin ; plusieurs médecins le préconisent beaucoup contre certaines affections morbides. Henneman de Schewrin regarde ce médicament comme très-avantageux dans le dernier traitement du cancer de la matrice. C'est

au docteur Coindet, de Genève, qu'est due la première connaissance des vertus médicinales de l'iode
et son application à l'art de guérir. Il démontra ses
vertus pour le traitement des goîtres et des scrophules. Ce médecin a publié un travail très-intéressant sur ce sujet (1). Depuis, en France, un grand
nombre de praticiens distingués, et les docteurs
Carro à Vienne, Formey à Berlin, Sacco et Omodei
à Milan, Fenolio à Turin, ont confirmé les bons
effets qu'en a obtenus le docteur Coindet. Le professeur Brera de Padoue, a publié (2), en 1822, un travail très-intéressant sur les résultats obtenus de
l'emploi de l'iode, à l'institut clinique de Padoue,
dans lequel il lui attribue, avec Coindet, de grandes
vertus emmenagogues, et contre la chlorose, la cachexie, pour vaincre les dispositions à la phthisie
scrophuleuse, pour résoudre les indurations glandu-
leuses syphilitiques invétérées, et celles d'origine
scrophuloso-syphilitiques, ou rachitico-scrophu-
leuses ; contre l'opthalmie scrophuleuse, et pour
procurer une grande expectoration pituitoso-puru-
lente, dans les maladies de poitrine. Le docteur
Baron, de Londres, croit même pouvoir, par ce
médicament, parvenir à guérir la phthisie pulmonaire. M. Zinc vient de publier aussi un mémoire
sur les bons effets de l'iode, pour la guérison des
tumeurs blanches.

(1) Observations sur les effets remarquables de l'iode dans
le traitement du goître et des scrophules.

(2) *Saggio clinico sull' iodo e sulle differenti sue combina-
zioni, ottenuti nell' instituto clinico medico di Padova.*

M. Wagner dit avoir employé, avec beaucoup de succès, l'hydriodate de potasse contre les tumeurs cancéreuses, en faisant usage d'une pommade composée de :

hydriodate de potasse, XVIII grains.
saindoux,   3VI.

Le docteur Heller donne pour cette pommade les doses suivantes : hydriodate de potasse 1 partie, saindoux 4. Le docteur Desalleurs fils, de Rouen, l'a portée au quart, et en a obtenu de très-bons effets contre ces mêmes tumeurs cancéreuses.

M. Magendie semble avoir préludé à ces heureux résultats, en annonçant que l'iode n'était pas un poison. Le professeur Orfila a confirmé cette opinion, dans sa Toxicologie; il ne regarde ce corps comme tel que lorsque la dose en a été portée de un gros à un gros et demi.

Tous les praticiens qui ont fait usage de l'iode ont reconnu que ce médicament exigeait, pour son administration, beaucoup de ménagemens, afin d'éviter les accidens qu'il est susceptible de produire. La secrétion muqueuse qui a lieu lorsqu'on le prend à l'intérieur, est moindre quand on fait usage de l'hydriodate de potasse. L'action de ce médicament, comme celle du mercure, se prolonge long-temps après l'usage qu'on en a fait.

On l'administre en substance, en teinture alcoolique, à l'état salin, ou en pommade.

∿∿∿∿∿∿∿∿∿

Avant de passer à l'examen des corps binaires, nous allons parler de l'air atmosphérique qui,

quoique étant le résultat de l'union de deux corps,
ne doit point être compris dans cette classe, ces
deux gaz ne formant qu'un simple mélange. Je vais
exposer auparavant, dans les deux tableaux suivans,
les combinaisons des corps combustibles entre eux.

TABLEAU

des combinaisons des corps combustibles non métalliques entre eux.

	carbone	2 gaz.
	phosphore	2 gaz.
	soufre	1 acide
L'hydrogène	—	1 hydrure.
combiné avec le	iode	1 acide.
	phthore	1 acide.
	sélénium	1 acide.
	chlore	1 acide.
	azote	ammoniaque.
	azote et carbone	1 acide.
Le carbone s'unit	soufre	1 liquide.
avec le	chlore	2 chlorures.
	azote	1 gaz.
	azote et chlore	1 acide.
Le phosphore s'unit	soufre	2 phosphures.
avec le	sélénium	en toutes proportions.
	iode	3 phosphures.
	chlore	2 chlorures.
Le soufre s'unit	sélénium	en toutes proportions.
avec le	chlore	1 chlorure.
	iode	1 sulfure.
Le chlore s'unit avec l'azote		2 chlorures.
L'iode s'unit avec l'azote		1 iodure.

TABLEAU

Des principales propriétés des corps simples non métalliques.

NOM DES CORPS.	ÉTAT.	COULEUR.	ODEUR.	SAVEUR.	POIDS SPÉCIFIQUE.	ÉPOQUE de leur DÉCOUVERTE.	PROPRIÉTÉS CARACTÉRISTIQUES.
Oxigène.	Gazeux.	Incolore.	Inodore.	Insipide.	1,1025	1er août 1774, par Priestley.	Agent indispensable de la combustion et de la respiration. Par son union avec certains combustibles, forme les oxides et une classe d'acides qui portent le nom d'oxacides.
Hydrogène.	Idem.	Idem.	Idem.	Idem.	0,0688	En 1766, par Cavendish.	Avec l'oxigène constitue l'eau ; avec l'azote, l'ammoniaque, et, avec quelques combustibles, une classe d'acides connus sous le nom d'hydracides ; il brûle avec une flamme bleuâtre et éteint les corps en ignition.
Azote.	Idem.	Idem.	Un peu fade.	Idem.	0,9757	En 1775, par Lavoisier.	Avec le carbone, le cyanogène ; par son mélange avec l'oxigène, l'air ; en combinaison, des oxides et des acides.
Chlore.	Idem.	Jaune-vert.	Trés-forte et dés-agréable.	Trés forte et parti-culière.	2,4216	En 1774, par Schéele.	Avec l'hydrogène, l'acide hydrochlorique ; avec l'oxigène, l'acide chlorique ; avec l'iode et le cyanogène, les acides chlor-iodique et chloroprussique.
Soufre.	Solide.	Jaune.	Odeur par le frot-tement.	Insipide.	2,0332	Connu de temps immé-morial.	Avec les alcalis et les métaux, des sulfures ; avec l'hydrogène et l'oxigène, des acides. Électrique par le frottement et brûlant avec une flamme bleue et une odeur suffocante.
Phosphore.	Solide.	Blanc.	Alliacée.	Un peu âcre.	1,7700	En 1669, par Brandt.	Demi-transparent, lumineux dans l'obscurité, brûlant avec une vive lumière ; formant avec l'hydrogène un gaz qui s'allume par le contact de l'air, et avec l'oxigène, des oxides et des acides.
Sélénium.	Solide.		Inodore.	Insipide.	4,3000	Par Berzélius.	Avec l'oxigène un oxide et un acide.
Carbone.	Solide.	Noir ou blanc dans le diamant.	Idem.	Idem.	Peu connu.	On peut à la rigueur l'attri-buer à Lavoi-sier.	Absorbe les divers gaz, et contribue ainsi à la désinfection de l'eau et des viandes ; forme avec l'hydrogène un gaz qui brûle avec une vive lumière, et avec l'oxigène un oxide et un acide.
Bore.	Solide.	Brun ver-dâtre.	Idem.	Idem.	Plus pe-sant que l'eau.	En 1809, par Gay-Lus-sac et Thénard	Avec l'oxigène, l'acide borique ; avec le fluor ou le pthore, l'acide fluoborique.
Iode.	Solide.	Bleuâtre.	De chlo-rure de soufre.		4,9460	En 1813, par Courtois.	Tache la peau en jaune ; avec l'hydrogène, l'oxigène et le chlore, trois acides différens.

LIVRE IV.

DE L'AIR ATMOSPHÉRIQUE.

HISTOIRE. On donne le nom d'atmosphère à cette masse gazeuse, formée de tous les corps susceptibles de rester à l'état de gaz, au degré de pression et de température sous lequel nous vivons, ainsi que d'une foule d'autres substances solides très-divisées et suspendues dans ce fluide aériforme. Il est essentiel de distinguer deux mots qui paraissent, au premier coup d'œil, synonymes : savoir *atmosphère* et *air atmosphérique*. On désigne sous cette dernière dénomination ce fluide élastique, qui, abstraction faite de toutes les exhalaisons, les vapeurs, etc., qu'il contient, enveloppe de toute part le globe terrestre, s'élève à une hauteur inconnue, pénètre dans les abîmes les plus profonds, fait partie de tous les corps et adhère à leur surface.

D'après cet aperçu, il est facile de connaître le grand rôle que l'air joue dans la nature. En effet, sans le secours de ce fluide élastique, le végétal ni l'animal ne sauraient vivre. Cette vérité est si bien reconnue, qu'il n'est pas besoin d'en fournir de nouvelles preuves.

L'air paraît même influer sur l'accroissement de l'espèce humaine. Sonnini rapporte que les Turcs qui habitent l'île de Candie, sont d'une plus belle stature, et les Turques douées d'une plus grande beauté que partout ailleurs.

La hauteur, ou si l'on veut l'épaisseur de la couche atmosphérique qui environne la terre, ne saurait être exactement déterminée, puisque sa densité varie suivant son élévation : on pense cependant qu'elle est de 15 à 16 lieues.

Aristote et Empédocle furent les premiers qui considérèrent l'air comme un élément. Platon, en admettant un principe primitif, craint de se décider entre l'air, le feu, l'eau ou la terre. Hippocrate soutint qu'il existait dans l'air le principe ou l'aliment de la vie, qu'il appela *pabulum vitæ*. Démocrite devina, pour ainsi dire, sa composition. Il fut plus loin, il annonça qu'il subissait dans les poumons quelque changement chimique. On est surpris, en lisant les erreurs de ses successeurs, de le voir si près du chemin de la vérité ; en voici la preuve. *In aere enim grandem numerum esse, quæ illæ (Democritus) mentem, animamque appellat, ac respirante quidem animali, et aere ingrediente, ea pariter ingredi, et compressioni resistendo, animam quæ in eo est, egredi prohibere. Atque ob id in respirando et expirando mortem et vitam consistere* (1). Pline, en examinant les effets de l'air dans l'acte de la respiration, reconnut qu'il contenait un principe vital : *Namque et hoc cœlum appellavere majore, quò alio nomine aera omne quòd inani simile vitalem hunc spiritum fundit.* Newton

______

(1) Aristoteles, *De respiratione*.

partagea également ce sentiment. Ces données d'Hippocrate, de Démocrite, de Pline et de Newton, qui semblaient devoir nous ouvrir le chemin de la vérité, furent successivement remplacées par des systèmes dénués de fondement. Parmi les plus accrédités, nous citerons celui de Stahl, qui fixa pendant un demi-siècle l'opinion de tous les chimistes. Cet illustre médecin regarda l'air résidu de la combustion et de la respiration comme de l'air ordinaire vicié par le phlogistique. Quelques autres aperçurent dans les opérations où la décomposition de l'air a lieu, le gaz azote, qu'il regardèrent comme de l'air vicié. Boyle, Hooke et Mayow annoncèrent, en 1665 et 1680, que dans l'acte de la combustion et de la respiration, il n'y avait qu'une petite quantité d'air absorbée. Mayow, surtout, loin d'adopter la théorie de Stahl, se rapprocha de celle d'Hippocrate et de Démocrite. Comme eux, il soutint que, dans la respiration, le poumon absorbait une partie de l'air inspiré, qu'il désigna avec Lower sous le nom de *nitre aërien;* que le poumon, en s'emparant de ce principe de l'air, le transmettait au sang, et que c'était à cette union qu'il fallait attribuer la chaleur animale. Il observa en même temps que cet air éprouvait une diminution de volume qu'il attribua à la perte de son élasticité. Les données ingénieuses de Mayow, ne se trouvant pas étayées d'un assez grand nombre d'expériences, furent bientôt ensevelies dans l'oubli. Ce que Mayow avait entrevu dans la combustion et la respiration, Jean Rey l'aperçut dans la calcination des métaux. Ce savant physicien ayant été consulté par Brun, pharmacien à Bergerac, sur l'augmentation en poids qu'acquérait l'étain par la calcination, l'attribua, en 1630, à l'absorption de l'air. Les excellentes données qu'il consigna dans son ouvrage étaient totalement abandonnées quand, un siècle et demi après, Bayen les exhuma en prouvant l'augmentation en poids du mercure par la calcination, qu'il attribua également à l'absorption de l'air. Ces faits étaient encore loin de résoudre le problème. La connaissance de la vérité était réservée au génie créateur de celui dont le nom est l'emblème de la science, de la gloire et des vertus. En effet, guidé par les recherches de ses prédécesseurs et par les découvertes de Schéele, par celles surtout du gaz oxigène faite par Priestley, le 1er août 1774, Lavoisier parvint, la même année, à opérer la décomposition de l'air, source de la naissance de la chimie pneumatique, et des nombreuses découvertes qu'elle a fait éclore. Ces expériences, répétées souvent par un grand nombre de physiciens, ont été couronnées du même succès. L'air est donc un fluide élastique, résultant du mélange de 79 de gaz azote, et 21 de gaz oxigène, comme l'ont trouvé MM. Berthollet et Campy fils en Egypte et à Paris, Cavendish et Davy en Angleterre, de Marty et moi en Espagne, Beddoës sur de l'air rapporté de la Guinée, de Humboldt et Gay-Lussac à Paris, etc., etc. (1).

(1) Une chose digne de remarque et bien difficile à expliquer, c'est qu'on a observé que, dans une glacière près d'Oswertry, l'air était impropre à la combustion, et donnait

Propriétés physiques. L'air est à l'état gazeux et conserve constamment cette forme ; il est aussi transparent, inodore, insipide, pesant et compressible. Nous allons examiner ces deux dernières propriétés.

La première idée et les premières preuves bien évidentes de la pesanteur de l'air sont dues à Aristote. Comme ce point historique nous paraît assez important, nous allons présenter les faits que nous croyons propres à lui donner le caractère irrécusable de la vérité. Aristote annonça que tous les corps, à l'exception du feu, étaient doués de la pesanteur : *Omnia præter ignem pondus , signum cujus est utrem inflatum plus ponderis, quàm vacuum habere.* Ce passage ne peut être révoqué en doute. Aristote a prouvé ainsi la pesanteur de l'air en démontrant qu'une outre vide était moins pesante que lorsqu'elle était pleine d'air. Ce philosophe fut encore plus loin, il découvrit que l'eau lui faisait acquérir un plus grand volume, et le rendait plus léger : *Cùm enim aqua ex aere est orta, gravior est.* Cette opinion d'Aristote fut rangée parmi les hypothèses, jusqu'à ce que Galilée vînt, en 1640, la reproduire, en faisant connaître qu'un vase plein d'air comprimé était plus pesant que lorsqu'il était plein d'air non comprimé. Toricelli, son disciple, leva le voile qui couvrait cette propriété de l'air. Un fon-

à l'analyse 79 d'azote, 16 d'oxigène et 5 d'acide carbonique. Dans des cavités voisines de cette glacière, et d'une grande profondeur, l'air n'est nullement altéré. Le terrain de cette glacière est un banc de sable assez sec ; elle est couverte de grands arbres. *Voyez Philosophical magazine; la Revue encyclopédique et le Bulletin général scientifique.*

tainier du grand-duc de Toscane, ayant construit une pompe aspirante d'une longueur plus qu'ordinaire, croyant élever l'eau à une hauteur considérable, fut surpris de voir que cette élévation ne pouvait jamais dépasser celle de 32 pieds, quelle que fût la longueur de sa pompe. Surpris de ce peu de succès, il fut consulter Galilée. Cet illustre physicien se borna à lui répondre que la nature n'avait horreur du vide que jusqu'à 32 pieds. Cependant, loin de croire à une telle cause, Galilée entreprit des recherches immenses, qui facilitèrent à Toricelli, son disciple, l'importante découverte de la pesanteur de l'air. En 1643, ce dernier remplit de mercure un tube de verre, dont la longueur était égale à 4 pieds. Il la ferma hermétiquement à l'un des bouts, boucha l'autre avec le doigt, et le plongea verticalement dans le mercure. Après l'avoir débouché, il s'aperçut que le mercure descendait jusqu'à une hauteur de 28 pouces, et y restait. Il conclut de cette expérience, que puisque l'eau ne pouvait s'élever à plus de 32 pieds, et que le mercure, qui avait un poids spécifique environ 14 fois plus fort, s'élevait aussi 14 fois moins, le même agent physique devait donner lieu à ces phénomènes, et que cet agent physique devait être l'air. Descartes attribua aussi cette cause à l'air qu'il regarda comme doué de pesanteur, et communiqua, comme il l'assure lui-même, cette idée à Pascal (1), qui engagea M. Perrier à entreprendre l'expérience mémorable qui devait réaliser tous les doutes sur

(1) Encyclopédie méthodique.

la pesanteur de l'air. M. Perrier prit, en conséquence, le 19 septembre 1648, à huit heures du
matin, dans le jardin des Minimes, à Clermont,
deux tubes de Toricelli, semblables, remplis de
mercure, et placés comme nous l'avons déjà dit.
Le mercure descendit dans tous les deux jus-
qu'à 27 pouces 3 lignes $\frac{1}{2}$. Il prit un de ces tubes,
et, accompagné d'un grand nombre de personnes,
il parvint sur le sommet de la montagne du Puy-
de-Dôme; à une élévation de 500 toises, le mercure se trouva avoir baissé de 5 pouces; en descen-
dant, le mercure s'élevait; arrivés au point de départ, il avait repris le niveau de celui qui avait été
placé dans le jardin, et qui n'avait point varié.
M. Pascal répéta ces essais à Paris, avec le même
succès. Depuis ce temps, la pesanteur de l'air a été
regardée comme une des vérités le mieux démontrées, et la couche atmosphérique qui couvre la
terre, comme douée d'une pesanteur égale à une
couche d'eau de 32 pieds ou de 28 pouces de mercure. D'après cela, il est bien évident que toutes
les fois que l'air doit, par une cause quelconque,
devenir plus rare ou plus dense, cette colonne de
mercure contenue dans le tube de Toricelli, doit
descendre ou s'élever, telle est la théorie du baromètre. Il est aisé de voir aussi que plus on doit s'é-
lever au-dessus du niveau de la terre, moins la
couche atmosphérique doit être épaisse et l'air dense,
et plus la colonne de mercure doit baisser. D'après
ces principes, on a construit un instrument des
plus simples et des plus ingénieux pour mesurer la
pesanteur de l'air, auquel on a donné le nom de

baromètre, et qui n'est, à proprement parler, que le tube de Toricelli, plongé dans une petite cuvette pleine de mercure, ou ayant une double branche plus courte et recourbée. On choisit un tube bien calibré, qu'on purge d'air en le remplissant de mercure et le faisant bouillir, et on le place ensuite sur une échelle bien faite et divisée en pouces, ou en 100 parties. Dans cet instrument, le mercure baisse dans la colonne toutes les fois que l'air devient plus rare, et *vice versâ*, quand il devient plus dense. Il indique ainsi le beau et le mauvais temps, de même que la pluie, jusqu'à un certain point, et les autres phénomènes météorologiques. Lors de la pluie, il baisse d'autant plus que l'air tient plus d'eau en dissolution, et l'on sait qu'alors il devient plus léger. Outre que le baromètre est un objet de curiosité, il est non-seulement utile au physicien pour reconnaître la pression atmosphérique sous laquelle sont placés les corps qu'il examine, mais il sert encore au géomètre qui cherche à déterminer la hauteur des lieux.

Dès que la pesanteur de l'air fut connue, on chercha à trouver son poids spécifique, mais les résultats durent varier suivant les lieux et sa densité. Ainsi la société royale de Londres (1) l'établit par une première expérience, comme étant 840 fois moins pesant que l'eau ; par une seconde :: 852, enfin :: 860. M. Jurin :: 1087, Boyle :: 1000, et Mersene :: 1346. Les résultats les plus exacts que nous possédions sur le poids spécifique de l'air sont

(1) Transactions philos., n° 180.

ceux obtenus par MM. Arago et Biot, qui, à la température de 15,5, et sous une pression de 76, l'ont
trouvé 820 fois plus léger que l'eau. M. Rice, suivant les expériences de sir Georges Shuckburgh [1],
le porte à 827,43. On peut déterminer le poids spécifique de l'air, comme celui de tous les gaz, de la
manière suivante. On prend un ballon, dont on a déterminé la contenance, on fait le vide à la machine
pneumatique et on le pèse. On le remplit ensuite
d'air, et le poids qu'on est obligé de mettre pour établir l'équilibre est celui de l'air ou du gaz qu'on pèse.
Dans les expériences comparatives des poids des gaz,
l'air est pris pour unité comme l'eau pour les solides, et cette unité est exprimée par 1,0000.

2° *Compressibilité*. Il est bien évident que puisque l'air est pesant, et que cette pesanteur est
égale à celle d'une colonne d'eau de 32 pieds, et
de mercure de 28 pouces, l'air doit comprimer tous
les corps avec une force égale. Voilà pourquoi, lors
des expériences sur les gaz, on doit, pour éviter les
erreurs, tenir compte de la pression atmosphérique.
Sans cette pression, plusieurs liquides seraient, à
la température ordinaire, à l'état de vapeurs. On
en acquiert la preuve en en exposant plusieurs sous
le récipient de la machine pneumatique, et en faisant le vide. L'air comprime tous les corps, non
seulement verticalement, mais encore latéralement
et en tous sens. Ces pressions sont égales en force. On
a évalué, à quelque chose près, le poids de toute

[1] *Annals of philosophy*, n° 77 et 78.

l'atmosphère, à 11,361,894,400,000,000,000 liv. (1).

L'air, comme tous les gaz, est très-compressible; en diminuant de volume il dégage alors une telle quantité de calorique qu'elle est quelquefois suffisante pour produire l'inflammation de quelques corps. C'est d'après cette connaissance qu'on a construit les briquets pneumatiques. Cette propriété lui est commune avec les autres gaz. On en tire parti pour la construction du fusil à vent, et de plusieurs instrumens de physique propres à élever les eaux à de grandes hauteurs, etc. Dans quelques opérations chimiques, pour paralyser les effets de la pression de l'air sur les liquides, on a imaginé de placer, dans les vases qui servent à recueillir les produits, des tubes qui établissent dans chacun un équilibre atmosphérique parfait, qui empêche l'ascension de ces mêmes liquides dans ces tubes, et de vase en vase jusque dans celui où se fait l'opération. Ces tubes ont reçu le nom de *tubes de sûreté*.

Le pouvoir réfringent de l'air atmosphérique a été pris pour unité; il est exprimé par 100,000. L'air sec est très-mauvais conducteur du fluide électrique; lorsqu'il est humide, il le laisse passer. L'air humide à travers lequel on fait passer pendant long-temps un courant de fluide électrique, finit par se convertir en acide nitrique: la présence de l'eau ou de tout autre corps est indispensable

____

(1) Cette pression de l'air est telle que, si l'on fait le vide d'un récipient où l'on a placé un animal, il ne tarde pas à périr, et l'on voit quelquefois le sang s'exhaler par les pores de la peau.

pour absorber l'acide. L'air est conducteur du calorique et du son, mais moins que les liquides et les solides.

Propriétés chimiques. L'air n'éprouve aucune altération ni par la plus haute ni par la plus basse température; il en est de même de la plus forte pression. Il ne s'unit à l'oxigène qu'à l'état de mélange. Tous les corps combustibles simples sont susceptibles de lui enlever de l'oxigène, à l'exception du chlore, de l'azote, de l'iode, de l'or, de l'argent, du platine, du rhodium, du palladium et de l'iridium. Les autres en absorbent l'oxigène, et mettent l'azote à nu. Cette absorption constitue une science qui porte le nom d'*endiométrie*, et sur laquelle nous reviendrons. Nous allons examiner l'action particulière de quelques-uns de ces corps.

1o L'*hydrogène à froid* ne fait que se mêler avec l'air ; ce n'est que par l'étincelle électrique ou une chaleur incandescente qu'il le décompose rapidement; il se produit alors une détonation plus ou moins forte, et un dégagement de lumière et de calorique.

2o Le *Bore* n'a également d'action sur l'air qu'à l'aide de la chaleur rouge; il se forme de l'acide borique.

Le charbon, à la température ordinaire, absorbe plusieurs fois son volume d'air, dont, au bout de quelque temps, il convertit une petite partie en acide carbonique. A une température élevée, il y a ignition, dégagement de calorique et de lumière, et production d'acide carbonique, si la quantité d'air est assez considérable; dans le cas contraire, formation de gaz oxide de carbone.

Le *phosphore*, même au-dessous de o, brûle dans l'air. A la température ordinaire il s'empare peu à peu de tout le gaz oxigène, laisse l'azote à nu et produit de l'acide tritophosphorique (phosphatique). Pour que cette décomposition soit complète, l'air doit être humide, et même en contact avec l'eau. A une température de 35 à 4o cette décomposition est plus prompte; il se produit une combustion vive, un grand dégagement de lumière, et de l'acide phosphorique.

Le *soufre* ne décompose l'air qu'à un degré de température au-dessus de celui de sa fusion. Il donne lieu à un acide d'une odeur suffocante, connu sous le nom d'acide sulfureux ou deutosulfurique.

Le *sélénium* n'a d'action sur l'air qu'à une forte chaleur; il peut donner lieu alors à deux composés, un oxide et l'acide sélénique.

L'*eau* agit sur l'air, et en dissout plus ou moins, suivant son degré de température et de pression. Le calorique s'en dégage dépouillé d'une partie de son azote. MM. Breda, Hassenfratz et Ingenhouz ont trouvé dans l'air dégagé de l'eau de pluie, $\frac{40}{100}$ d'oxigène; MM. de Humboldt et Gay-Lussac, dans celui qu'ils avaient dissout dans l'eau distillée, $\frac{32.8}{500}$; dans celui de l'eau de pluie, $\frac{31}{100}$, et dans celui de l'eau de la Seine, $\frac{31.9}{000}$, Je l'ai trouvé dans celui des eaux de Lamayral, en France, et de Bascara, en Espagne, dans les proportions de $\frac{31}{100}$ (1). Les eaux, enfin, de la ri-

____

(1) *Voyez* mon ouvrage sur l'air marécageux.

vière appelée le Gèsse, dans le Piémont, exposées au soleil dans un vase plein de cette eau, et renversé sur ce liquide, donnent un air qui contient $\frac{78}{100}$ d'oxigène; l'air qui est à la surface de cette rivière en contient $\frac{13}{100}$ (1).

Extraction. Lorsqu'on veut se procurer de l'air d'un lieu quelconque, il est un moyen bien simple: il suffit de remplir d'eau, ou mieux de mercure, un vase quelconque, et de le vider dans ce lieu. Au fur et à mesure que l'eau s'écoule, l'air s'y introduit et finit par le remplir entièrement. On bouche soigneusement ce vase afin d'éviter toute déperdition.

L'air, à son tour, est susceptible de dissoudre une quantité d'eau qui est relative à son degré de température et de densité. Dans ces cas, l'air est d'autant plus rare qu'il contient plus d'eau en dissolution. Cette observation importante, que plusieurs modernes se sont attribuée, est due à Aristote. Ce phénomène est facile à concevoir, si nous considérons que la densité de l'air est à celle de la vapeur aqueuse :: 1 : 0,620. Il est deux circonstances qui accompagnent cette dissolution de l'eau dans l'air ou sa précipitation; c'est une production de chaud ou de froid. Il est bien reconnu que lorsque l'air saturé d'eau devient plus rare, ou que sa température élevée vient à diminuer sensiblement, il abandonne la vapeur d'eau qui, passant à l'état liquide,

(1) *Voyez Biblioth. britann.*, tome VI, et ma dissertation physique et chimique sur l'air, in-4°.

dégage beaucoup de calorique qui devient très-sensible; le contraire a lieu par un air chaud et sec, ou froid et sec. On s'aperçoit en effet que, pendant les temps de pluie, la température est plus ou moins douce, et que lorsqu'elle a cessé l'air devient froid, parce qu'en exerçant sa force dissolvante sur l'eau, il prend du calorique dans tous les corps environnans. Nous avons de nouveaux exemples de cette action dissolvante dans la transpiration cutanée qui, par les vents du nord-est, qui sont très-secs, est peu sensible; tandis que par les vents de sud-est, ou pendant les temps pluvieux, elle devient très-sensible, et souvent même sous forme de sueur, dénomination qui exprime le produit de l'accumulation des molécules de la transpiration que la supersaturation de l'air empêche de dissoudre. On se trompe grandement lorsqu'on croit, en surchargeant un malade de couvertures, augmenter la transpiration; on ne fait que supprimer, en grande partie, l'action dissolvante de l'air, dont on intercepte presque le contact. Ce moyen, dit Fourcroy, ne guérit les rhumes qu'en retenant l'eau dans le corps, et favorisant ainsi le délayement des portions des liquides épaissis, et leur séparation plus facile des parois des canaux où elles étaient attachées par leur épaississement glutineux et tenace.

Il est divers moyens propres à mesurer approximativement le degré d'humidité de l'atmosphère; leur connaissance constitue une science connue sous le nom d'*hygrométrie*.

Composition. D'après les diverses recherches qui ont été faites sur l'air, on l'a trouvé composé de $\frac{79}{100}$

de gaz azote, et de $\frac{21}{100}$ d'oxigène, plus quelques traces d'acide carbonique.

1° On y démontre la présence de l'eau en remplissant un vase de glace qui ne tarde pas à se recouvrir à l'extérieur de gouttelettes de ce liquide.

2° Celle de l'acide carbonique, en plaçant sous une cloche d'environ 12 litres, une petite capsule, contenant de l'eau de chaux, dont la surface est bientôt convertie en une pellicule de carbonate calcaire, qui finit par se précipiter.

3° Celle de l'azote par l'absorption du gaz oxigène. C'est ce qui constitue l'eudiométrie. Nous avons une foule de moyens eudiométriques pour opérer cette décomposition. La combustion du phosphore, le mélange d'une quantité donnée d'air avec le deutoxide d'azote; les sulfures alcalins, saturés auparavant d'azote, réussissent très-bien.

Celui qui nous paraît cependant le plus exact consiste à introduire dans un instrument, approprié à cet effet, et connu sous le nom d'*eudiomètre de Volta*, un mélange à parties égales d'air et d'hydrogène, qu'on enflamme par l'étincelle électrique. On divise par trois la différence qui existe entre le résidu et le volume total du mélange. Le quotient indique la quantité exacte de gaz oxigène contenu dans l'air. M. Gay-Lussac a perfectionné et simplifié beaucoup cet appareil Le potassium paraît être aussi un très-bon moyen eudiométrique.

De l'air vicié.

L'air est susceptible de tenir en dissolution ou en suspension une foule de corps qui se dérobent à l'analyse chimique, et qui ne sont jusqu'à présent connus que par leurs mauvais effets. Si l'air, dans son état de pureté, est l'agent indispensable à la vie de l'homme, des animaux et des végétaux , il est aussi le fléau de l'espèce humaine lorsqu'il est vicié par des corps inconnus auxquels on donne les noms d'effluves ou miasmes marécageux, etc. Lorsqu'il règne une maladie épidémique, dit Hippocrate, ce n'est point le régime qui la cause, mais l'air que nous respirons , et alors on ne peut révoquer en doute qu'il n'y ait dans l'air une exhalaison vicieuse. Les ouvrages de Zimmerman, Lancisi, Pringle , Lind , Barthez, Lautter , Werlhof, Baumes , Rigaud-de-l'Isle , Ingenhouz , ont confirmé cette vérité. J'en ai moi-même présenté un grand nombre de preuves dans mon ouvrage sur l'air marécageux. L'expérience a démontré que la durée de la vie était en raison directe de la salubrité des lieux, et de l'éloignement des marais, que l'on peut considérer comme les plaies infectes de la terre d'où s'élèvent à de grandes distances la langueur et la mort. Condorcet a démontré en effet que dans les lieux marécageux le terme moyen de la durée de la vie était de 18 ans, et dans les lieux non marécageux, de 23. Le dernier recensement qu'on fit en *Provence* portait un octogénaire sur 130 personnes dans les lieux non marécageux, et un sur 6,000 dans les lieux marécageux. Cet effet de l'air des marais est tel, que des populations entières, placées à peu de distance de leur foyer, ont disparu totalement, et d'autres luttent entre la misère et l'abandon. On a attribué aux divers gaz qui sont le produit de la putréfaction végétale et animale les causes délétères des marais : un médecin estimable a même été si loin qu'il n'a pas craint d'attribuer telle ou telle maladie à la prédominence de l'un ou de l'autre de ces agens morbifiques. Lorsque l'académie royale des sciences de Lyon mit cette intéressante question au concours, je me livrai à plus de 60 analyses, tant en France qu'en Espagne, et j'acquis ainsi la conviction que l'air des palus, comme celui des égouts, des latrines, des bergeries, des étables, des hôpitaux et des cimetières, ne donnait à l'analyse que les principes de l'air le plus pur et dans les mêmes proportions. Je portai également mes recherches sur l'air de la salle du grand hôpital de Barcelone, recueilli lorsque la fièvre jaune y exerçait le plus ses ravages, et je ne pus y découvrir que 21 de gaz oxigène, et 79 azote. Il est donc bien reconnu que, dans l'état actuel de nos connaissances, et par les moyens chimiques que nous possédons, on ne peut reconnaître les corps qui vicient l'air que par leur mauvais effet. Il est dans l'atmosphère, comme dans les eaux minérales, un *je ne sais quoi* bien difficile à expliquer.

Si les substances qui altèrent l'air nous sont inconnues, nous avons du moins la douce satisfaction de pouvoir en paralyser les effets; les fumigations acides, et celles surtout par le chlore possèdent cette vertu. Ces moyens sont cependant infructueux contre les miasmes de la fièvre jaune, comme l'ont démontré à Cadix, Séville et Barcelone, les docteurs Arejula, Balcells, Bailly et moi.

Usages. De tous les corps de la nature, l'air est celui qui joue le rôle le plus important; il est l'agent de la respiration et de la combustion. Sans lui, l'univers ne serait qu'un vaste tombeau. Il est l'agent qui contribue à la formation de plusieurs couleurs, telles que l'indigo, l'écarlate, etc.; il blanchit la cire, la soie et la toile. C'est par son action dissolvante qu'on obtient les sels dans les marais salans; lorsqu'il est suffisamment dilaté il devient plus léger. Montgolfier tira parti de cette propriété pour faire les premiers aérostats.

Quant à l'action de l'air sur l'économie animale, l'expérience a démontré que plus il était pur, plus le terme moyen de la vie était long, et plus la contrée était saine. Ainsi les pays élevés et les plus éloignés des marais jouissent d'une plus grande longévité. Buffon a démontré que les montagnes d'Auvergne, d'Écosse, de Galles, de Suisse, ont fourni plus d'exemples de vieillesses extrêmes que les plaines de Flandre et de Pologne. Le célèbre Barthez ajoute que la Suède, la Norwège, le Danemarck et l'Angleterre sont, sans contredit, les pays qui, dans les derniers temps, ont produit les hommes qui sont parvenus à la plus grande vieillesse; on a pu y voir des vieillards de cent trente à cent cinquante ans, et même au-delà. Une nouvelle preuve de ces vérités, c'est que dans les pays marécageux la plupart des hommes sont pâles, et pour ainsi dire étiolés; ils sont cachectiques, traînent une vie languissante; leurs facultés intellectuelles se développent moins facilement, et s'altèrent même chez les individus qu'on y transplante. Dans les pays sains ils sont plus vigoureux, plus grands, plus forts, plus agiles et plus spirituels. Lorsqu'il règne des maladies épidémiques, attribuées aux marais, le meilleur moyen de s'en préserver, c'est de se réfugier dans des contrées où ces miasmes n'exercent pas leurs funestes effets, et lorsqu'on a eu le malheur d'en être atteint, pour hâter les convalescences, qui sont toujours très-longues dans les pays marécageux, les malades doivent recourir à un air plus pur. Il est donc bien reconnu que l'air pur influe non-seulement sur la durée de la vie, mais qu'il est regardé comme un moyen curatif dans le traitement de plusieurs maladies. C'est en vertu de cette propriété que le père de la médecine envoyait ses malades respirer l'air salutaire de l'île de Crète. Les Chinois étaient si convaincus de ses bons effets, qu'on les a vus aller remplir des ballons d'air sur les hautes montagnes, pour les vendre aux habitans des villes. Bordeu a préconisé l'*air vierge* des montagnes, et Rousseau n'a pas craint de dire : « Lorsque vous me verrez mourant, portez-moi au pied d'un chêne, je vous promets que j'en reviendrai. » Un fait digne de remarque, c'est que cet air, qu'Hippocrate appelle si judicieusement l'aliment de la vie, introduit spontanément dans les veines cause subitement la mort. (1)

(1) On peut consulter à ce sujet une note de M. Leroi insérée dans le tom. III des Archives gén. de médecine, ainsi que le Journal de physiologie experimentale de M. Magendie.

LIVRE V.

—

COMBUSTIBLES SIMPLES MÉTALLIQUES.

HISTOIRE. Il est une foule de substances métalliques dont la découverte se perd dans la nuit éternelle du temps. Presque tous les chimistes se sont occupés de leur étude; nous devons même aux travaux infatigables des alchimistes des connaissances précieuses sur leurs propriétés diverses. Ils les divisèrent en *métaux parfaits* et en *métaux imparfaits*. Le mercure et le plomb étaient compris dans cette dernière classe. Avant le 13° siècle on ne connaissait que sept métaux : de nos jours on en a porté le nombre à quarante et un. Nous allons joindre ici le tableau qu'a donné M. Thénard de l'époque de leur découverte.

(*Voyez le tableau ci-contre*).

A ce tableau nous devons ajouter les métaux qu'on n'a encore obtenus qu'à l'état d'oxides.

Propriétés générales. Les métaux sont des corps simples, électro-positifs, très-brillans, susceptibles

NOMS des MÉTAUX.	AUTEURS DE LEUR DÉCOUVERTE.	ÉPOQUES de leur DÉCOUVERTE
Or. Argent. Fer. Cuivre. Mercure. Plomb. Etain.	Connus de toute antiquité.	
Zinc.	Indiqué par Paracelse, qui mourut en	1541
Bismuth.	Décrit dans le traité d'Agricola, qui parut en	1520
Antimoine.	Bazile – Valentin décrivit le procédé d'extraction.	15e siècle.
Arsenic. Cobalt.	Brandt.	1733
Platine.	Wood, essayeur de la Jamaïque.	1741
Nickel.	Cronstedt.	1751
Manganèse.	Gahn et Schéele, à peu près vers.	1774
Tungstène.	MM. Delhuyart, à peu près vers.	1781
Tellure.	M. Muller de Reichenstein.	1782
Molybdène.	Soupçonné par Schéele et Bergmann, constaté par Hielm en	1782
Titane.	Grégor.	1781
Urane.	M. Klaproth.	2789
Chrôme.	M. Vauquelin.	1797
Colombium.	M. Hatchett.	1802
Palladium. Rhodium.	M. Wollaston.	1802
Iridium.	Par M. Descotils et constaté par Four-croy, M. Vauquelin et Smithson-Tennant en.	1803
Osmium.	M. Tennant.	1803
Cérium.	MM. Hisinger et Berzélius.	1804
Potassium Sodium.	Découverts par M. Davy en.	
Barium. Strontium. Calcium.	Indiqués par M. Davy en.	1807
Cadmium.	M. Hermann ou M. Stromeyer.	1808
Lithium.	M. Arfwedson.	1818

de prendre un beau poli et un éclat très-vif. Ils sont bons conducteurs du calorique et du fluide électrique, beaucoup plus pesans que l'eau, à l'exception du potassium et du sodium qui sont plus légers ; susceptibles de se combiner avec le gaz oxigène pour former des oxides, et quelques-uns des acides ; de produire des sels en s'unissant avec les acides, et jouissent enfin de plusieurs autres propriétés que nous étudierons en traitant de chacun d'eux en particulier.

Classification. Pour faciliter leur étude, on a rangé les substances métalliques en six classes.

La première comprend ceux qu'on n'a pu encore obtenir à l'état métallique, et que l'on regarde cependant comme des oxides : ils sont au nombre de sept :

le magnésium,	le thorinium,
le glucinium,	le zirconium,
l'yttrium,	le silicium ;
l'aluminium,	

La deuxième, ceux qui, au plus haut degré de chaleur, sont susceptibles d'absorber l'oxigène, et de décomposer l'eau à la température ordinaire en s'unissant à l'oxigène, et en opérant le dégagement de l'hydrogène avec une vive effervescence. Ces métaux sont :

le calcium,	le lithium,
le strontium,	le sodium,
le barium,	le potassium ;

La troisième, ceux qui, comme dans les deux précédentes, absorbent le gaz oxigène à la tempé-

13

rature la plus élevée, et ne décomposent l'eau qu'à une chaleur rouge. Ce sont :

le manganése,   le fer,
le zinc,   l'étain,

et le cadmium, que M. Thénard range dans cette classe à cause de sa solubilité dans l'acide hydrochlorique, l'acide sulfurique faible, et même l'acide acétique, avec dégagement de gaz hydrogène.

La quatrième comprend les métaux qui peuvent absorber l'oxigène à la plus haute température, mais qui ne peuvent décomposer l'eau ni à chaud, ni à froid. Ils sont au nombre de quinze :

arsenic,	antimoine,	bismuth,
molybdène,	urane,	cuivre,
chrôme,	cérium,	tellure,
tungstène,	cobalt,	nickel,
colombium,	titane,	plomb.

Cette classe est divisée en deux sections :

La première est composée de ceux qui sont acidifiables : ils se réduisent à cinq;

La deuxième, de ceux qui ne sont qu'oxidables.

La cinquième renferme ceux qui ne peuvent se combiner avec l'oxigène qu'à un certain degré de chaleur, et qui ne jouissent point de la propriété de décomposer l'eau. Une température élevée opère la réduction de leurs oxides. Dans cette classe on ne trouve que

le mercure et l'osmium.

La sixième enfin est formée par les métaux qui ne peuvent point se combiner avec le gaz oxigène ni

TABLEAU

Des principales propriétés physiques des substances métalliques.

MÉTAUX rangés d'après leurs poids spécifiques.	COULEUR.	MÉTAUX rangés d'après leur dureté.	MÉTAUX acidifiables.	MÉTAUX cassans.	MÉTAUX rangés d'après leur ténacité (1).	MÉTAUX ductiles et malléables par ordre alphabétique.	MÉTAUX rangés d'après leur facilité à passer à la filière.	MÉTAUX rangés d'après leur facilité à passer au laminoir.
Platine. . . . . . 20,98 } suivant Brisson.	Blanc tirant sur l'argent.	Tungstène.	Arsenic.	Antimoine.	Fer. . 249,659 } Sickingen.	Argent.	Or.	Or.
Or . . . . 19,257 }	Jaune pur.	Palladium.	Molyldène.	Arsenic.	Cuivre 137,309 }	Cadmium.	Argent.	Argent.
Tungstène de . . 17,6 à 17° 5 D'Elhuyart.	Blanc grisâtre.	Manganèse.	Chrôme.	Bismuth.	Platine 124 Guyt.-Morveaux.	Cuivre.	Platine.	Cuivre.
Mercure. . . . 13,568 . . . Brisson.	Blanc d'argent.	Fer.	Tungstène.	Chrôme.	Argent 085,062 } Sickingen.	Etain.	Fer.	Etain.
Palladium. . . 11,3 à 8 (1) Wollaston.	Idem.	Nickel.	Colombium.	Cobalt.	Or. . . 068,216 }	Fer.	Cuivre.	Platine.
Plomb. . . . 11,352 }	Blanc gris-bleuâtre.	Platine.		Manganèse.	Étain . 24,200 } Muchembroeck.	Iridium.	Zinc.	Plomb.
Argent. . . . 10,4743 } . . . Brisson.	Blanc éclatant.	Cuivre.		Molybdène.	Zing. . 12,720 }	Mercure.	Etain.	Zinc.
Bismuth. . . . 9,822 }	Blanc jaunâtre.	Argent.		Rhodium.		Nickel.	Plomb.	Fer.
Cobalt. . . . 8,5384 . . . Haüy.	Blanc un peu gris.	Bismuth.		Tellure.		Or.	Nickel.	Nickel.
Urane. . . . 9 . . . Bucholz.	Gris foncé.	Or.		Tungstène.		Osmium.	* Palladium.	* Palladium.
Cuivre. . . . 8,895 . . . Hatchett	Jaune rougeâtre.	Zinc.		Urane.		Palladium.	* Cadmium (1).	* Cadmium (1).
Cadmium. . . 8,6040 . . . Stromeyer.	Blanc bleuâtre.	Antimoine.				Platine.		
Arsenic. . . 8,308 . . . Bergmann.	Blanc grisâtre.	Cobalt.				Plomb.		
Nickel. . . . 8,279 . . . Richter.	Blanc argentin.	Étain.				Potassium.		
Fer. . . . 7,788 . . . Brisson.	Gris bleuâtre.	Arsenic.				Sodium.		
Molybdène. . 7,400 . . . Hielm.	Gris foncé.	Plomb, etc.				Zinc.		
Etain. . . . 7,291 . . . Brisson.	Blanc argentin.							
Zinc. . . . 6,861 . . . Brisson.	Blanc gris-bleuâtre.							
Manganèse. . 6,850 . . . Bergmann.	Blanc grisâtre.							
Antimoine. . 6,7021 . . . Brisson.	Argentin bleuâtre.							
Tellure. . . 6,115 . . . Klaproth.	Argentin.							
Sodium. . . 0,97223 } à 15° Gay-Lussac	Blanc grisâtre.							
Potassium. . 0,86537 } et Thénard.	Idem.							

(1) Ces métaux avaient été tirés en fils de 2 millimètres.

(1) On ne connaît pas encore le rang que doivent occuper ces deux derniers.

(1) On ne connaît pas non plus le rang que doivent occuper ces deux derniers.

(1) Selon qu'il est écroui au marteau ou laminé.

Page 147.

opérer la décomposition de l'eau à aucune température, et dont les oxides se réduisent au-dessous de la
chaleur rouge. Ils sont au nombre de six :

l'argent,	le platine,
le palladium,	l'or,
le rhodium,	l'iridium.

Quoique nous ayons annoncé qu'en parlant de
chacun des métaux en particulier nous traiterions
de leurs propriétés, il est cependant indispensable
que nous disions un mot des principales, et des noms
qu'on leur a donnés.

1° *Ténacité.* C'est la propriété dont ils jouissent,
réduits en fils, de supporter des poids plus ou moins
considérables sans se rompre.

2° *Dureté.* C'est la difficulté qu'ils opposent à
être entamés par divers instrumens tranchans.

3° *Ductilité.* C'est la propriété de passer à la
filière, et de former ainsi des fils plus ou moins
déliés.

4° *Malléabilité.* De passer au laminoir, et de s'é-
tendre sous le marteau.

Outre ces propriétés, les métaux sont élastiques,
dilatables, etc. ; leur structure est grenue, fibreuse,
lamelleuse, etc. Nous allons joindre ici un tableau
de leurs principales propriétés physiques, afin d'a-
bréger cette étude, et d'offrir en un instant à
MM. les élèves l'ensemble de leurs principales
propriétés caractéristiques.

Propriétés chimiques. Les métaux, exposés à l'action du calorique, fondent à une température plus
ou moins élevée. Lorsqu'ils sont fondus, si on les
laisse refroidir lentement, et qu'après avoir percé la

croûte qui se forme à leur surface, on fasse écouler
le métal qui est encore fondu, on obtient une espèce
de géode tapissée de très-beaux cristaux en cubes
ou en octaèdres. A une température plus élevée que
celle de leur fusion, quelques-uns se volatilisent.

Fluide électrique. Tous les métaux sont de très-
bons conducteurs du fluide électrique. Il est digne
de remarque que cet effet n'a lieu que tout autant
que leur surface est assez étendue pour opérer son
écoulement; lorsqu'elle est insuffisante, il les pénètre
et les échauffe même au point de les fondre et de
les volatiliser.

Gaz oxigène. Ce gaz sec est seulement absorbé
par le potassium; à un certain degré de chaleur
tous les métaux se combinent avec lui, à l'exception de ceux de la sixième section. Lors de cette
absorption, il y a dégagement de calorique, et quelquefois de lumière. Lorsque le gaz oxigène est humide, il s'unit non-seulement avec les métaux des
deux premières sections, mais il exerce aussi son
action sur un grand nombre de ceux qui font partie
de la troisième, quatrième et cinquième. Dans ce
cas, le métal est oxidé par le gaz oxigène libre, et
par celui qui est partie constituante de l'eau, ou
seulement par l'oxigène libre; alors l'eau de ce gaz
s'unit avec l'oxide pour former un composé connu
sous le nom d'*hydrate*. Cette oxidation est très-
longue, parce que les couches d'oxide qui se trouvent à la surface en garantissent long-temps le métal
qu'elles recouvrent.

Air atmosphérique. Son action sur les métaux est
la même que celle du gaz oxigène, avec cette diffé-

TABLEAU

Des changemens que les métaux font éprouver à l'eau oxigénée.

MÉTAUX qui, décomposant l'eau oxigénée, en dégagent l'oxigène sans s'oxider, rangés suivant la force de leur action.	MÉTAUX qui, décomposant ce peroxide, s'emparent d'une partie de son oxigène et dégagent l'autre, rangés d'après la force de leur action.	OBSERVATIONS.
Argent très-divisé (1), en limaille et en masse.	Arsenic en poudre } (2). Molybdène	(1) L'action est d'autant plus vive, que le métal est plus divisé ; en limaille, elle est moins vive ; et en masse, très-faible.
Platine idem.		
Or *idem.*	Tungstène. } (3). Chrôme.	(2) Ces deux métaux passent à l'état acide.
Osmium en poussière noire.		(3) L'action, qui est d'abord faible, devient ensuite très-vive avec le tungstène.
Palladium en poudre.	Potassium.	
Rhodium *idem.*	Sodium.	
Iridium *idem.*	Manganèse.	
Plomb en limaille fine.	Zinc. (4)	(4) Action très-faible.
	Etain.	
Bismuth en poudre fine.	Fer. } (5)	
Mercure.	Antimoine.	(5) Action presque insensible.
	Tellure.	
Cobalt, nickel, cuivre et cadmium (6).		(6) Leur action est presque nulle.

rence qu'elle est plus lente, et que l'acide carbonique qu'il contient se combine avec l'oxide pour former un souscarbonate.

Protoxide d'hydrogène, ou eau. Certains n'en éprouvent aucune altération; d'autres le décomposent à une haute température, et quelques-uns à froid en s'oxidant aux dépens de son oxigène.

Peroxide d'hydrogène, eau oxigénée. Plusieurs métaux très-divisés le décomposent et en dégagent le gaz oxigène sans s'oxider, et d'autres, en opérant ce même effet, s'emparent d'une portion de son oxigène, tandis que l'autre se dégage. Cette action est d'autant plus énergique que les métaux sont plus divisés. En limaille, elle est moins sensible, et en masse encore plus faible. Comme cette action de l'eau oxigénée sur les métaux n'est connue que depuis peu de temps, et qu'elle est fort intéressante à connaître, nous avons jugé à propos de la présenter dans le tableau suivant.

Combustibles. Il n'est point de substance combustible non métallique qui ne puisse se combiner avec quelque métal. Presque tous les métaux enfin sont susceptibles de s'unir entre eux, et de former des *alliages* ou des *amalgames.*

Etat naturel. Les métaux existent rarement dans la nature à l'état natif ou vierge; ils sont le plus souvent combinés avec le soufre, l'oxigène et les acides, quelquefois aussi à l'état de chlorures et de carbures.

1º Ceux à l'état natif ont peu d'affinité pour l'oxigène.

2⁰ Ceux à l'état d'oxide ont une grande affinité pour ce corps.

3° Ceux à l'état salin sont ceux qui s'oxident le plus facilement.

On donne le nom de *Gangue* à la roche qui accompagne les mines métalliques; elle est le plus souvent de quartz, de carbonate et de fluate de chaux, de sulfate de barite, etc.

Usages. Parmi tous les métaux, il n'en est qu'un certain nombre d'un usage très-étendu, et quelques-uns même de première nécessité, tant pour l'économie domestique que pour la médecine et les arts. Ces métaux sont le fer, le cuivre, le plomb, l'étain, l'argent, l'or, le mercure, l'antimoine, le zinc, le platine, le chrôme, le cobalt, etc.

PREMIÈRE CLASSE.

MÉTAUX TERREUX.

On donne ce nom à la base présumée métallique des sept terres regardées comme des oxides et qu'on n'a pu encore réduire; ce sont les

silicium,	yttrium,
zirconium,	glucinium,
thorinium,	magnésium.
aluminium.	

Nous en parlerons en traitant des oxides.

SECONDE CLASSE.

MÉTAUX ALCALINS.

Cette classe renferme les métaux susceptibles de décomposer l'eau et d'absorber le gaz oxigène à la température ordinaire ou à une douce chaleur. Ils sont connus, dans leur état d'oxides, sous les noms d'alcalis et de terres alcalines. Les oxides sont irréductibles par le calorique seul, mais ils le sont par l'électricité ou par certains corps combustibles. Ils sont au nombre de six :

calcium,
strontium,
barium,

lithium,
sodium, .
potassium.

Du calcium.

Découvert en 1808 par M. Davy, on ne le trouve point natif, mais à l'état d'oxide et uni presque toujours aux acides sulfurique, carbonique, fluorique, phosphorique, hydrosulfurique, nitrique et hydrochlorique. On le prépare en décomposant son oxide ou son sulfate par la pile voltaïque.

Propriétés. Presque inconnues et sans usages.

Strontium, barium et lithium.

Histoire à peu près semblable à celle du précédent, avec cette différence que M. Arfwedson, qui a découvert le lithium, ne l'a point encore obtenu à l'état métallique.

Potassium.

La découverte du potassium, faite, en 1807, par M. Davy, en soumettant à l'action du fluide électrique de la potasse caustique hydratée, a été la source d'une foule de nouvelles découvertes qui ont beaucoup contribué aux progrès de la chimie. Ce nouveau métal fut successivement étudié par ce chimiste anglais et par MM. Gay-Lussac et Thénard.

Propriétés physiques. Solide à la température atmosphérique; éclat métallique très-brillant. Lorsqu'il a été fondu depuis peu dans l'huile de naphte, il a le coup-d'œil de l'argent mat; lorsqu'on l'en retire et qu'on l'expose à l'air, il prend bientôt un aspect terne semblable à celui du vieux plomb. Sa section est très-brillante et lisse; il est ductile, mou comme de la cire, et susceptible, comme elle, d'être pétri entre les doigts. Il est bon de ne faire cette expérience qu'en recouvrant d'huile la surface du métal, car autrement il s'enflammerait. A 15°, son poids spécifique est égal à 0,865. Ce métal est donc plus léger que l'eau. A 0, il est cassant.

Propriétés chimiques. Le potassium se fond à 58°. Dans l'ordre de fusibilité des métaux, il doit être placé après le mercure; il est très-volatil; ses vapeurs sont vertes; il absorbe le gaz oxigène sec à la température ordinaire, sans aucun dégagement de lumière ni de calorique bien sensible, si ce n'est au commencement de l'expérience. Le produit est un oxide blanc; si l'on opère en été, il s'enflamme quelquefois, si l'on ne prend pas les moyens nécessaires pour y parer. Lorsqu'il est en fusion, il s'enflamme à l'instant avec un grand dégagement de calorique et de lumière; souvent la cloche se casse; il se forme alors un peroxide qui a une couleur brune-jaunâtre.

Air. Mêmes phénomènes, mais action moins vive.

Eau. Il la décompose et roule en globules de feu à sa surface avec un dégagement bien marqué de flamme et de lumière. Dans cette action, l'eau est décomposée, et la chaleur du métal est telle, qu'elle enflamme aussitôt l'hydrogène, qui est mis à nu, avec une espèce de pétillement.

Eau oxigénée. Son action est si violente, qu'il s'opère souvent une grande explosion; il se dégage alors du gaz acide hydrochlorique.

A l'exception du bore et du carbone, le potassium s'unit avec tous les combustibles non métalliques. Il a une si grande affinité pour l'oxigène, qu'il opère la décomposition d'un grand nombre d'oxides, de tous les acides, d'une multitude de sels, et de toutes les substances végétales et animales. Un fragment introduit, avec parties égales de gaz hydrogène et de chlore, dans un tube large placé sur l'eau et dont les parois sont humides, produit une détonation violente et de l'acide hydrochlorique.

Préparation. On peut l'obtenir au moyen de la pile ; mais il est un autre procédé qui est dû à MM. Gay-Lussac et Thénard. Il consiste à faire chauffer dans un canon de fusil bien décapé, enveloppé d'un lut et porté au rouge-blanc, de l'hydrate de potasse et de la tournure de fer.

Usages. Inusité ; il serait cependant curieux de connaître son action sur l'économie animale, et de savoir s'il s'enflammerait instantanément dans l'estomac, ou si, passant à l'état de deutoxide, il agirait comme un puissant caustique, comme tout porte à le croire. On pourrait l'introduire dans cet organe au moyen d'un tube de verre ou d'une sonde creuse, percée à l'une de ses extrémités, et l'en chasser à l'aide d'un mandrin, ou d'une baguette de verre. J. Murray l'a proposé comme moyen endiométrique.

Du sodium.

Ce métal a été également découvert par Davy en 1807, et étudié par MM. Gay-Lussac et Thénard.

Propriétés physiques. Solide à la température ordinaire, d'un grand brillant métallique, sans odeur, aussi mou et aussi ductile que le précédent, d'une couleur analogue à celle du plomb. Sa section est très-brillante; sa causticité est due à la formatiou subite du deutoxide qui se forme par la décomposition de l'eau ; son poids spécifique est de 0,972.

Propriétés chimiques. Fusible à 90°. Si le calorique le volatilise, ce ne peut être qu'à une température supérieure à celle de la fusion du verre; à cela près, il jouit des mêmes propriétés physiques du potassium, avec cette différence cependant qu'il ne s'enflamme point à la surface de l'eau et qu'il est moins altérable ; il se comporte avec le peroxide d'hydrogène, comme le potassium.

Préparation. On l'obtient de la même manière que ce dernier métal.

MÉTAUX DE LA TROISIÈME CLASSE.

On a rangé dans cette classe les métaux qui ne décomposent l'eau qu'à une chaleur rouge, ne se combinent avec l'oxigène qu'à une température plus ou moins élevée, et dont les oxides enfin peuvent être réduits, tant par l'électricité que par certains corps combustibles, tandis que la plus haute chaleur ne produit point sur eux le même effet. Ces métaux sont au nombre de quatre :

manganèse,	fer,
zinc,	étain.

Manganèse.

Le manganèse fut découvert en 1774 par Schéele et Gahn.

Propriétés physiques. Il est solide, très-cassant, très-dur, grenu et d'une couleur qui tire sur le gris-blanc. Son poids spécifique est de 6,85. Il décompose le peroxide d'hydrogène, s'empare d'une partie de son oxigène, et dégage l'autre. N'étant d'aucun usage en médecine, nous bornerons là notre examen.

Zinc.

Propriétés physiques. La connaissance de ce métal date du seizième siècle ; il est solide, d'une couleur blanche tirant sur le bleu, d'une structure lamelleuse, et passant mieux au laminoir qu'à la filière. Il est peu dur, et empâte la lime. Son poids spécifique est de 7,1.

Mis en contact avec le cuivre, il est un des élémens de la pile galvanique, dont il est presque toujours le pôle positif.

Propriétés chimiques. Fusible à 360°, il se volatilise à une température plus élevée : c'est ainsi qu'on tire parti de cette propriété dans les laboratoires où on le distille pour le purifier.

Oxigène et air sec. Aucune action à la température ordinaire; s'il est humide, il est légèrement oxidé; si on le porte à la fusion, avec le contact de l'air, il s'oxide à la surface, et, dès qu'il commence à rougir, il s'enflamme en répandant une vive lumière.

Le *phosphore*, le *soufre*, le *sélénium*, le *chlore*,

et l'*iode* sont les seuls combustibles non métalliques qui aient été combinés avec lui ; il paraît susceptible de s'unir avec tous les métaux. On ne connaît cependant dans les arts qu'un de ces alliages, portant le nom de laiton ou cuivre jaune, qui contient environ $\frac{1}{4}$ de zinc.

État naturel. On le trouve dans la nature à l'état d'oxide, de sulfure, ou en combinaison saline avec les acides sulfurique et carbonique. L'oxide porte le nom de calamine, et le sulfure celui de blende ; on le prépare en traitant l'oxide par le charbon à l'aide du calorique.

Usages. Il sert à la construction de la pile voltaïque, à la préparation du gaz hydrogène, à celle de l'oxide de zinc, connu sous les noms de *pompholix, lana philosophica,* etc.; à celle du laiton, de l'amalgame pour les coussins de la machine électrique, etc. On en fait des conduits et des baignoires ; on en couvre les toits, etc.

Du fer.

Histoire. Le fer est, sans contredit, un des plus beaux présens que la nature ait faits à l'homme. L'abondance avec laquelle il se trouve répandu sur la surface du globe, semble démontrer la juste répartition de ses bienfaits. Dans les époques les plus reculées, où l'histoire et les monumens se taisent également, le fer était déjà connu. Lors des temps fabuleux il reçut le nom de *mars,* sans doute parce qu'il était employé à la fabrication des armes du terrible dieu de la guerre. Sous les Romains, cette fabrication était perdue, puisque leurs armes étaient faites avec un alliage de cuivre et d'étain.

Le fer a été travaillé par tous les peuples civilisés; on le trouve maintenant dans toutes les peuplades connues. Les services qu'il nous rend sont infinis : c'est à lui que nous devons les progrès de presque tous les arts, et la pratique du premier de tous, l'agriculture. Si l'or et l'argent sont l'emblème conventionnel et représentatif des produits agricoles et industriels; si, par les formes élégantes qu'on leur donne, ainsi que par leur éclat et leur beauté, ils sont l'ornement de nos temples, de nos palais, et les attributs du luxe et de l'opulence; le fer, par son abondance, son bas prix, et son utilité générale, est d'une nécessité absolue, tant dans la modeste cabane du laboureur que dans le magnifique palais des rois. Sans lui, une foule d'arts seraient inconnus et les autres seraient encore au berceau; sans lui la civilisation serait moins avancée, puisque nous serions dépourvus du plus grand nombre d'objets indispensables pour l'économie rurale et domestique, ainsi que pour les divers besoins de la vie. Ainsi, quel que soit le prix que le vulgaire attache à l'or, aux yeux du sage le fer sera toujours le premier comme le plus précieux de tous les métaux.

Propriétés physiques. Ce métal est dur, odorant par le frottement, d'un blanc bleuâtre; cassure à gros grains, un peu lamelleuse; très-ductile, et passant mieux à la filière qu'au laminoir. Pour la ténacité, il tient le premier rang parmi les métaux. Son poids spécifique est de 7,788.

(158)

Propriétés chimiques. Fusible à 130° du pyromètre de Wedgwood. Susceptible de s'aimanter, 1° en le plaçant dans une position verticale, sous un angle de 70°; 2° par la percussion, ou au moyen de la machine électrique; 3° enfin en le frottant pendant quelque temps, et toujours dans le même sens, contre un aimant soit naturel soit artificiel. Ce procédé est le meilleur de tous.

Ce métal est très-combustible; il brûle avec une vive lumière, en dégageant beaucoup de calorique; dans cet état, si on le bat avec le marteau, il s'en détache des particules enflammées sous forme d'aigrettes très-brillantes. Lorsque le fer est porté au rouge, il absorbe l'oxigène, passe à l'état d'oxide: et, s'il se trouve en contact avec le calorique, asse long-temps et à l'air libre, il s'oxide complétement, et son poids augmente de 50 pour 100. Si on l'expose à l'air humide, il décompose l'eau, à la température atmosphérique, s'empare de son oxigène, passe à l'état d'oxide, absorbe l'acide carbonique de l'air, et se convertit en souscarbonate : c'est ce qu'on appelle vulgairement *rouille*.

A l'exception de l'hydrogène et de l'azote, le fer s'unit avec tous les combustibles non métalliques, et avec presque tous les métaux. Avec le carbone, il donne lieu à deux composés; l'un, en contenant de 4 à 12 pour 100, constitue les divers aciers, et à plus haute dose le fer fondu; et l'autre, formé de 96 de carbone et 4 de fer, la plombagine.

Ce métal se combine aussi avec les acides, et forme des sels que nous nous proposons d'étudier par la suite.

État naturel. Quatre : 1° natif; 2° oxide; 3° en combinaison saline; 4° avec quelques combustibles, principalement avec le carbone et le soufre.

Extraction. On l'extrait principalement de l'oxide et du carbonate de fer, en les traitant par le charbon.

Usages. Son emploi est si multiplié dans les arts que nous ne pourrions en donner qu'une faible idée. En médecine, c'est un médicament dont les vertus sont confirmées par l'expérience. On l'emploie, ainsi que ses diverses préparations, comme astringent, apéritif, tonique, fébrifuge. En Angleterre, Todd Tompson l'a administré avec succès dans le *tic douloureux*. Il a porté graduellement la dose de 8 grains à 1 gros, trois fois par jour et pendant un mois et demi; il dit avoir quelquefois opéré des cures dans dix jours (1). Stewart Crawford a également fait usage dans cette maladie du carbonate de fer, à la dose de 24 grains à 1 gros, trois fois par jour, avec le même succès. M. Davis a, de son côté, confirmé ces heureux résultats (2). Il n'est pas enfin de substance qui ait fourni plus de secours à la médecine que ce métal; c'est lui qui constitue les boules de mars, le crocus, le baume, l'essence, le magistère, l'huile, la teinture et le vin de mars, les tablettes, les globules, le vin et le tartre chalibé, les crocus apéritifs et astringens, l'éthiops et les sels martiaux, le magistère et baume d'acier, etc.

(1) *London, Med. and phys. journ.*, n° 288.
(2) *Ibid.* idem.

De l'étain.

Histoire. Nous n'avons aucune connaissance de la découverte de ce métal, que nous trouvons décrit dans les premiers livres de chimie sous le nom de *jupiter*. La plus grande partie de celui qu'on travaille en France vient de l'Angleterre, de l'Allemagne, de l'Inde ou de l'Espagne. Depuis quelques années, on en a découvert en France quelques mines qui nous font espérer d'heureux résultats.

Propriétés physiques. Solide, couleur de l'argent, moins ductile que malléable. Poids spécifique 7,251. Il a pour signe caractéristique, lorsqu'on le ploie en plusieurs sens, de faire entendre une espèce de craquement *sui generis*, auquel on a donné le nom de *cri de l'étain.*

Propriétés chimiques. Fusible à 210°, il ne se volatise point. A la température atmosphérique il est sans action sur le gaz oxigène et sur l'air. A une haute température il absorbe l'oxigène et se recouvre d'une couche d'oxide d'un gris blanc. Par cette opération, 100 parties de métal, en passant à l'état d'oxide, acquièrent une augmentation en poids de $\frac{25}{100}$. Ce n'est qu'à une chaleur incandescente qu'il peut décomposer l'eau.

Le *phosphore*, le *soufre*, l'*iode*, le *sélénium* et le *chlore*, sont les seuls combustibles simples non métalliques avec lesquels il puisse s'unir, tandis qu'il est susceptible de s'allier avec presque tous les métaux.

État naturel. A l'état d'oxide ou de sulfure. On

n'exploite que les mines d'oxide d'étain qu'on traite par le charbon.

Usages. On en fait une foule de vases et d'ustensiles de ménage; allié au mercure, il sert à l'étamage des glaces; avec le cuivre, il forme le métal des canons et des cloches; avec les feuilles de fer, le fer-blanc; avec le double de son poids de plomb, la soudure des plombiers, etc. En médecine, il est regardé comme vermifuge, et surtout pour expulser le tænia; il est la base du *lilium de Paracelse,* et de l'*antihectique de Poterius.*

Du cadmium.

Histoire. Ce métal fut découvert en 1818, par MM. Stromeyer et Hermann, dans les mines de zinc, que l'on désigne par les noms de *calamine* et de *blende.*

Propriétés physiques. Très-brillant, inodore, insipide, prenant un très-beau poli, et tachant les corps contre lesquels on le frotte. Il est si peu dur que le couteau le coupe. Ecrouï, son poids spécifique est de 8,6944.

Propriétés chimiques. Par le calorique se fond et se volatilise; sans action sur le gaz oxigène ni l'air, à la température ordinaire; si elle est assez élevée, il brûle avec lumière. Il s'unit avec presque tous les métaux. On n'a encore étudié que ses combinaisons avec le soufre, le phosphore, l'iode et le chlore.

Sans usages.

DES MÉTAUX DE LA QUATRIÈME CLASSE.

Ils ont pour caractère de ne pas décomposer l'eau, ni à froid ni à chaud; d'absorber l'oxigène à une température plus ou moins élevée. Leurs oxides se réduisent par l'électricité et par plusieurs combustibles, tandis que la chaleur seule ne saurait opérer cet effet. On les sousdivise en deux sections. La première comprend ceux qui sont acidifiables, et la seconde ceux qui ne sont qu'oxidables.

Les premiers sont au nombre de cinq, savoir:

l'arsenic,	le tungstène,
le molybdène,	le colombium;
le chrôme,	

Les seconds, au nombre de dix:

l'antimoine,	le cobalt,	le cuivre,
l'urane,	le titane,	le tellure,
le cérium,	le bismuth,	le nickel,
		le plomb.

PREMIÈRE SECTION.

MÉTAUX ACIDIFIABLES.

Arsenic.

Histoire. Quoique l'arsenic fût connu depuis longtemps, ce n'est que depuis 1733 que Brandt a annoncé sa nature métallique. Il a été étudié depuis par Macquer, Monnet, Schéele, Bergmann, et plusieurs chimistes modernes.

Propriétés physiques. Solide, gris terne, texture grenue et écailleuse, insipide, et odorant par le frottement entre les mains; poids spécifique 8,3o8.

Propriétés chimiques. A une température de 180° se volatilise sans entrer en fusion, et donne des cristaux tétraédriques. On ne parvient à le fondre qu'en aidant l'action du calorique d'une pression bien supérieure à celle de l'atmosphère.

On croit généralement que l'oxigène et l'air secs n'agissent point à la température ordinaire sur ce métal. M. Thénard s'est aperçu cependant qu'au bout de quinze jours il perdait beaucoup de son éclat; ce qui ne pouvait être dû qu'à une légère oxidation. Les gaz humides y forment à la surface une couche d'oxide noir. A une température élevée, l'arsenic brûle dans le gaz oxigène sec ou humide, avec dégagement de calorique et de lumière, et le deutoxide blanc qui est le produit de cette combustion, se sublime. Si on fait cette opération dans l'air, on obtient les mêmes résultats, avec cette différence que l'action est moins vive, et qu'il ne se dégage qu'une faible lumière. Réduit en poudre fine et délayé dans le peroxide d'hydrogène concentré, il le ramène à l'état de protoxide, et passe à celui d'acide arsénique.

Ce métal s'unit à l'*hydrogène*, au *soufre*, au *phosphore*, à l'*iode*, au *sélénium*, au *chlore* et à presque toutes les substances métalliques. Si on le réduit en poudre et qu'on le place dans un vase plein d'eau, il décompose l'air qu'il contient, s'oxide et se dissout dans ce liquide en suffisante quantité pour former cette dissolution connue sous le nom de *mort aux mouches*.

Etat naturel. Quatre états : natif, d'oxide, salin et en combinaison avec le soufre et plusieurs métaux dont il est, pour ainsi dire, le *minéralisateur*.

Extraction. On l'extrait de la mine d'arsenic natif

par la sublimation ; et de l'oxide blanc, en le traitant par le calorique et le savon.

Usages. On en fait des miroirs de télescope, en
l'unissant au platine, à l'étain et au cuivre ; à l'état
d'arséniate de cobalt, il sert dans les manufactures
de porcelaine à faire le beau bleu d'azur ; c'est un
poison des plus violens. Nous aurons occasion d'en
parler lorsque nous traiterons de son deutoxide.

Du molybdène.

Histoire. On attribue la découverte de ce métal
à Hielm, en 1782. Il s'y trouva conduit par les
travaux de Qwist, de Schéele et de Bergmann.
Postérieurement, plusieurs chimistes, parmi lesquels nous nous bornerons à citer Heyer, Hatchett
et Pelletier, en reconnurent les propriétés.

Propriétés physiques. Solide, cassant, d'un blanc
tirant sur le gris, presque infusible, et n'ayant encore
été obtenu qu'en petits grains agglomérés. Poids
spécifique 7,400.

Propriétés chimiques. Le feu des meilleures forges
ne peut le fondre ; action de l'air et de l'oxigène, à
la température atmosphérique, nulle ; chauffé au
rouge avec le contact de l'air, il se convertit en
un acide blanc, qui se volatilise ; il agit comme l'arsenic sur l'eau oxigénée.

Ce métal, étant sans usages, n'a pas encore été bien
étudié dans ses combinaisons diverses.

Du chrôme.

Histoire. C'est au modeste et savant Vauquelin
que la découverte du chrôme doit être attribuée.

Il en enrichit la chimie en 1797, en annonçant que l'acide qui formait le sel connu alors sous le nom de *plomb rouge de Sibérie*, et maintenant sous celui de *chromate de plomb*, avait pour base un métal.

Propriétés physiques. Solide, cassant et d'un blanc grisâtre, en masses poreuses, ou en grains agglutinés, parsemés d'aiguilles. Poids spécifique inconnu.

Propriétés chimiques. Aussi infusible que le molybdène; air et gaz oxigène secs ou humides, à la température atmosphérique, sans action; chauffé au rouge, dégagement de calorique et formation d'un oxide vert. Il s'empare d'une portion de l'oxigène, du peroxide d'hydrogène, et dégage l'autre.

Les acides n'ont point d'action sur lui, ce que l'on attribue à sa force de cohésion; chauffé avec la potasse ou la soude dans un creuset, il s'acidifie et s'unit avec ces oxides pour former des chromates qui sont jaunes.

Étant presque sans usages, ce métal a été peu étudié; l'on sait seulement qu'il donne, avec les corps avec lesquels il se combine, des composés colorés dont quelques-uns sont usités en peinture, et particulièrement pour celle sur porcelaine. C'est de cette propriété que lui est venu le nom de *chrôme*, qui signifie en grec, couleur.

Du colombium.

Historique. M. Hatchett découvrit en 1801 le colombium dans un minéral d'Amérique, et lui donna le nom du grand homme à qui la découverte de cette partie du monde est due. Ekeberg reconnut bientôt en Suède, dans quelques minéraux, un métal auquel il donna le nom de *tantale*, que Wollaston démontra, en 1819, être le colombium de Hatchett. Il est, d'après cela, bien certain que les deux métaux qu'on trouve dans quelques auteurs sous les noms de *tantale* et de *colombium*, sont identiques.

Propriétés physiques. Gris foncé, raye le verre et prend l'éclat métallique en le frottant sur un grès.

Propriétés chimiques. A la plus haute température il ne fond point, il ne fait que s'agglomérer.

Air et gaz oxigène sans action à la température atmosphérique; chauffé au rouge, il brûle lentement et donne un oxide grisâtre; inattaquable par les acides, même par l'hydrochloronitrique (eau régale). Calciné avec les alcalis, il agit avec eux comme le chrôme.

État naturel. Très-rare et toujours en combinaison saline avec le *fer*, le *manganèse* et l'oxide *d'yttrium*; on l'obtient en traitant son acide avec le charbon, au feu le plus violent.

Sans usages.

Du tungstène.

Histoire. Schéele, en annonçant, en 1781, que la pierre pesante, ou tungstène, était un sel formé de chaux et d'un acide que Bergmann crut être de nature métallique, préluda à la découverte qu'en firent les frères d'Elhuyart.

Propriétés physiques. Très-dur, cassant, brillant, couleur du fer, presque inattaquable par la lime;

infusible au feu de nos meilleures forges; il agit sur l'eau oxigénée comme le chrôme.

Propriétés chimiques. Gaz oxigène et air, sans action à la température ordinaire; chauffé au rouge il donne un oxide brun. Il ne se trouve dans la nature qu'à l'état d'acide, combiné avec le fer ou la chaux. Sans usages.

SECONDE SECTION.

MÉTAUX OXIDABLES.

Antimoine.

L'histoire de l'antimoine présente des faits si curieux qu'il serait permis de les révoquer en doute s'ils n'étaient attestés par les historiens. En France, lorsqu'on l'introduisit dans la médecine, il trouva d'ardens panégyristes et de violens détracteurs. Guy Patin déclama contre les premiers avec plus d'esprit que de raison. Boileau même se mit de la partie; l'on se rappelle ces deux vers :

L'on compterait plutôt combien dans un printemps
Guénaut et l'antimoine ont fait mourir de gens.

Enfin l'on écrivit pour et contre avec tant de virulence, l'on exagéra tellement les maux qu'on lui attribuait, on le présenta comme un métal si dangereux, que le parlement crut devoir rendre un arrêt contre l'antimoine et l'émétique. C'est pour la première fois qu'on a vu un corps célèbre s'ériger en juge dans une affaire médicale. Depuis cette époque, on a étudié soigneusement ses vertus, et la postérité, en cassant l'arrêt du parlement, a conservé à la médecine un médicament précieux.

L'antimoine est un des métaux que les alchimistes ont le plus torturés, aussi est-ce un de ceux qui offrent le plus de médicamens à l'art de guérir. L'époque de sa découverte est incertaine ; Basile Valentin est le premier qui, dans un ouvrage auquel il donna le titre pompeux de *Currus triumphalis antimonii*, a parlé de la manière de l'extraire. Depuis lors, il est peu de chimistes qui ne s'en soient occupés.

Propriétés physiques. L'antimoine, qu'on appelait régule d'antimoine, est très-cassant, facile à pulvériser, d'une texture lamelleuse, d'un blanc tirant sur le bleu, d'un beau brillant, odorant quand on le presse fortement entre les doigts, et d'un poids spécifique de 6,702 suivant Brisson, et de 6,86 d'après Bergmann.

Propriétés chimiques. Fusible au - dessous de la chaleur rouge, donnant, par le refroidissement lent, des espèces de cristaux réunis et présentant, à la surface du culot, des herborisations cristallines, qu'on a comparées aux feuilles des fougères. Ce métal n'est pas volatil ; chauffé avec le contact de l'air ou de l'oxigène, il brûle lentement au-dessous de la chaleur rouge ; au-dessus, la combustion est plus rapide, et il se produit un dégagement de calorique et de lumière. Dans l'un et l'autre cas, on obtient un oxide blanc, connu jadis sous le nom de *fleurs argentines d'antimoine*. A la température ordinaire, ils sont sans action sur lui. En se combinant avec l'oxigène, l'antimoine donne quatre oxides, que nous examinerons dans la suite.

L'antimoine et le chlore se combinent avec ignition, et donnent lieu à un chlorure d'antimoine. Le soufre, le phosphore, le sélénium et l'iode, peuvent également se combiner avec lui, ainsi que la plupart des métaux.

Etat naturel. Quatre. Natif, oxide, sulfure et oxide sulfuré. On l'extrait principalement du sulfure.

Usages. Pour les caractères d'imprimerie, et pour préparer divers médicamens. En médecine, on faisait usage de balles de ce métal, connues sous le nom de *pilules perpétuelles,* comme purgatif et quelquefois comme émétique. On les rendait telles qu'on les avait avalées. On en faisait aussi des espèces de verres, dans lesquels on mettait, pendant quelque temps, du vin blanc, lequel dissolvait par son acide tartrique une petite quantité de métal qui lui communiquait les vertus précédentes. Lorsque nous parlerons des diverses préparations dont il est la base, nous décrirons leurs vertus médicales. Les principales sont, l'oxide ou fleurs argentines, le beurre ou chlorure d'antimoine, l'émétique, le kermès, le soufre doré, le crocus, le verre d'antimoine, etc.

De l'urane.

Découvert par Klaproth, en 1789, dans le PechBlende.

Propriétés physiques. Gris de fer, très-brillant, cassant et susceptible d'être attaqué par la lime et le couteau. Poids spécifique, suivant Klaproth, de 8, 7, et suivant Bucholz, 9,000.

Propriétés chimiques. Presque infusible. Il ne s'unit avec l'oxigène qu'en le chauffant au rouge;

à cette température, et à l'air libre, il s'enflamme et donne un oxide brun foncé.

On l'obtient en calcinant son oxide avec le charbon.

Sans usages.

Cérium.

Histoire. M. Berzélius signala son entrée dans la carrière chimique, qu'il a parcourue depuis avec tant de succès, par la découverte du cérium, qu'il trouva en 1804, dans la cérite, avec M. Hisinger. MM. Vauquelin et Klaproth en ont fait connaître plusieurs propriétés.

Propriétés. Blanc, lamelleux, très-cassant; on ne l'a jamais obtenu qu'en globules. Presque infusible, quoiqu'on en ait volatilisé de petites parties. A froid, aucune action sur l'air ni sur le gaz oxigène; chauffé au rouge, il les absorbe et forme un oxide blanc, et, avec le carbone, un carbure qui s'enflamme spontanément à l'air, suivant M. Laugier. M. Vauquelin n'a pu l'unir qu'avec le fer. Parmi les combustibles non métalliques, on n'a encore constaté que son union avec le soufre et le chlore.

On l'extrait de son oxide par le charbon, à une haute température.

Cobalt.

Histoire. On a long-temps employé, même avant le quinzième siècle, les oxides de cobalt dans la verrerie sans avoir aucune connaissance de ce métal. Comme le minerai contient depuis 40 jusqu'à 74 pour cent d'arsenic, les mineurs, qui en éprouvaient des événemens fâcheux, lui assignèrent le nom de *cobalt*, que M. Pelletan croit dérivé de *cobalus*, nom qu'ils donnaient alors à un prétendu esprit malfaisant qui les tourmentait. Ce ne fut qu'en 1733 que Brandt le reconnut pour un métal particulier.

Propriétés physiques. Blanc légèrement rosé, sans éclat, dur, cassant et magnétique, moins cependant que le fer. Poids spécifique 8, 538.

Propriétés chimiques. Fusible au degré du fer, c'est-à-dire à 130° du pyromètre de Wedgwood, point volatil. Oxigène et air, à froid, rien ; au rouge clair, il brûle avec dégagement de calorique et même de lumière, et donne un oxide bleu-noir.

Avec le phosphore, il forme un composé plus fusible que le métal ; il se combine aussi avec le soufre, le sélénium, le chlore, et quelques métaux.

On l'extrait principalement de la mine de Tunaberg, en traitant l'oxide par le carbone, à haute température.

Usages. On emploie l'oxide, et l'arséniate de ce métal, pour fabriquer le bleu d'azur et colorer en bleu les porcelaines.

Titane.

Histoire. C'est à M. Grégor qu'est due la découverte de ce métal, dans un minerai sablonneux qu'il rencontra, en 1781, dans le vallon de Menachan. Kirwan lui donna le nom de *ménachine*. En 1755, Klaproth trouva, dans le *schorl* rouge de Hongrie, un métal auquel il donna celui de *titane*, et qu'il reconnut bientôt pour être de même nature que celui qu'on devait au religieux anglais. Ce métal n'est plus connu que sous ce dernier nom.

Propriétés. Comme on n'est pas encore parvenu à le fondre, ses propriétés sont presque inconnues ; on ne l'a obtenu que sous forme de pellicules friables, d'un rouge plus intense que celui du cuivre. L'oxigène et l'air ne lui font subir aucune altération, à moins que sa température ne soit portée au rouge ; il se convertit alors en un oxide bleu. Il est inattaquable par les acides ; on l'extrait de son oxide par le charbon, à une température très-élevée.

Sans usages.

Bismuth.

Histoire. Le bismuth, ou étain de glace, était connu avant le quinzième siècle : on le trouve décrit dans le *Bermannus d'Agricola* ; mais ses propriétés n'ont été bien démontrées qu'en 1723, par Geoffroy le jeune.

Propriétés physiques. Très-cassant et facile à pulvériser ; d'une couleur blanche, tirant sur le jaune rougeâtre ; d'une texture à grandes lames ; cristallisant très-facilement en octaèdres ou en cubes, dont l'arrangement forme une espèce de pyramide quadrangulaire renversée. Il ne peut ni se laminer ni se tirer en fils. Poids spécifique 9, 822.

Propriétés chimiques. Fusible à 247° ; c'est le métal qui par le refroidissement cristallise le mieux ; non volatil dans des vases clos ; inattaquable par l'air et le gaz oxigène secs, à la température ordinaire ; s'ils sont humides, légère oxidation ; en fusion, il absorbe l'oxigène de l'air et se convertit en un oxide gris-jaunâtre, lui-même très-fusible ; il se produit alors une lumière bleuâtre. Dans le gaz oxigène, cette action est plus vive.

L'eau est sans action sur ce métal ; il se combine avec le soufre, le phosphore, l'iode, le sélénium, le chlore et la plupart des métaux.

État naturel. Natif, oxidé, uni à l'arsenic et au soufre.

Sans usages en médecine.

Cuivre.

Histoire. Il est impossible d'assigner l'époque de la découverte du cuivre ; elle se perd dans la nuit éternelle du temps. Les Grecs lui donnèrent le nom de *vénus,* à cause de la facilité avec laquelle il s'unit à tous les métaux. Après le fer, c'est le métal le plus utile que nous possédions : il sert à former divers ustensiles, les chaudières, les vases évapo- ratoires et distillatoires ; à doubler les vaisseaux ; à former, avec le zinc, le laiton, et, avec l'étain, le bronze des cloches et des canons. Le cuivre est en même temps un des signes conventionnels et repré- sentatifs des produits agricoles et industriels. Il se- rait trop long d'énumérer ses usages : nous allons nous borner à décrire ses principales propriétés.

Propriétés physiques. Très-brillant, et d'une cou- leur rougeâtre qui tire quelquefois sur le jaune. Sa saveur est désagréable ; il développe une odeur par le frottement. De tous les métaux c'est le plus sonore comme il est le plus tenace, après le fer ; il est aussi, très-ductile : son poids spécifique est de 8, 895. Lorsqu'il se trouve en contact avec un corps en ignition, il communique une couleur verte à la flamme.

Propriétés chimiques. Fusible à 27° du pyromètre de Wedgwood, et susceptible de prendre, par le refroidissement gradué, une forme cristalline irrégulière, quoique imitant des pyramides quadrangulaires. L'oxigène et l'air secs ne lui font éprouver aucune altération à la température ordinaire; s'ils sont humides, il se forme un oxide vert qui, s'unissant à l'acide carbonique de l'air, forme un souscarbonate qu'on peut observer sur les statues, les canons, etc.; même au-dessous de la chaleur rouge, il se combine avec l'oxigène de l'air, et forme un oxide brun. Si on l'expose à un foyer alimenté par un courant de gaz hydrogène et oxigène, il brûle avec une vive lumière et une flamme verte.

Le cuivre s'unit avec le soufre, le phosphore, le sélénium, l'iode, le chlore, et le plus grand nombre des métaux.

État naturel. Quatre états : natif, oxidé, avec les combustibles, surtout avec le soufre, et à l'état de carbonate, arséniate, et sulfate.

On l'extrait en fondant le cuivre natif, ou en calcinant l'oxide, ou le carbonate, avec le charbon, ou bien en dégageant le soufre du sulfure par le grillage, et traitant l'oxide par le charbon.

Usages. Outre ceux que nous avons indiqués dans son histoire, on en fait un grand nombre de bijoux, qu'on dore en partie; c'est à lui qu'est due la dureté des vases, bijoux, instrumens et monnaies d'or et d'argent, dans la composition desquels il entre pour $\frac{1}{10}$; il donne plusieurs sels usités dans les arts et en médecine.

Tellure.

Histoire. En 1782, M. Muller de Reichenstein, s'occupant de l'analyse des mines d'or de Transylvanie, crut y avoir découvert un nouveau métal. Le doute philosophique le tenant en garde contre sa découverte, il communiqua ses recherches à Bergmann et Klaproth, en leur envoyant des échantillons de cette substance. Ce dernier chimiste confirma la découverte de M. Muller.

Propriétés physiques. Blanc bleuâtre, brillant, facile à pulvériser; structure lamelleuse, et poids spécifique de 6,115.

Propriétés chimiques. Se fond à un degré de chaleur inférieur à celui de la fusion du plomb, et présente, par un refroidissement gradué, des aiguilles à la surface; à une plus haute température, on peut le distiller. Le gaz oxigène et l'air secs, sans action à froid; humides, elle est inconnue. A l'aide de la chaleur, il brûle vivement dans le gaz oxigène, et il se forme un oxide blanc volatil; le même effet a lieu dans l'air.

Il s'unit avec le gaz hydrogène, le soufre, le phosphore, le sélénium, le chlore, et le plus grand nombre des métaux.

Sans usages.

Nickel.

Histoire. Entre 1751 et 1754, Cronstedt annonça l'existence d'un métal dans le minerai connu sous le nom de *kupfernickel,* ou faux cuivre. Sa décou verte ne fut cependant sanctionnée des chimistes qu'en 1775, époque à laquelle le nickel fut bien reconnu pour un métal particulier.

Propriétés physiques. Presque aussi blanc que l'argent, ductile, malléable et très-magnétique, moins cependant que le fer : poids spécifique 8,666 lorsqu'il a été forgé, et 8,275 quand il n'a été que fondu.

Propriétés chimiques. Fusible à 160° du pyromètre de Wedgwood ; un peu volatil ; à froid, l'air et l'oxigène secs, rien ; à une chaleur rouge, combustion et formation d'un oxide vert.

Le nickel se combine avec le soufre, le phosphore, le chlore, et la plupart des métaux.

Sans usages.

Plomb.

Histoire. Voici encore un des métaux sur lesquels nous devons le plus porter notre attention, à cause des services infinis qu'il nous rend. Il semble que la nature nous ait d'abord fait connaître ceux qui s'appliquent le plus à nos besoins : c'est assez dire que le plomb compte parmi les métaux dont on ne saurait assigner l'époque de la découverte.

Propriétés physiques. Blanc bleuâtre, brillant, et se ternissant bientôt à l'air ; odeur et saveur sensibles ; très-mou ; se laissant entamer par un grand nombre de solides ; ductile et malléable ; pouvant servir à écrire sur le papier ; d'un poids spécifique égal à 11,352.

Propriétés chimiques. Fusible à 260° ; d'où l'on

peut conclure qu'après l'étain et le bismuth, il doit prendre place par son degré de fusibilité. Il n'est presque pas volatil. L'air et le gaz oxigène secs et froids n'ont point d'action sur le plomb ; s'ils sont humides, ils l'oxident à la longue, avec cette différence, qu'avec l'air l'oxide formé passe à l'état de souscarbonate. A l'aide du calorique, il s'oxide très-facilement : dès qu'il est en fusion, si l'on a le soin de séparer l'oxide qui se forme, on parvient bientôt à oxider ainsi tout le métal. C'est ce que savent fort bien les fondeurs de cuillères d'étain et de plomb, qui, sous prétexte d'enlever ce qu'ils appellent la *crasse*, facilitent ainsi l'oxidation du métal fondu, et emportent avec eux l'oxide, qu'ils savent fort bien réduire, au moyen du charbon. Nous devons dire ici un mot d'un tour que font les jongleurs, et qui paraît très-surprenant. Il consiste à plonger la main dans du plomb fondu sans se brûler. Ce fait n'est pas extraordinaire, si l'on fait attention que, lorsqu'ils exécutent ce tour, tout le plomb n'est pas liquéfié. Le peu qui reste encore s'empare du calorique, qui traverse celui qui est déjà fondu, pour se fondre à son tour : la température du plomb fondu n'est donc pas alors bien élevée, tandis que dès le moment que tout le plomb est en fusion, le calorique s'y accumule et rend cette expérience très-dangereuse. L'oxide que donne le plomb, par une première calcination, est jaune ; par une seconde, il s'empare d'une nouvelle quantité d'oxigène et prend une couleur rouge. C'est par ce procédé qu'on prépare le minium.

Le plomb se combine avec la plus grande faci-

lité avec le soufre, le phosphore, l'iode, le sélénium, le chlore et la plupart des métaux.

État naturel. Trois états : d'oxide, c'est le plus
rare; avec le soufre et quelques combustibles, et
en combinaison saline avec les acides *carbonique*
et *chromique, sulfurique, phosphorique, molybdique* et *arsénique.* C'est en bocardant, lavant et
grillant le sulfure de plomb, connu sous le nom de
galène, et en le traitant ensuite par des scories de
fer, ou de la grenaille de fonte, dans un fourneau à
manche, qu'on en sépare le plomb.

Usages. On en fait une foule d'ustensiles, des
bassins, des chaudières évaporatoires, des cristalli-
soires, des tuyaux pour les conduits, des chambres
pour fabriquer l'acide sulfurique; on le convertit
en balles, en grenaille, etc. Par son alliage avec un
tiers d'étain, il constitue la soudure des plombiers, et, avec le quart de son poids d'antimoine,
les caractères d'imprimerie. Il est également employé pour l'exploitation des mines d'argent, et
pour séparer l'or des autres métaux. Il est sans
usages en médecine, mais ses oxides entrent dans la
préparation de quelques médicamens.

MÉTAUX DE LA CINQUIÈME CLASSE.

Caractères. Ne décomposant point l'eau, s'unissant
à l'oxigène à une certaine température, et donnant
des oxides qui sont susceptibles d'être réduits par le
calorique. Ces métaux sont au nombre de deux :

le mercure et l'osmium.

Du mercure.

Histoire. Voici encore un métal dont l'origine est couverte d'un voile épais, et dont l'étude offre le plus grand intérêt. C'est aussi celui qui a été le plus l'objet des laborieuses recherches des alchimistes, qui le regardaient tous comme l'essence du *grand œuvre.* Ils étaient imbus de cette idée, qu'on n'avait qu'à lui faire acquérir de la solidité pour le convertir en argent; aussi tentèrent-ils de le combiner avec une foule d'autres corps, et de le soumettre à l'ébullition pendant plusieurs années, s'imaginant l'épaissir et le fixer. Si leurs travaux furent perdus pour l'alchimie, ils ne le furent point pour la médecine, qui s'enrichit de plusieurs médicamens précieux.

Propriétés physiques. Liquide, blanc bleuâtre et très-brillant; réfléchissant bien la lumière, et ne mouillant pas les corps. Son poids spécifique est de 13,558. Suivant MM. Petit et Dulong, la dilatation de son volume à o, entre le terme de la glace fondante et celui de l'eau bouillante, est de $\frac{100}{5550}$.

Propriétés chimiques. Le mercure bout et se distille à 35o deg. Exposé à un froid artificiel de 39,5o il devient solide et donne des cristaux en octaèdres. Le hasard conduisit M. Braun à la connaissance de cette propriété. En 1759, voulant s'assurer du degré de froid d'un mélange frigorifique fait avec le sel marin et la neige, il s'aperçut que le mercure cessait de descendre. Il cassa la boule et le trouva concret. M. Thénard a répété, en 1823, dans ses leçons, plusieurs fois cette curieuse expérience avec un succès constant. Le mélange frigorifique dont il se servait était de deux parties d'hydrochlorate de chaux et une de neige.

Le mercure ainsi solidifié est assez ductile. Lorsqu'on le touche, il produit le même effet qu'un corps en ignition ; si le contact était prolongé, la partie serait désorganisée et prendrait une couleur blanche.

L'*air* et l'*oxigene* froids, secs ou humides, n'ont aucune action sur ce métal; à un degré voisin de celui de son ébullition, il passe à l'état de deutoxide. C'est à cette expérience qu'est due la première idée de la décomposition de l'air.

Avec le phosphore, il s'unit difficilement, tandis que cette union devient très-facile avec le soufre, le sélénium, l'iode, le chlore et la plus grande partie des métaux. Ces alliages ont reçu le nom d'amalgames.

État naturel. Quatre états : natif, avec le soufre, le chlore, et l'argent. Plusieurs chimistes, parmi lesquels nous nous bornerons à citer Rouelle et Proust, avaient annoncé que le mercure existait dans les eaux de la mer. Le docteur Marcet, dans la série d'expériences qu'il a entreprises sur les eaux de l'Océan, n'a jamais pu y en découvrir la moindre trace. De toutes les mines de mercure, celle qu'on trouve le plus souvent, c'est le sulfure de ce métal. On l'extrait en le calcinant avec du carbonate calcaire. L'acide carbonique se dégage, la chaux s'unit au soufre du sulfure, et le mercure passe à la distillation.

Usages. C'est un des métaux dont les usages sont

les plus multipliés : il est d'un secours admirable
pour le physicien et le chimiste. C'est avec ce métal
qu'on construit les cuves hydrargiro-pneumatiques,
où l'on reçoit les gaz solubles dans l'eau ; nous lui
devons le baromètre et les meilleurs thermomètres.
Uni à l'étain, il forme l'étamage des glaces. C'est en
raison de sa propriété de s'amalgamer avec l'or et
l'argent qu'on extrait ces métaux de leur gangue,
avec la plus grande facilité. Avec le soufre, il produit
un composé, connu sous le nom de *cinabre*, lequel,
réduit en poudre, donne un très-beau rouge, qui
porte celui de *vermillon*.

En médecine, le mercure est un des médicamens
héroïques, tant en substance qu'à l'état salin. On
l'incorpore à la graisse, en les triturant long-temps
ensemble pour former l'onguent gris et l'onguent
napolitain, dit double ou au tiers, suivant qu'il
contient parties égales de mercure et de saindoux,
ou deux parties de ce dernier sur une de métal. Les
expériences les plus exactes ont démontré que le mercure n'était point, dans ces compositions, à l'état
d'oxide, mais bien dans une grande division. En ébullition dans l'eau, il communique à ce liquide une
vertu vermifuge, quoiqu'il ne perde pas un atome
de son poids ; fait bien difficile à expliquer. On en
prépare des ceintures qu'on porte autour du corps
pour le traitement de la gale, et souvent avec succès. Il paraît, comme le fait observer M. Thénard,
que le mercure est constamment absorbé quand il
est appliqué sur la peau, à l'état métallique, comme
dans l'onguent gris. Tout le monde sait que le mercure, et ses composés salins, etc., sont d'excellens

antisyphilitiques, et qu'il en est; en outre, qui sont bons vermifuges et purgatifs. Nous reviendrons sur cet objet lorsque nous traiterons des sels.

Osmium.

Découvert en 1803, par Tennant, dans le platine brut, uni à l'iridium.

Propriétés. Noir bleuâtre, en poudre, et infusible; ses autres propriétés par conséquent peu connues.

Très-rare et sans usages.

MÉTAUX DE LA SIXIÈME CLASSE.

Caractères. Ne décomposant l'eau et n'absorbant le gaz oxigène à aucune température; leurs oxides réductibles par le calorique. Cette classe comprend

l'argent,	le platine,
le palladium,	l'or,
le rhodium,	l'iridium.

De l'argent.

Histoire. Ce métal est désigné dans les vieux livres d'alchimie sous le nom de *lune* ou de *Diane.* Il est connu de temps immémorial, mais sa valeur a considérablement diminué depuis qu'on a découvert le Nouveau-Monde, où se trouvent un grand nombre de mines d'argent. Si l'on voulait entreprendre de tracer l'histoire de l'or et de l'argent, il faudrait, pour ainsi dire, tracer celle du monde.

Propriétés physiques. Le plus blanc des métaux, plus dur que l'or, mais cependant moins ductile et moins malléable que lui; insipide et inodore; par l'action du marteau, il se réduit en feuilles de

0,0156 de millimètre d'épaisseur, que le moindre souffle peut enlever, et qui cependant ne laissent pas passer la lumière. Sa ténacité est telle, qu'un fil de deux millimètres de diamètre peut supporter un poids de 85 kilogrammes sans se rompre. On le tire à la filière en fils si fins, qu'il suffit de o gr. o65 de ce métal, pour produire un fil de 122 mètres de longueur. Poids spécifique, fondu 10,474; frappé sous le marteau, environ 10,510.

Propriétés chimiques. Rougit avant de se fondre. Son degré de fusion est égal au 22 du pyromètre de Wedgwood; par un refroidissement lent, il donne des pyramides quadrangulaires. La plus forte chaleur de nos fourneaux est insuffisante pour le convertir en oxide; au foyer de la lentille de Tschirnausen, il se volatilise, et à celui du chalumeau à gaz hydrogène, il brûle. Lavoisier l'avait pareillement oxidé au moyen du chalumeau à gaz oxigène. On l'a aussi réduit à l'état d'oxide, en le soumettant pendant vingt fois de suite à la chaleur des fourneaux de la manufacture de porcelaine de Sèvres. Enfin, à l'aide d'une forte pile voltaïque, on parvient à oxider un fil de ce métal, et, à brûler une feuille d'argent très-mince. Cette combustion s'opère avec dégagement d'une vive lumière ayant une teinte verdâtre.

L'air et l'oxigène secs et humides, à froid, sans action.

L'eau, ou protoxide d'hydrogène, n'exerce aucune action sur l'argent; mais l'eau oxigénée ou peroxide d'hydrogène est décomposée par ce métal. Si l'on prend en effet de l'argent, récemment précipité de son nitrate par le cuivre, et qu'on l'introduise dans ce liquide, tout l'oxigène se dégage avec beaucoup de chaleur, et l'on obtient de l'argent pur et du protoxide d'hydrogène. Pour que cette action soit marquée, il faut que l'argent soit bien divisé.

L'argent n'est attaqué que par les plus forts acides et ceux qui sont les plus propres à céder de l'oxigène. Quand l'acide sulfurique est concentré et bouillant, il le dissout avec dégagement de gaz acide sulfureux ; le chlore le dissout à chaud ; l'acide nitrique s'en empare même à froid ; l'alcool y forme un précipité, connu sous le nom d'*argent détonnant*.

L'argent s'unit enfin avec un grand nombre de métaux, ainsi qu'avec le soufre, le phosphore, le sélénium, l'iode et le chlore.

Etat naturel. L'argent se trouve dans la nature à l'état natif et voisin du degré de pureté ; à l'état d'oxide, en combinaison avec l'antimoine sulfuré, et combiné avec le soufre, le chlore, l'antimoine, l'arsenic, le mercure et le plomb.

Extraction. On broie la mine d'argent natif avec le mercure, qui s'amalgame avec l'argent, et on chauffe dans un appareil convenable ; le mercure passe à la distillation, et l'argent reste. Si on exploite un sulfure, on le grille et on le coupelle avec le plomb, pour opérer l'oxidation des métaux étrangers. C'est aux tropiques que les mines d'or et d'argent sont les plus abondantes ; elles existent ordinairement dans les montagnes primitives. Les principales se trouvent dans l'Amérique méridionale. (M. de Humboldt porte à 175 millions celui qu'on en extrait annuellement.) On en rencontre aussi en Allemagne, en Espagne, en Norwége, en France et en Sibérie.

Usages. Il sert de signe représentatif des productions diverses; on en fabrique des vases, des bijoux et des ornemens de la dernière magnificence ; en médecine, il n'est employé qu'à l'état de combinaison saline avec l'acide nitrique.

Du palladium.

Histoire. C'est en continuant ses recherches sur la mine de platine, que Wollaston y découvrit le palladium en 1803.

Propriétés physiques. Très-brillant, d'un blanc argentin, sonore, dur et très-malléable. Son poids spécifique varie entre 11,3 et 11,8.

Propriétés chimiques. Infusible dans nos meilleurs fourneaux, et fusible au chalumeau par le gaz oxigène. M. Vauquelin a observé que, lorsqu'il est à l'état de fusion, il bout et brûle en lançant des aigrettes très-brillantes.

Air et oxigène, sans action, même au plus haut degré de feu de forge; à cette température, et même au-dessous, il abandonne son oxigène, s'il est à l'état d'oxide.

Ce métal s'unit avec le soufre, le sélénium et plusieurs métaux.

Très-rare et sans usages.

Du rhodium.

Découvert également par Wollaston, en 1804, dans la mine de platine.

Propriétés. Blanc-gris, solide, cassant, infusible

16

et inaltérable par l'air, l'oxigène, l'eau et les acides; calciné avec la potasse ou la soude, il s'oxide et se combine avec eux. Son poids spécifique est de 11,000.

Très-rare et sans usages.

Du platine,

Histoire. Est-ce à M. Vood ou à M. Ulloa qu'on doit attribuer la découverte du platine? Le premier assure l'avoir découvert en 1741; mais il n'a publié son travail qu'en 1749 et 50, tandis que le dernier a donné en 1748 la relation du voyage qu'il fit au Pérou en 1735, où il a consigné la découverte de ce métal. Il paraîtrait, d'après cela, que don Antonio Ulloa devrait avoir la priorité; aussi le plus grand nombre des chimistes la lui a-t-il accordée. Ce mot de platine vient du mot espagnol *plata,* qui signifie argent. Ce métal est un de ceux que les chimistes modernes ont le plus étudiés; mais ceux qui ont fait les recherches les plus intéressantes sur sa mine sont Wollaston, qui y découvrit les deux métaux précédens, et Descotils, qui y reconnut l'*iridium,* et Tennant, l'*osmium.*

Propriétés physiques. Couleur et éclat de l'argent, très-ductile et très-malléable. Il est assez mou pour se laisser couper par les ciseaux et entamer par l'ongle; mais il acquiert beaucoup de dureté par son alliage avec quelques métaux, surtout avec le rhodium et l'osmium. Il est inodore par le frottement. Il donne des fils très-déliés. Il jouit aussi d'une grande ténacité. Son poids spécifique est de 20,98 avant d'être forgé, et de 21,53 quand il l'a été.

Propriétés chimiques. Si réfractaire, qu'il ne peut être fondu qu'au chalumeau par le gaz oxigène ou l'hydrogène. On fait cette opération en plaçant le métal dans une cavité pratiquée dans un charbon qu'on allume, et sur lequel on dirige un jet de gaz oxigène, alimenté par une vessie.

L'air, l'oxigène et l'eau n'exercent aucune action sur ce métal, ce qui le rend précieux pour les laboratoires chimiques. Il ne peut être oxidé dans l'air qu'au moyen d'une décharge d'une forte pile voltaïque; il se convertit alors en un oxide brun, qu'on peut réduire par la chaleur.

Si l'on prend un fil de platine de $\frac{1}{60}$ de pouce de diamètre, et qu'après l'avoir chauffé au rouge on le plonge dans un petit vase contenant un peu d'éther, si ce fil est en contact avec l'air, au-dessus de la surface du liquide, il devient incandescent et reste long-temps en cet état. On fait cette expérience avec une petite lampe, dans laquelle on plonge le fil de platine tourné en spirale.

Le platine s'unit avec la plus grande partie des métaux, ainsi qu'avec le soufre, le phosphore, le sélénium, le bore, l'iode et le chlore.

Avec le *gaz hydrogène*, le platine exerce sur ce gaz une action bien remarquable. M. Dobereiner, professeur à Iéna, a fait connaître que le platine en éponge détermine, à la température ordinaire, la combustion du gaz hydrogène. Cette expérience a été répétée, avec le plus grand succès, à l'académie royale des sciences par M. Dulong. Ce dernier et M. Thénard se sont livrés à une foule de nouvelles recherches, d'après lesquelles ils ont reconnu que, dans un mélange de deux parties d'hydrogène et une d'oxigène, cette éponge de platine opérait une détonation, et qu'il y avait formation d'eau. Avec l'air et l'hydrogène, cette combinaison est plus lente. Suivant ces deux savans chimistes, l'éponge fortement calcinée ne devient pas incandescente, et opère lentement la combinaison des deux gaz, sans qu'il y ait élévation sensible de température. Le platine en poudre très-fine, les fils très-déliés, ou les lames de ce métal sont sans effet; tandis que les feuilles de ce métal exercent une action d'autant plus prompte, qu'elles sont plus minces. Roulées sur un cylindre de verre, ou suspendues dans un mélange de gaz oxigène et d'hydrogène, elles sont sans action, même après plusieurs jours, au lieu que, chiffonnées entre les mains, et réduites en une espèce de boule, elles agissent de suite. A froid, l'éponge de platine opère aussi la combinaison de l'oxide de carbone avec l'oxigène, et la décomposition du gaz nitreux par l'hydrogène.

État naturel. En petits grains et alliés en même temps avec le fer, le plomb, le cuivre, le rhodium, le palladium, le soufre, etc. Ses principales mines sont dans l'Amérique méridionale. M. Vauquelin l'a cependant trouvé dans celles d'argent de Guadalcanal, en Espagne, pour $\frac{1}{10}$.

Extraction. On prend le platine brut qu'on nous apporte d'Amérique, et qui se trouve combiné avec le fer, le cuivre, le plomb, le mercure, le palladium, le rhodium, etc., on le fait dissoudre dans l'acide hydrochloronitrique, fait avec une partie d'acide nitrique et trois d'acide hydrochlorique; on y verse ensuite de l'hydrochlorate d'ammoniaque, qui se précipite en sel triple avec l'oxide de platine. On lave ce précipité, on le fait sécher, et on le fait chauffer peu à peu dans un creuset jusqu'au rouge. On purifie le platine ainsi obtenu, en le soumettant de nouveau à une opération semblable; l'on chauffe fortement la poudre métallique, dans une feuille du même métal, et on le forge en lingots. Autrefois ce procédé était beaucoup plus compliqué, aussi le platine valait-il jusqu'à 3o francs l'once, tandis qu'on l'obtient à présent à 2o francs; prix près de trois fois plus fort que celui de l'argent.

Usages. Ce métal, en raison de son inaltérabilité par l'eau, l'air, les acides, etc., et par son infusibilité, est devenu précieux pour la fabrication des creusets, capsules, cornues, tubes, cuillères, etc., propres aux opérations de chimie les plus délicates. Il serait également d'une grande utilité pour les *bassines, alambics, chaudières,* etc., si le haut prix où il est n'y mettait obstacle. On en fabrique des bijoux qui sont fort estimés.

De l'or.

Histoire. Si j'avais à tracer l'histoire de ce métal, je le définirais le mobile général des actions des hommes et la source des plus grandes injustices et des plus grands crimes. Il n'est presque rien qu'avec ce métal on n'obtienne ; c'est de là que vient cet adage si vrai et si connu : *La clef d'or ouvre partout,* adage que les Grecs, qui embellissaient tout, connaissaient sous le nom de *pluie d'or de Jupiter.*

Dans les emblèmes alchimiques, l'or est représenté par l'image du soleil, comme l'argent l'est par celui de la lune. Il est décrit sous le nom de *roi des métaux*.

Propriétés physiques. Jaune, très-brillant, sonore, inodore et insipide. C'est ce métal qui tient le premier rang parmi les métaux ductiles et malléables, et le cinquième pour la ténacité. On le réduit en feuilles si minces, que le souffle suffit pour les enlever; on évalue leur épaisseur à 0,000,09.

Propriétés chimiques. Fusible à 52° de Wegdwood. Non volatil à un feu de forge.

L'air, l'oxigène et l'eau sont sans action sur lui. Par une forte décharge électrique on le convertit en une poudre pourpre, que certains chimistes regardent comme un oxide, et d'autres comme de l'or très-divisé. On tire parti de cette propriété pour faire des portraits sur les étoffes de soie. On prend pour cela un portrait, dont tous les traits sont percés à jour avec une épingle, on l'applique sur un carré de satin blanc; on recouvre le portrait d'une feuille d'or sur laquelle on place une étoffe. On presse fortement, et on y fait passer une forte décharge électrique qui oxide l'or, lequel passe à travers ces petites ouvertures et se fixe sur la soie. Dans les cours de physique on tire ainsi le portrait de Francklin, ce qui ajoute encore à l'intérêt de l'expérience.

L'or s'unit avec le plus grand nombre de substances métalliques, ainsi qu'au soufre, au phosphore, à l'iode et au chlore. Il n'est attaqué que par l'acide hydrochloronitrique; mais ses oxides peuvent se dissoudre dans la plupart des autres.

Si l'on plonge, dans une dissolution d'hydrochlorate d'or, du charbon, l'or se précipitera à l'état métallique sur ce combustible. On peut également retirer l'or de cette dissolution d'une manière très-curieuse. Si l'on y plonge une petite plaque de zinc, il ne se produira aucun effet; ajoutez-en une de platine sans qu'elle soit en contact avec celle de zinc, tout restera dans le même état; mais si vous faites toucher ces deux plaques, le platine ne tardera pas à être couvert d'une couche d'or. Il paraît que cette révivification, qu'on n'a pas encore bien étudiée, est due à l'électricité.

État naturel. On ne le trouve qu'à l'état natif, quelquefois allié avec l'argent, le cuivre et le fer. Il est sous forme de dendrites, de paillettes, de grains ou de divers cristaux. Ses mines sont presque toujours dans les montagnes primitives; plusieurs rivières en charient des paillettes qu'elles extraisent sans doute des filons que les sources traversent. Les mines de l'ancien continent n'en donnent annuellement que 4,000 kilogrammes, tandis que M. de Humboldt assure que celles d'Amérique en produisent 14,000.

Extraction. On triture la mine avec le mercure et on distille.

Usages. Tout le monde connaît l'usage qu'on en fait pour les bijoux et les ornemens les plus élégans. C'est en le précipitant de ses dissolutions dans l'eau régale, par l'*hydrochlorate* de protoxide d'étain, qu'on prépare le *pourpre de Cassius,* et en

le précipitant par le sulfate de fer, qu'on obtient
cet or si divisé avec lequel on dore les vases de
porcelaine. La médecine s'est aussi emparée de
l'or. De nos jours, le docteur Chrétien, de Montpellier, l'a préconisé en substance et à l'état d'hydrochlorate contre les maladies vénériennes. Il l'emploie à la dose de $\frac{1}{12}$ de grain étendu dans une
poudre inerte et en friction sur la langue et les
gencives. Le professeur Lallemand en a également
obtenu des succès aussi prompts que durables.

De l'iridium.

Dans le même temps que M. Tennant annonça
la présence de l'osmium dans la mine de platine,
Descotils y découvrit l'iridium.

Propriétés physiques et chimiques. Couleur et
éclat semblables au platine; infusible au feu le plus
violent de nos forges; inattaquable par l'eau, l'air,
l'oxigène et les acides. Exposé à l'action du calorique, avec la potasse ou la soude, il passe à l'état
d'oxide, et s'unit avec les alcalis.

Très-rare, très-difficile à obtenir, et sans usages.

Alliages.

On donne ce nom à l'union des métaux entre eux.
Cette union est en raison inverse de la différence
qui existe entre leurs poids spécifiques. Le peu de
force d'affinité des métaux les uns pour les autres se
démontre par la séparation qu'on peut en faire, par
leur différence de fusibilité ou de volatilité, et par
les propriétés de ces composés, qui diffèrent peu de
celles des métaux constituans. Il est cependant quel-

ques propriétés qui changent, comme la dureté, la malléabilité. Nous ne pouvons mieux les faire connaître qu'en les extrayant de l'excellent ouvrage de M. Thénard.

1° Tous les alliages formés de métaux cassans le sont eux-mêmes.

2° Les alliages formés d'un métal ductile et d'un métal cassant, sont cassans si les deux métaux sont unis en quantité égale, ou bien ils partagent les propriétés de celui qui prédomine.

3° Dans les alliages des métaux ductiles entre eux, à proportions égales, il y en a presque autant de ductiles que de cassans. L'alliage est ductile quand l'un d'eux prédomine, excepté l'or, qui devient cassant avec $\frac{1}{1500}$ de plomb ou d'antimoine.

4° Le poids spécifique augmente ou diminue.

Les métaux s'unissent de deux en deux, de trois en trois, etc., mais ils ne sont pas tous susceptibles de s'unir ensemble. S'il en était ainsi, nous aurions 840 alliages, tandis qu'il n'y en a que 142 de connus.

Le *calorique* fait éprouver aux alliages les mêmes changemens qu'aux métaux ; ils sont toujours plus faciles à se fondre que le moins fusible des métaux constituans ; l'on observe même que, lorsque les métaux sont très-fusibles, les alliages le sont, presque toujours, davantage. Il en est un, entre autres, qui en est un exemple frappant, c'est celui qui résulte de l'union de

8 parties de bismuth,
5 de plomb,
3 d'étain.

Il fond à un degré de température inférieur à

17

celui de l'eau bouillante ; si on y ajoute un peu de mercure , il devient si fusible qu'il peut être employé pour les injections anatomiques.

Avec l'oxigène, ils subissent les mêmes altérations que les métaux, avec cette différence qu'ils sont le plus souvent moins oxidables , et qu'il en est qui le sont davantage, comme le plomb et l'étain.

De tous les alliages connus, il n'y en a que sept dont on fasse usage ; ce sont ceux de

argent et cuivre ,	étain et fer,
or et cuivre,	plomb et antimoine,
étain et plomb,	zinc et cuivre.
étain et cuivre,	

1° *Alliages de l'or et l'argent* avec le *cuivre*. Neuf parties des deux premiers, avec une du dernier, constituent l'or des monnaies à $\frac{900}{1000}$ de fin ; pour les bijoux divers on le porte de $\frac{750}{1000}$ à $\frac{850}{1000}$. La monnaie d'argent contient neuf parties de ce métal et une de cuivre ; l'argenterie pour vases , moitié moins de cuivre, et les bijoux $\frac{1}{5}$.

Etain et plomb. Quoique, pour la fabrication de divers ustensiles de ménage, 100 parties d'étain ne dussent en contenir que 7 à 8 de plomb , on y en trouve cependant de 15 à $\frac{25}{100}$. Cet alliage est plus dur et plus aisé à mettre en œuvre que l'étain fin. Une partie d'étain et deux de plomb constituent la soudure forte ou soudure des plombiers.

Cuivre et étain. Cent de cuivre et onze d'étain forment le bronze propre à faire les canons, les statues, etc.; il est d'une couleur jaune, d'une plus grande fusibilité et ténacité, et moins ductile que le cuivre. M. Dussaussoy conseille de rendre cet alliage meilleur pour la fabrication des canons, en y ajoutant de 1 à $\frac{2}{100}$ de fer-blanc, ou un peu de zinc. Dans les proportions de 78 de cuivre et 22 d'étain, il produit le métal des cloches. En Angleterre, elles contiennent du zinc et du plomb.

Étain et fer. Huit parties du premier et une du second composent un alliage d'un blanc grisâtre, très-dur, fusible au-dessous de la chaleur rouge, et cassant; il est, pour l'étamage du cuivre, trois ou quatre fois plus solide que l'étamage ordinaire. On applique aussi l'étain sur des feuilles de fer, en les décapant, les trempant dans la graisse fondue, et successivement dans de l'étain fondu très-chaud, auquel on a soin d'ajouter un peu de graisse. C'est ainsi qu'on fabrique le fer-blanc. Si on lave ces feuilles avec un composé de 3 parties d'acide hydrochlorique, 2 d'acide nitrique et 8 d'eau, elles se tapissent de suite de dessins variés, qu'on attribue à la cristallisation de l'étain, et auxquels on a donné le nom de *moiré métallique.* On les enduit de vernis diversement colorés, pour les conserver et varier leurs couleurs.

Plomb et antimoine. Quatre parties du premier et une du second servent à former les caractères d'imprimerie; cet alliage est très-dur, malléable et peu oxidable à l'air; on y fait entrer quelquefois un peu de cuivre.

Cuivre et zinc ou bien *cuivre jaune, laiton,* alliage *du prince Robert, similor, or de Manhein,* etc. Cet alliage est formé de diverses proportions de ces deux métaux; elles varient ordinairement de 20 à 40 pour le zinc, et de 60 à 80 pour le cuivre; c'est-à-dire que les proportions du zinc sont du quart au tiers.

M. Chaudet a fait connaître que les cuivres jaunes, qui étaient moins ductiles que les autres, et qu'on tournait plus facilement, contenaient 2 ou $\frac{1}{100}$ de plomb qu'on commençait par allier avec le zinc. Cet alliage est un des plus employés dans les arts.

Amalgames.

C'est le nom qu'on donne aux alliages divers des métaux avec le mercure. Les amalgames sont sous forme solide, quand le mercure s'y trouve en petites proportions; ils sont au contraire liquides, s'il prédomine. Il est une exception bien étonnante, c'est la combinaison de 80 parties de mercure avec 1 de sodium, qui est solide, tandis que 15 du premier avec 1 d'étain en donnent aussi une de solide.

Tous les amalgames liquides ont l'aspect du mercure, mais coulent plus difficilement; s'ils sont solides, ils sont cassans. Ils ont en général une couleur blanche; la chaleur rouge les décompose. Si la chaleur n'est pas assez forte pour volatiliser le mercure, on observe, après le refroidissement, que l'amalgame prend une forme cristalline et que le mercure liquide qu'on obtient est moins chargé de métal. L'air oxide les amalgames. Des divers amalgames connus, il n'y a guère d'employé que ceux faits avec l'*étain* et le *mercure* pour l'étamage des glaces; 1 partie de *bismuth* et 4 de *mercure*, pour l'étamage des globes; et d'*or* et de *mercure*, pour dorer le cuivre jaune, etc.

LIVRE VI.

DES OXIDES.

On donne le nom *d'oxides* à des corps combustibles simples, combinés avec l'oxigène de manière à ne manifester aucune des propriétés des acides. Nous les diviserons en deux grandes sections; dans la première, nous rangerons ceux qui résultent de l'union d'une substance métallique avec l'oxigène, et qui jouissent des propriétés de neutraliser les acides de la même manière que les bases salifiables; dans la seconde, ceux qui appartiennent à des corps simples non métalliques, et qui ne possèdent point cette dernière propriété.

PREMIÈRE SECTION.

DES OXIDES MÉTALLIQUES.

Les oxides métalliques, comme nous l'avons déjà dit, sont le produit de l'union d'un métal avec l'oxigène. Plusieurs métaux n'en absorbent qu'une seule proportion, tandis qu'il en est d'autres qui en prennent plusieurs, et qui, par cette propriété, donnent lieu à deux, trois, et même quatre oxides. On indique les divers degrés d'oxigénation par les épithètes de *proto*, *deuto*, *trito* et *per*. Nous connaissons plus de soixante oxides qui ont été plus ou moins bien étudiés.

Histoire. Les oxides métalliques furent connus en même temps, et quelques-uns avant leurs métaux ; on leur avait donné le nom de *chaux* ou *terres métalliques*. Les stalhiens les regardaient comme des métaux dépouillés de phlogistique, qu'il suffisait de leur restituer, par le moyen du charbon, pour les revivifier. Lavoisier les nomma *bases salifiables*, dénomination qui ne saurait leur appartenir exclusivement, attendu qu'elle leur est commune avec plusieurs composés non métalliques. Presque tous les chimistes en ont fait l'objet de leurs recherches ; mais c'est à Lavoisier que nous devons les connaissances les plus précieuses sur ces composés, ainsi qu'à M. Davy, qui a démontré, par un grand nombre d'expériences, que les terres et les alcalis étaient des oxides métalliques. Berzélius a complété leur histoire en faisant connaître que les proportions diverses d'oxigène, dans la composition des oxides d'un même genre, étaient soumises à des lois invariables.

Propriétés physiques. Les oxides métalliques sont tous solides et cassans ; réduits en poudre, ils ont un aspect terne ; à l'exception de celui d'*osmium*, ils sont inodores, presque tous insipides, le plus grand nombre diversement colorés, d'un poids spécifique supérieur à celui du métal et à celui de l'eau, ceux de potassium et de sodium exceptés.

Ils n'exercent aucune action sur l'infusion de tournesol, à moins qu'elle n'ait été rougie par un acide; alors, en le neutralisant, ils rétablissent sa couleur. Certains colorent en vert le sirop de violettes, et font passer au rouge la couleur jaune du curcuma.

Propriétés chimiques. Par l'action du calorique, les uns, comme ceux de la première section, n'éprouvent aucun changement; ceux de la cinquième et de la sixième sont revivifiés aisément; et ceux de la deuxième, troisième et quatrième ne sont point désoxidés. Il arrive seulement que plusieurs perdent une portion de leur oxigène à un degré de chaleur très-fort, et forment des oxides moins saturés de ce gaz, tandis que d'autres, tels que les protoxides de *barite*, de *cuivre*, de *fer*, de *plomb*, en absorbent davantage.

Il n'est que deux oxides qui soient volatils; ce sont ceux d'*arsenic* et d'*osmium*. Il en est qui sont infusibles dans nos meilleurs fourneaux de forge; de ce nombre sont ceux de la première section, ainsi que les protoxides de *barite*, de *chaux* et de *strontiane*; et d'autres qui, avant de se fondre, abandonnent leur oxigène; ce sont ceux des dernières sections; l'*osmium* seul fait exception à cette règle. Ceux des autres sections sont plus ou moins fusibles. Généralement parlant, les métaux très - fusibles donnent des oxides qui partagent cette propriété. Le *bismuth*, le *potassium*, le *sodium*, le *plomb*, etc., nous en offrent des exemples.

Action de la lumière. Elle n'est susceptible d'agir que sur les oxides qui abandonnent facilement l'oxigène, comme ceux d'or, d'argent ; encore même cette action n'est-elle pas bien démontrée.

Action de l'électricité. A l'exception des prétendus oxides de la première section, tous les autres peuvent être décomposés par une pile d'environ cent paires. Pour faire cette expérience, on mouille légèrement une petite quantité d'oxide, qu'on met en contact avec les deux fils de la pile ; aussitôt on remarque que le métal passe au pôle négatif et l'oxigène au pôle positif. Si le métal est susceptible de s'amalgamer avec le mercure, celui-ci facilite puissamment cette opération. On prend l'oxide, on en fait avec l'eau une pâte assez ferme, avec laquelle on forme une espèce de capsule qu'on remplit de mercure. On place cet appareil sur une plaque métallique qu'on fait communiquer avec le fil positif et le mercure avec le négatif. Bientôt après, le mercure de la capsule est changé en un amalgame épais. C'est à M. Davy qu'on doit la connaissance du plus grand nombre des découvertes importantes qui se sont opérées de cette manière.

Action du fluide magnétique. Jusqu'à présent on n'a trouvé que les proto et deuto oxides de fer, qui fussent magnétiques.

Action de l'oxigène. Le gaz oxigène humide est absorbé à froid par quelques oxides ; sec, on n'a aucune connaissance de cette absorption, à moins que de citer l'action du protoxide de potassium sur ce gaz, qui se convertit en deutoxide ; ce que M. Thénard attribue à la chaleur qu'il suppose se développer lors de la formation du protoxide, et qui doit favoriser la nouvelle oxidation. Au rouge cerise, plusieurs oxides s'emparent d'une nouvelle quantité de ce gaz, qu'ils retiennent avec beaucoup de force à cette température, tandis que ceux de la sixième section l'abandonnent.

Action de l'air. Son action sur les oxides est la même que celle du gaz oxigène, avec cette seule différence que ceux qui sont susceptibles de se combiner avec l'acide carbonique, absorbent celui de l'air et passent à l'état de souscarbonates et de carbonates.

Action de l'hydrogène. Nulle à froid; à une température plus ou moins forte, il est sans action sur ceux de la première section, fait passer à l'état de protoxide les deuto et peroxides de la seconde, et réduit presque tous ceux des autres : il se forme alors de l'eau par l'union de l'oxigène du métal avec le gaz hydrogène. On fait cette opération en plaçant horizontalement dans un fourneau un tube de porcelaine, assez long pour dépasser des deux côtés la circonférence du fourneau de quelques pouces. Après qu'on a introduit au milieu de ce tube l'oxide sur lequel on veut opérer, on y adapte, d'un côté, un tube de verre, par lequel on y fait passer un courant de gaz hydrogène, et de l'autre bout, un autre tube qui va plonger dans un flacon à double tubulure, plongé dans l'eau froide ou entouré de glace. Tout étant ainsi disposé, on chauffe plus ou moins le tube de porcelaine, suivant la nature de l'oxide, et on y établit un courant de gaz hydrogène. L'oxide est complétement réduit ou ne peut plus être désoxidé, quand il ne se condense plus d'eau dans le flacon, et qu'on ne recueille que du gaz hydrogène.

Action du carbone. L'action de ce combustible est d'autant plus intéressante qu'elle est de la plus grande importance pour l'exploitation des mines. En effet, à un degré de calorique plus ou moins fort, il réduit tous les oxides métalliques, si l'on en excepte ceux de la première section, qu'on ne regarde comme oxides que par analogie, ainsi que les oxides de *calcium*, de *barium*, de *strontium* et de *lithium*, dont les deutoxides des trois premiers sont réduits par le carbone à l'état de protoxides. En agissant sur les oxides, le carbone passe lui-même à l'état d'oxide ou d'acide.

Il passe à l'état d'oxide, 1° si l'oxide métallique est difficile à réduire, quelles que soient d'ailleurs les proportions de charbon qu'on ait employées ; 2° si cette réduction n'est pas bien difficile et qu'on mette un excès de charbon.

Il passe à l'état d'acide carbonique, si la réduction est facile, comme si la quantité d'oxide l'emporte sur celle du charbon.

Il est aussi des cas où il se produit en même temps de l'oxide de carbone, et du gaz acide carbonique.

Action du phosphore. Nulle sur les oxides de la première section ; s'unit avec les protoxides de la deuxième, et donne lieu ordinairement, avec les deutoxides de cette même section, à des oxides phosphurés et à des protophosphates. Tous les oxides des quatre autres sections sont décomposés par ce combustible, et les produits nouveaux qu'on obtient sont très-variables. En général, lorsqu'on opère sur un oxide de ces sections dont la réduction est aisée,

on obtient un phosphure et de l'acide phosphorique; si cette réduction est difficile, ces produits sont
un phosphate métallique et un phosphure. Presque
toujours ces décompositions ont lieu avec dégagement de calorique et de lumière. Dans tous ces cas,
on voit les oxides désoxidés en partie par une portion de phosphore qui passe à l'état d'acide phosphorique, lequel s'unit quelquefois avec l'oxide non
désoxidé, quand on opère sur un oxide difficile à réduire, tandis que l'autre proportion d'oxide déjà
désoxidé, s'unit avec le phosphore pour former un
phosphure. Quand l'oxide est facile à réduire, il
s'unit en entier avec le phosphore, et l'acide phosphorique reste libre. Je ne pousserai pas plus loin
cet examen : les phosphures n'étant d'aucun usage
en médecine, j'ai cru devoir passer sous silence leurs
préparations.

Action du soufre. Nulle sur les oxides de la
première section, et décomposant tous ceux des
autres à l'aide d'une forte chaleur, en donnant lieu
à des sulfures et à des sulfates avec les oxides de la
deuxième, et opérant la réduction de ceux des autres. Dans ces cas, il se dégage toujours du gaz acide
sulfureux, et il se forme le plus souvent un sulfure.

A une température au-dessous de la chaleur
rouge, le soufre s'unit avec les oxides dont la réduction est difficile, et forme des oxides sulfurés.
Cette propriété, comme on l'a déjà vu, est commune
au phosphore.

Lorsqu'on fait bouillir dans l'eau le soufre avec
un oxide métallique alcalin, une partie de ce liquide est décomposée ; son oxigène se porte sur

(204)

le soufre, et forme de l'acide protosulfurique, (hyposulfureux), qui s'unit avec une partie de l'alcali à l'état salin; l'hydrogène se porte sur un autre partie du soufre, et forme un soufre hydrogéné qui, en s'unissant avec l'autre partie de la base, constitue un sulfure hydrogéné, ou un *hydrosulfate sulfuré* soluble, tandis que l'autre ne l'est point. Cette action peut même avoir lieu à froid : c'est cette préparation qu'on connaissait autrefois sous le nom de *foie de soufre* par la voie humide.

Action du sélénium. Ce combustible peut s'unir avec le plus grand nombre d'oxides, mais principalement avec les protoxides.

Action du bore. Point étudiée.

Action du chlore gazeux. Ce gaz ne décompose des oxides de la première section que celui de magnésium, avec lequel il forme un chlorure; il agit également sur ceux de la deuxième; quant à ceux des quatre dernières, on soupçonne qu'il doit opérer sur eux le même effet. On fait cette expérience en faisant passer, à travers d'un tube de porcelaine porté au rouge, et contenant l'oxide métallique, un courant de chlore desséché par le chlorure de calcium; l'on obtient de suite un chlorure métallique et du gaz oxigène, qu'on peut recueillir sur la machine pneumatochimique.

Action du chlore liquide. Si l'on place dans le chlore liquide, à la température atmosphérique, la plupart des oxides métalliques, principalement ceux de la deuxième section, l'on obtient, en premier lieu, des chlorures d'oxides qui, presque toujours, passent ensuite à l'état de chlorates et d'hydrochlorates. La potasse nous en offre un exemple bien évident. Il est constant que dans cette expérience l'eau est décomposée, et que ses deux principes constituans se portent sur le chlore et forment avec lui deux acides qui se combinent avec l'oxide.

Action de l'iode sec. A une température élevée, il n'exerce aucune action sur la plus grande partie des oxides, se combine avec quelques-uns, et opère le dégagement de l'oxigène d'un petit nombre. C'est ainsi qu'il s'unit avec les oxides de barium, calcium et strontium ; qu'il forme des iodures avec ceux de potassium, de sodium, de plomb et de bismuth, en opérant le dégagement de l'oxigène. L'iode est également susceptible d'agir d'une manière particulière sur les protoxides de cuivre et d'étain, avec lesquels il forme des iodures et des peroxides. Dans ces cas, l'oxigène de la partie de l'oxide désoxidé, se porte sur l'autre et la fait passer à l'état de peroxide, tandis que la portion du métal réduit forme avec l'iode un iodure. Quant aux oxides irréductibles par eux-mêmes, ils n'éprouvent aucune altération de la part de ce combustible.

Action de l'iode liquide. Les oxides alcalins de la deuxième section, de même que celui de magnésium, unis avec une solution d'iode, opèrent conjointement la décomposition de l'eau : ses deux principes constituans se portent sur l'iode et la convertissent en acide iodique et hydriodique, lesquels s'unissent à la base alcaline et forment des sels presque insolubles avec le premier acide, et très-solubles avec le second. Les oxides, qui ne neutralisent pas tout-à-fait les acides, n'opèrent point cet effet.

Action de l'azote. Nulle.

Action des métaux. Cette action des métaux sur les oxides est très-compliquée : il en est qui s'emparent de tout l'oxigène de l'oxide, et, s'ils sont en proportions suffisantes, s'allient avec celui qu'ils ont revivifié. Si l'on traite ainsi des deuto ou tritoxides, il arrive quelquefois qu'on obtient deux oxides d'un degré d'oxidation différent, qui se combinent ordinairement ensemble. Il est enfin des métaux qui n'exercent aucune action sur l'oxide sur lequel on cherche à les faire agir. Ces divers faits reconnaissent pour cause,

1° La volatilité de l'oxide employé, et celle de sa base métallique ;

2° La volatilité du métal mis en expérience, et celle de l'oxide qu'il doit former ;

3° La plus ou moins grande affinité du métal pour l'oxigène ;

4° La tendance de l'oxide, qui doit se former, à s'allier avec celui sur lequel il exerce son action ;

5° La cohésion du métal et celle de l'acide ;

6° La tendance du métal à se combiner avec celui de l'oxide.

L'on peut consulter à ce sujet, avec le plus grand avantage, le *Traité de chimie* de M. Thénard, qui offre des exemples évidens de ces actions diverses, et des développemens très-curieux.

Action des corps combustibles composés.

Le gaz hydrogène carboné à froid, rien. A une température plus ou moins élevée, fait passer les deutoxides alcalins à l'état de protoxides, et opère

TABLEAU

De l'action qu'exercent les oxides sur le peroxide d'hydrogène à froid.

OXIDES qui, en absorbant l'oxigène de l'eau oxigénée, la ramènent à l'état de protoxide ; rangés d'après leur degré d'action.	OXIDES qui dégagent l'oxigène de ce peroxide sans éprouver eux-mêmes aucun changement.	OXIDES dégageant et l'oxigène de ce peroxide et le leur, en tout ou en partie.	OXIDES sans action marquée sur le peroxide.	OBSERVATIONS.
Barite. Strontiane. Chaux. } (1)	Peroxide de manganése très-divisé (2).	Oxide d'argent.	Alumine.	(1) Leurs hydrates ont peu d'action.
Hydrate bleu de deutoxide de cuivre, et deutoxide de ce métal calciné.	Peroxide de cobalt.	Deutoxide et tritoxide de plomb.	Silice.	(2) Plus ces oxides sont divisés, plus l'action est vive ; en limaille, elle est moins énergique, et lorsqu'ils sont en masse leur action est encore plus faible. Ceux que nous indiquons dans ce tableau étaient très-divisés.
Oxide de zinc pur ou hydraté.	Massicot.	Deutoxide de mercure pur et à l'état d'hydrate	Oxide de chrôme.	(3) Action très-faible.
Hydrate et oxide de nickel.	Tritoxide de fer sec ou à l'état d'hydrate.	Oxide d'or.	Proto et deutoxide d'antimoine.	(4) L'effet n'a lieu que tout autant qu'on y ajoute une petite quantité de potasse.
Protoxides de manganèse, de fer, de cobalt et d'étain hydratés.	Deutoxide de fer (3).	Oxide de platine.	Deutoxide d'étain.	(5) Passe à l'état acide.
Deutoxide d'arsenic (5).	Oxide de nickel en poudre noire, deutoxide de cuivre en poudre brune.	Oxide d'osmium (4)	Acide tungstique.	*N. B.* La plupart de ces expériences ont eu lieu avec le peroxide d'hydrogène très-concentré, et ont été répétées avec l'eau ne contenant que neuf fois son volume d'oxigène : dans ce dernier cas, l'action était plus ou moins lente.
	Oxide de bismuth en poudre jaunâtre.			
	Potasse. Soude. Magnésie en poudre ou en gelée.			
	Oxide d'urane.			
	Oxide de titane.			
	Deutoxide de cérium.			

la réduction de ceux des quatre dernières sections ;
il se produit de l'eau , de l'acide carbonique, ou de
l'oxide de carbone.

Le gaz hydrogène phosphoré. Peu étudié.

*Gaz hydrogène sulfuré ou acide hydrosulfu-
rique*. A la température ordinaire, il s'unit à l'état
salin avec tous les oxides dont la réduction est difficile et dont la force de cohésion n'est pas très-forte ,
tandis qu'il décompose tous les autres en donnant
lieu à une formation d'eau et d'un hydrosulfate sulfuré. Dans ce cas l'oxide perd une partie de son
oxigène, qui s'unit avec une partie de l'hydrogène
de l'acide hydrosulfurique, pour former de l'eau,
tandis que l'acide non décomposé s'unit avec le soufre mis en liberté et l'oxide moins oxigéné.

Action des acides. Presque tous les oxides s'u-
nissent avec tous les acides pour former des sels.
Lorsque nous traiterons de ces composés, nous examinerons leur action.

Action de l'eau. Il n'y a que huit oxides qui
soient solubles dans ce menstrue : le *deutoxide
d'arsenic, l'oxide d'osmium* et les protoxides de la
deuxième section.

Action de l'eau oxigénée. Quelques-uns sont
sans action sur ce liquide; d'autres en absorbent
l'oxigène et le ramènent à l'état de protoxide ;
d'autres opèrent la même action sans s'oxider; il en
est enfin qui perdent une partie, et même tout leur
oxigène, en dégageant celui de ce peroxide. Nous
allons exposer cette différence d'action dans le
tableau ci-contre.

Etat naturel. L'on regarde maintenant comme

des oxides toutes les substances qui portent également le nom de terres. Quelques-uns de ces oxides existent purs et isolés ; tels sont la silice, l'alumine, le peroxide de manganèse, le deutoxide d'arsenic, etc. Il en est enfin qui sont combinés entre eux ou bien avec divers acides.

Préparation. On peut oxider les métaux de diverses manières, soit en les calcinant à une température plus ou moins élevée, avec le contact de l'air ou du gaz oxigène, en précipitant leurs dissolutions salines par les alcalis, en faisant agir sur eux l'acide nitrique, en soumettant les nitrates et les carbonates à une forte chaleur, ou bien en les traitant par le peroxide d'hydrogène étendu d'eau. Il en est aussi quelques-uns qu'on peut obtenir par le moyen de l'eau, ou en calcinant un métal avec un deuto ou peroxide, et surtout par une forte décharge électrique.

Composition. Les proportions d'oxigène dans les oxides sont tellement inégales, qu'il est des peroxides, parmi lesquels nous nous bornerons à citer ceux de potassium, de sodium et de manganèse, qui sont composés de plus du tiers en poids d'oxigène, tandis que d'autres n'en ont que 5 à 6 centièmes. Nous devons à Berzélius la connaissance d'un fait important, qui démontre que les oxides métalliques s'écartent de la loi générale à laquelle tous les corps composés sont soumis, et qu'ils semblent être soumis à une nouvelle loi de composition. D'après cette loi il serait reconnu qu'un métal, en se combinant avec l'oxigène, forme divers oxides, dans lesquels le métal et l'oxigène sont presque toujours dans un rapport simple. Un deutoxide peut donc être composé d'une fois et demie ou deux fois plus d'oxigène que le protoxide, etc.

Usages. De tous les oxides connus, il n'y en a que vingt-neuf qui soient employés dans les arts et en médecine; treize surtout s'appliquent à l'art de guérir. Lorsque nous traiterons de chacun de ces oxides, nous dirons un mot de leurs usages. Nous allons les examiner dans le même ordre que nous avons étudié leurs bases métalliques.

PREMIÈRE SECTION.

Des terres ou oxides terreux.

On a rangé dans cette section les substances qu'on soupçonne, par analogie, être des oxides métalliques, sans que, par aucun moyen connu, on ait pu en opérer la réduction. Quoique cette opinion ne soit fondée sur des expériences ni bien positives ni nombreuses, sans la partager entièrement, nous l'admettrons pour conserver la même classification suivie par nos meilleurs chimistes. C'est principalement aux travaux de M. Davy que nous devons cette opinion sur la nature métallique de ces corps, qui étaient connus avant lui sous le nom de terres. On en compte sept :

l'oxide de silicium,   — d'yttrium,
— de zirconium,   — de glucinium,
— de thorininm,   — de magnésium.
— d'aluminium.

On a changé les diverses terminaisons qu'avaient ces corps, lorsqu'ils étaient regardés comme des terres, pour leur donner celle en *ium*, qu'on a également appliquée aux métaux qu'on a découverts.

Silice, ou oxide de silicium.

Histoire. La silice est connue de temps immémorial sous le nom de *terre vitrifiable, quartz, cristal de roche*, etc. Elle est partie constituante d'un genre de substances pierreuses particulières, qui ont pour signe caractéristique de faire feu au briquet.

Propriétés physiques. Très-blanche, infusible, rude au toucher, rayant les métaux, insoluble dans le plus grand nombre d'acides, s'unissant avec les bases et les neutralisant de manière à tenir plus de la nature des acides que de celle des oxides; légèrement soluble dans l'eau, puisqu'on trouve déposés dans les fentes des rochers où pénètrent les eaux, de très-beaux prismes de cristal de roche; ce qui suppose une dissolution de la silice dans ce liquide. Les eaux de quelques sources en contiennent aussi en dissolution. Poids spécifique 2,66.

Action du carbone. M. Stromeyer a annoncé qu'en soumettant à l'action d'une forte chaleur un mélange composé de fer, de silice et de charbon, on obtenait pour produit un alliage de fer et de silicium. Plusieurs chimistes ont répété sans succès cette expérience dont M. Berzélius dit avoir reconnu l'exactitude.

Préparation. La silice existe à l'état de pureté dans le cristal de roche; lorsqu'on veut l'obtenir par des procédés chimiques, on fait fondre, dans un creuset, deux parties de potasse ou de soude caustique avec une de sable blanc en poudre; on coule dans une bassine ; on l'introduit ensuite dans une capsule où on la fait bouillir avec quatre ou cinq parties d'eau ; on filtre la liqueur, on y verse un excès d'acide sulfurique, ou nitrique ou hydrochlorique étendus d'eau, qui s'emparent de l'alcali avec lequel ils s'unissent à l'état salin, et la silice se dépose à l'état d'hydrate. On lave le précipité à plusieurs eaux, on filtre, on le fait sécher, et on le chauffe jusqu'au rouge. On a par ce moyen la silice pure.

Usages. La silice diversement colorée est la base de plusieurs pierres précieuses. Elle est d'un usage très-étendu dans les arts. A l'état de grès, on en fait des meules et des pierres à aiguiser ; à celui de silex, on la taille en pierres pour les fusils ; à celui de quartz, on en fait des lustres et divers bijoux ; à celui de sable, elle sert de filtre pour clarifier les eaux. Avec la chaux, elle forme les mortiers ; avec la soude et la potasse, le verre et les cristaux ; avec l'alumine, les diverses poteries et la porcelaine.

En *médecine* on faisait entrer dans la confection d'hyacinthe, comme absorbant, les pierres connues sous le nom de hyacinthes, qui sont un quartz coloré par un oxide métallique.

Zircone, ou oxide de zirconium.

Histoire. Découvert par Klaproth, en 1789, et successivement étudié par MM. Guyton de Morveaux, Vauquelin et Chevreul.

Propriétés. Blanc, doux, insipide, n'éprouvant aucune décomposition de la part de l'air ni du gaz oxigène. Son poids spécifique est égal à 4,3.

En se combinant avec les acides, le plus grand nombre des sels qu'il donne sont insolubles. L'hydrate de cet oxide, soumis à l'action du calorique, commence par noircir, et finit par devenir incandescent, quoiqu'il n'éprouve pas de combustion.

Etat naturel. **MM.** Klaproth et Vauquelin l'ont trouvé dans le *jargon* ou *zircon* de Ceylan; M. Guyton-Morveaux, dans l'hyacinthe. Les sables des ruisseaux d'Expailly, près du Puy en Velai, et de Piso, charient également de petits *zircons*.

Cet oxide étant sans usages, nous passons sous silence sa préparation.

Alumine, ou oxide d'aluminium.

Histoire. Quoique l'alumine constitue les terres argileuses, les ardoises, les mines d'alun, etc., elle n'a été cependant désignée comme une terre particulière qu'en 1754, par Margraff; et comme un oxide, que depuis les travaux importans de M. Davy sur la potasse et la soude. L'alumine portait, avant la nouvelle nomenclature chimique, le nom d'*argile*.

Propriétés. L'alumine est blanche, pulvérulente, douce au toucher, happant la langue et formant avec la salive une pâte douce; elle est inodore, insipide, et ne fait éprouver aucune altération aux couleurs végétales. Elle se mêle en toutes proportions avec l'eau, en garde une partie, sans cependant s'y dissoudre. On éprouve la plus grande peine à en séparer les dernières portions de celle qu'elle a absorbée. La plus forte chaleur de nos fourneaux ne fait que diminuer son volume en augmentant sa dureté; c'est sur cette propriété qu'est construit le pyromètre de Wegwood : elle n'est fusible, même en très-petite quantité, qu'au chalumeau oxihydrogène. Son poids spécifique est de 2,000; elle se combine avec la plupart des acides, et donne divers sels, dont le principal est l'alun. L'alumine n'éprouve aucune altération, ni de l'oxigène, ni de l'air, ni des fluides impondérables.

L'alumine, unie à l'eau, jouit d'une propriété plastique qu'elle perd par la calcination. On peut la lui rendre en la faisant dissoudre dans les acides, et l'en précipitant par un alcali. Elle a la plus grande affinité pour les matières colorantes végétales avec lesquelles elle s'unit et se précipite pour former diverses laques. On tire parti de cette propriété pour l'impression sur les calicots.

Etat naturel. L'alumine native, la plus voisine de son état de pureté, existe dans le saphir, le rubis, les pierres orientales et la *wavellite*. Elle est la base des kaolins, des terres à pipes, des terres à foulon, des bols, des ocres, etc., etc.

Préparation. On prépare l'alumine en versant de la potasse pure dans une dissolution d'alun. On lave le précipité, on le fait sécher, et on le chauffe dans une capsule de verre.

Usages. A l'état d'argile, pour luter les cornues, pour construire des murailles, fabriquer les tuiles et diverses poteries, glaiser les réservoirs, les aires, etc.

Oxide de thorinium.

Histoire. Ce nom lui vient de celni d'une divinité scandinave, à laquelle on donnait celui de *Thor*, que Berzélius, à qui nous devons la connaissance de cet oxide, lui a conservé.

Propriétés. Blanc, insoluble dans l'eau, insipide, s'unissant à plusieurs acides, et absorbant le carbonique à froid; infusible et irréductible par l'électricité. Peu étudié et par conséquent peu connu; rare et sans usages.

Yttria, ou oxide d'yttrium.

Histoire. La découverte de cette terre, ou oxide métallique, a été faite en 1754, par Gadolin, dans un minéral auquel on donna son nom, la *gadolinite*. MM. Vauquelin, Klaproth, Berzélius, etc., nous ont fait connaître ses propriétés.

Cette terre est blanche, insipide, inodore, insoluble dans l'eau, infusible et inaltérable par l'air, absorbant le gaz oxigène à froid, et l'abandonnant par l'action du calorique.

Sans usages.

Magnésie, ou oxide de magnésium.

Histoire. Quoique cette terre soit une de celles qui constituent une classe de minéraux, elle est restée confondue avec la chaux jusqu'en 1722, époque à laquelle Frédéric Hoffmann soupçonna sa nature particulière. Ce ne fut pourtant qu'en 1755 que Black convertit ce soupçon en certitude.

Propriétés. Blanche, douce au toucher, sans saveur ni odeur, verdissant le sirop de violettes, insoluble dans l'eau, infusible et devenant phosphorescente par la chaleur, s'unissant avec les acides,

pour former divers sels. La magnésie en poudre ou
en gelée, sur laquelle on verse de l'eau oxigénée
très-concentrée, ou même ne contenant que neuf
fois son volume d'oxigène, en dégage ce gaz, sans
éprouver elle-même aucun changement; son poids
spécifique est de 2,3.

Etat naturel. Cet oxide n'existe dans la nature
qu'à l'état salin ou bien uni à d'autres oxides dans
le mica, l'amiante, la pierre ollaire, etc.

On l'obtient en précipitant les sels magnésiens
par un alcali.

Usages. La magnésie est devenue d'un très-
grand secours pour la chimie, pour séparer de
leurs combinaisons salines diverses bases salifiables,
telles que la strychnine, la morphine, etc. Elle a,
par ce moyen, puissamment contribué aux progrès
de l'analyse végétale. Elle jouit d'une propriété
remarquable, c'est d'indiquer la présence du salep dans une décoction mucilagineuse. En effet,
M. Brunder d'Hozton a reconnu que vingt grains
de salep et trente grains de magnésie, traités par
quatre onces d'eau bouillante, donnaient une pâte
solide, ferme et transparente, qui, au bout d'un
mois, n'éprouvait encore aucune altération. Cette
curieuse expérience a été répétée, cette année, à
la société de pharmacie de Paris, avec le même
succès. La gomme adragante, l'amidon, le gluten,
ni l'albumine ne partagent point cette propriété.
Cette colle ou gluten, ainsi obtenue, est insoluble dans
l'eau, l'alcool, la potasse caustique, les huiles douces et celle de térébenthine; les acides la dissolvent
en partie, etc. On voit qu'il est facile de distinguer

par ce moyen si le salep en poudre est mêlé avec du sagou ou d'autres fécules.

En médecine, la magnésie est employée comme purgatif, mais principalement pour absorber les acides qui se forment dans les premières voies ; contre la tympanite des bêtes à corne, contre les empoisonnemens par les acides, etc.

Glucine, ou oxide de glucinium.

Histoire. Découverte en 1798 dans l'émeraude, par M. Vauquelin, qui lui donna ce nom parce que ses sels solubles sont très-doux.

Propriétés. Blanche, sans saveur, infusible, insoluble dans l'eau, et d'un poids spécifique de 2,967. Cette terre est sans action sur l'oxigène et l'air ; elle absorbe le gaz acide carbonique à froid ; le calorique suffit pour l'en dégager.

OXIDES DE LA DEUXIÈME SECTION.

Les oxides de cette section décomposent l'eau à la température atmosphérique, et s'unissent avec l'oxigène à la chaleur même la plus forte. Ces oxides sont :

deux de calcium,	deux de sodium,
deux de strontium,	deux de potassium,
deux de barium,	un de lithium.

Ces oxides ont pour caractères généraux d'être sapides, de verdir le sirop de violettes, de rétablir la couleur bleue des végétaux, rougie par un acide, et de rougir l'infusion du curcuma.

Des oxides de calcium.

§ Ier.

Du protoxide ou chaux.

Histoire. La chaux, chaux vive ou terre calcaire, est connue de temps immémorial ; elle fait partie d'une foule de minéraux, et constitue, à l'état de carbonate, une partie des montagnes qui existent à la surface du globe ; elle forme également les marbres, lesquels doivent leurs diverses couleurs à d'autres oxides métalliques. Son poids spécifique est de 2,3.

Propriétés. D'un blanc sale ; susceptible de cristalliser en hexaèdres ; saveur âcre et très-caustique ; infusible dans nos fourneaux, et se fondant, au chalumeau de Bloock, en un verre jaune ; décomposable par le fluide électrique, qui en sépare le métal de l'oxigène ; verdissant le sirop de violettes ; soluble dans l'eau et irréductible par la chaleur. L'oxigène et l'air secs ne lui font éprouver aucune altération ; s'ils sont humides, elle en absorbe l'humidité, se gonfle, blanchit, se délite, dégage beaucoup de calorique, absorbe peu à peu l'acide carbonique de l'air, et passe successivement de l'état de souscarbonate à celui de carbonate. On opère le même effet sur la chaux, en y jetant de petites quantités d'eau qui, en se combinant avec cet oxide, produisent une si grande quantité de calorique qu'elle est suffisante pour enflammer le soufre, et pour opérer la distillation d'une quantité de vin donnée.

Je découvris cette propriété en 1820. Je me propose de publier dans peu un appareil que j'ai inventé pour cette opération.

Si l'on verse peu à peu de l'eau de chaux dans du peroxide d'hydrogène concentré, on obtient un précipité en paillettes brillantes, qui est un hydrate de deutoxide de chaux, et le peroxide est ramené de suite à l'état de protoxide.

La chaux ne contracte aucune union avec le carbone, le bore, ni l'hydrogène; elle s'unit avec le phosphore, le soufre, et forme probablement des phosphures et des sulfures d'oxide de calcium. Le chlore en dégage l'oxigène et s'unit au calcium. Avec l'iode, elle produit un sousiodure d'oxide.

La chaux jouit de la propriété d'absorber jusqu'à $\frac{31}{100}$ d'eau sans perdre son état solide; il est aisé de voir d'où provient cette grande quantité de calorique qui se produit, et qui est telle que les vapeurs d'eau qui se dégagent entraînent avec elles de la chaux. Le protoxide de calcium, en se combinant avec ce liquide, devient parfois lumineux, si l'on opère dans un lieu obscur; il porte le nom d'hydrate. Il forme, avec une plus grande quantité d'eau, une pâte homogène qui se dissout entièrement dans ce liquide, dans la proportion de 0,04 de chaux. Cette solution est plus forte à froid qu'à chaud; placée sous le récipient de la machine pneumatique, avec une capsule pleine d'acide sulfurique, elle cristallise, suivant M. Gay-Lussac, en prismes hexaèdres transparens.

Préparation. On obtient le protoxide de chaux en calcinant fortement les carbonates calcaires, et jusqu'à ce qu'ils ne fassent plus effervescence avec les divers acides.

Composition. Le protoxide est formé de 100 de calcium et de 38,1 d'oxigène.

Usages. Unie au sable, elle forme les mortiers, les cimens, etc. ; chauffée avec la silice, le produit est une espèce de porcelaine; elle favorise la fusion des matières vitreuses, et sert à rendre caustiques la potasse et la soude, en leur enlevant l'acide carbonique avec lequel ces oxides sont combinés. Avec le sang de bœuf, on en fait un lut qu'on applique sur les tonneaux, et que le vin ne peut pénétrer dès qu'il est sec. Unie avec un peu d'argile, elle donne un mortier qui n'est pas attaqué par l'eau, et qui est connu sous le nom de chaux hydraulique.

Vertus. Le protoxide de chaux, à la dose de 4 à 8 grammes, est un poison très-corrosif. Il était jadis appliqué à l'extérieur comme caustique. L'eau de chaux est recommandée pour neutraliser les acides dans les cas d'empoisonnement par ces corps. La dose peut être de 5 à 10 onces par jour, dans du lait ou une décoction mucilagineuse. On l'a également employée contre la tympanite et les maladies de poitrine. Le docteur Whit l'a vantée contre la gravelle.

A l'extérieur elle a produit de bons effets dans quelques maladies de la peau.

Les pharmaciens distinguent l'eau de chaux en première, seconde, etc. Cette distinction n'est pas sans fondement, puisque M. Descroizilles a démontré que la chaux était unie à une petite quantité de potasse, due à la cendre du bois qui a servi à l'opération, et que la première solution entraîne ; de manière qu'on doit se servir de l'eau seconde ou troisième, etc.

Deutoxide de chaux.

La découverte en est due à M. Thénard. On la prépare en versant de l'eau de chaux dans de l'eau oxigénée, contenant douze fois son volume de gaz oxigène.

Le deutoxide est en paillettes brillantes ; avec le contact de l'air ou de l'eau, il passe à l'état de protoxide, ainsi que par le calorique et les acides.

Les proportions d'oxigène qu'il contient sont à celles du protoxide :: 2 : 1.

Barite, ou protoxide de barium.

Histoire. Le protoxide de barium, connu sous le nom de barite, terre pesante, fut découvert par Schéele en 1774.

Propriétés. La barite pure est en morceaux poreux, d'un blanc grisâtre, très-caustique, verdissant les couleurs bleues végétales, décomposable par le fluide électrique, et d'un poids spécifique, suivant Hassenfratz, égal à 2,374, et suivant Fourcroy, à 4,000. L'eau agit sur elle à peu près comme la chaux, avec la différence que l'hydrate de barite ne contient, sur 100 parties d'oxide, que 11,75 d'eau. Une autre différence encore entre cet oxide et celui de calcium, c'est que celui de barium est soluble dans vingt fois son poids d'eau froide, et dans deux ou trois d'eau bouillante ; tandis que celui de chaux est plus soluble à froid qu'à chaud.

L'eau de barite, préparée par l'ébullition, donne par le refroidissement des cristaux octaèdres ou des prismes hexaèdres terminés par des sommets tétraèdres, etc.

L'air sec et l'oxigène sont sans action sur ce protoxide; si le premier est humide, il en absorbe l'eau et l'acide carbonique, et se convertit en hydrate et en souscarbonate. Chauffé avec le gaz oxigène, il passe à l'état de deutoxide, et avec l'air il se forme d'abord un deutoxide et un souscarbonate ; si l'on continue l'opération, tout devient souscarbonate. La barite est fort peu fusible, à moins qu'elle ne soit à l'état d'hydrate. Elle s'unit avec le phosphore, le soufre, avec lesquels elle donne des sulfures et des phosphures. L'eau de barite, ajoutée au peroxide d'hydrogène concentré, en absorbe l'oxigène et y forme un précipité en paillettes brillantes qui est un hydrate de deutoxide de barium. Si l'on fait cette expérience avec la barite en poudre, il se produit une grande chaleur avec dégagement de gaz oxigène.

Préparation. On l'obtient en décomposant par le calorique le nitrate de barite.

Usages. Comme réactif, dans les laboratoires, pour indiquer l'acide sulfurique. M. Gay-Lussac l'a proposée à l'état de cristaux pour reconnaître si l'alcool contient de l'eau ; s'il ne se trouble pas, il est absolu ou anhydre. La barite, ainsi que ses sels, est un poison très-actif; elle agit non-seulement comme caustique, mais elle est absorbée et produit des accidens nerveux très-intenses. Quelques médecins l'ont conseillée comme un bon fondant ; il est aisé de voir que son emploi exige la plus grande prudence et une main habile.

Deutoxide de barium.

On peut l'obtenir en chauffant le protoxide sous une cloche pleine de gaz oxigène, ou en faisant passer un courant de ce gaz dans un tube de porcelaine porté au rouge, et contenant du protoxide de barium.

Le deutoxide est d'un gris blanc, peu sapide, verdissant le sirop de violettes, passant à l'état de protoxide à une température élevée, ainsi que par un grand nombre de corps combustibles. Suivant les expériences de M. Thénard, ce deutoxide est formé de barium 100, et d'oxigène 23,338, ou bien du double du protoxide.

Strontiane, ou protoxide de strontium.

Histoire. En 1790 le docteur Crawfort découvrit cette terre dans un fossile, accompagnant la mine de plomb de Strontian, qu'il regarde comme du carbonate de barite. Ce fut Hope et Klaproth qui, trois ou quatre ans après, firent connaître sa nature particulière.

Propriétés. Blanche-grisâtre, caustique, se comportant avec les couleurs bleues végétales, l'eau, l'air, l'oxigène, les combustibles simples, comme la chaux et la barite. L'eau, à la température ordinaire, en prend la 40ᵉ partie de son poids; bouillante, la 20ᵉ; par le refroidissement, elle cristallise. Son poids spécifique est égal à celui que Fourcroy a donné pour la barite. La strontiane agit sur l'eau oxigénée comme la barite.

Préparation. Comme celle de la barite.

Composition. 100 de strontium et 18,273 d'oxigène.

Usages. Réactif assez utile. On l'ajoute à l'esprit-de-vin pour colorer sa flamme en rouge. Caustique et violent poison; moins fort cependant que la barite.

On obtient le deutoxide de strontium comme celui de calcium; ainsi que ce dernier, il contient deux fois plus d'oxigène que son protoxide.

Oxide de lithium.

Histoire. La découverte de cet alcali fut faite en 1818 par M. Arfwedson, dans la triphane et la pélalite. Berzélius l'a également rencontré dans la rubellite.

Propriétés. Cet oxide est blanc, inodore, très-caustique, verdissant fortement le sirop de violettes, attirant l'humidité de l'air et passant à l'état de souscarbonate; plus soluble dans l'eau que la barite, réductible par l'électricité, et ayant pour caractère particulier d'attaquer le platine, lorsqu'on le calcine dans un vase de ce métal avec le contract de l'air, et d'en faciliter l'oxidation.

Composition présumée. 100 de lithium et 78,25 d'oxigène.

Sans usages.

Potasse, ou protoxide de potassium.

Histoire. Cet alcali, ou cet oxide métallique, est

connu depuis plusieurs siècles, dans son état de combinaison avec une portion d'acide carbonique, sous les noms d'*alcali végétal*, *sel de tartre*, *sel d'absinthe*, *sel de centaurée*, *cendres gravelées*, *salin*, *potasse*, etc. Dans ces divers états il est uni à d'autres sels étrangers dont M. Berthollet parvint à l'isoler en 1786 par le procédé que nous indiquerons bientôt. M. Davy découvrit sa nature métallique, en le soumettant à l'action de la pile galvanique.

Propriétés. Ce protoxide est blanc, très-caustique, verdissant le sirop de violettes, très-déliquescent, se fondant à la chaleur rouge, irréductible par la chaleur, et réductible par le fluide électrique; s'unissant à l'oxigène, à une température très-élevée, et se convertissant en peroxide; très-soluble dans l'alcool et l'eau. Son affinité pour ce dernier liquide est telle, que porté à une chaleur rouge il peut en retenir le quart de son poids; aussi est-il employé pour absorber celle de l'air ou des gaz humides, dans les expérience chimiques. Il s'empare également de l'acide carbonique de l'atmosphère. Mis en contact avec l'eau oxigénée, il en dégage l'oxigène sans l'absorber, et la ramène à l'état de protoxide. La potasse n'éprouve aucune altération de l'hydrogène, du bore, ni de l'azote; elle forme avec le soufre et le phosphore, le sélénium, l'iode et le chlore, des composés dont nous avons déjà parlé en traitant de ces corps. Elle désorganise promptement les substances animales. Son poids spécifique est de 1,7085.

Etat naturel. Dans les cendres des végétaux, combinée avec les acides carbonique, sulfurique, nitrique, hydrochlorique, tartrique, oxalique, etc.

Préparation. On peut l'obtenir en calcinant deux parties de potassium avec une de deutoxide. Lorsqu'on veut se la procurer à l'état d'hydrate, on fait bouillir dans l'eau de la potasse avec la chaux, qui s'empare de l'acide carbonique ; on filtre et on fait évaporer à siccité, on fait fondre l'alcali obtenu, et l'on obtient le produit qui est connu, dans les pharmacies, sous le nom de *pierre à cautère, potasse caustique.* On réduit cet alcali en poudre, et on le fait dissoudre dans l'alcool rectifié ; on décante la dissolution claire, on la fait évaporer à siccité, on la tient quelques momens en fusion et on la coule ; on la conserve en cet état à l'abri du contact de l'air et de l'eau.

Usages. L'hydrate de potasse est employé pour la fabrication du verre, des savons mous, du salpêtre, de l'alun, de la magnésie, etc. Il est un des bons réactifs. Il est employé à l'extérieur comme scarotique. A l'intérieur il est vénéneux, en agissant comme un puissant caustique, à moins qu'il ne soit très-étendu d'eau. M. Chereau a fait connaître les bons effets de l'huile dans les empoisonnemens par ce protoxide.

Deutoxide de potassium.

Nous devons la découverte de ce deutoxide à MM. Thénard et Gay-Lussac ; il est d'un jaune verdâtre, très-caustique, verdissant l'infusion de violettes, réductible par l'électricité ; loin d'absorber l'oxigène à aucune température, l'abandonnant en partie, et se dissolvant dans l'eau; indécomposable par le calorique seul, mais décomposable à l'aide de l'hydrogène, du carbone, du phosphore, du soufre, du sodium, du potassium, etc. Mis en contact avec le peroxide d'hydrogène, il en dégage l'oxigène, et le ramène à l'état de protoxide. Ses proportions d'oxigène sont à celles du prótoxide :: 3 : 1.

Sans usages.

De la soude, ou protoxide de sodium.

Histoire. La soude, ou alcali végétal, est connue de temps immémorial. Même historique que la potasse.

Propriétés. Les mêmes que celles de la potasse, avec cette différence que son poids spécifique n'est que de 1,336; que les sels qu'elle forme ont des propriétés particulières, et qu'ils ne donnent pas des précipités par l'hydrochlorate de platine, ni par l'acide tartrique, comme ceux de potasse. Une autre différence bien caractéristique, c'est qu'en attirant l'humidité et l'acide carbonique de l'air, loin de se liquéfier, ce souscarbonate se réduit au contraire en poudre blanche; enfin, que ses sels sont décomposés presque tous par la potasse. Il opère sur le peroxide d'hydrogène, la même action que ce dernier alcali.

Etat naturel. Ce protoxide se trouve à l'état de souscarbonate, et sous le nom de *natrum*, dans plusieurs lacs d'Egypte et de quelques autres contrées. M. Berthollet l'a également rencontré dans plusieurs sources salées d'Afrique, et en efflorescence dans le Delta. Je l'ai trouvé aussi avec ce savant chimiste, dans la vaste plaine de l'étang salin (1) près de Narbonne. Il existe également dans les plantes de la famille des salsola, des fucus, etc.; dans quelques basaltes et dans quelques substances pierreuses. Il se trouve enfin dans les eaux de la mer et dans le sein de la terre, à l'état d'hydrochlorate, etc.

Préparation. En Espagne, à Venise, dans le midi de la France, etc., on cultive divers salsola, pour en extraire cet alcali. On cueille les plantes avant leur maturité, on les met en tas, on les brûle dans de grandes fosses; on pétrit la pâte enflammée, chaque heure, et lorsque toute l'herbe est ainsi brûlée, on couvre cette fosse avec de la terre, et au bout de quelques jours on enlève la masse alcaline, qui est très-noire, dure, compacte, et qui pèse quelquefois jusqu'à 3o quintaux (2). En cet état, cet alcali n'est pas pur; il contient des sulfates, hydrochlorates et carbonates de soude dont on l'isole par les mêmes procédés indiqués pour le protoxide de potassium. La soude brute, ainsi préparée, porte en Espagne le nom de barille; à Venise, celui de cendres de Venise; et en France, la première qualité, celui de salicor; la deuxième, celui de soude; et la troisième, celui de blanquette. La première marque, à l'alcalimètre de M. Descroizilles, de 16 à 24 degrés; la deuxième, de 12 à 16; la troisième, de 10 à 12.

(1) *Voyez* mes observations sur la terre qui produit le salicor, et mon mémoire sur le danger du déboisement des montagnes de la Clape.

(2) *Voyez* mon mémoire sur la culture de la soude dans la province de Languedoc. *Annales de chimie.*

Malgré qu'on récolte beaucoup de soude dans le midi de la France, nous étions cependant tributaires de l'étranger pour cet alcali; la chimie nous a affranchis de ce tribut en découvrant plusieurs procédés pour l'extraire du sel marin. Celui qui est généralement suivi dans les divers ateliers consiste à décomposer ce sel par l'acide sulfurique, et le sulfate de soude obtenu par le charbon et le carbonate calcaire. Depuis que ce nouveau genre d'industrie s'est multiplié, la culture de la soude est presque abandonnée, et une immense étendue de terres reste abandonnée, parce que le prix du salicor, qui, de 18 francs le quintal, s'était porté jusqu'à 846 fr., est tombé maintenant à 7 ou 8 francs; valeur qui ne paie pas les frais de culture.

Composition. 100 sodium, et 33,995 oxigène.

Usages. La soude est très-usitée dans les arts, tant pour la fabrication des savons solides que pour les verres et cristaux, et le blanchîment du linge.

Mêmes vertus médicales que la potasse.

Deutoxide de sodium.

Même histoire et mêmes propriétés que le deutoxide de potassium, avec la différence qu'il s'effleurit à l'air; qu'il contient moins d'oxigène, qu'il abandonne à une température élevée. On le prépare en chauffant le protoxide avec le contact du gaz hydrogène.

Sans usages.

OXIDES DE LA TROISIÈME SECTION.

Absorbant l'oxigène à la température la plus élevée, et ne décomposant l'eau qu'à l'aide de la chaleur rouge : on en compte douze :

4 de manganèse,
3 de fer,
2 de zinc,
2 d'étain,
1 de cadmium.

Oxides de manganèse.

Le peroxide de manganèse étant seul employé, nous n'allons qu'indiquer les trois autres.

Le protoxide est blanc-verdâtre, indécomposable par le feu, formé de 100 manganèse et 28 oxigène.

Le deutoxide est brun-rouge, *idem.*   100   37,4.

Le tritoxide est brun-noirâtre; à une haute température il passe à l'état de deutoxide.   100   42.

Peroxide de manganèse.

Ce peroxide a été trouvé dans la nature en masses informes d'un brun noirâtre et terne, et, d'autres fois, sous forme de petits prismes qui ont l'éclat métallique; il est souvent mêlé, surtout le premier, avec la silice, l'oxide de fer et le carbonate calcaire, Kaim, en 1770, reconnut que le peroxide de manganèse, que Cronstedt avait classé parmi les terres, contenait un métal nouveau. Un an après, Schéele confirma cette découverte, et Gahn en opéra bientôt la réduction.

Propriétés. Brun-noirâtre, réductible par l'électricité, et passant, à une haute température, à l'état de deutoxide. Ce peroxide, en poudre très-fine, mis en contact avec l'eau oxigénée concentrée, en opère de suite la désoxigénation avec un dégagement considérable de calorique. Si cette eau ne contient que neuf fois son volume d'oxigène, l'action est encore assez vive.

Composition. 100 manganèse et 56,215 oxigène.

Usages. Employé dans les laboratoires pour obtenir le gaz oxigène, et surtout le chlore; il entre aussi dans la composition de certains verres à bouteille, etc.

Protoxide de zinc.

Histoire. Ce protoxide est décrit dans les anciens ouvrages de chimie et de matière médicale, sous les noms de *fleurs de zinc*, *nihil album*, *laine philosophique*, *pompholix*, etc.

Propriétés. Blanc sale, non volatil, très-difficile à entrer en fusion, n'éprouvant aucune décomposition de la part du calorique, mais réductible par l'électricité; insoluble dans l'eau, sans action sur le gaz oxigène et l'air, et absorbant l'acide carbonique de ce dernier.

État naturel. Se trouve ordinairement en masses concrétionnées uni à la silice, l'alumine, l'oxide de fer et le carbonate de chaux, et quelquefois en petits cristaux contenant de la silice, et colorés souvent par les oxides de fer ou de manganèse. On en trouve aussi une variété en octaèdres d'un vert foncé, qui contient 0,17 de soufre, et qui est connue en minéralogie sous le nom de *zinc gahnite*; toutes ces espèces diverses portent le nom de *calamine*.

Composition. 100 zinc et 24,797 oxigène.

Préparation. Pour l'usage médical on prépare cet oxide en mettant du zinc en grenailles dans un creuset qu'on porte au rouge : alors le métal brûle avec une vive lumière et se convertit en flocons blans très-légers, qui s'attachent en partie autour du creuset, ou se dissipent dans l'air ; on doit avoir soin d'enlever ces flocons à mesure qu'ils se forment autour du creuset.

Usages. Employé par quelques médecins comme antinerveux et antispasmodique ; on le regarde aussi comme émétique ; il fait partie de quelques collyres, etc.

Deutoxide de zinc.

Propriétés. Blanc, insipide et décomposable à la chaleur de l'eau bouillante. Un caractère propre à cet oxide, comme à celui de barium, c'est qu'en le dissolvant dans les acides sulfurique, nitrique et hydrochlorique, on obtient des sels de protoxide et de l'eau oxigénée.

Composition. Un peu plus de la moitié d'oxigène en sus que le protoxide. M. Thénard pense cependant que cette analyse n'est pas exacte.

Préparation. On l'obtient en précipitant le nitrate ou le sulfate de zinc par la potasse ou la soude, ou par le même procédé qu'on prépare le tritoxide de cuivre.

Protoxide de fer.

Propriétés. Blanc, uni à l'eau, non décomposable par le feu, mais réductible par la pile ; insoluble dans l'eau, moins magnétique que le fer ; absorbant à froid l'oxigène et l'acide carbonique de l'air, et passant à l'état de souscarbonate ; à une haute température l'absorbant également et acquérant une couleur verte et ensuite jaune-brune. Si, lorsque ce protoxide est récemment préparé, on y verse de l'eau oxigénée, il passe à l'état de peroxide.

Composition. 100 de fer et 28,3 d'oxigène.

Préparation. En précipitant par la potasse ou la soude le protosulfate de fer, lavant le précipité avec l'eau distillée et le séchant dans le vide, ce protoxide n'est pas vénéneux.

Sans usages.

Deutoxide de fer.

Propriétés. Le deutoxide de fer ou éthiops martial est noir, moins magnétique que le précédent, se réduisant par la pile, n'éprouvant aucune décomposition de la part du calorique, quoique fusible, insoluble dans l'eau, et, comme le précédent, absorbant le gaz oxigène et l'acide carbonique; il n'est pas vénéneux.

Composition. 100 de fer et 37,8 d'oxigène.

État naturel. Il existe dans la nature en grande quantité; le plus souvent il est en masses informes, à cassure grenue ou écailleuse, ou sous forme terreuse, et quelquefois en gros cristaux octaédriques ou dodécaédriques. Les mines d'aimant sont à l'état de deutoxide. Une partie du fer qu'on emploie est extraite de ces mines; on les trouve en abondance en divers lieux.

Préparation. Dans les pharmacies on prépare l'éthiops martial en tenant pendant long-temps de la limaille de fer dans l'eau tiède, et l'agitant de temps en temps; on l'obtient plus promptement en faisant passer de la vapeur d'eau dans un tube de porcelaine porté au rouge-cerise, et contenant du fil de fer bien fin et bien décapé.

Usages. Tonique, astringent, emménagogue ; contre la chlorose, la cachexie, etc.

Tritoxide de fer, ou safran de mars astringent.

Propriétés. Cet oxide est d'un rouge tirant sur le violet, plus fusible que le fer, et cependant indécomposable par le calorique, se réduisant par le fluide électrique, non magnétique, insoluble dans l'eau, sans action sur le gaz oxigène à aucune température, et absorbant l'acide carbonique de l'air à froid. Le tritoxide de fer en poudre, ou son hydrate, décompose avec une vive chaleur l'eau oxigénée, la ramène à l'état de protoxide, sans éprouver aucune altération.

État naturel. En masses, en filons et en couches; uni tantôt avec l'argile, la silice ou le carbonate de chaux. Il est le principe colorant de plusieurs ocres, du brun-rouge, de la sanguine, etc. ; il constitue aussi le *colcotar*, qu'on prépare en dégageant, par le calorique, l'acide sulfurique du sulfate de fer, etc.

Composition. 100 de fer et 42,31 d'oxigène.

Préparation. On prépare ce tritoxide en calcinant dans un vase ouvert de la limaille de fer jusqu'à ce qu'elle ait acquis une couleur rouge, ou en décomposant par le calorique le protosulfate et le nitrate de fer, etc.

Usages. On exploite les mines de ce peroxide pour en obtenir le fer ; en médecine il est employé comme tonique, astringent, anticachectique, etc.

Le *safran de mars apéritif* ne diffère de celui-ci qu'en ce qu'il contient de l'acide carbonique, dont on peut le débarrasser par la calcination.

20

Protoxide d'étain.

Propriétés. Le protoxide d'étain est d'un gris tirant sur le noir, insoluble dans l'eau, se réduisant par la pile, et non par le calorique. Un caractère bien distinctif de cet oxide, c'est d'être aussi combustible que l'amadou, lorsqu'on le porte à une température élevée, avec le contact du gaz oxigène ou de l'air. Par cette combustion il se convertit en peroxide.

Préparation. Il suffit de faire chauffer l'étain avec le contact de l'air pour le convertir en protoxide, ou bien de le dissoudre dans l'acide hydrochlorique, et de précipiter cette dissolution récente par la potasse.

Composition. Dans 100 parties d'étain, 13,6 d'oxigène.

Sans usages.

Deutoxide d'étain.

Propriétés. Le deutoxide est blanc, fusible, insoluble dans l'eau, décomposable par le fluide électrique, et non par le calorique. Son poids spécifique est de 6,9.

État naturel. On en trouve plusieurs mines en Angleterre, en Espagne, en Bohème, en Saxe, dans les Iles Orientales, etc.; on n'en trouve en France que quelques traces. Ce peroxide natif est quelquefois en cristaux, ordinairement en prismes à quatre pans, diversement colorés par l'oxide de fer. Il fait feu avec le briquet. C'est de ces mines qu'on extrait presque tout l'étain que nous employons.

Préparation. On peut l'obtenir en brûlant le protoxide, en calcinant l'étain, ou en le traitant par l'acide nitrique, qui se décompose et donne lieu à ce peroxide qui se précipite, et à du gaz azote et du deutoxide de ce gaz qui se dégagent.

Composition. Dans 100 d'étain, 27,2 d'oxigène.

Sans usages.

Oxides de cadmium.

Propriétés. On ne connaît qu'un seul oxide de ce métal, d'une couleur qui varie du jaune au brun et même au noir, tandis que son hydrate est blanc. Cet oxide est fixe, réductible par le charbon, à une température peu élevée, et irréductible par le calorique. L'ammoniaque est le seul alcali qui jouisse de la propriété de le dissoudre; il s'en sépare à l'état d'hydrate gélatineux. Il n'est presque pas soluble dans l'eau.

Composition. Cadmium 100, oxigène 14,352.

Sans usages.

OXIDES DE LA QUATRIÈME SECTION.

Caractères. Ne décomposant l'eau à aucune température, absorbant le gaz oxigène à la chaleur la plus élevée, et irréductibles par l'action seule du calorique. Ces oxides sont au nombre de 26, savoir :

2 d'arsenic,	2 de cobalt,
1 de chrôme,	1 de titane,
1 de molybdène,	1 de bismuth,
1 de tungstène,	3 de cuivre,
3 d'antimoine,	1 de tellure,
2 d'urane,	2 de nickel,
2 de cérium,	4 de plomb.

Oxides d'arsenic.

Quoique la plupart des chimistes n'admettent qu'un oxide d'arsenic, en regardant le protoxide comme un mélange de protoxide et d'arsenic métallique, je partage cependant l'opinion de M. Thénard sur l'existence de deux oxides arsenicaux, par les raisons qu'il a spécifiées dans son Traité de chimie.

Protoxide d'arsenic.

Propriétés. Noir, vénéneux, insoluble dans l'eau, réductible par l'électricité, se convertissant, au-dessous de la chaleur rouge, en deutoxide et en métal. Il se produit en exposant au contact de l'air l'arsenic réduit en poudre.

Deutoxide d'arsenic.

Histoire. Ce deutoxide est connu de temps immémorial sous les noms d'*arsenic, arsenic blanc, mort aux rats,* etc. En chimie, il est considéré, par le plus grand nombre des chimistes, comme un oxide, et par d'autres, comme un acide, auquel ils ont donné le nom d'*acide arsénieux.*

Propriétés. Pour le bonheur de l'humanité, ce violent poison possède des caractères qui lui sont propres, et qui le distinguent de tous les autres. Cet oxide est blanc lorsqu'il est réduit en poudre ou qu'il est exposé au contact de l'air. Lorsqu'il est en masse, il est couvert d'une couche blanche, et l'intérieur jouit d'une transparence égale à celle des plus beaux cristaux. Il est souvent incolore, et d'autres fois il a une nuance dorée, avec des filets ou couches rougeâtres ou jaunâtres. Cet oxide est très-facile à pulvériser; jeté sur les charbons ardens il se sublime en une fumée blanche qui développe une odeur d'ail très-forte. On peut le sublimer dans des vaisseaux fermés, à une température de 195° centigrades. Cette odeur d'ail est un des signes caractéristes de ce métal et de ses oxides. Si l'on expose une plaque de cuivre à la vapeur arsenicale, elle se blanchit de suite.

Le deutoxide d'arsenic est inodore, et est doué d'une saveur très-âcre qui laisse un arrière-goût douceâtre; il est réductible par la pile, inaltérable à l'air, et soluble dans 15 parties d'eau bouillante, ou 400 de froide; aussi la première solution donne par le refroidissement des cristaux tétraédriques bien marqués. Le deutoxide d'arsenic en poudre fine décompose l'eau oxigénée, la ramène à l'état de protoxide, et passe à celui d'acide arsenique. L'acide *hydrosulfurique* produit dans la solution d'arsenic un précipité jaune doré, qui est un sulfure de ce métal; son action est même telle, qu'il peut rendre sensible dans une liqueur, $\frac{1}{100000}$ de cette substance. Ce deutoxide s'unit avec les alcalis, et forme des espèces de sels qu'on a nommés *arsénites*. L'acide nitrique le convertit en acide arsenique. Son poids spécifique est de 3,699.

État naturel. Se trouve dans la nature, soit en poudre blanche, soit en cristaux transparens, diversement colorés. La plus grande partie de celui qu'on trouve dans le commerce provient de la calcination et de la sublimation des mines de co-

balt arsenical dans des fourneaux à réverbères, cou-
ronnés par une longue cheminée horizontale où
vient se fixer le deutoxide, etc.

Composition. 100 de métal et 33,28 d'oxigène.

Usages. Le deutoxide d'arsenic est employé dans
les arts pour préparer cette couleur, qui porte le
nom de *vert de Schéele*, et qu'on emploie dans
l'impression sur papier; pour fondre et purifier le
platine, et pour blanchir les verres dans quelques
verreries. En agriculture, il est très-employé contre
la carie du blé. Je suis le premier qui, dans le
midi de la France, ai porté, il y a plus de vingt ans,
et propagé cette heureuse méthode. On prend, pour
chaque sac de froment, pesant de 130 à 140 livres,
32 grammes de deutoxide d'arsenic; on le fait
bouillir dans dix litres d'eau; on étend le blé à
terre, on l'asperge avec cette solution froide, en le
remuant constamment, et on le sème le lendemain.
Une expérience de vingt années a démontré que ce
blé germait plus vite, et était exempt de cette
maladie qui attaque les épis, et qui est connue sous
le nom de *carie*. L'emploi en est maintenant général dans plusieurs contrées.

Tout le monde connaît les effets vénéneux de
l'arsenic, et l'emploi qu'en ont fait tant de mains
criminelles. Avant de le considérer comme poison,
examinons-le comme médicament.

On a administré l'arsenic à l'intérieur, comme
fébrifuge dans les fièvres intermittentes, à la dose
de 1 grain en dissolution dans 16 cuillerées d'eau,
à prendre à jeun, tous les matins, une cuillerée dans
une tasse de lait. C'est ainsi que je l'ai vu prescrire

par le professeur Baumes. A cette dose de $\frac{1}{16}$ de
grain, ce médicament purge comme la meilleure
médecine. Je me rappelle avoir examiné dans le
temps des pilules qu'une bonne femme, d'un village
aux environs de Narbonne, vend 3 fr. chacune, pour
guérir ou mieux tuer les hydropiques. Ces pilules
pèsent 2 grains; elles sont très-brunes et aplaties
comme des lentilles. Feu le docteur Ferrier m'en
remit deux pour en connaître les principes constituans. Je vis que je devais chercher non dans un
extrait végétal, mais dans une substance métallique,
la cause de cette effet drastique, qui était tel, que
le malade après avoir pris une seule de ces pilules
était presque entièrement désenflé. Le feu et les
divers réactifs me convainquirent que ces pilules
contenaient un tiers de grain d'oxide d'arsenic. Il
est bon d'ajouter que quatre hydropiques que j'ai
connus, et qui ont fait usage de ce pernicieux médicament, n'ont pas tardé d'aller rejoindre leurs
aïeux. On donne également comme fébrifuge, à la
dose de 10 à 15 gouttes, dans un véhicule mucilagineux, et trois fois par jour, la teinture arsenicale
de Fowler, qu'on prépare en faisant bouillir deux
onces de deutoxide d'arsenic et de potasse dans une
pinte et quart d'eau, qu'on réduit à une pinte, et
qu'on aromatise avec demi-once d'esprit de lavande.

Le docteur Salter l'a employé avec succès pour
le traitement de la *chorée*. Il cite quatre cas de
cette maladie qu'il a guérie radicalement, en donnant, trois fois par jour, 4 gouttes de liqueur arsenicale, dont il augmentait la dose d'une goutte par
jour, jusqu'à ce qu'il eût atteint celle de 14 pour cha-

que dose, pour deux de ses malades, les autres n'ayant pu dépasser celle de 7 sans en éprouver un grand dérangement. Ces quatre cures eurent lieu les unes dans un mois et les autres dans un mois et demi (1). Il est fâcheux que le docteur Salter n'ait pas donné la recette de sa liqueur arsenicale; est-ce celle de Fowler? il y a grande apparence. Quoi qu'il en soit, l'emploi de ce terrible médicament exige une main habile et très-exercée; je dis plus, les dangers qui l'accompagnent devraient le faire bannir de la matière médicale.

A l'extérieur, l'arsenic est employé comme caustique surtout dans la médecine vétérinaire; il est un des principes constituans de la poudre anticarcinomateuse du frère Cosme, qui est composée de :

sulfure de mercure,	2 gros,
deutoxide d'arsenic,	2 scrupules,
sangdragon,	12 grains,
cendres de vieilles semelles,	8 grains.

On en saupoudre aussi les tumeurs ou les ulcères qui présentent peu de surface. On recouvre cette poudre avec des toiles d'araignée. Ce deutoxide est également usité dans quelques villages du Midi pour le traitement de la gale. Lorsque j'étais médecin en chef de l'hôpital de convalescence italien de l'armée de Catalogne, je l'ai employé sur plus de huit cents galeux, sans qu'il ait jamais produit aucun résultat funeste. Je faisais usage pour chaque galeux d'une pommade composée avec

deutoxide d'arsenic,	2 gros,
soufre en poudre,	2 gr.,
saindoux,	1 once,

(1) *Annali universali di medicina da Omodei,* vol. **XXVI.**

pour quatre frictions sur les extrémités supérieures et inférieures. A la première ou seconde friction, la peau était rouge et enflammée, et quelques gros boutons entraient en suppuration. Il arrivait quelquefois que les testicules des malades se gonflaient et devenaient douloureux. Des cataplasmes émolliens dissipaient en deux ou trois jours cette inflammation, qui reconnaissait presque toujours pour cause l'application de cette pommade sur le scrotum. J'ai vu aussi une vingtaine de cès militaires être atteints, pendant un jour ou deux, de coliques qui n'étaient pas bien vives, et qu'un ou deux bains faisaient cesser. Dans le village de Bages, près de Narbonne, les paysans ne traitent la gale qu'avec une semblable pommade. D'après tous ces faits, je crois pouvoir conclure que, dans l'application externe du deutoxide d'arsenic, il n'y a pas absorption, quoique M. Smith l'ait soutenu. L'usage fréquent qu'en fait M. le professeur Dubois, sans en obtenir des effets vénéneux, vient à l'appui de mon opinion.

Empoisonnement par l'arsenic. Le deutoxide d'arsenic est un poison des plus violens, et les symptômes qu'il produit, à la dose de quelques grains, sont des plus graves; il irrite singulièrement le système nerveux, et cause les douleurs les plus aiguës. L'ouverture des cadavres offre une inflammation et quelquefois une corrosion des organes de la digestion; l'estomac présente, principalement près du pylore, des eschares et même des perforations. M. Orfila et les docteurs Black et Brodie ont très-bien décrit les symptômes de cet empoisonnement. Le premier a conseillé, pour en arrêter les effets, l'eau chargée d'hydrogène sulfuré. Nous allons nous borner ici à quelques notions chimiques, pour reconnaître ce métal dans le cas d'empoisonnement. Il faut d'abord lier l'œsophage et l'ouverture antérieure du colon, vider ensuite la matière qui y est contenue, dans un vase de verre ou de terre vernissée ; laver plusieurs fois l'estomac avec de l'eau chaude ; filtrer une partie de la liqueur qu'on fera évaporer à siccité dans une capsule. En en projetant une pincée sur un fer rouge, on reconnaîtra l'arsenic à son odeur d'ail très-prononcée. On peut le sublimer ainsi dans un tube de verre, ou bien en prendre une autre partie, dissoute dans l'eau et la placer sur un plan de verre. En faisant agir sur elle la pile voltaïque, la décomposition a lieu, et l'arsenic métallique passe au pôle négatif. Si le fil est de cuivre, il sera blanchi par ce métal. De tous les réactifs, il en est un dont l'effet est des plus remarquables, c'est l'acétate ammoniacal de cuivre, qui produit dans une solution arsenicale ne contenant même qu'un cent-dix-millième de son poids d'arsenic, un précipité d'arsénite de cuivre vert, lequel, lavé et traité par l'hydrogène sulfuré, passe au rouge brunâtre. Le nitrate d'argent est aussi un des bons réactifs pour reconnaître la présence de l'arsenic. Voici la meilleure manière de s'en servir : on plonge dans la liqueur qu'on soupçonne contenir de l'arsenic, une baguette de verre qu'on a trempée dans l'ammoniaque ; on y en plonge ensuite une autre trempée dans le nitrate d'argent pur. Il se forme un beau nuage jaune, ou un précipité blanc, en répétant l'immersion dans le nitrate d'argent et la liqueur suspecte. A la seconde ou à la troisième immersion, on aperçoit au centre une tache jaune entourée par le muriate d'argent qui est blanc. Par une quatrième, le nuage jaune devient très-sensible à la surface. On peut consulter, pour plus de développement, le Dictionnaire de chimie du docteur Ure, et la Toxicologie du professeur Orfila.

Protoxide de chrôme.

Découvert par M. Vauquelin.

Propriétés. Couleur verte, insoluble dans l'eau, infusible et décomposable par la pile. Chauffé avec la potasse, il passe à l'état d'acide, et forme avec cet alcali un chromate. A l'état d'hydrate, il est gris ; par l'action du calorique il perd son eau, et reprend sa belle couleur verte.

Préparation. On l'obtient en calcinant dans une cornue le chromate de mercure.

Composition. Chrôme 100, oxigène 42,63.

Usages. C'est avec cet oxide qu'on donne les belles couleurs vertes aux porcelaines, et qu'on colore les pierres précieuses artificielles imitant les émeraudes, etc.

Deutoxide de chrôme.

Entrevu par Mussin-Puschkin, et bien démontré par M. Vauquelin.

Propriétés. En poudre brune, brillante, insoluble dans l'eau et les acides, se réduisant à une haute température en protoxide, ainsi que par l'acide hydrochlorique, avec dégagement de chlore.

Préparation. En chauffant le nitrate de chrôme

jusqu'à ce qu'il ne se dégage plus de gaz nitreux.

Composition. Chrôme 100 , oxigène 56, 84.

Protoxide de Molybdène.

Propriétés. Brun, aspect métallique, ne s'unissant pas avec les acides pour former des sels.

Composition. 100 métal, 33, 51 d'oxigène.

Deutoxide.

Propriétés. Bleu, et ayant les caractères des acides, ce qui l'a fait regarder comme un acide, auquel quelques-uns donnent le nom de molybdeux. Sans usages.

Oxide de tungstène.

Propriétés. Brun-noirâtre, et quelquefois bleu; composé de 100 de tungstène et 16, 56 d'oxigène. Sans usages.

Oxide de colombium.

Cet oxide étant regardé comme un véritable acide, nous le décrirons lorsque nous parlerons de ces corps.

Protoxide d'antimoine.

Propriétés. Blanc sale, fusible en un liquide jaunâtre qui exhale des vapeurs épaisses, et donne, par le refroidissement, une masse cristalline en fibres blanches.

Préparation. On obtient ce protoxide en chauffant fortement l'antimoine dans un creuset surmonté de plusieurs autres, qui communiquent ensemble par une ouverture pratiquée à leur fond, et en laissant, entre le premier et celui où se fait l'opération, une petite ouverture pour tenir le métal en contact avec l'air. C'est ainsi qu'on obtient ce médicament qui porte, dans la pharmacie, le nom de *fleurs argentines d'antimoine.*

Composition. 100 d'antimoine et 18, 5 d'oxigène.

Deutoxide.

Propriétés. Blanc, insoluble, irréductible par le feu, et réductible par la pile; fusible à une chaleur rouge, et cristallisant par le refroidissement. Quelques chimistes lui donnent le nom d'acide antimonieux.

Préparation. On peut l'obtenir en calcinant le sousnitrate d'antimoine.

Composition. Métal 100, oxigène 26, 07.

Tritoxide.

Propriétés. Couleur jaune, presque pas soluble, et passant par l'action du calorique à l'état de deutoxide. Quelques chimistes le regardent comme un acide, qu'ils appellent antimonique.

Préparation. En décomposant par le calorique un mélange de six parties de nitrate de potasse et une d'antimoine, lavant la masse et la traitant par un acide qui s'empare de la potasse.

Composition. Métal 100, oxigène 30, 99.

Observation. M. Proust n'admet que 2 oxides d'antimoine, et M. Berzélius, 4; cette différence tient sans doute, dit M. Thénard, à la difficulté qu'on a de les obtenir purs.

Protoxide d'urane.

Propriétes. Gris-noir, presque infusible. On le

prépare en calcinant ce métal avec le contact de l'air. Il est composé de métal 100, oxigène 5, 17.

Deutoxide. D'un beau jaune, passant par la chaleur à l'état de protoxide. On l'obtient en décomposant par le calorique le deutonitrate d'urane. Il est composé de 100 de métal et 9,52 d'oxigène.

Sans usages.

Protoxide de cérium.

Propriétés. Blanc, presque infusible, et passant à une température élevée; lorsqu'il a le contact de l'air, à l'état de deutoxide. Composé de 100 de métal et 17, 5 d'oxigène.

Deutoxide. Brun-rouge, presque infusible, et composé de 100 métal et 26, 1 d'oxigène.

Sans usages.

Protoxide de cobalt.

Propriétés. Gris quand il est sec, et bleu à l'état d'hydrate; chauffé avec le contact de l'air, il se convertit en deutoxide. On le prépare en versant de la potasse dans une dissolution d'hydrochlorate de protoxide de cobalt, et séchant le précipité à l'abri de l'air. Il est composé de métal 100 et oxigène 27,58.

Deutoxide. Noirâtre, perdant une partie de son oxigène à la plus haute température, et dégageant du chlore quand on le traite par l'acide hydrochlorique. Il est composé de 100 métal et 4,647 oxigène.

Usages. On emploie les oxides de cobalt pour colorer certains verres en bleu, et pour les couleurs bleues des porcelaines. Les oxides dont on fait usage sont altérés par des substances étrangères.

Oxide de titane.

État naturel. Abondamment répandu dans la nature, dans les terrains primitifs, rarement pur, souvent combiné avec la silice, l'oxide de fer et le manganèse, et quelquefois en cristaux prismatiques; contenant aussi de l'oxide de fer.

Propriétés. Blanc, difficile à fondre, non analysé, et sans usages.

Oxide de bismuth.

Propriétés. Jaune, fusible et vitrifiable; n'éprouvant aucun changement de la part du gaz oxigène ni de l'air.

Préparation. En chauffant ce métal avec le contact de l'air.

Composition. Bismuth 100, oxigène 11,267.

Sans usages.

Protoxide de cuivre.

Propriétés. A l'état d'hydrate il a une couleur jaune-orangé; par la fusion il devient rougeâtre, absorbe l'oxigène et se convertit en deutoxide.

État naturel. Il existe dans la nature en masses compactes, en poussière rouge, en filets soyeux rouges et en cristaux octaèdres très-réguliers.

Préparation. En précipitant, par la potasse ou la soude, une dissolution d'*hydrochlorate* acide de protoxide de cuivre.

Composition. Métal 100, oxigène 12,63.

Deutoxide. Brun-noir, moins fusible que le précédent; absorbe l'acide carbonique de l'air, à la température ordinaire. Il se trouve dans la nature à l'état salin. Cet oxide calciné, ainsi que son hydrate bleu, absorbent l'oxigène du peroxide d'hydrogène concentré, tandis que ce même deutoxide en poudre brune le dégage sans l'absorber.

Composition. Métal 100, oxigène 25.

Peroxide. Brun-jaune foncé, insipide, insoluble dans l'eau, sans action sur le tournesol; à une température au-dessous de l'eau bouillante, il se décompose et passe à l'état de deutoxide. A l'état d'hydrate humide, dans les 24 heures, il se décompose spontanément. Il augmente la combustion des charbons portés à l'incandescence.

Préparation. On obtient ce peroxide en mettant son deutoxide en contact avec l'eau oxigénée, par sept ou huit fois son volume de gaz oxigène, et suivant le procédé donné par M. Thénard. Son analyse exacte n'est pas bien connue.

Usages. Il n'y a que le premier qui puisse être exploité, s'il est en assez grande abondance pour obtenir le cuivre. Les autres, comme on l'a vu, sont les produits de l'art.

Oxide de tellure.

Propriétés. Blanc, fusible, et produit par la décomposition du nitrate de tellure, par la potasse ou la soude. Il est composé de 100 métal et 24,8 d'oxigène.

Sans usages.

Protoxide de nickel.

Propriétés. Brun, peu fusible, et produit par la décomposition du protonitrate de ce métal, par la potasse ou la soude. Il existe dans la nature à l'état d'hydrate qui est en poudre verte. Il est composé de 100 de nickel et 27,05 d'oxigène.

Sans usages.

Deuto ou *peroxide.* L'existence de cet oxide ne paraît pas encore bien démontrée à M. Thénard ; il indique cependant, pour le préparer, de verser de l'eau oxigénée sur une dissolution de nitrate de nickel, et d'y ajouter ensuite de la potasse. Le précipité, qui est d'un vert sale, lui paraît être un peroxide.

Protoxide de plomb.

L'oxide auquel nous donnons ce nom n'est pas celui qui est décrit dans tous les ouvrages de chimie, mais bien un nouvel oxide moins oxigéné que les autres, qui se forme, suivant Berzélius, lorsqu'on expose le plomb à l'air à une température peu forte. On l'obtient également, suivant M. Dulong, en calcinant l'oxalate de plomb. Cet oxide est peu connu.

Deutoxide. Jaune, fusible au rouge naissant, et se convertissant, par le refroidissement, en lames vitreuses. C'est ce qui est connu dans le commerce sous le nom de litharge. Cet oxide fondu attaque les creusets au point de les percer, absorbe le gaz oxigène de l'air, et passe à l'état de deutoxide ; à froid il s'empare de l'acide carbonique de l'atmosphère.

Préparation. Dans les laboratoires, en calcinant le protonitrate de plomb dans un creuset de platine, et dans les arts en calcinant le plomb.

Composition. 100 de métal et 7,725 d'oxigène.

Usages. La litharge du commerce provient des

mines de plomb argentifères qu'on calcine pour oxider le plomb et laisser l'argent à nu. Cet oxide est très-employé, dans les arts et en pharmacie, pour rendre les huiles siccatives, et pour la préparation du deutacétate et sousacétate de plomb, *sucre de saturne* et *extrait de saturne*, ainsi que pour la préparation d'un grand nombre d'emplâtres.

Tritoxide. Le minium est d'un assez beau rouge; il n'exerce aucune action ni sur l'air ni sur le gaz oxigène; au rouge-cerise il se convertit en protoxide, et entre en fusion.

Préparation. On l'obtient en calcinant le plomb ou le deutoxide dans un fourneau à réverbère. Quand le plomb est fondu et oxidé, il donne par le refroidissement une *masse jaune*, appelée massicot dans le commerce, et qui paraît être un composé de litharge et de plomb. On le réduit en poudre, et on le calcine dans le même fourneau pendant environ un jour et demi, ou jusqu'à ce qu'il ait acquis une couleur rouge. On doit avoir soin de l'agiter continuellement. Ces deux derniers oxides mis en contact avec l'eau oxigénée concentrée, en dégagent l'oxigène et passent eux-mêmes à l'état de protoxides.

Composition. Plomb 100, oxigène 11,587.

Usages. Dans la peinture et dans quelques composés pharmaceutiques; pour les vernis des poteries, etc.

Peroxide. Il est d'une couleur puce ; à diverses températures se convertit en trito et en deutoxide. Il a pour caractère particulier d'enflammer le soufre lorsqu'on les triture ensemble.

Préparation. En versant de l'acide nitrique sur du minium, une partie passe à l'état de protoxide qui se dissout dans l'acide, et l'autre s'empare de l'oxigène, et se convertit en peroxide.

Composition. Métal 100, oxigène 15,450.

Ces deux derniers oxides sont réduits par l'eau oxigénée concentrée, et en dégagent l'oxigène, comme on le verra à l'oxide d'argent.

OXIDES DE LA CINQUIÈME SECTION.

Caractères. Absorbent le gaz oxigène à une certaine température, et l'abandonnent lorsqu'on la porte plus haut. Deux métaux composent cette section :

le mercure et l'osmium.

Protoxide de mercure.

Quoique le mercure soit susceptible de donner deux oxides, on n'obtient cependant isolé que le deutoxide. M. Guibourg a démontré que le protoxide ne pouvait exister qu'à l'état salin. Le précipité noirâtre obtenu par la décomposition du protonitrate de mercure par un alcali, a été reconnu être un mélange de mercure et de deutoxide de ce métal. Nous allons donc examiner ce dernier.

Deutoxide. Il est d'un rouge-orangé bien prononcé, qui passe au jaune quand il est dans un grand état de division ; à la chaleur rouge il se revivifie. La plupart des corps combustibles lui enlèvent également l'oxigène ; ils brûlent alors avec lumière.

Préparation. En calcinant dans un matras à long

col effilé, à la lampe, du mercure. C'est à un semblable procédé que nous devons la connaissance de
la composition de l'air; on l'obtient aussi en calcinant
le deuto ou protonitrate de mercure. L'oxide obtenu
par le premier moyen porte le nom de précipité
per se, et par le second, de *précipité rouge.* Ce deutoxide agit sur l'eau oxigénée comme celui d'argent, mais moins énergiquement.

Composition. Mercure 100, oxigène 7,9.

Usages. En médecine comme scarotique; on le
mêle également avec le saindoux pour tuer les
poux, etc.

Oxide d'osmium.

Propriétés. Cet oxide diffère de tous les autres
par son odeur, qui paraît semblable à celle du
chlore; il se fond et se volatilise facilement, se
réduit par la chaleur, est très-soluble dans l'eau,
et n'éprouve aucune altération de la part de l'oxigène ni de l'air. Cette solution dans l'eau laisse sur
l'épiderme une empreinte jaune qui ne disparaît
que par son renouvellement. Il active beaucoup la
combustion des corps enflammés. Il ne s'unit presque
point avec les acides, tandis qu'avec la potasse et
la soude il semble agir comme acide.

Préparation. On l'obtient en calcinant au rouge-
brun, dans une cornue, de l'osmium et du nitrate
de potasse.

Sans usages.

OXIDES DE LA SIXIÈME SECTION.

Caractères. Facilement réductibles par le feu et
leurs métaux, ne décomposant l'eau à aucune tem-

pérature, n'absorbant et le gaz oxigène à aucun degré de calorique. Ils sont au nombre de onze :

1 d'argent,	2 d'or,
1 de palladium,	3 de rhodium,
2 de platine,	2 d'iridium.

Oxide d'argent.

Propriétés. Vert olive foncé, sans saveur ni odeur, sans action sur les couleurs végétales; réductible par la chaleur, les combustibles et la pile; insoluble dans l'eau. Si ce liquide est à l'état de peroxide ou eau oxigénée concentrée, on observe alors un phénomène très-curieux; il se produit, dès qu'ils sont en contact, une espèce d'explosion, beaucoup de calorique et même de lumière; l'oxigène se dégage, et l'oxide est réduit. Cette réduction peut être opérée par la haute température qui se produit. Si l'eau oxigénée n'est chargée que de douze fois son volume de gaz oxigène, cette action est encore très-vive.

Préparation. En précipitant le nitrate d'argent par un alcali.

Composition. 100 de métal et 7,6 d'oxigène.

Sans usages.

Oxide de palladium.

Propriétés. Noir et brillant lorsqu'il est sec, rouge-brun à l'état d'hydrate.

Préparation. On précipite la dissolution de l'hydrochlorate de palladium par un excès de potasse caustique.

Composition. Métal 100, 14,20 oxigène.

Sans usages.

Protoxide d'or.

Annoncé par **M. Berzélius**, et contenant, d'après ce chimiste, or 100, oxigène 4,026.

Deutoxide. Brun à l'état de siccité, et jaune-rougeâtre à celui d'hydrate; réductible par le calorique, la pile voltaïque et les combustibles, avec dégagement de lumière; insoluble dans l'eau, se combinant difficilement avec les acides, et, suivant **M. Pelletier**, jouant avec les alcalis à peu près le rôle d'acide. Ce deutoxide se comporte avec le peroxide d'hydrogène concentré, comme l'or.

Préparation. On précipite l'hydrochlorate d'or par un excès de magnésie; on lave le précipité avec de l'acide nitrique faible, qui s'empare de cette terre et laisse l'oxide pur.

Composition. 100 d'or, et, terme moyen des résultats obtenus par **MM. Oberkampf**, **Berzélius** et **Pelletier**, d'oxigène 10,7.

Usages. En médecine, pour le traitement des maladies vénériennes invétérées; on lui préfère cependant l'hydrochlorate de ce métal.

Oxides de rhodium.

Ce métal donne, suivant **M. Berzélius**, trois oxides.

1° Le protoxide est noir et s'obtient en calcinant le métal en poudre; il est composé de rhodium 100, oxigène 6,66.

2° Le deutoxide est brun; on le prépare en calcinant le métal avec de la potasse caustique, un peu de nitrate de cet alcali, et lavant le résidu avec de l'eau aiguisée par l'acide sulfurique. Composé de métal 100, oxigène 13,32.

3o *Peroxide*. Rougeâtre, et produit en précipitant par la potasse ou la soude l'hydrochlorate de rhodium. Composée de métal 100, oxigène 19,98.

Sans usages.

Protoxide de platine.

Admis par Chenevix et Berzélius. Suivant ce dernier, on l'obtient combiné avec l'acide hydrochlorique, lorsqu'on fait évaporer ce sel à siccité, et qu'on le chauffe jusqu'à ce qu'il ne se dégage plus de chlore.

Peroxide. Noir, insipide, et produit par la décomposition, par la soude, du sel provenant de la dissolution du platine dans l'acide hydrochloronitrique évaporée à siccité. Il est composé de 100 de platine et de 16,45 d'oxigène. Le protoxide, suivant Berzélius, contient la moitié moins d'oxigène.

Oxide d'iridium.

M. Vauquelin, qui s'est livré à l'examen des sels d'iridium, qui sont, comme l'on sait, tantôt colorés en rouge, et tantôt en bleu, est porté à croire que cela peut être dû à divers degrés d'oxigénation du métal. Mais, comme il n'y a rien de certain à ce sujet, nous nous bornerons à dire que l'iridium n'éprouve aucune altération de la part de l'air, de l'oxigène, ni des acides, et qu'on ne parvient à l'oxider qu'en le calcinant avec la potasse, la soude, ou leurs nitrates. Cet oxide ainsi obtenu n'a jamais pu être bien isolé.

OXIDES NON MÉTALLIQUES.

Ces oxides sont au nombre de neuf; ce sont les

2 oxides d'hydrogène,	2 de chlore,
l'oxide de carbone,	2 d'azote,
— de phosphore,	1 de sélénium.

De l'eau, ou protoxide d'hydrogène.

Historique. L'eau est de tous les produits naturels un des plus propres à fixer l'attention de l'homme, à cause des services infinis qu'elle nous rend; on peut même assurer qu'elle est indispensable à notre existence : c'est une vérité qui n'a pas besoin d'être démontrée. A l'état gazeux, liquide ou solide, elle se trouve si abondamment répandue dans la nature, que les philosophes grecs l'avaient classée parmi les quatre corps qu'ils regardaient comme les élémens de tous les autres. Cette opinion fut même adoptée jusque vers la fin du dix-huitième siècle, époque à laquelle Macquer et Sigaud-Lafond préludèrent à sa décomposition en faisant connaître que, lorsqu'on brûlait du gaz hydrogène sous des cloches, les parois étaient tapissées de gouttelettes d'eau. En 1781 Priestley obtint le même produit par la détonation d'un mélange de gaz oxigène et de gaz hydrogène. La même année, Cavendish répéta cette expérience plus en grand, et recueillit, par ce moyen, quelques grammes de ce liquide, qu'il crut être le résultat de la combinaison de l'oxigène avec l'hydrogène. Tandis que les physiciens anglais se livraient à ces expériences, en France Monge obtint les mêmes résultats que ce dernier, et adopta une opinion semblable. Deux ans passèrent sur ces recherches intéressantes, lorsque Lavoisier en entreprit de nouvelles, en 1783 avec M. Laplace, qui furent suivies de plusieurs autres, faites en 1785 avec M. Meunier, par lesquelles il démontra, en brûlant de grandes quantités de gaz hydrogène et de gaz oxigène, que leur poids total était égal à celui de l'eau produite par leur combustion. Dès lors un grand nombre de chimistes français et étrangers répétèrent ces essais, et dans des proportions de gaz si considérables, que MM. Seguin et Vauquelin formèrent ainsi cinq hectogrammes d'eau. L'analyse de ce liquide a été opérée depuis de plusieurs manières qui ont toutes donné les mêmes résultats.

Propriétés physiques. L'eau est inodore, incolore, transparente et réputée insipide, sans doute à cause que, depuis l'enfance, nos organes sont familiarisés avec son goût; elle est élastique, réfractant fortement la lumière, susceptible de transmettre les sons, et mauvais conducteur du calorique et de l'électricité.

Sa compressibilité a été long-temps révoquée en doute; on appuyait ce sentiment sur l'expérience qui fut faite par l'académie de Florence, sur une sphère d'or remplie d'eau qu'ils soumirent à une pression telle, qu'elle fut un peu déformée, sans que l'eau fût comprimée, puiqu'elle passa par les pores de cette sphère. Malgré cela, des expériences modernes ont démontré cette compressibilité. M. Dessaignes a fait connaître que, lorsqu'on lui fait subir un choc subit et violent, il y a dégagement de lumière. Il y a plus de soixante-six ans que Canton avait annoncé qu'il était parvenu, par des forces comprimantes, à diminuer le volume de l'eau de $\frac{45}{100000}$. M. Oersted [1], au moyen d'un appareil particulier, a confirmé ces résultats que tous les physiciens avaient révoqués en doute, et a démontré que l'eau, comme l'air, se comprime en raison directe des forces comprimantes. Enfin, M. Perkins, à Londres, a fait éprouver à l'eau, en présence de M. Clément, une pression de 1120 atmosphères, qui en ont diminué le volume de $\frac{6}{100}$. Ce qui est digne de remarque, c'est que, dans la compression de l'eau par les expériences d'Oersted, il ne se dégage pas de chaleur sensible. Quelle cause peut donc produire la lumière observée dans celles de M. Dessaignes ?

Propriétés chimiques. — Action du calorique. L'eau, suivant la quantité de calorique qu'elle renferme, est sous trois états différens : au-dessous de o, elle est solide, au-dessus liquide, et à 100 à l'état de fluide élastique. L'eau liquide, en absorbant du calorique, se dilate, devient plus légère et bout à 100 deg. sous la pression de 76, quand elle ne contient point de substances salines en dissolution, car alors il faut porter la température jusqu'à 107. L'ébullition de l'eau a lieu à des degrés d'autant plus inférieurs, que la pression atmosphérique est moindre. Sa vapeur a un volume 1700 fois plus considérable que celui de l'eau ; elle contient, outre son calorique thermométrique, une si grande quantité de calorique latent, qu'un kilogramme de cette vapeur ;

____

[1] *Ann. of philosop.*, janvier 1823.

suivant MM. Désormes et Clément, en contient assez pour porter à 100 4 kilog. 66 d'eau à o, ce qui donne 4,66 deg. de calorique latent. C'est en vertu de cette propriété qu'on l'applique à la distillation ainsi qu'au chauffage des bains et des maisons.

Action du froid. Si l'eau se dilate par le calorique, elle doit par conséquent devenir plus dense au fur et à mesure que sa température diminue : c'est ce qui a véritablement lieu, mais non point jusqu'au terme de sa congélation. En effet, avant d'y arriver l'eau se dilate depuis le 4,44 deg. au-dessus de o jusqu'à o. M. Chrichton a imaginé un moyen aussi facile qu'ingénieux, par lequel il a démontré que le plus grand point de densité de l'eau était 5o, 61 cent. (1) L'eau se congèle donc à o. Il est cependant quelques remarques très-intéressantes à ce sujet. On a reconnu que ce liquide ne se gelait à o que lorsqu'il contenait du limon, et que les substances salines en retardaient d'autant plus la congélation, qu'il fallait un degré de froid de — 4o pour faire passer à l'état de glace de l'eau saturée d'hydrochlorate de chaux. L'eau aérée se congèle à 3o,5; distillée elle peut être portée jusqu'à 5o. Enfin, si on met de l'eau dans un matras fermé à la lampe, on peut abaisser sa température jusqu'à 5o et même 6o, sans la congeler; mais si on l'agite, la congélation a lieu aussitôt. L'eau, en se congelant, cristallise en aiguilles qui se croisent sous des angles de 6o à 120o. En passant à l'état de glace, elle augmente de vo-

---

(1) *Ann. of philosop.*, juin 1823.

lume avec une force ou expansion telle, qu'un canon de fusil de l'épaisseur d'un doigt, que Buot avait rempli d'eau et bouché de la manière la plus solide, ayant été soumis à un très-grand froid, fut crevé en deux endroits; il en fut de même à Florence d'une sphère de cuivre très-épaisse. C'est ce qui a également lieu dans les hivers rigoureux, lorsqu'on voit les vases se casser et les pierres même se fendre. On peut, en exposant la glace à une température jusqu'à 20 au-dessous de o, la rendre très-dure au point qu'on peut la tailler et la réduire en poudre. L'air, que l'eau contient toujours, prend la forme de fluide élastique lorsque l'eau se congèle. La glace peut être refroidie jusqu'à 5oo au-dessous de o.

Un phénomène digne de remarque, c'est que la glace, en se liquéfiant, absorbe 75o de calorique qu'elle rend latent, de manière à ne marquer que o. Ainsi, si l'on prend un kilogramme de glace à o et un kilogramme d'eau à 75°, et qu'on les mêle, on aura deux kilogrammes d'eau à o. D'après ce qui vient d'être dit, il est bien évident que le poids spécifique de l'eau doit être relatif à sa température. A 4o au-dessus de o, point voisin de sa plus grande densité, il est de 1000 grammes, et celui de la glace est de o,94. Le poids de l'eau est pris pour unité lorsqu'on veut déterminer celui d'un grand nombre de corps; comparé à celui de l'air, il est 781 fois plus fort.

Action du fluide électrique. L'eau est un si mauvais conducteur d'électricité, qu'on ne peut en opérer la décomposition, même à l'aide d'une très-forte pile; si elle tient en dissolution du sel ou de l'acide hydrochlorique, elle se décompose; l'oxigène se rend au pôle positif et l'hydrogène au négatif.

Action de l'oxigène. L'eau en dissout plus ou moins, suivant sa température et sa pression. A $+$ 10° et à 76° elle en prend un peu plus de $\frac{1}{25}$.

Action de l'air. L'air dissout d'autant plus d'eau qu'il est plus chaud ou plus dense; si sa densité ou sa température viennent à diminuer, il devient alors supersaturé de ce liquide et l'abandonne. C'est à ces deux causes que M. Monge attribue presque tous les météores aqueux. L'air en dissolvant de l'eau devient plus rare et par conséquent plus léger. Cette vérité, annoncée par Aristote, fut regardée comme une hypothèse. M. de Luc l'a démontrée dans ses recherches sur les modifications de l'atmosphère. Le volume de l'air, tenant de l'eau en dissolution, varie suivant la quantité qu'il en tient. Dans les Mémoires de l'académie royale des sciences pour 1708, cette proportion est :: 5 : 2. C'est cette action de l'air sur l'eau qui contribue à la vaporisation de ce liquide. L'air dissous par l'eau éprouve un changement remarquable; lorsqu'on le dégage de ce liquide, on le trouve désazoté de manière à contenir jusqu'a $\frac{33}{100}$ d'oxigène.

Action des métaux et des combustibles non métalliques. En parlant des métaux, nous avons décrit l'action qu'ils exerçaient sur ce liquide; lorsque nous traiterons des autres combustibles, nous nous livrerons à un nouvel examen.

L'eau est considérée comme le plus grand dissolvant que nous possédions; c'est par son moyen que nous faisons passer à l'état liquide plusieurs corps que nous ne pourrions obtenir qu'à celui de gaz : elle exerce cette action dissolvante sur les acides, les alcalis, les sels, la plupart des oxides métalliques, et donne lieu à de nouveaux composés que nous examinerons à la fin de cet article.

Etat naturel. A l'état de neige et de glace, sur les montagnes très-élevées et sous les pôles. A l'état liquide, elle n'est jamais bien pure; elle contient plus ou moins de substances salines, gazeuses ou acides en dissolution. Lorsque la proportion de ces principes est assez sensible au goût, ces eaux prennent le nom d'eaux minérales.

Celles où ces principes sont peu nombreux et en très-petites proportions, sont appelées potables; alors elles dissolvent le savon, et cuisent bien les légumes. On les appelle crues ou dures, lorsqu'elles ne jouissent pas de ces deux propriétés; elles contiennent alors des sels calcaires, entre autres le sulfate et le carbonate de chaux. Nous parlerons ailleurs des eaux minérales. Les eaux naturelles sont plus ou moins pures; celles qui tombent à la suite d'un orage sont presque semblables à l'eau distillée. On les distingue en :

1° *Eau de source.* Elle est très-potable, si, au lieu de filtrer à travers des mines de plâtre, elle traverse un terrain quartzeux. Elle contient ordinairement de l'hydrochlorate de soude, un peu de carbonate de chaux, de l'air et de l'acide carbonique.

2° *Eau de rivière.* Cette eau est également potable lorsqu'elle coule sur un lit qui n'est ni calcaire ni argileux : plus elle coule rapidement et éprouve de chutes, plus elle est aérée et plus elle s'approche du degré de pureté.

3° *Eau de lac.* Cette eau est moins pure que celle des rivières, attendu que dans certains endroits elle est en stagnation constante, et que les lacs sont alimentés par des eaux plus ou moins pures.

4° *Eaux de puits.* Presque toujours crues, c'est-à-dire ne dissolvant pas le savon et ne cuisant pas les légumes; elles contiennent beaucoup de sulfate et de carbonate de chaux. Les puits creusés dans le sol des villes situées sur les bords de la mer, sont saumâtres; la plupart de ceux d'Egypte, même celui qui est si profond et qui porte le nom de *puits de Joseph*, sont salés.

5° *Eau de mer.* Nous en parlerons à l'article *Eaux minérales.*

Préparation. On peut obtenir l'eau pure par la fonte de la neige ou de la glace, ou bien par la distillation. Pour y parvenir, on place sur un fourneau la *cucurbite* A et on y introduit la quantité d'eau qu'on veut distiller; on y adapte ensuite le chapiteau B, dont le tuyau se rend dans le serpentin C, qui se trouve contenu dans le réfrigérant D, qu'on a soin de renouveler quand elle est chaude. Tout étant ainsi disposé, on allume le feu, et dès que l'eau se trouve portée à 100, elle passe en vapeurs dans le serpentin, où elle se condense et sort par le tuyau E; on met de côté les premières portions qui passent, et on recueille les autres. On est certain de la pureté de l'eau, lorsqu'elle ne se trouble pas par l'addition des nitrates d'*argent* ni de *barite.* Quelquefois on se propose de distiller des substances plus volatiles que l'eau ; on opère alors cette distillation au moyen de la vapeur de ce liquide. Pour cela, on introduit dans la cucurbite A une autre cucurbite F, qui porte le nom de *bain Marie*, laquelle s'adapte parfaitement à la première, avec la différence qu'elle est d'un quart moins haute. On dispose l'appareil comme à l'ordinaire, en mettant suffisante quantité d'eau dans la cucurbite A, et plaçant dans celle en F les substances qu'on se propose de distiller. L'eau distillée a été conservée, comme je l'ai annoncé dans mon ouvrage sur l'air, plus de 20 ans sans altération ; tout porte à croire qu'elle ne peut en éprouver aucune. Si l'eau ordinaire répand, au bout de quelque temps, une odeur putride, c'est qu'elle contient des substances végétales ou animales en dissolution ou en suspension qui se putréfient.

Composition de l'eau. 88,90 en poids de gaz oxigène et 11,10 d'hydrogène, ou bien 1 volume de gaz oxigène et 2 de gaz hydrogène.

Usages. L'eau réduite en vapeur est regardée comme une des plus grandes forces motrices ; c'est à cette propriété que nous devons les pompes à feu, les bâteaux à vapeur, etc. La grande quantité de calorique qu'elle contient la fait adopter pour chauffer les appartemens, les bains, etc. Liquide, on en tire parti, suivant la hauteur de laquelle elle tombe et son volume, pour construire les moulins et les diverses usines. Elle est d'un besoin indispensable pour presque tous les arts, tant pour le lavage que pour la dissolution des corps qu'on veut mettre en contact avec d'autres : elle joue le plus grand rôle dans l'acte de la végétation et de l'animalisation. *En médecine*, elle possède une foule de vertus.

1° L'eau chaude est le véhicule d'un grand nombre de boissons, la base des médicamens connus sous le nom de délayans; elle est sudorifique, et excitante; de nos jours on a voulu l'administrer à haute dose contre le traitement de la goutte. Lorsqu'elle n'est que tiède, elle devient relâchante, et prend rang parmi les émétiques doux.

A l'extérieur et à divers degrés de température, même en vapeurs, on l'administre en bains; il serait trop long d'en décrire ici les effets.

L'eau froide est désaltérante, et modère la chaleur animale. Arrivée dans l'estomac, elle est bientôt absorbée; elle sert, en passant dans la circulation, à réparer la perte des liquides qui en sortent par les diverses évacuations. Prise en quantité, elle affaiblit les forces digestives.

L'eau froide est sédative; elle procure souvent un mouvement de réaction, dont la suite est un effet tonique bien marqué. On l'emploie en bains, en affusions et douches, dans les maladies cérébrales et les fièvres aiguës graves, pour dégorger les vaisseaux, ébranler le système nerveux, et provoquer une réaction du centre à la circonférence, ranimer les membres congelés, etc.

L'eau glacée est recommandée contre les brûlures superficielles et récentes, contre les inflammations de la peau, comme les érysipèles, les phlegmons, etc.; contre celles des yeux, des muscles, des articulations, des membranes muqueuses et séreuses du larynx; contre diverses fièvres, la folie, l'hypocondrie, l'épuisement vénérien, l'inertie intestinale, l'asphyxie par les gaz, l'épilepsie, la chorée, les hémorragies, la peste, etc.

Quand on prend l'eau glacée à l'intérieur, elle produit une sensation générale de froid, qui, chez les sujets faibles et épuisés, comme chez ceux qui sont doués d'un tempérament lymphatique, persiste, trouble les organes de la digestion, et affaiblit tout le corps; tandis que chez les sujets robustes elle produit un bien être et une vigueur nouvelle. Il est bon cependant de ne pas boire de l'eau glacée ni froide quand on éprouve des sueurs provoquées par des exercices violens : la mort a été souvent la suite d'une pareille imprudence. La glace a été préconisée contre l'anévrisme, les hernies, l'apoplexie sanguine et la paralysie, la névralgie, l'érotomanie, la gastralgie, les coliques nerveuses, les hémorragies, les écoulemens rebelles, etc. On peut consulter avec grand avantage le *Dictionnaire des sciences médicales*, articles Eau, Glace, Boisson, Bains, Douches, Affusions, etc.

Des hydrates.

Histoire. M. Proust a donné ce nom à l'union de l'eau avec les oxides métalliques. Ce chimiste est le premier qui les ait fait connaître. MM. Berthollet, Darcet, et Berzélius surtout, ont contribué à en étendre l'histoire.

Il est un grand nombre d'oxides métalliques qui sont solubles dans l'eau; mais l'on observe qu'avant que cette dissolution ait lieu, ils peuvent solidifier une partie de ce liquide, en dégageant une chaleur plus ou moins forte ; elle peut être telle, que celle que produit la chaux ainsi traitée enflamme le soufre et la poudre à fusil. La plupart de ces hydrates ont des propriétés différentes des oxides. Berzélius a annoncé que l'oxigène de l'eau absorbée était en rapport direct avec celui de l'oxide ; c'est-à-dire que la quantité d'eau contenue dans un hydrate était en proportion telle que son oxigène était égal à celui de l'oxide. M. Thénard sans admettre ni rejeter cette opinion, attendu qu'elle n'est pas basée sur un assez grand nombre d'expériences précises, dit : « Parmi les hydrates « qui ont été examinés jusqu'ici, ceux qui contien- « nent le plus d'eau sont aussi ceux dont les oxides « contiennent le plus d'oxigène. »

Par l'action du calorique le plus grand nombre d'hydrates abandonnent leur eau plus ou moins facilement ; ceux de barite, de potasse et de soude, la conservent à toutes les températures. Les hydrates peuvent être obtenus solides et sans forme régulière ou cristalline, comme ceux de potasse et de soude, etc. ; pulvérulens, ainsi que ceux de magnésie et d'alumine ; ou cristallisés, tels que ceux de *barite*, de *strontiane*, de *chaux*, de *deutoxide d'arsenic*. Il paraît qu'ils peuvent même contenir diverses proportions d'eau, ce qui pourrait faire soupçonner qu'il existe deux hydrates d'un même oxide, comme M. Thomson l'a admis pour celui d'étain. M. Thénard est même porté à croire que les cristaux de barite, de strontiane, de chaux, de potasse et de soude, sont des surhydrates.

Etat naturel. On ne trouve guère que deux hydrates dans la nature, qui sont formés tous deux par la silice et les oxides de fer et de zinc. Cette combinaison avec le premier oxide constitue l'ocre, et avec le second la calamine.

Préparation. Il est divers moyens pour préparer les hydrates : on peut obtenir ceux de barite et de strontiane cristallisés, en traitant leurs oxides par l'eau bouillante; par le refroidissement, ils se précipitent en cristaux. Il en est qu'on ne peut obtenir ainsi qu'en concentrant leurs dissolutions par l'évaporation, et mieux encore en les soumettant dans une capsule, à côté de laquelle on a placé de l'acide sulfurique, sous le récipient de la machine pneumatique, et faisant le vide.

On peut aussi s'en procurer un grand nombre, en les précipitant de leurs dissolutions salines par d'autres corps, en faisant agir l'acide nitrique sur quelques métaux, ou en exposant leurs oxides au contact de l'air humide, etc.

Composition. Il serait trop long de donner les proportions d'eau contenues dans les divers hydrates; nous allons nous borner aux principaux.

L'hydrate de potasse solide, et sans
formes régulières,   eau 20, oxide 80
— de soude, _idem_,   — 25 — 75
— de barite, en prismes hexa-
gones,   — 53 — 47
— de strontiane en lames minces, et quelquefois en
cubes,   — 68 — 32
— de chaux en poudre blanche,   — 23 — 77

L'Hidrate de magnésie pulvérulent,   eau 43,50, oxide 56,50

  —   d'alumine blanc pulvéru-
        lent,   — 34,8   — 65,2

  —   d'étain, blanc, demi-tran-
        sparent, friable, etc.,   — 19,5   — 80,5

Le même, exposé à l'air, est très-
        blanc et très-soyeux,   — 39

Peroxide d'oxigène, ou eau oxigénée.

Histoire. Nous devons cette importante découverte à l'illustre président de l'académie royale des sciences, M. Thénard, qui en a étudié et décrit soigneusement les principales propriétés. Ce nouveau composé est à peine connu, et déjà on l'a appliqué à l'étude de plusieurs autres. Les phénomènes qu'il présente avec quelques métaux et leurs oxides, nous font présager que ce peroxide recevra de nombreuses applications, tant dans les réactions chimiques que dans les arts.

Propriétés physiques. Liquide, inodore et incolore; blanchit le papier teint par les couleurs de tournesol et de curcuma; attaque l'épiderme, le blanchit et cause des picotemens plus ou moins forts: il produit le même effet sur la langue. Sa tension est plus faible que celle de l'eau; c'est en vertu de cette propriété qu'on parvient à le concentrer dans le vide en y plaçant une capsule contenant de l'acide sulfurique, afin d'absorber la vapeur d'eau. En continuant l'expérience, le peroxide d'hydrogène finit par se vaporiser complétement sans se décomposer. Dans sa plus grande densité, ce liquide contient 475 fois son volume de gaz oxigène; alors son poids spécifique est de 1,452 à 16° cent., pression 76.

Propriétés chimiques. Ne se congèle pas à un froid de 30°; par l'action du calorique il perd d'autant plus vite son oxigène, qu'on le porte à une température plus élevée; si elle est à 100, l'effervescence est telle, qu'on courrait des dangers à opérer ainsi, même sur un gramme, dans un matras à col étroit. A 20° ce dégagement de gaz oxigène devient très-sensible. Ce qui est digne de remarque, c'est que l'eau agit par sa masse sur le gaz oxigène de manière qu'elle retient avec plus de force la molécule A qu'on aura d'abord unie avec elle, que celle C qu'on y aura ensuite ajoutée; cette dernière plus que D, etc. A la lumière diffuse, il est en partie désoxigéné au bout de quelques mois : pour le conserver il faut l'entourer de glace; la lumière directe ne le décompose qu'au bout de quelque temps. Le fluide électrique agit sur lui comme sur l'eau, avec cette différence qu'il y a une plus grande quantité d'oxigène de dégagé.

Action des combustibles simples non métalliques. Il n'y a que le sélénium et le charbon qui exercent leur action sur ce peroxide. Le premier le fait passer à l'état de protoxide, et se convertit en acide, qui reste dissous dans la liqueur. Le peroxide qu'on emploie contient neuf fois son volume d'oxigène.

Le charbon en poudre très-fine en dégage tout l'oxigène, sans qu'il y ait production d'acide carbonique.

Action des sulfures. La plupart des sulfures métalliques opèrent la décomposition du peroxide avec dégagement d'oxigène et formation de sulfate.

Action des acides. Ces corps, lorsqu'ils ne sont pas de nature à absorber l'oxigène du peroxide, rendent cette combinaison plus intime, la font résister à l'action du calorique, et augmentent la saturation de l'eau. M. Thénard a reconnu que, lorsqu'elle en contenait 250 fois son volume, l'oxigène commençait à se dégager, et qu'en y ajoutant quelques gouttes d'acide sulfurique on pouvait porter ce volume à 475. Les acides faibles, tels que l'acide tartrique, etc., ne produisent pas cet effet; ils se décomposent, se changent en acide carbonique, etc. L'eau oxigénée, contenant des acides, agit également ment sur les métaux, et offre divers phénomènes que M. Thénard a fort bien décrits.

Action des sels. Ils agissent plutôt comme leurs oxides que comme leurs acides, puisque aucun ne contribue à rendre cette combinaison plus intime, que la plupart en dégagent l'oxigène, que d'autres l'absorbent, et qu'il en est dont l'action est presque insensible.

Action des substances végétales et animales. Nous les examinerons avec ces substances.

Des corps qui font explosion avec le peroxide. Pour opérer cet effet on doit présenter les oxides métalliques dans le plus grand état de division et de siccité, et laisser tomber sur eux, et goutte à goutte, le peroxide d'oxigène. On connaît 4 oxides métalliques et 2 métaux doués de cette propriété : ce sont l'oxide d'argent, extrait du nitrate; le tritoxide de plomb, provenant de l'action de l'acide nitrique sur le minium; l'oxide de manganèse artificiel; celui d'osmium. Les métaux sont : l'argent, obtenu par la réduction de l'oxide d'argent par l'eau oxigénée, et le platine, produit par la calcination d'un mélange d'hydrochlorate ammoniacal de platine, etc.

Préparation. On décompose, par l'action du calorique, dans une cornue de porcelaine, du nitrate de barite bien pur; on coupe ce protoxide en fragmens comme de petites noisettes, on l'introduit dans un tube de verre assez long et assez large pour pouvoir en contenir un kilogramme. On place ce tube sur un fourneau, et lorsqu'il est porté au rouge, on fait traverser la matière par un courant de gaz oxigène sec, jusqu'à ce que ce gaz ne soit plus absorbé. Ce deutoxide est d'un blanc grisâtre; il se délite par quelques gouttes d'eau sans que sa température s'élève. Il est bon de faire attention, pour que cette opération réussisse bien, de purger l'oxide de manganèse de tout carbonate.

Cela fait, on ajoute de l'acide hydrochlorique à une quantité donnée d'eau, on entoure le vase de glace; on triture ensuite, avec très-peu d'eau, dans un mortier de verre, le deutoxide de barium; lorsqu'il est en pâte fine, on le verse, avec une spatule de bois, dans la liqueur; et, quand la dissolution est opérée, on y fait passer goutte à goutte de l'acide sulfurique jusqu'à léger excès : on filtre. On recommence cette opération jusqu'à ce qu'on ait employé les quantités d'acide et de deutoxide nécessaires pour charger l'eau de la quantité d'oxigène qu'on veut lui faire absorber. Avec 100 grammes de ce deutoxide, on peut unir à l'eau jusqu'à 30 fois son volume d'oxigène : lorsqu'on a l'eau suffisamment oxigénée, on la sursature de deutoxide; en tenant

(273)

toujours le vase dans la glace, on en sépare, au moyen d'une toile, les flocons de silice, d'alumine, d'oxide de fer, et de manganèse. On précipite la barite par suffisante quantité d'acide sulfurique ; on s'empare de l'acide hydrochlorique par le sulfate d'argent pur. Quand la liqueur est claire, on filtre, et on précipite l'acide sulfurique par la barite bien pure, bien délitée, ou mieux, cristallisée. S'il y a excès de barite, on y ajoutera quelques gouttes d'acide sulfurique, jusqu'à ce qu'il y ait un léger excès d'acide (1). Cela fait, on concentrera l'eau oxigénée dans le vide au moyen de l'acide sulfurique qui absorbera la vapeur d'eau au fur et à mesure qu'elle se formera. Quand le peroxide d'oxigène est parvenu au point d'être composé d'un volume de protoxide et de 475 d'oxigène, il ne se concentre plus. On connaît les quantités d'oxigène que contient ce peroxide, en le décomposant par l'oxide de manganèse, qui jouit de la propriété de dégager l'oxigène sans l'absorber. La théorie de la formation de l'eau oxigénée est bien simple : l'acide hydrochlorique, ne s'unissant point au deutoxide de barium, le fait passer à l'état de protoxide et se combine avec lui ; l'oxigène dégagé s'incorpore avec l'eau. L'acide sulfurique qu'on y ajoute s'empare de la barite, avec laquelle il forme un sel insoluble ; et l'acide hydrochlorique, devenant libre, sert successivement à de nouvelles opérations.

(1) Il est bon de faire observer que toutes ces expériences doivent être faites dans des vases entourés de glace, ou au moins d'eau à la glace.

Usages. L'eau oxigénée, quoique n'étant connue que depuis 1818, a déjà trouvé son application dans les arts pour enlever les taches noires formées par le sulfure de plomb sur les vieux dessins. On prend pour cela le peroxide à 8 ou 9 fois son volume d'oxigène, et on l'applique, avec un petit pinceau, sur les taches : dans une ou deux minutes elles ont disparu.

Oxide de carbone.

Histoire. Ce gaz, aperçu par Priestley, et qu'il regarda comme du gaz hydrogène carboné, fut découvert en Angleterre par Cruickshanks, et en France par MM. Clément et Desormes.

Propriétés. Gazeux, incolore, insipide, jouissant de toutes les propriétés mécaniques de l'air; sans action sur les couleurs bleues végétales; inflammable; éteignant les corps en combustion; insoluble dans l'eau; impropre à la respiration; indécomposable par la plus forte chaleur et par le fluide électrique; ne se combinant point à froid avec l'air ni avec le gaz oxigène, mais formant un mélange qui détonne par un corps en combustion ou par l'étincelle électrique; brûlant avec une flamme rougeâtre; indécomposable par tous les combustibles, sans en excepter l'hydrogène. Le potassium et le sodium seuls mettent son carbone à nu, et passent à l'état d'oxides. Son poids spécifique est de 0,9678. Un mélange à parties égales de chlore et de ce gaz, exposé à la lumière solaire, se réduit à la moitié de son volume. Ce nouveau gaz a été découvert par John Davy, et nommé par lui *phosgène;* les chimistes français lui ont donné le nom de *gaz*

(275)

acide chloroxicarbonique. Ce nouveau gaz est incolore, d'une odeur suffocante, comparable à celle du chlorure d'azote, éteignant les corps en combustion, rougissant les couleurs bleues végétales, et d'un poids spécifique égal à 3,399. Le gaz oxide de carbone, pour passer à l'état d'acide carbonique, absorbe moitié de son volume de gaz oxigène.

Préparation. On l'obtient en chauffant, dans une cornue de grès, du charbon avec de l'oxide de zinc, ou bien en distillant de l'oxalate de plomb bien sec, et en séparant, par la potasse, l'acide carbonique avec lequel il est mêlé. Il se forme enfin toutes les fois qu'on fait chauffer avec un excès de charbon les oxides qui ont beaucoup d'affinité pour l'oxigène.

• *Composition.* L'oxide de carbone est composé de 100 oxigène et 76,56 carbone, ou bien d'un volume de vapeur de carbone, et demi-volume d'oxigène.

Oxide de phosphore.

Cet oxide est blanc ou rouge, solide, insipide, d'une odeur semblable à celle du phosphore, plus léger que lui et moins fusible, point lumineux dans l'obscurité, et insoluble dans l'eau, ainsi que dans le carbure de soufre, tandis que le phosphore se dissout dans ce dernier. Cet oxide, chauffé avec le contact de l'air, brûle et absorbe l'oxigène; il cesse d'être lumineux du moment qu'on tire la capsule du feu.

L'oxide blanc est cette croûte blanche qui recouvre les cylindres de phosphore que l'on conserve depuis quelque temps dans l'eau. Le rouge est le résidu de la distillation du phosphore, et, à la couleur près, ces deux oxides possèdent les mêmes propriétés. M. Thénard est porté à croire que le blanc est un hydrate.

Sans usages.

Oxide de sélénium.

On ne connaît rien de positif sur cet oxide. On a seulement annoncé qu'il paraissait être, à l'état de gaz, incolore, sans action sur le tournesol, peu soluble dans l'eau, et d'une odeur semblable à celle de choux en putréfaction.

Protoxide de chlore.

Histoire. Les différences que M. H. Davy avait trouvées dans le chlore préparé par divers procédés, le portèrent à entreprendre une série d'expériences dont le résultat fut la découverte du protoxide de chlore, qu'il annonça en 1811 dans les *Transactions philosophiques*, sous le nom d'*euchlorine.*

Propriétés physiques. Couleur jaune verdâtre plus intense que celle du chlore, odeur de chlore ayant quelque rapport avec celle du caramel; impropre à la respiration, rougissant les couleurs bleues végétales et les détruisant ensuite. Son poids spécifique est de 2,381, suivant Thomson.

Propriétés chimiques. Une chaleur douce, telle que celle de la main suffit pour en opérer la décomposition, qui a lieu avec une secousse qui peut être assez forte pour briser un tube de verre mince; il se convertit alors en quatre parties de chlore et une d'oxigène. Ces deux nouveaux gaz occupent un volume plus considérable de $\frac{1}{5}$, de manière que

sur cinq parties d'oxide de chlore, on a quatre
volumes de chlore, et deux de gaz oxigène. L'eau,
à la température atmosphérique, dissout de huit à
dix volumes de ce gaz; elle prend une couleur
orangé, l'odeur de ce protoxide, et une saveur
âcre tirant sur l'acide. Les métaux, qui brûlent dans
le chlore, ne brûlent point à froid dans ce gaz;
mais dès que l'oxigène en est séparé, ils s'enflamment dans le chlore. Le protoxide de chlore détonne avec l'hydrogène, et produit de l'eau et de
l'acide hydrochlorique; le charbon incandescent y
brûle vivement, s'éteint, et il y a production d'eau
et d'acide carbonique; avec le phosphore, explosion, dégagement de lumière, acide phosphorique,
et chlorure de phosphore; avec le soufre, d'abord
nulle, ensuite très-vive, et formation d'acide sulfureux et de chlorure de soufre.

Préparation. On introduit dans une petite cornue
une partie du chlorate de potasse, sur lequel on
verse environ deux parties et demie d'acide hydrochlorique à 1,2; on chauffe doucement, et on reçoit,
sous le mercure, un gaz qui est un composé de
chlore et d'oxide de chlore; le premier est absorbé
complétement par le mercure dans moins d'un
jour, et le protoxide reste pur. Dans cette opération,
l'acide chlorique est mis à nu par une partie de
l'acide hydrochlorique; l'autre réagit sur l'acide
chlorique, lui cède son hydrogène, qui, s'unissant
avec une portion de son oxigène, forme de l'eau;
de sorte que l'acide hydrochlorique est converti en
chlore, et l'acide chlorique en protoxide.

Deutoxide. Ce gaz a été découvert par H. Davy

en 1815 et en 1816, et confirmé par le comte Von-Stadion. Il est d'une couleur plus forte que le protoxide, d'une odeur aromatique qui ne participe en rien de celle du chlore, d'une saveur astringente; il détruit, sans les rougir, les couleurs bleues végétales. Son poids spécifique est de 2,315.

Propriétés chimiques. Plus soluble dans l'eau que le protoxide; cette dissolution est très-astringente et corrosive. A une température de 100°, il se décompose avec explosion et il y a dégagement de calorique et de lumière; il se convertit en oxigène et en chlore; le volume augmente de la moitié. Le phosphore est le seul des combustibles simples qui le décompose; à la température ordinaire, il y a explosion et vive lumière.

Préparation. On fait une pâte assez ferme avec le chlorate de potasse et l'acide sulfurique étendu de son poids d'eau; afin d'éviter tout danger, on n'en introduit qu'une petite quantité dans une cornue, qu'on chauffe avec précaution au bain-marie et au-dessous du degré de l'ébullition; le gaz se dégage et on le recueille sur le mercure. Par ce moyen on n'a pas à craindre d'explosion.

Protoxide d'azote.

Histoire. Découvert, en 1772, par Priestley. Il reçut successivement les noms de *gaz nitreux déphlogistiqué, oxide nitreux, oxidulé d'azote* et *oxide d'azote.* Il a été successivement étudié par MM. Berthollet, Davy, Gay-Lussac, Thénard, etc.

Propriétés physiques. Incolore, inodore, saveur légèrement sucrée, peu propre à la respiration, et produisant, suivant M. H. Davy, des effets semblables à ceux des boissons fermentées, augmentant la combustion, moins cependant que l'oxigène, ne rougissant pas les couleurs bleues végétales ; d'un poids spécifique égal à 1,527, et ayant toutes les propriétés physiques de l'air.

Propriétés chimiques. L'eau distillée en absorbe à peu près son volume ; par le calorique, ou la suppression de la pression atmosphérique, il s'en dégage. A une haute température, il se convertit en azote et en acide nitrique ; l'étincelle électrique produit le même effet. L'oxigène et l'air n'exercent sur lui aucune action à la température ordinaire. Il est insoluble dans l'acide nitrique, et décomposable, à l'aide du calorique, par un grand nombre de corps combustibles simples et composés, qui mettent à nu son azote. Le chlore, l'iode et l'azote sont sans action sur lui.

Préparation. On se procure ce gaz en chauffant doucement dans une cornue du nitrate d'ammoniaque bien sec ; il se produit de l'eau, et ce gaz, qu'on reçoit sous des flacons pleins de ce liquide.

Composition. 100 azote, et 56,45 d'oxigène, ou 1 vol. azote, et 1,5 oxigène.

Vertus. Ce gaz, respiré, produit chez la plupart des individus une gaîté extraordinaire et un rire insolite, ce qui lui a fait donner le nom de *gaz hilariant*, chez d'autres l'ivresse, des vertiges, la céphalalgie, la syncope, et finalement l'asphyxie. H. Davy en Angleterre, MM. Vauquelin et Thénard en France, l'ont respiré pendant quelques minutes, et ont obtenu des effets très-variables.

Deutoxide d'azote.

Histoire. Découvert par Hales, et bien étudié par MM. Priestley, Davy et Gay-Lussac. Il a porté successivement les noms de *gaz nitreux*, *oxide nitreux*, *oxide d'azote*, et *oxide nitrique*.

Propriétés physiques. Gazeux, incolore, probablement inodore et insipide, plus léger que le protoxide, sans action sur la teinture de tournesol, impropre à la combustion; son poids spécifique est de 1,0388.

Propriétés chimiques. Décomposable par le calorique et l'électricité; à froid, s'unit avec l'oxigène pur ou avec celui de l'air, et forme un gaz rougeâtre qui est de l'acide nitreux. L'eau en dissout $\frac{1}{10}$ de son volume à 15°; l'acide nitrique l'absorbe en grande quantité, et passe à l'état d'acide nitreux; à froid il n'est décomposé par aucun combustible; à une chaleur rouge, par un grand nombre.

Préparation. On l'obtient en traitant le cuivre ou le fer par l'acide nitrique, et rejetant les premières portions; elles contiennent de l'acide nitreux.

Composition. Oxigène 113, azote 88, ou volumes égaux de ces deux gaz.

Usages. Pour l'analyse de l'air atmosphérique, à cause de la propriété dont il jouit de s'emparer de l'oxigène; dans les arts il est employé pour la fabrication de l'acide sulfurique; il asphyxie très-promptement les animaux, sans doute à cause de son passage subit à l'état d'acide nitreux.

TABLEAU

Des principales propriétés des oxides simples non métalliques.

NOMS.	ÉTAT.	COULEUR	SAVEUR	ODEUR.	POIDS SPÉCIFIQUE.	SOLUBILITÉ DANS L'EAU.	ACTION du CALORIQUE.	COMPOSITION.	AUTEURS et DATE DE LEUR DÉCOUVERTE.	OBSERVATIONS.
Protoxide d'hydrogène ou eau.	Solide, liquide ou gazeux.	Incolore.	Insipide.	Inodore.	Pris pour unité pour le poids spécifique des solides. 10,000	. . . . .	La dilate et la réduit en vapeurs à 100°.	Oxigène 88,90 hydrog. 11,10	de 1783 à 85 par Lavoisier, etc.	Se congèle au-dessous de 0, et la glace peut être refroidie jusqu'à 50°.
Peroxide d'hydrogèn. ou eau oxidénée.	Liquide.	*Idem.*	*Idem.*	*Idem.*	14,520	. . . . .	En dégage tout l'oxigène, expérience dangereuse.	Jusqu'à 475 fois son volume de gaz oxig.	En 1818, par M. Thénard.	Ne se congèle pas à 30° au-dessous de 0.
Oxide de carbone.	Gazeux.	*Idem.*	*Idem.*	*Idem.*	0,9678	Insoluble.	Indécomposable.	Oxigène 100, Carbone 76,56.	Par Clément Desormes et Cruickshanks.	Inflammable et impropre à la combustion et à la respiration.
Oxide de phosphore.	Solide.	Blanc.	*Idem.*	De phosphore.	. . . . .	*Idem.*	Fusible.	. . . . .		Point lumineux à froid dans l'obscurité.
Oxide de sélénium.	Gazeux.	Incolore.		De choux pourris.	. . . . .	Peu soluble.			Berzélius.	Peu connu.
Protoxide de chlore.	*Idem.*	Jaune verdâtre.	. . .	De chlore et de caramel.	2,381	L'eau à 16° en dissout 7 à 8 fois son volume.	La chaleur de la main suffit pour en opérer la décomposition.	Oxigène 20 Chlore 40	H. Davy en 1811.	Rougit les couleurs bleues végétales avant de les détruire.
Deutoxide de chlore.	*Idem.*	Plus intense.	Astringente.	Aromatique sans participes de celle du chlore.	2,315	Un peu plus soluble.	Se décompose à 100° avec explosion et dégagement de calorique et de lumière.	Oxigène 80 Chlore 20	H. Davy en 1815.	Détruit les couleurs bleues végétales sans les rougir.
Protoxide d'azote.	*Idem.*	Incolore.	Légèrement sucrée.	Inodore.	1,527	L'eau distillée en dissout son volume.	A une haute température se convertit en azote et acide nitrique	Oxigène 56,49 Azote 100	Priestley en 1772.	Insoluble dans l'acide nitrique, n'absorbant pas à froid le gaz oxigène.
Deutoxide d'azote.	*Idem.*	*Idem.*	. . .	. . .	1,0388	En dissout $\frac{1}{20}$	*Idem.*	Oxigène 113 Azote 88	Hales.	Soluble dans l'acide nitrique, absorbant à froid le gaz oxigène, et se convertissant en acide nitreux.

Page 280.

LIVRE VI.

DES ACIDES.

On donne le nom d'acides à des corps qui ont une saveur plus ou moins aigre ou caustique, rougissent la teinture de tournesol, s'unissent avec le plus grand nombre d'oxides métalliques, et avec les substances appelées salifiables, pour former des composés, connus sous le nom de sels, qui ne participent d'aucune des propriétés de leurs principes constituans. Unis à l'eau et soumis au courant de la pile, s'ils ne se décomposent point, ils se rendent au pôle positif. Les acides sont en général sous forme solide, et quelques-uns susceptibles de cristalliser ; d'autres sont liquides, et certains gazeux; ils se dissolvent tous dans l'eau, à l'exception d'un seul.

Lors de la création de la chimie pneumatique, ces corps furent regardés comme le produit exclusif de l'union de l'oxigène avec certaines bases salifiables, ce qui fit donner à ce gaz le nom qu'il porte. L'illustre Berthollet reconnut le premier que l'hydrogène pouvait jouer le même rôle, dans l'acidification, que l'oxigène; depuis on a été encore plus loin : on a découvert que deux bases acidifiables pouvaient, en se combinant, donner lieu à des acides sans le concours de l'oxigène ni de l'hydrogène. D'après cela, on sent combien est fautive cette terminaison en *eux*

24

et en *ique* que portent les acides oxigenés, attendu que cette dernière est également appliquée aux acides qui résultent de l'union de l'hydrogène avec une base, ou de deux bases réunies, comme les acides hydrosulfurique, hydriodique, hydrochlorique, fluoborique, fluosilicique, chloriodique, etc., dans lesquels il n'entre pas un atome d'oxigène. Nous conservons dans cet ouvrage cette terminaison en *ique*, non comme exprimant qu'un acide contient de l'oxigène, mais comme devant être la terminaison caractéristique de tous les acides. Nous ne regardons pas non plus l'oxigène ni l'hydrogène comme les principes de l'acidification, puisqu'on obtient des acides sans leur concours, l'acidification étant, selon nous, une propriété qu'acquièrent certains corps en se combinant, et à laquelle ils participent également. Quant à la terminaison en *eux*, nous l'avons également supprimée, en suivant la nomenclature admise pour les oxides, qui nous a paru plus simple, c'est-à-dire en faisant précéder le nom de l'acide des épithètes *proto, deuto, trito, per*, etc., suivant leur degré d'oxigénation.

On peut diviser les acides en deux grandes classes :

1° en acides inorganiques, ou pouvant être obtenus sans recourir aux produits des substances végétales ou animales ;

2° Acides organiques ou produits par les corps organiques.

Nous ne traiterons dans ce livre que de ceux de la première classe, que nous sous-diviserons en :

1° Acides formés avec l'oxigène, que nous appellerons *oxacides* ;

2º Acides formés avec l'hydrogène, ou *hydracides*.

3º Acides par simple combinaison de deux combustibles simples.

PREMIÈRE SECTION.

DES OXACIDES.

Cette première section comprend les acides inorganiques formés par des corps simples métalliques et non métalliques. Nous allons suivre cette distinction.

Acides métalliques.

Les chimistes anglais admettent neuf acides de ce genre; mais comme en France on ne considère pas généralement comme tels les acides arsénieux, antimonieux et antimonique, nous allons nous borner à étudier les six suivans :

arsenique,	protomolybdique,
chromique,	deutomolybdique,
columbique,	tungstique.

Acide arsenique.

Histoire. Entrevu par Macquer et découvert par Schéele en 1775.

Propriétés. Solide, blanc, déliquescent, et par conséquent très-soluble dans l'eau; incristallisable; rougissant fortement les couleurs bleues végétales. A une température élevée, il passe à l'état de deutoxide; par les combustibles on parvient à le réduire. On le prépare en faisant agir à chaud les acides nitrique ou hydrochloronitrique sur le deutoxide d'arsenic. On le trouve dans la nature à l'état d'arséniate avec le fer, le cobalt, le cuivre, etc.

Composition. Arsenic 100, oxigène 53,140.

Usages. Aucun. Il est très-caustique, et plus vénéneux que le deutoxide de ce métal.

Acide chromique.

Histoire. Découvert par M. Vauquelin en 1757.

Propriétés. Solide, d'une saveur âcre et styptique, d'un rouge pourpre assez beau ; soluble dans l'eau et lui communiquant sa couleur, susceptible de cristalliser en prismes à quatre pans, rougissant fortement la teinture de tournesol, et se convertissant par le calorique en oxide et oxigène.

Une des propriétés caractéristiques de cet acide c'est, par son union avec l'acide nitrique, de pouvoir dissoudre l'or.

Cet acide existe, combiné avec le plomb, dans le rouge de Sibérie et le rubis spinelle qui lui doit sa couleur. On l'extrait du chromate de fer en le traitant, dans un creuset porté au rouge, par le nitrate de potasse, etc.

Composition. Chrôme 100, oxigène 85, 26.

Acide protomolybdique (molybdeux).

En poudre bleue, soluble dans l'eau, rougissant l'infusion de tournesol, et composé de 100 molybdène, oxigène 33,51.

On le prépare en triturant 2 parties de deutoxide avec 1 de métal et d'eau.

Acide deutomolybdique.

Histoire. Découvert par Schéele en 1776.

Propriétés. Solide, blanc sale, volatil, peu soluble, peu sapide, rougissant faiblement la teinture de tournesol. Son poids spécifique est de 3,46. On le prépare en traitant à chaud le sulfure de molybdène par l'acide nitrique. Par cette opération on a pour produit les acides sulfurique et molybdique; ce dernier en poudre blanche.

Composition. 100 molybdène, oxigène 45,52.

De l'acide colombique.

Histoire. Reconnu en 1802 par Hatchett, avant même que Ekeberg eût découvert le métal qu'il contient.

Propriétés. En poudre blanche, sans saveur ni odeur, infusible et indécomposable par le calorique, peu soluble et rougissant faiblement les couleurs bleues végétales, insoluble dans les acides et s'unissant facilement avec la potasse et la soude, pour former des colombates, dont l'acide est éliminé par les acides plus puissans.

On le prépare en traitant le minéral, à une chaleur rouge, par la potasse, et s'emparant ensuite de cet alcali par l'acide hydrochlorique.

Composé de métal 100, oxigène 5,5.

Acide tungstique.

Histoire. Découvert en 1781 par Schéele, et appelé par Berzélius *acidum wolframicum.*

Propriétés. En poudre jaune, sans saveur ni odeur, ni action sur les couleurs bleues végétales, insoluble dans l'eau, susceptible d'être ramené par la chaleur à l'état d'oxide bleu et ensuite brun, s'il est en contact avec le gaz hydrogène.

On le prépare en traitant le minerai, connu sous

le nom de *wolfram*, par l'acide hydrochlorique, qui dissout le fer et le manganèse et laisse l'acide tungstique mêlé avec la silice ; on les sépare par l'ammoniaque, on calcine ce tungstate, et l'on obtient l'acide pur.

Composé de métal 100, oxigène 25.

2° *Acides non métalliques.*

Ces acides sont au nombre de dix-sept :

borique,	4 avec le phosphore ;
carbonique,	sélénique,
chlorique,	4 avec le soufre ;
perchlorique,	3 avec l'azote.
fluorique.	

De l'acide borique.

Histoire. Cet acide fut découvert en 1702, par Homberg, qui lui donna les noms de *sel sédatif, sel narcotique volatil de vitriol.* Lemery jeune l'obtint ensuite en traitant le borax par les acides nitrique ou hydrochlorique, etc.

Propriétés. Solide, en petites lames minces d'un blanc argentin un peu analogue au blanc de baleine ; inodore ; d'une saveur légèrement acide suivie d'une pointe d'amertume et de fraîcheur qui fait place à une saveur sucrée ; il rougit faiblement la teinture de tournesol. Poids spécifique, en écailles, 1,49, fondu, 1,803.

Quoique inodore, si on verse dessus de l'acide sulfurique, il s'en dégage une odeur de musc. Par l'action du calorique il se fond sans se volatiliser ; il est peu soluble dans l'eau, et indécomposable par les combustibles, si ce n'est par le potassium et le sodium.

État naturel. Cet acide libre existe dans les eaux de plusieurs lacs de la Toscane connus sous les noms de *Castel-Nuovo*, *Monte-Cerboli* et *Cherchiajo*. On l'obtient en décomposant le borax par l'acide sulfurique.

Composition. Bore 25,83, oxigène 74,17.

Usages. Dans les arts on en fait usage pour l'analyse de quelques pierres. En médecine, il est administré comme calmant et antispasmodique contre les douleurs nerveuses, l'épilepsie, etc.; la dose était de 6 grains à 50.

Acide carbonique.

Histoire. La découverte du gaz acide carbonique peut être regardée comme la source de la naissance de la chimie pneumatique. Sous ce point de vue nous examinerons plus en détail l'histoire de ce corps, à cause de l'intérêt qu'il présente.

Deux médecins chimistes, Paracelse et Van-Helmont, fameux, et par l'étendue de leurs connaissances, et par leur enthousiasme pour la chimie, reconnurent qu'il se dégageait dans quelques opérations un air auquel ce dernier donna le nom de *gaz*. Boyle soupçonna que ce gaz différait de l'air; Hales démontra qu'il était un des principes constituans de certains corps; Black annonça qu'il constituait, avec leurs bases, la chaux, la magnésie et les alcalis : il lui donna le nom d'*air fixe;* M. Keir, d'après les expériences du docteur Priestley, découvrit sa nature acide, et le nomma *acide calcaire;* Bergmann confirma bientôt après cette découverte, et l'appela *acide aérien ;* Bewley, *acide méphitique ,* etc.

Presque en même temps que Black publiait ses expériences, Venel, professeur de chimie à Montpellier, faisait connaître qu'il était le principe minéralisateur de quelques eaux minérales ; ce fut enfin Lavoisier qui démontra ses principes constituans.

Propriétés physiques. Gazeux, incolore ; saveur acide, odeur piquante ; rougissant les couleurs bleues végétales, éteignant les corps en combustion, asphyxiant les animaux ; son poids spécifique est de 1,5196.

Propriétés chimiques. Soluble dans l'eau, qui, à 15°, en dissout son volume, et, sous une forte pression, peut en absorber six fois plus. Il est, comme on a vu, plus pesant que l'air ; aussi peut-on le transvaser facilement. L'on sait que, dans les lieux où il s'en dégage, comme la grotte du Chien à Naples, il occupe le lieu le plus bas. Il n'en est pas de même dans les salles de spectacle, parce que les couches d'air inférieures étant plus chaudes et plus dilatées, elles entraînent le gaz à la partie supérieure ; ce qui rend le parterre plus sain. Le calorique ne l'altère point ; le fluide électrique le convertit en oxide de carbone et oxigène.

De tous les métaux, le potassium et le sodium sont les seuls qui le décomposent totalement ; le fer le fait passer à l'état d'oxide de carbone. Il est absorbé à froid par plusieurs oxides métalliques, et forme, avec le plus grand nombre, une classe particulière de sels.

État naturel. Sous trois états : à celui de gaz, dans l'air, pour environ 0,001, et dans certaines cavités de la terre ; liquide, dans beaucoup d'eaux minérales, auxquelles il communique une saveur fraîche, piquante et aigrelette : l'on peut même dire qu'il existe dans presque toutes les eaux ; solide et à l'état salin, il constitue les roches calcaires, les marbres, etc. Pendant la fermentation vineuse, il se produit en grande quantité ; c'est à cet acide que les vins mousseux, la bierre, le cidre, etc. ; doivent cette propriété.

Préparation. On le prépare en traitant le marbre blanc en poudre, ou la pierre calcaire, par l'acide hydrochlorique, et recevant le gaz dans des flacons pleins d'eau et renversés ; quand ils sont à moitié pleins, on les bouche et on les agite.

Composition. Oxigène 72,624, carbone 27,36, ou bien parties égales de vapeurs d'oxigène et de carbone, qui, par leur union, perdent la moitié de leur densité, puisque 100 parties de vapeur de carbone et 100 d'oxigène ne donnent que 100 de gaz acide carbonique.

Vertus médicinales. L'acide carbonique produit promptement l'asphyxie, même quand il n'est mêlé à l'air que pour $\frac{12}{100}$. Bergmann croit que ses effets délétères n'ont lieu que parce qu'il détruit toute irritabilité, de manière que le cœur de ceux qui périssent ainsi asphyxiés n'est plus susceptible de donner aucun signe. M. le comte Chaptal a reconnu que les membres qu'on y tient plongés pendant quelque temps s'y engourdissent. Dans l'asphyxie par ce gaz acide, le sang prend une couleur jaunâtre. Dans l'air résidu de la respiration, il existe à la dose de 0,03 à 0,04.

A l'extérieur, le gaz acide carbonique a été recommandé pour le traitement de quelques ulcères.
Ingenhouz s'est convaincu qu'en y plongeant un doigt
auquel il avait une plaie, la douleur diminuait
bientôt. On l'a aussi conseillé, mêlé avec l'air, pour
calmer les irritations de la poitrine. En dissolution
dans l'eau, il agit comme rafraîchissant, antiseptique, antispasmodique, et peut être administré
pour prévenir la formation ou dissoudre le gravier.
M. Orfila dit avoir vu certaines douleurs néphré-
tiques, calculeuses, très-aiguës, se calmer sensiblement par son usage.

Acide protophosphorique (hypophosphoreux).

Découvert en 1816 par M. Dulong.

Propriétés. Liquide, incristallisable, et se formant lorsqu'on dissout un phosphore alcalin dans
l'eau. Ses sels sont tous très-solubles dans ce liquide.

Composition. Phosphore 100, oxigène 37,44.

Acide deutophosphorique (phosphoreux).

Découvert en 1812 par H. Davy.

Propriétés. Solide, sans odeur ni couleur, saveur acide.

Composé de 100 de phosphore et de 74,88 d'oxigène.

Acide tritophosphorique (phosphatique).

Cet acide, découvert par Le Sage, reçut le nom
d'*acide phosphoreux.* M. Dulong lui a donné celui
de *phosphatique;* il le regarde comme composé
d'acides phosphorique et phosphoreux.

Propriétés. Incolore, visqueux, forte odeur, et

saveur alliacée; plus pesant que l'eau. Par le calorique, il passe à l'état d'acide phosphorique, en
dégageant du gaz hydrogène phosphoré. On le prépare en brûlant lentement du phosphore dans de
l'air humide.

Composition. Phosphore 100, oxigène 112,32.

Acide perphosphorique (phosphorique).

Découvert par Margraaff, et examiné par Lavoisier, Thomson, Berthollet, Davy, Dulong, Berzélius, etc.

Propriétés. Solide, inodore, incolore; saveur
acide; rougissant fortement les couleurs bleues végétales; plus pesant que l'eau, soluble dans ce liquide,
et le retenant avec une telle force, qu'à la chaleur
rouge il en conserve encore quelques portions.
Par l'action du calorique, se fond, se vitrifie et se
volatilise même à une température très-élevée. Par
l'action de la pile, l'oxigène se rend au pôle positif,
et le phosphore au négatif. Il attire l'humidité de
l'air sans être attaqué par lui ni par l'oxigène. Cet
acide vitrifié est transparent et réfracte la lumière.
De tous les combustibles non métalliques, le seul
dont l'action soit bien connue, c'est le charbon, qui,
en lui enlevant son oxigène à une haute température, passe à l'état d'acide carbonique et d'oxide
de carbone. C'est sur cette propriété qu'est fondée
la fabrication du phosphore.

État naturel. Jamais pur dans la nature, mais
à l'état salin dans certaines substances végétales et
presque toutes les animales. Uni à la chaux, il constitue la charpente osseuse, ainsi que plusieurs mon-

tagnes entières que M. Proust a trouvées dans l'Estramadure, en Espagne, etc.

Préparation. On obtient cet acide en décomposant le phosphate d'ammoniaque par le feu, en distillant de l'acide nitrique sur du phosphore, jusqu'à ce que le résidu soit en consistance sirupeuse;
ou en brûlant rapidement du phosphore dans une
cloche pleine d'air bien sec, et sur le mercure. L'a-
cide ainsi obtenu est en flocons blancs. Si on les
réunit et qu'on les mette dans un peu d'eau, il y a
un dégagement de calorique qui produit le même
bruit qu'un fer rouge qu'on plonge dans l'eau.

Composition. Phosphore 100, oxigène 124,80.

Usages. Pour l'analyse des pierres précieuses.
Lentin la recommande dans la phthisie pulmonaire,
la carie vénérienne et les épuisemens vénériens, à
la dose de 15 à 25 gouttes par jour dans une tisane adoucissante. On l'emploie aussi avec quelque
succès contre les douleurs aiguës causées par les
dents cariées, en en appliquant quelques gouttes sur
la partie malade.

Acide protonitrique (*nitreux*).

C'est à Schéele que nous devons la première connaissance de cet acide, et à M. Dulong celle de ses
propriétés caractéristiques. Avant lui on le regar-
dait comme un corps gazeux; mais ce chimiste a
prouvé, 1º qu'il était liquide sous la pression, et à
la température atmosphérique; 2º qu'à 0 il est
d'une couleur jaune tirant sur le fauve; à 10º, presque incolore; à 20, sans couleur; et à 15º jusqu'à
28 au-dessus de 0, jaune orangé.

Cet acide est d'une odeur et d'une saveur très-fortes; il colore la peau en jaune et la détruit; son poids spécifique est de 1,451. A 28° il entre en ébullition et se réduit en vapeurs rougeâtres qui, à froid, colorent tous les gaz avec lesquels on les mêle, et qu'on appelait *gaz rutilant*. Il n'exerce aucune action sur le gaz oxigène sec; s'ils sont en contact avec l'eau, il se convertit en acide nitrique. Comme ce dernier acide, il agit sur tous les combustibles; il en est même sur lesquels il exerce une action bien plus forte. Les bougies allumées, et le phosphore en combustion continuent d'y brûler; en l'agitant avec le potassium il l'enflamme; si on l'agite avec beaucoup d'eau ordinaire, il se décompose, se convertit en acide nitrique, et il se dégage du deutoxide d'azote. Si on n'opère qu'avec une petite quantité d'eau, il ne se produit point de dégagement, et la liqueur devient d'un très-beau vert.

Préparation. On l'obtient en distillant le nitrate de plomb bien sec, et entourant de glace le récipient.

Composition. Oxigène 100, azote 43,90.

Sans usages. Ce gaz est irrespirable attendu qu'il agit avec la plus grande force sur la poitrine, en y produisant un sentiment très-pénible de constriction, et bientôt après la mort.

Acide deutonitrique (nitrique).

Histoire. Cet acide, découvert en 1225 par Raimond Lulle (alchimiste), a porté successivement les noms d'*eau-forte, esprit de nitre, acide du ni-*

tre, acide azotique, etc. Il fut analysé en 1784 par Cavendish.

Propriétés physiques. Liquide, blanc, transparent, très-acide, répandant des vapeurs blanches, d'une odeur très-forte ayant quelque analogie avec celle de la rouille; brûlant et désorganisant les substances végétales et animales, en leur imprimant une couleur jaune, qui, faite sur la peau, ne passe qu'avec le renouvellement de l'épiderme. Il rougit fortement la teinture de tournesol. Son poids spécifique, suivant Thénard, est 1,513. On n'a pu encore l'obtenir privé d'eau. A 1,620, il retient celle qui est nécessaire à son état.

Propriétés chimiques. Se congèle à 50°. Par l'action du calorique, il entre en ébullition, depuis le 86e jusqu'au 35e centigrades, suivant son point de concentration. Si on le recueille à la distillation, on le trouve sali par un peu de gaz nitreux, qui s'est formé pendant l'opération, et dont on le dégage en le chauffant doucement. Si l'on fait passer cet acide à travers un tube de porcelaine porté à l'incandescence, on obtient du gaz oxigène et du deutoxide d'azote, qui, lorsqu'ils se trouvent refroidis, se combinent de nouveau pour former de l'acide protonitrique (nitreux). La lumière solaire agit sur cet acide; il s'en dégage du gaz oxigène, et l'acide protonitrique se dissout dans le deutonitrique, et lui fait acquérir successivement les couleurs jaune, orangé, etc. Il est soluble dans l'eau en toutes proportions. Il ne reçoit aucune altération de la part de l'air ni de l'oxigène.

A une haute température, mis en contact avec

le gaz hydrogène, il se produit une détonation violente. Versé tout-à-coup sur les huiles de térébenthine et de girofle, il les enflamme subitement. Cette expérience exige beaucoup de précautions pour ne pas se brûler. Il détermine aussi la combustion du charbon en poudre bien sec, et convertit par l'ébullition le soufre en acide sulfurique. Versé sur le zinc, l'étain et le bismuth en fusion, il les enflamme. Il dissout beaucoup de deutoxide d'azote, et se colore en vert, jaune et brun. Par une douce chaleur on en retire de l'acide nitreux, et l'acide nitrique se trouve plus concentré. Il a une action très-marquée sur les métaux, qu'il oxide, en s'unissant avec le plus grand nombre.

Préparation. On l'obtient dans les laboratoires en traitant dans une cornue le nitrate de potasse sec et pur par l'acide sulfurique concentré; on purifie l'acide obtenu en le redistillant sur de l'argent. Dans les arts, cette opération se fait dans des tuyaux de fonte fermés aux deux extrémités par des plaques bien solides. Un fait digne de remarque, c'est que les points de ces tuyaux qui sont exposés à l'action du calorique, sont beaucoup moins attaqués par l'acide que ceux qui ne le sont point. Pour le purifier, on le redistille, et l'on met de côté les premières portions qui contiennent du chlore et de l'acide protonitrique.

Composition. Oxigène 100, azote 35,40; ou 2 volumes 5 d'oxigène et 1 d'azote.

Usages. Très-employé dans les arts, tels que la teinture, la chapellerie; en peinture pour lessiver les boiseries, pour le départ de l'or et de l'argent,

pour dissoudre certains métaux ; étendu de beaucoup d'eau, on lui donne le nom d'*eau seconde*.

En médecine, il est employé pour ronger les cal-
losités, les verrues, etc. A la dose de 4 grammes
dans un litre d'eau, il a été très-vanté pour combattre les gonorrhées et dissoudre même la pierre.
Incorporé avec le saindoux, il constitue la pommade
oxigénée d'*Alyon*, contre la gale. Rien n'a encore
justifié les vertus de ces trois médicamens. En fumigations, il est recommandé pour désinfecter l'air.
L'acide nitrique, uni à l'alcool, forme un autre
médicament connu sous le nom d'*esprit de nitre
dulcifié*, que l'on administre, comme diurétique,
par doses de 4 à 6 grammes par pinte de tisane.

L'acide nitrique est un des poisons les plus violens ; on reconnaît son action à la couleur jaune des
tissus, qui a presque toujours lieu ; à la vive inflammation ou corrosion de l'estomac, et en s'assurant de
sa nature par l'analyse des liquides rejetés. L'eau
de savon, de chaux, la magnésie calcinée, les eaux
légèrement alcalines, les mucilagineux en sont les
antidotes.

Acide pernitrique (pernitreux).

Découvert par M. Gay-Lussac, en laissant pendant quelque temps en contact une forte dissolution
de potasse avec le deutoxide d'azote. Cet acide n'a
pu encore être séparé de la potasse, à laquelle il est
uni à l'état salin. Lorsqu'on cherche à l'isoler, en
s'emparant de cet alcali, il se convertit en acide
proto ou pernitrique, et en deutoxide d'azote.

Il est composé, selon ce chimiste, de oxigène 150, azote 100.

Le docteur Ure admet un autre acide qu'il appelle *acide nitrique oxigéné*, que l'on produit en oxigénant l'eau dans laquelle il est dissous par le procédé de M. Thénard : cet acide avait déjà été indiqué par le chimiste français ; mais il paraît démontré que c'est de l'eau oxigénée et de l'acide nitrique.

Acide protochlorique (chlorique).

Histoire. Annoncé par M. le comte Berthollet dans les *muriates suroxigénés*, appelés maintenant *chlorates ;* bien démontré et mis à nu par M. Gay-Lussac.

Propriétés. Liquide, incolore, inodore, très-acide; rougissant et décolorant ensuite l'infusion de tournesol; inaltérable par la lumière, décomposable par tous les corps combustibles. On le prépare en versant sur du chlorate de barite de l'acide sulfurique étendu d'eau, filtrant la liqueur et la concentrant à une douce chaleur.

Composition. Oxigène 111,68 , chlore 100; ou 2,5 vol. du premier, et 1 du dernier.

Acide perchlorique (chlorique oxigéné).

La découverte de cet acide est due à M. le comte Fréderic Stadion.

Il est liquide, incolore, inodore, saveur faible, et rougit l'infusion de tournesol sans détruire sa couleur. Il se volatilise à + 140. Il diffère du précédent en ce qu'il n'est pas décomposé par les hydracides.

Préparation. On le prépare en laissant en contact du chlorate de potasse avec de l'acide sulfurique concentré. Le chlorate de potasse oxigéné, qu'on obtient ainsi, distillé dans une cornue avec moitié son poids d'acide sulfurique, contenant un tiers d'eau, donne l'acide perchlorique qu'on débarrasse d'un peu d'acides sulfurique et hydrochlorique, par l'oxide d'argent et la barite.

Composition. Oxigène 155,75, chlore 100; ou 3 vol. $\frac{1}{2}$ oxigène, et 1 chlore.

Acide protosulfurique (hyposulfureux).

Cet acide peut être regardé comme un composé d'acide sulfureux et de soufre. On ne peut l'obtenir isolé; on ne le connaît qu'à l'état de combinaison avec les alcalis; lorsqu'on veut l'isoler par un acide, il se convertit en soufre et en acide sulfureux.

Composition. Soufre 100, oxigène 50.

Acide deutosulfurique (sulfureux).

Histoire. Cet acide, l'un des plus anciennement connus, a porté successivement les noms d'*esprit de soufre par la cloche, acide du soufre, esprit sulfureux de Stahl*, etc.

Propriétés physiques. Gazeux, incolore, odeur suffocante, saveur acide et désagréable; impropre à la combustion et à la respiration, faisant disparaître le plus grand nombre de couleurs végétales et animales. Poids spécifique 2,234.

Propriétés chimiques. Inaltérable par le calorique, et par le gaz oxigène et l'air secs; s'ils sont humides, combinaison lente; inattaquable à froid par les combustibles, et décomposable à la chaleur rouge par le carbone et l'hydrogène, qui s'emparent de l'oxigène, et mettent le soufre à nu. L'eau à 20 centigrades peut en dissoudre, à la pression ordinaire, 37 fois son volume qu'elle abandonne par l'ébullition ; cette dissolution est facile à congeler. Mêlé avec le chlore, il se produit de l'acide sulfurique et de l'acide hydrochlorique ; l'eau qui est décomposée fournit ces deux nouveaux élémens.

Préparation. On peut obtenir cet acide en distillant dans une cornue deux parties de mercure et une d'acide sulfurique, et recevant le gaz sous le mercure, ou le dissolvant dans l'eau très-froide. On peut le produire aussi en brûlant du soufre sous une cloche.

Composition. Soufre 100, oxigène 97,63, ou bien des volumes égaux de ces corps.

Usages. Pour la décoloration des tissus et le blanchiment de la soie, du chanvre, etc. Il provoque la toux, la suffocation, une grande constriction de la poitrine, et la mort. En vapeurs mêlées avec l'air, il est employé avec succès contre les maladies psoriques ; il provoque aussi la menstruation, et la résolution des tumeurs froides. On l'emploie dans les amauroses commençantes, dans les syncopes, les défaillances, etc. Il est regardé comme un dérivatif précieux. En dissolution dans l'eau, il est tonique et astringent.

Acide tritosulfurique (*hyposulfurique*).

Découvert par MM. Gay-Lussac et Werter.
Propriétés. Liquide, incolore, inodore et très-

acide; dans son plus grand état de densité, son poids spécifique est de 1,347. Le calorique le décompose et le change en acides sulfureux et sulfurique; il est inaltérable à froid par le chlore et l'acide nitrique.

Préparation. On le forme en faisant passer un courant de gaz acide sulfureux à travers du peroxide de manganèse suspendu dans l'eau, et décomposant par la barite les sulfates et hyposulfates qui ont été le produit de cette opération. Comme l'hyposulfate de barite est soluble, on le sépare du sulfate qui se précipite, et on le décompose ensuite par l'acide sulfurique. Par ce moyen on obtient l'acide *tritosulfurique* pur.

Composition. Soufre 100, oxigène 125.

Acide persulfurique (sulfurique).

Histoire. Cet acide, l'un des plus importans pour les arts, était connu, avant la nouvelle nomenclature chimique, sous le nom d'*huile de vitriol;* on le trouve décrit pour la première fois dans les ouvrages de Basile Valentin, alchimiste du 15e siècle.

Propriétés physiques. Incolore, inodore , très-acide, consistance oléagineuse, d'une grande causticité, désorganisant la plupart des substances végétales et animales, et d'un poids spécifique égal à 1,850, ce qui équivaut au 66e degré de l'aréomètre de Baumé.

Propriétés chimiques. L'acide sulfurique très-affaibli se congèle difficilement; concentré, il prend une forme cristalline à 10 ou 12 au-dessous de o. Très-concentré, il entre en ébullition à 326, tandis qu'il bout au-dessous de ce degré s'il est plus ou moins affaibli; c'est en vertu de cette propriété qu'on parvient à le concentrer. Par la volatilisation il n'éprouve aucune décomposition. Si on le chauffe au rouge, dans un tube de porcelaine, il se convertit en acide sulfureux et en oxigène, dans les proportions de 2 volumes du premier, sur 1 du dernier. La pile le décompose également; l'oxigène se rend au pôle positif, et le soufre au négatif.

L'oxigène ni l'air sec ne lui font éprouver aucune altération; s'ils sont humides, il les dépouille de l'eau dont ils sont chargés, au point que son volume peut devenir triple. Il s'unit à l'eau en toutes proportions, mais avec un phénomène bien remarquable, c'est de rendre beaucoup de calorique libre. Ainsi un mélange d'une partie d'eau et 4 d'acide, élève la température à $+ 105^o$; si, au lieu de l'eau, on emploie de la glace, elle ne se porte qu'à 50°; et si l'on prend au contraire une partie d'acide avec quatre de glace, elle descend à $- 20$. Il est bon de faire observer que tout mélange d'eau et d'acide sulfurique acquiert une plus grande densité que la moyenne de ces deux corps.

De tous les combustibles simples, l'iode, l'azote et le chlore sont les seuls qui ne le décomposent point. Avec le phosphore et le carbone, il est converti en acide sulfureux, et ces deux combustibles s'acidifient en même temps. Le soufre chauffé à 200 avec cet acide, le fait passer, et passe lui-même à l'état d'acide sulfureux.

Préparation. On prépare en grand cet acide en

brûlant, dans de grandes chambres de plomb, 10 parties de soufre sur 1 de nitrate de potasse, de manière à n'employer qu'un demi-kilogramme de soufre pour chaque 100 pieds cubes de l'air qui remplit la chambre ; on y fait passer en même temps un courant de vapeur d'eau, de manière à entretenir l'acide qui est condensé sur le plancher à 5o de l'aréomètre. Dans les fabriques la combustion dure environ trois heures. Aussitôt qu'elle a lieu, il se forme de l'acide sulfureux et du deutoxide d'azote, aux dépens de l'acide nitrique du nitrate, qui est décomposé, ainsi que d'une partie de la vapeur d'eau ; ces deux gaz se disséminent dans la chambre ; le deutoxide d'azote se porte sur l'oxigène de l'air, et passe à l'état d'acide nitreux, qui, s'unissant à l'acide sulfureux, le convertit en sulfurique, repasse à l'état de deutoxide, et successivement à celui d'acide nitreux, pour agir de nouveau sur une nouvelle portion d'acide sulfureux, etc. Une heure après que la combustion a cessé, on ouvre les portes pour chasser l'azote, le gaz nitreux, et renouveler l'air. Cet acide ainsi obtenu contient un peu d'acide nitrique et des sulfates de plomb et de potasse ; on le concentre dans une chaudière de plomb, et on le porte à 66 dans une de platine. Tel est l'acide sulfurique de commerce, dont le plus pur contient environ $\frac{2}{100}$ de sulfates de plomb et de potasse, dont on ne peut le débarrasser que par la distillation. Quand il est concentré il contient environ $\frac{20}{100}$ d'eau.

Autrefois on préparait cet acide en distillant des pyrites martiales. C'est ainsi qu'on le prépare de nos jours à Nordlhausem par la distillation du sulfate de fer calciné. L'acide qu'on en retire est noir, fumant et d'un poids spécifique de 1,896. En distillant cet acide à une douce chaleur, et recevant le produit dans un récipient entouré de glace, on l'obtient en filamens soyeux, rudes au toucher et difficiles à couper, assez semblables à l'amiante; ils conservent leur solidité jusqu'à 19 centigr. ; au-dessus il se réduit en une vapeur sans couleur, qui, par le contact de l'air, devient blanche ; si on le verse dans l'eau, il produit un sifflement égal à celui du fer incandescent qu'on plonge dans le même liquide ; en assez grande quantité il y produit une sorte d'explosion. C'est cet acide qu'on regarde comme anhydre.

État naturel. D'après le journal du professeur Silliman, on trouve dans l'île de Java un lac et un ruisseau d'acide sulfurique [1].

Composition. Privé d'eau, soufre 100, oxigène 146,43.

Usages. Dans les arts, pour la fabrication des soudes fatices et de quelques acides ; pour le tannage, la dissolution de l'indigo. Les limonadiers, lorsque les citrons sont rares, y suppléent par cet acide, qui est aussi la base de l'eau antiputride de Beaufort. On l'administre à la dose de quinze à vingt gouttes, comme rafraîchissant, antiseptique et astringent. Il convient sous ce rapport dans les hémorragies utérines. Combiné avec l'alcool, il constitue l'eau de Rabel qu'on donne dans les diarrhées atoniques, les hémorragies, etc.; avec neuf parties de saindoux

____

[1] *Annalen der physik und der physikalischen chemie;* Leypsick, 2ᵉ cahier, 1823.

il forme une pommade très-résolutive qu'on emploie dans les gales chroniques, etc.

Acide iodique.

Découvert par M. Gay-Lussac, et obtenu à l'état de pureté par H. Davy.

Propriétés physiques. Solide, inodore, blanc, très-caustique, détruisant les couleurs bleues végétales après les avoir rougies, et d'une densité plus grande que celle de l'acide sulfurique.

Propriétés chimiques. A une température de 200 il se convertit en iode et oxigène ; il brûle avec détonation presque tous les corps combustibles. Les acides qui portent la terminaison en *eux* le dépouillent de son oxigène ; il en est de même des hydracides, sans en excepter l'acide hydriodique : dans tous ces cas, l'iode est mis à nu. Avec les acides sulfurique, nitrique, phosphorique, etc., il forme de nouveaux composés mixtes qui cristallisent, et qui, suivant Berzélius, agissent avec une telle énergie sur les métaux, qu'ils peuvent même opérer la dissolution de l'or.

Composition. Iode 100, oxigène 3,2.

Sans usages.

Acide sélénique.

Propriétés. Soluble, blanc, en petits grains ou en aiguilles prismatiques étoilées ; très-acide, rougissant l'infusion de tournesol ; par l'action du calorique il se sublime sans se décomposer ; il attire l'humidité de l'air et est très-soluble dans l'eau et dans l'alcool. On peut l'obtenir en brûlant le sélénium dans l'oxigène, ou en le traitant par l'acide nitrique.

Composition. Sélénium 100, oxigène 4o,33.

Acide fluorique.

Historique. Découvert, uni à un peu de silice, en 1771, par Schéele, et mis à nu par MM. Thénard et Gay-Lussac. Plusieurs chimistes, à la tête desquels se trouve H. Davy, le regardent comme un composé de pthore et d'hydrogène, tandis que d'autres, avec M. Thénard, soutiennent qu'il est formé par l'oxigène. Sans nous établir juges dans une telle dissidence d'opinions, nous allons lui conserver le rang qui lui est assigné dans l'ouvrage de ce dernier. C'est à M. Ampère qu'est due la connaissance de la base de cet acide, à laquelle il donna le nom de *pthore.*

Propriétés physiques. Liquide, blanc, très-odorant, saveur extrêmement vive, fumant ; si corrosif, qu'aussitôt qu'il est en contact avec la peau il la désorganise avec une vive douleur. Son poids spécifique est de 1,o6.

Propriétés chimiques. A — 4o il ne se congèle pas ; il bout à + 3o ; il s'unit à l'eau avec dégagement de calorique, et, s'il est suffisamment affaibli, il ne donne plus de vapeurs blanches. Il se combine avec le bore et le silicium, et donne lieu à deux acides qui ne contiennent ni oxigène ni hydrogène, et qui sont connus sous les noms de *fluo* ou *pthorcborique* et *silicique.* Un caractère bien distinctif de cet acide, c'est qu'il attaque le verre avec la plus grande énergie ; ce qui le fait employer avec succès dans la gravure sur verre. On ne peut le conserver que dans des vases de plomb et mieux d'argent.

26

Préparation. On l'obtient en décomposant le pthorure de chaux pur, ou fluate calcaire, par l'acide sulfurique, dans des vaisseaux de plomb.

DEUXIÈME SECTION.

DES HYDRACIDES.

Tel est le nom qu'on donne aux acides formés par un corps combustible simple et par l'hydrogène. On en compte six :

l'acide hydrosulfurique,	— hydrochlorique,
— hydrosélénique,	— hydrocyanique,
— hydriodique,	— hydroxanthique.

Acide hydrosulfurique.

Histoire. Cet acide, découvert par Schéele, a porté successivement les noms de *gaz hépatique* et *gaz hydrogène sulfuré.* Mon illustre maître, M. le comte Berthollet, en examinant cet acide en 1794, annonça sa nature acide et fit connaître que le gaz hydrogène jouait, dans cette acidification, le même rôle que l'oxigène; il doit donc être regardé comme l'auteur de la découverte des hydracides [1].

Propriétés physiques. Gazeux, incolore, saveur et odeur très-fortes d'œufs couvés, inflammable, éteignant les corps en combustion, rougissant les couleurs bleues végétales, qui reprennent leur couleur par l'action du calorique, et susceptible de de-

____

[1] L'hydrogène sulfuré, qui jouit bien réellement des propriétés d'un acide, est une preuve directe que l'acidité n'est pas toujours due à l'oxigène, etc. *Stat. chim.,* 2e part., pag. 8 et 10.

venir liquide par un degré de froid suffisant et une forte pression, ainsi que l'a démontré M. Faraday (1) ; il est alors incolore et très-volatil.

Propriétés chimiques. Le calorique et le fluide électrique séparent le soufre de l'hydrogène. L'oxigène et l'air n'exercent à froid aucune action sur lui ; à chaud l'hydrogène brûle avec le contact de l'air, et le soufre se dépose. Si on allume un mélange de 1 vol. de cet acide et 1,5 de gaz oxigène, il y a détonation et formation d'eau et d'acide sulfureux.

L'eau en absorbe plus de trois fois son volume ; elle est trouble, parce qu'une petite portion de cet acide étant décomposée, le soufre reste en suspension dans le liquide. Le calorique dégage cet acide de sa dissolution.

Le charbon peut s'emparer de 55 volumes de ce gaz ; si on le place ensuite dans du gaz oxigène il se dégage du calorique par la décomposition de cet acide dont l'hydrogène s'unit à l'oxigène pour former de l'eau, et le soufre est mis à nu. L'iode et le chlore le décomposent aussi et se convertissent en acides hydriodique et hydrochlorique, en isolant le soufre. Les oxides métalliques forment avec cet acide divers sels ; presque tous les métaux le décomposent, s'unissent avec le soufre à l'état de sulfure, et rendent l'hydrogène libre.

Préparation. Ce gaz existe en dissolution dans une classe particulière d'eaux minérales. On l'obtient dans les laboratoires en traitant le sulfure d'antimoine par l'acide hydrochlorique. Dans cette

(1) *Annals of philosophy;* avril 1823.

opération, l'eau se décompose, son oxigène se porte sur le métal et l'oxide, tandis que l'hydrogène s'unit au soufre et se dégage avec lui à l'état de gaz hydrogène sulfuré ou acide hydrosulfurique.

Composition. Soufre 100 en poids, et hydrogène 6,13. Il est bon de faire observer que les 6,13 parties de gaz hydrogène sont égales en volume à celui de l'acide qu'on obtient; de sorte que 100 volumes de gaz hydrogène, en passant à l'état d'acide hydrosulfurique, occupent le même volume.

Usages. Ce gaz acide non seulement asphyxie, mais il est encore si vénéneux pour les animaux, que, répandu dans l'air pour $\frac{1}{1000}$, il tue, suivant MM. Thénard et Dupuytren, les oiseaux; à la dose de $\frac{1}{100}$, il tue les chiens les plus vigoureux; et à ceux de $\frac{1}{250}$, un cheval finit par succomber. Chaussier a fait connaître qu'il suffit de plonger le corps des animaux dans ce gaz pour leur donner la mort. Il n'agit pas ainsi sur l'homme, puisque nous le respirons impunément mêlé avec l'air, et qu'en dissolution dans l'eau, il est employé, avec le plus grand succès, pour exciter la peau, pour le traitement des maladies psoriques, les scrophules, les rhumatismes chroniques, les vieux ulcères, les phthisies commençantes, la paralysie, les engorgemens rhumatiques, etc.; c'est enfin à cet acide que les eaux minérales de Barége, de Bagnères, de Molitz, d'Arles, de Luchon, etc., doivent leurs vertus. C'est donc ici le cas de dire avec Lucrèce :

Tantaque in his rebus distantia differitasque est,
Ut quod alis cibus est, aliis ferat acre venenum.

Lorsque ce gaz est en trop grande proportion

dans l'air, il produit l'asphyxie; c'est à lui qu'on attribue celle qui est connue sous le nom de plomb ou asphyxie des vidangeurs.

En chimie, il est considéré comme un excellent réactif pour indiquer la présence du plomb, de l'argent, de l'antimoine, de l'arsenic, etc.

Le chlore, en fumigations, est le moyen le plus sûr pour désinfecter l'atmosphère viciée par ce gaz acide.

Acide hydrosélénique.

Découvert par Berzélius.

Propriétés. Gazeux, incolore, d'une odeur presque analogue à celle du précédent; enflammant et irritant tellement les membranes muqueuses, que leur sensibilité se trouve paralysée pour long-temps; rougissant l'infusion de tournesol, plus soluble dans l'eau que l'acide hydrosulfurique, communiquant à cette dissolution une odeur et une saveur hépatiques, et tachant la peau en brun. Exposé à l'air, l'hydrogène s'empare de l'oxigène, et le sélénium se précipite. Il est plus vénéneux que l'hydrogène sulfuré.

Préparation. On l'obtient en faisant agir l'acide hydrochlorique sur le séléniure de potasse ou de fer.

Sans usages.

Acide hydriodique.

Découvert en 1814, par M. Gay-Lussac. M. Berzélius le croit oxigéné.

Propriétés. Gazeux, incolore, saveur piquante, odeur presque semblable à celle de l'acide hydrochlorique, attirant l'humidité de l'air en exhalant des vapeurs blanches, rougissant les couleurs bleues végétales, éteignant les corps en combustion, et d'un poids spécifique de 4,429. Il est très-soluble dans l'eau, avec dégagement de calorique, et il y adhère avec une telle force, que, lorsque ce liquide n'en est pas saturé, on peut le concentrer par l'ébullition.

A une haute température il est décomposé; l'air et l'oxigène produisent le même effet par l'action du calorique; il se forme de l'eau, et l'iode est mis en liberté. Le chlore produit le même effet. Plusieurs métaux le décomposent et forment des iodures.

Cet acide liquide exposé à l'air, une partie est décomposée, et l'iode se dissout dans l'acide, le colore en violet, et forme l'acide hydriodique ioduré. Un fait bien remarquable, c'est que, si l'on met en contact cet acide et l'acide iodique, ils se décomposent de suite tous les deux; il se forme de l'eau, et tout l'iode est précipité. Les acides persulfurique, trito et deutonitrique, produisent le même effet.

Préparation. En faisant passer à travers de l'eau chargée d'iode un courant de gaz hydrosulfurique, filtrant et concentrant la liqueur.

Composition. Iode 100, hydrogène 0,8, ou volumes égaux en vapeur.

Usages. C'est à cet acide, existant à l'état salin dans l'éponge et quelques plantes marines, qu'on attribue leurs bons effets contre les goîtres. Cet acide ioduré jouit des mêmes vertus, et est employé comme l'iode. *Voyez* ce mot.

Acide hydrochlorique.

Histoire. Obtenu d'abord par Glaubert, étudié par un grand nombre de chimistes, regardé comme un corps simple, inconnu, qu'on supposait uni à l'oxigène, jusqu'à MM. Gay-Lussac et Thénard, qui firent connaître sa nature. Cet acide a porté successivement les noms d'*esprit de sel*, d'*acide marin* et d'*acide muriatique*. Berzélius persiste à le regarder comme oxigéné.

Propriétés physiques. Gazeux, incolore, odeur vive et piquante, saveur acide, répandant des vapeurs blanches avec l'air, rougissant le tournesol, éteignant les corps en combustion, et d'un poids spécifique égal à 1,247.

Propriétés chimiques. Par une forte pression et une basse température H. Davy a liquéfié le gaz acide hydrochlorique anhydre; à celle de — 50, il passe aussi en cet état, sans aucune altération. L'étincelle électrique le décompose partiellement; aucun combustible non métallique n'a d'action sur lui. Le charbon en absorbe 85 volumes. Les métaux qui ont beaucoup d'affinité pour le chlore, le décomposent et forment des chlorures. Ce gaz acide est tellement soluble dans l'eau, que ce liquide, à 20° et sous la pression de 76, en dissout plus de 463 fois son volume; pour lors, celui de l'eau augmente d'un tiers.

Préparation. On introduit du sel marin bien sec dans une cornue, et on y verse de l'acide sulfurique; on reçoit le gaz qui se dégage, sous des cloches remplies de mercure si on veut obtenir cet acide gazeux, ou bien dans des flacons aux deux tiers pleins d'eau et entourés de glace, si l'on veut l'avoir liquide. Dans cette opération, l'acide sulfurique, ayant plus d'affinité avec la soude que l'hydrochlorique, s'unit avec l'alcali, et ce dernier se dégage à l'état de gaz.

Composition. En poids, chlore 36, hydrogène 1.

Usages. Dans les arts et dans une foule d'opérations chimiques; en médecine, à l'état de fumigations, pour la désinfection de l'air. Mêlé avec l'atmosphère, en assez grandes proportions, il enflamme la poitrine, et produit la toux et le coriza; il asphyxie les animaux, et détermine l'occlusion de la glotte. Liquide, on le joint aux pédiluves, comme un excellent révulsif. Il est aussi employé dans les gargarismes, pour les aphthes gangréneuses, etc. On en prépare un onguent contre la teigne, en le combinant avec le saindoux.

Acide hydrocyanique.

Nous traiterons de cet acide, dans l'examen des substances animales, et de *l'hydroxanthique* lors de celui des végétales, afin de conserver la classification que nous avons établie.

Acide hydrochloronitrique. Produit du mélange de l'acide nitrique avec l'acide hydrochlorique. Dans cette combinaison, il y a un peu d'hydracide décomposé qui s'unit à l'oxigène d'une portion de l'acide nitrique. Il en résulte de l'eau, du chlore, qui se dégage en partie, et l'autre avec l'acide nitreux restent en dissolution dans la liqueur.

Cet acide, connu aussi sous le nom d'eau régale,

est jaune, et jouit de la propriété de dissoudre l'or et le platine.

TROISIÈME SECTION.

ACIDES SANS OXIGÈNE NI HYDROGÈNE.

Le nombre de ces acides se borne, jusqu'à présent, aux quatre suivans :

fluoborique,	chloriodique,
fluosilicique,	chloroprussique.

Acide fluo ou pthoroborique.

Découvert par MM. Gay-Lussac et Thénard. Berzélius pense qu'il est composé des acides *borique* et *fluorique*, et qu'il contient par conséquent de l'oxigène.

Propriétés. Gazeux, incolore, odeur de l'acide hydrochlorique, très-acide, rougissant les couleurs bleues végétales. Poids spécifique 2,371. Le calorique, l'oxigène ni l'air ne l'altèrent point. Très-soluble dans l'eau, avec dégagement de calorique.

Composition. Bore ou pthore 2,000, et bore 0,875.

Acide fluo ou pthorosilicique.

Découvert par Schéele.

Propriétés. Gazeux, incolore, odeur du précédent; rougit le tournesol; en traversant l'eau, il dépose de la silice. Poids spécifique 3,573. Dépouillé d'une partie de silice, il se dissout très-facilement dans l'eau.

Préparation. En faisant agir de l'acide sulfurique sur un mélange de parties égales de fluate de chaux, pthorure de calcium, et de verre en poudre.

Composition. Pthore 2,136, silicium 0,969.

27

Acide chloriodique.

Découvert en 1814, presque en même temps, par MM. Gay-Lussac et H. Davy.

Propriétés. Jaune clair, très-volatil, susceptible de dissoudre beaucoup d'iode; en les chauffant ensemble, ils se volatilisent sans se séparer. En dissolution dans l'eau, dissolvant beaucoup d'iode. Du reste, encore peu étudié.

Acide chloroprussique ou cyanique.

Il en sera parlé lors de l'examen des substances animales.

LIVRE VII.

*Des combinaisons formées par l'hydrogène
et quelques corps combustibles simples
qui ne donnent pas lieu à des acides.*

Ces combinaisons sont jusqu'à présent au nombre
de 13 :

3 avec le carbone,
2 avec le phosphore,
2 avec le potassium,
2 avec l'arsenic,

2 avec le tellure,
1 avec le soufre,
1 avec l'azote.

Du gaz hydrogène protocarboné.

Histoire. Ce gaz est également connu sous le nom
de *gaz inflammable des marais*, parce qu'il s'exhale des palus ; et de *mofette des mines,* parce qu'il
se dégage aussi des mines de houille. L'un et l'autre
contiennent de l'azote et de l'acide carbonique.

Propriétés. Incolore, insipide, inodore, brûlant
avec une flamme jaune ; si on le fait détonner avec
son volume de gaz oxigène, il se forme de l'eau et
un volume d'acide carbonique égal à celui de ces
deux gaz. Sa pesanteur spécifique est de 0,5564.

Composition. Deux volumes d'hydrogène et un
de vapeur de carbone.

C'est à ce gaz qu'on attribue une partie des effets délétères des marais; plus de 60 expériences eudiométriques, que j'ai tentées sur cet air, ne m'y ont démontré que les mêmes principes et dans les mêmes proportions que dans l'air le plus pur. *Voyez* mon ouvrage sur l'air marécageux, couronné pàr l'académie royale des sciences de Lyon.

Gaz hydrogène deutocarboné.

Histoire. Ce gaz fut découvert, en 1756, par les chimistes hollandais, qui lui donnèrent le nom de *gaz oléifiant.*

Propriétés physiques. Bien pur, il est incolore, insipide, impropre à la combustion et à la respiration, brûlant avec une flamme qui est bleue et transparente à sa base jusqu'à une hauteur d'environ six lignes, et ensuite blanche, opaque et très-lumineuse. Poids spécifique 0,978, suivant Saussure.

Propriétés chimiques. Il jouit de toutes les propriétés mécaniques de l'air; il est soluble dans six fois son volume d'eau. Si on le fait passer à travers un tube de porcelaine porté au rouge cerise, son volume double, et il dépose du carbone; cet effet continue par une élévation de température, au point que, par la plus forte chaleur, il est dépouillé de presque tout son carbone, et que son volume est devenu 3 fois $\frac{1}{2}$ plus considérable. S'il est mélangé avec le gaz oxigène ou l'air, il produit une forte explosion. Mêlé avec le chlore, à volumes égaux, on obtient un liquide oléagineux, qui, distillé sur du muriate de chaux bien sec, a une saveur sucrée particulière.

Préparation. On peut se procurer ce gaz en chauffant dans une cornue quatre parties d'acide sulfurique et une d'alcool. On le prépare en grand en distillant, dans de grandes chaudières de fonte appropriées à cet objet, du charbon de pierre, des graines oléagineuses, ou en y brûlant de l'huile. Pour dépouiller le gaz de l'acide hydrosulfurique et autres corps qui en troublent la pureté, on le fait passer à travers la chaux délitée, et on le reçoit sur l'eau dans de vastes réservoirs, connus sous le nom de *gazomètres.* Il faut avoir le soin de ne pas le laisser plus de 24 heures en contact avec ce liquide, car autrement il se dépouille d'un peu de carbone, et d'une huile brunâtre, épaisse; dans cet état, il ne donne presque pas de lumière (1).

Composition. Deux volumes de gaz hydrogène, et deux de vapeur de carbone.

Usages. M. Lebon, ingénieur français, fut le premier qui proposa l'éclairage par ce gaz. Comme ce moyen offre quelques dangers, dus à l'inexpérience ou à un manque de soins et de précautions, le gouvernement a consulté l'académie royale des sciences sur un objet de si haute importance. Sa ré-

(1) Il n'est pas bien prouvé que le gaz hydrogène carboné qui sert à l'éclairage en soit véritablement. On sait que le gaz qui n'est que carboné brûle avec une flamme rougeâtre. La couleur blanche de la flamme du gaz de l'éclairage, sa vive lumière, et l'huile qu'il dépose sur l'eau, nous portent à croire que c'est du gaz hydrogène, tenant en dissolution une huile altérée, ayant pour principes constituans l'hydrogène et le carbone dans des proportions propres à former du gaz hydrogène carboné : tel est aussi le sentiment de M. Pelletan.

ponse sera désormais la boussole de l'opinion publique. Nous n'irons point au-devant, nous nous bornerons à dire que cet éclairage vient d'être attaqué par un littérateur, qui, ignorant sans doute que dans les sciences physiques il faut plus que de l'imagination, qu'il faut des faits, a prouvé, par les nombreuses erreurs dont est semée sa brochure, qu'il était totalement étranger à la chimie, et qu'il écrivait pour écrire, malgré le sage précepte de Montaigne. En Angleterre, on vient de former un autre établissement pour porter le gaz à domicile dans des sphères où on le comprime jusqu'à 3o atmosphères, et qui sont susceptibles d'en supporter 43. Les communes ont fait à ce sujet un rapport fort intéressant.

Gaz hydrogène percarburé.

M. Dalton a découvert, dans le gaz qui se produit par la décomposition de l'huile par le calorique, un nouveau gaz qui contient deux fois plus de carbone que le précédent, et qu'il appelle *superoléïfiant.* Cela explique pourquoi 16 ou 17 litres de gaz extrait de l'huile, éclairent pendant aussi long-temps que 5o litres provenant du charbon, ainsi que la densité plus forte du premier.

Gaz hydrogène protophosphoré.

On l'obtient en exposant aux rayons solaires du gaz hydrogène perphosphoré. Il se précipite alors du phosphore, et le nouveau gaz ne s'enflamme plus par le contact de l'air.

Gaz hydrogène perphosphoré.

Découvert en 1783, par Gingembre.

Propriétés. Incolore, odeur alliacée, saveur amère. Poids spécifique 0,9022. Il s'enflamme dès qu'il a le contact de l'air. C'est le gaz qui forme les feux follets des cimetières, et qui se dégage quelquefois de certaines mares.

Hydrure de potassium.

Découvert par MM. Gay-Lussac et Thénard.

Propriétés. Solide, et d'une couleur grise. On l'obtient en chauffant, à une lampe à l'esprit-de-vin, un peu de potassium dans du gaz hydrogène.

Gaz hydrogène potassié.

Propriétés. Incolore, et converti par l'eau en alcali et en gaz hydrogène; possédant la propriété de s'enflammer par le contact de l'air, et la perdant au bout de quelques heures; ce qui fait qu'on doit le conserver sur le mercure. On le prépare en faisant agir, à une très-haute température, le fer sur l'hydrate de protoxide de potassium.

Hydrure d'arsenic.

Découvert par MM. Gay-Lussac et Thénard.

Propriétés. Solide, terne, inodore, insipide, brun-rouge, et très-vénéneux.

Gaz hydrogène arseniqué.

Découvert par Schéele.

Propriétés. Incolore, odeur repoussante, très-vénéneux, et qu'on doit même s'abstenir de préparer. L'infortuné M. Gehlen, chimiste distingué, en mourut victime en 1815; c'est pour cette raison que nous n'indiquerons point son mode de préparation. Poids spécifique 0,529. Le chlore le convertit en hydrure d'arsenic. A un froid de 3o°, il passe à l'état liquide.

Hydrure de tellure.

Découvert par Ritter.

On l'obtient en plaçant au bout du fil négatif de la pile un morceau de tellure, et le plongeant dans l'eau ainsi que le fil positif.

Gaz hydrogène telluré.

Découvert par Davy.

Propriétés. Incolore, inflammable, odeur hépatique, et soluble dans l'eau. On le prépare en introduisant dans de l'acide hydrochlorique très-étendu d'eau un alliage de tellure et de potassium.

Hydrure de soufre.

Découvert par Schéele, en 1777.

Propriétés. Odeur et saveur hépatiques, consistance huileuse, plus pesant que l'eau ; on l'obtient en versant de l'acide hydrochlorique dans une solution de sulfure hydrogéné de potasse. Cet alcali s'unit à l'acide, et ce nouveau produit se dépose au fond de la liqueur.

Du gaz hydrogène azoté, ou de l'ammoniaque.

Histoire. Ce corps, l'un des plus importans de tous ceux qui sont le produit de l'union de l'hydrogène avec un corps combustible simple, est connu de temps immémorial. Il est une des plus fortes preuves de notre théorie, que l'acidification n'est qu'une nouvelle propriété, due à l'union de deux ou plusieurs corps, et qu'elle n'appartient à aucun spécialement. Nous avons vu le chlore et l'iode former avec l'oxigène et l'hydrogène, et même unis entre

eux, cinq acides bien différens : chlorique et hydrochlorique, iodique et hydriodique, et chloriodique. Nous savons aussi que l'azote avec l'oxigène produisent un simple mélange qui est l'air, deux
oxides, et trois acides. Eh bien, le gaz hydrogène,
ailleurs principe acidifiant, joue ici, avec une base
acidifiable, le rôle de principe alcalifiant. Ce fait
bien remarquable nous paraît hors de réplique.
Quoique l'ammoniaque, ou alcali volatil, fût connu
des chimistes arabes, c'est Priestley qui, le premier,
en a séparé le gaz; Schéele y a reconnu l'azote, et
M. Berthollet en a fait connaître la composition.

Propriétés physiques. Incolore, transparent, saveur âcre et très-caustique, odeur *sui generis* extrêmement vive, attaquant les membranes muqueuses, verdissant le sirop de violettes, éteignant les
corps en combustion, et d'un poids spécifique égal
à 0,591.

Propriétés chimiques. A une chaleur rouge, il
n'est point décomposé; l'étincelle électrique le
change en hydrogène et azote, qui font le double
du volume primitif. A un froid de 48°, il n'éprouve
aucune altération. L'eau peut en dissoudre jusqu'à
460 fois son volume, ou le tiers de son poids; le docteur Ure, d'après ses expériences, porte cette absorption à 780 fois; le volume de l'eau augmente
alors de 6 à 10, et son poids spécifique 0,900. Cette
dissolution porte le nom d'*ammoniaque*, et jadis
celui d'*alcali volatil fluor.*

L'oxigène et l'air mêlés avec ce gaz, exposés à une
vive chaleur, détonnent, et donnent de l'eau et de
l'azote. Le charbon absorbe 90 volumes de gaz am-

moniac. Le chlore, en agissant sur lui, forme de l'hydrochlorate d'ammoniaque, et l'hydrogène est mis à nu. L'iode et ce gaz, bien secs, s'unissent et donnent lieu, à la température atmosphérique, à un iodure d'ammoniaque. Plusieurs métaux, et la plupart des oxides, décomposent le gaz ammoniac à une haute température. Un fait digne de remarque, c'est que des fils de platine, de cuivre, de fer, etc., en le décomposant, deviennent très-cassans, sans augmenter de poids; 10 grammes de fer sont suffisans pour décomposer, pendant 9 à 10 heures, un courant de ce gaz à travers un tube de porcelaine.

L'ammoniaque forme avec les huiles des espèces de savons, et avec les acides divers sels.

État naturel. Le docteur Marcet dit avoir rencontré cet alcali dans les eaux de la mer. On le trouve à l'état de sel dans la plupart des substances animales, et dans la fiente de quelques quadrupèdes. Il s'exhale aussi de l'urine qui commence à se décomposer, des bergeries, etc.

Préparation. On le prépare en distillant parties égales de chaux et d'hydrochlorate d'ammoniaque, et recevant le gaz ammoniac dans des flacons tubulés, aux deux tiers pleins d'eau, et entourés de glace ou d'eau froide. Ainsi obtenu, il peut se congeler à 40°.

Usages. L'ammoniaque est très-employée en médecine : à l'extérieur, combinée à l'huile à l'état savoneux, comme un puissant rubéfiant; pure, elle est un puissant caustique qu'on emploie contre la morsure des chiens enragés, le venin de la vipère, etc. ; on en a obtenu des succès contre l'amaurose; c'est

(323)

à ce gaz que la poudre de Loëson doit ses vertus.
A l'intérieur, elle agit comme un puissant excitant; elle est très-diaphorétique, soutient les forces,
et accélère même la circulation. L'alcali volatil est
également conseillé pour faciliter les éruptions,
contre la morsure des animaux venimeux et les
diverses fièvres adynamiques. On en prend de 15
à 30 gouttes dans 5 ou 6 onces d'un liquide édulcoré. On a vanté ses bons effets contre l'ivresse; on
a vu plus d'une fois 15 gouttes de cet alcali, dans
un verre d'eau, la faire cesser complétement, et d'autres fois ce moyen ne pas réussir. Le docteur La-
vagna a préconisé son efficacité dans l'aménorrhée,
en faisant des injections dans le vagin avec 1 once
de lait et 10 à 12 gouttes d'ammoniaque.

L'ammoniaque vient d'être annoncée aussi par
le docteur Murray, comme un contre-poison de l'a-
cide prussique. Il en a tenté l'expérience sur des
lapins et sur lui-même; il en prit une quantité
suffisante pour produire un étourdissement et une
douleur de tête assez intense. Il combattit ces effets
en respirant de l'ammoniaque étendue d'eau, et en
appliquant sur le front un linge trempé dans cette
liqueur : en quelques instans, tous les symptômes
disparurent. D'après cela, il regarde cet alcali comme
un antidote si assuré, qu'il n'hésiterait pas d'avaler
une dose suffisante d'acide prussique pour lui donner
la mort, s'il trouvait une personne sur laquelle il
pût compter pour lui administrer, au moment
favorable, la dose nécessaire de ce précieux antidote (1).

(1) *Edimb. philos.*, n° 12.

LIVRE VIII.

Combinaison de la plupart des corps combustibles simples, soit entre eux, soit avec quelques métaux.

Nous diviserons ce livre en cinq sections :
Dans la première nous examinerons les sulfures ;
Dans la seconde, les phosphures ;
Dans la troisième, les chlorures ;
Dans la quatrième, les iodures ;
Dans la cinquième, les azotures ;
Dans la sixième, les carbures.

PREMIÈRE SECTION.

DES SULFURES.

Nous allons sous-diviser cette section en deux paragraphes.

Dans le premier, nous traiterons des sulfures non métalliques ;

Dans le deuxième, des sulfures métalliques.

§ 1er.

SULFURES NON MÉTALLIQUES.

Ils sont au nombre de cinq :

sulfure de carbone, ou carbure de soufre,

sulfure de phosphore,
—   de sélénium,
—   d'iode,
—   de chlore.

Sulfure de carbone, ou carbure de soufre.

Histoire. Découvert, en 1796, par Lampadius; et sa nature démontrée par MM. Clément et De-lormes.

Propriétés physiques. Liquide, incolore, trans-parent, odeur fétide, saveur âcre et caustique, et d'une volatilité telle, qu'il suffit de tremper du co-ton dans de l'huile, d'en entourer la boule d'un ther-momètre, et de le soumettre à l'épreuve du vide, pour le faire descendre à — 40. Le docteur Marcet pense que la température du mercure solidifié peut être portée à —64°. Poids spécifique 1,272.

Propriétés chimiques. A— 50°, ne se congèle pas; entre en ébullition à +44°; indécomposable par le calorique; brûlant avec une flamme bleue; insoluble dans l'eau; soluble dans l'alcool, l'éther et les huiles volatiles.

Préparation. On l'obtient en mettant du charbon calciné dans un tube de porcelaine porté au rouge cerise, et y faisant passer du soufre en vapeur.

Composition. Soufre 85, charbon 15.

Sans usages.

Sulfure de phosphore, ou phosphure de soufre.

Découvert par Margraaff.

Propriétés. Jaune, solide ou liquide, plus pesant que l'eau, s'unissant ensemble en quantités plus ou moins fortes.

(326)

Préparation. On fait fondre, dans un tube fermé d'un côté, à la lampe, du phosphore, et on y ajoute du soufre peu à peu ; on entend un léger bruit, qui annonce que l'union a lieu ; on y projette alors une nouvelle dose de soufre, etc.

Ce composé est liquide, même au-dessous de o, lorsqu'il contient 7 de phosphore et 5 de soufre.

Sulfure de sélénium.

On le prépare en faisant passer un courant de gaz hydrosulfurique à travers une solution d'acide sélénique.

Composition. Sélénium 100, soufre 60,75.

Sulfure d'iode.

Découvert par M. Gay-Lussac.

Propriétés. Solide, noir grisâtre, brillant et affectant l'aspect du sulfure d'antimoine. En le distillant avec l'eau, l'iode s'en sépare.

Sulfure de chlore, ou chlorure de soufre.

Découvert en 1804, par Thomson.

Propriétés. Liquide, rouge-brun, saveur très-prononcée mêlée d'acidité et d'amertume, odeur pénétrante et désagréable ; très-volatil, rougissant l'infusion de tournesol, et d'un poids spécifique égal à 1,7. On le distille sans le décomposer. Avec le contact de l'air, il répand des vapeurs blanches ; mêlé avec l'eau, il se produit une sorte d'ébullition, suivie d'un fort dégagement de calorique ; après l'opération, on a pour résultat de l'acide hydrochlorique, les acides deuto et persulfurique, et du soufre rendu libre. Avec l'alcool et l'éther, ces effets sont encore plus prompts.

Préparation. On fait passer dans un tube contenant du soufre pur en poudre, un courant de chlore bien sec.

Composition. Soufre 45,85, chlore 51,58.

M. Thomson a découvert un autre composé, qu'il croit être un protochlorure, et qui n'a pas encore été étudié.

§ II.

SULFURES MÉTALLIQUES.

Histoire. Quelques-uns de ces sulfures peuvent être le produit de la nature et de l'art; les autres sont constamment préparés dans nos laboratoires. M. Berthollet, qui avait fait un examen particulier de ces composés, pensait que les métaux des premiers pouvaient s'unir avec le soufre en toutes proportions, comme semblait l'indiquer l'analyse des sulfures d'arsenic, de cuivre, de fer, de plomb, etc. Le sentiment de M. Berzélius est que les proportions de soufre, dans ces combinaisons, sont déterminées, et que l'excédent est une nouvelle combinaison d'un sulfure avec le soufre. Ce chimiste, ainsi que M. Gay-Lussac, a annoncé que, dans les sulfures artificiels, la quantité de soufre est définie, et, suivant leur théorie, dans un rapport direct et égal aux diverses proportions d'oxigène que le métal peut absorber. Ainsi, lorsque ce métal pourra, en s'oxidant, donner lieu à trois oxides, il formera aussi des proto, deuto et persulfures, qui contiendront deux fois autant de soufre que chacun de ces oxides contiendra d'oxigène.

Propriétés physiques. Solides, inodores, presque tous insipides, cassans; les uns ternes, les autres ayant le brillant métallique; d'un poids spécifique généralement au-dessous des métaux qui les constituent, et la plupart susceptibles de prendre une forme cristalline.

Propriétés chimiques. A l'exception de ceux de la deuxième section, ils sont presque tous insolubles dans l'eau. Les uns sont volatils et les autres décomposés par le calorique; plus fusibles, si le métal entre difficilement en fusion; et moins fusibles, s'il est plus facile à se fondre. L'oxigène et l'air secs, à froid, sont sans action sur ces composés; humides, il y a combustion du soufre, et formation de sulfites, ou de sulfates, si le métal s'oxide facilement. A une température très-élevée, tous les sulfures sont décomposés; il se forme de l'acide sulfureux, qui se combine en partie avec le métal qui s'oxide, si celui-ci peut s'y unir à cette même température. A celle de 400 à 550, tous ces composés se convertissent en sulfates, excepté ceux des cinquième et sixième sections.

Etat naturel. On en trouve 13 dans la nature; ce sont les sulfures de

antimoine,	mercure,
argent,	manganése,
arsenic,	molybdène,
bismuth,	nickel,
cuivre,	plomb,
étain,	zinc.
fer,	

On prépare les artificiels par cinq procédés; nous nous bornerons à indiquer les trois suivans :

1º En faisant fondre dans un creuset bien couvert le soufre et le métal.

2º Par le même moyen, et avec un excès de soufre, un oxide métallique; cet oxide brûle aux dépens de l'oxigène, et l'oxide rétablit le métal.

3º En décomposant les sulfates par le charbon.

SECONDE SECTION.

DES PHOSPHURES.

Même division.

§ Ier.

DES PHOSPHURES NON MÉTALLIQUES.

Le phosphore peut s'unir avec l'hydrogène, le soufre, le sélénium, l'iode et le chlore. Ayant examiné ces deux premiers composés, nous allons passer aux trois autres.

Phosphure de sélénium.

Propriétés. Jaune-brun, très-fusible, décomposant l'eau et donnant lieu à la formation des acides hydrosélénique et phosphorique. Ces deux combustibles s'unissent en toutes proportions.

Phosphure d'iode.

Ces deux combustibles s'unissent également en toutes proportions, aussi la couleur du composé varie du brun-rouge au brun-noir, suivant les quantités d'iode.

28

Protophosphure de chlore, ou protochlorure de phosphore.

Découvert par MM. Gay-Lussac et Thénard.

Propriétés. Liquide, incolore, fumant, plus pesant que l'eau, caustique, rougissant la teinture de tournesol sans changer le papier sec ainsi coloré; entre facilement en ébullition, et est converti par l'eau en acides hydrochlorique et deutophosphorique.

Préparation. On peut le préparer en combinant 7 parties de deutochlorure avec 1 de phosphore.

Composition. Phosphore 100, chlore 300.

Deutophosphure de chlore, ou deutochlorure de phosphore.

Découvert par M. Davy.

Propriétés. Solide, très-blanc, et très-volatil; sa vapeur rougit le papier sec coloré en bleu par le tournesol; combiné avec l'eau, ils se décomposent tous les deux avec dégagement de calorique, et il se forme des acides sulfurique et hydrochlorique. Si on le fond sous une pression propre à s'opposer à sa volatilisation, il cristallise en prismes qui sont transparens. Avec l'ammoniaque, il donne lieu à un composé triple, blanc, fixe, insoluble dans l'eau, et qui ne peut être décomposé par les alcalis.

Préparation. On l'obtient en faisant passer un courant de chlore bien sec dans un tube, contenant du phosphore bien séché, jusqu'à ce qu'il soit converti en un corps solide et blanc.

Composition. Phosphore 1,00, chlore 6,00.

§ II.

PHOSPHURES MÉTALLIQUES.

Histoire. Nous devons à Margraaff la première connaissance de ces composés. Les substances métalliques peuvent, comme avec le soufre, s'unir au phosphore, mais à des proportions qui correspondent au double de celles de l'oxigène que contient l'oxide ; cette double proportion a également lieu pour les deuto, tritophosphures, etc. Ainsi, si un protoxide est formé de 1 d'oxigène, et un deuto, de 2, etc., le protophosphure en contiendra 2, le deuto 4, etc. Il n'est pas bien démontré que cette loi soit exacte, cependant M. Dulong l'a trouvée telle pour le protophosphure de cuivre.

Propriétés physiques. Solides, inodores, insipides, très-cassans, quelques-uns cristallisables, et le plus grand nombre ayant un éclat métallique.

Propriétés chimiques. Les règles de leur fusibilité sont les mêmes que celles des sulfures. A une haute température ils sont décomposés totalement ou partiellement, à l'exception des phosphures préparés avec les métaux de la deuxième section, qui décomposent l'eau, et sont à leur tour décomposés par ce liquide. En général ces composés sont peu connus. Tous les autres sont insolubles dans ce menstrue.

Préparation. Suivant M. Dulong, on obtient tous les phosphures métalliques dont les métaux sont infusibles au-dessous de 5 à 600°, en faisant passer, dans un tube chauffé au rouge et contenant des fils métalliques très-minces, des vapeurs de phosphore. On peut préparer les autres, soit en décom—

pesant quelques phosphates par le charbon, soit en fondant le métal dans un bon creuset, et y projetant de petits morceaux de phosphore, etc.

Il en est, tels que les phosphures de potassium, de sodium et d'arsenic, qu'on n'obtient qu'en chauffant ces combustibles sur le mercure, dans des cloches pleines d'azote ou de gaz hydrogène. Celui de mercure se prépare, suivant M. Pelletier, en chauffant dans l'eau le métal et le phosphore.

Voici les divers phosphures métalliques connus :

— de potassium, terne, brun-marron, et facile à pulvériser ;

— de sodium, *idem;*

— d'arsenic, noir, brillant, ne pouvant être conservé que sous l'eau ;

— d'étain, blanc, *id.,* lamelleux, un peu malléable ;

— de manganése, *id.,* *id.,* grenu, inaltérable à l'air à froid ;

— de zinc, *id.,* *id.,* fusible comme le zinc ;

— de fer, gris bleuâtre, grenu, inaltérable à l'air ;

— d'antimoine, blanc, brillant, lamelleux ;

— de cobalt, blanc bleuâtre, *id., id.;*

— de cuivre, blanc, *id.,* dur ;

— de bismuth, noirâtre, *id.,* pulvérulent ;

— de nickel, blanc, *id.,* dur ;

— de plomb, blanc bleuâtre, *id.,* lamelleux ;

— d'argent, blanc, *id.,* grenu ;

— de mercure, se ramollit dans l'eau bouillante ;

— d'or, jaune, brillant, grenu ;

— de platine, blanc sale, *id.,* *id.*

TROISIÈME SECTION.

SÉLÉNIURES.

Composés résultant de l'union, en des proportions

déterminées, des métaux avec le sélénium. On n'en trouve que deux à l'état naturel : les séléniures de cuivre et d'argent.

QUATRIÈME SECTION.

Même division qu'aux deux premières.

§ Ier.

CHLORURES NON MÉTALLIQUES.

Cette union a lieu avec l'hydrogène, le phosphore, le soufre, l'iode et l'azote. Ayant déjà examiné les trois premiers composés, nous allons nous borner aux deux derniers.

Chlorure d'iode.

Histoire. Découvert par M. Gay-Lussac, qui le considère comme un chlorure, et par M. Davy, qui le regarde comme un acide auquel il donne le nom de *chloriodique.*

Propriétés. Solide, jaune, déliquescent, très-volatil et très-soluble dans l'eau, sans la décomposer, suivant M. Davy, tandis que M. Gay-Lussac assure qu'il la décompose, et qu'il se forme des acides hydrochlorique et iodique. Ce qu'il y a de certain, c'est que cette dissolution est acide, et qu'elle détruit les couleurs bleues végétales, même celles de l'indigo; ce qui suppose, dit M. Pelletan, la présence du chlore. Si l'on ajoute de la potasse à cette dissolution, on obtient un hydrochlorate et un iodate de cet alcali.

Préparation. En faisant passer un courant de chlore à travers de l'iode, le produit qu'on obtient est solide , en portions jaunes et en rouges. Ces dernières ne sont pas saturées de chlore.

Composition. Suivant M. Davy, iode 1 atome , chlore 2; ou iode 63,45, chlore 36,35.

Chlorure d'azote

Découvert par M. Dulong, en 1811.

Propriétés physiques. Liquide , aspect oléagineux, mais sans onctuosité; jaune-fauve, odeur très-forte et irritante; si volatil qu'il s'évapore à l'air libre et sans résidu. Poids spécifique 1,653.

Propriétés chimiques. Se volatilisant dans le vide, distillant à 70°, et sa vapeur détonnant, à 100°, avec une telle violence que M. Dulong en a été deux fois victime. Il ne se congèle pas à 40°, tandis que l'eau qui est en contact avec lui se gèle à + 5°.

Le chlorure d'azote est décomposé par l'eau, qui en dégage l'azote; par l'acide hydrochlorique, qui en dégage beaucoup de chlore et donne lieu à de l'hydrochlorate d'ammoniaque; par le phosphore, avec une détonation si violente , qu'une petite quantité suffit pour casser les vases; enfin par une foule d'autres corps, dont quelques-uns, tels que l'ammoniaque, les huiles diverses, le gaz hydrogène phosphoré, l'acide hydrosulfurique, etc., détonnent avec moins de violence.

Préparation. Le procédé le plus simple consiste à placer une cloche pleine de chlore sur une capsule plate, contenant une solution de 5 à 6 centigrammes de nitrate d'ammoniaque dans l'eau. On ne saurait opérer sur de trop petites quantités, en raison des dangers qui accompagnent cette opération. A mesure que le chlorure d'azote se forme, il se précipite au fond de l'eau. Il est bon, pour éviter en partie ces dangers, de ne recueillir qu'un ou deux globules à la fois de ce chlorure. Composé, probablement, de chlore, 79, azote 21.

§ II.

CHLORURES MÉTALLIQUES.

Étudiés avec les hydrochlorates.

CINQUIÈME SECTION.

§ Ier.

IODURES NON MÉTALLIQUES.

Iodure de carbone.

MM. Ferrari et Frisani (1) ont obtenu une combinaison d'iode qui diffère très-peu de celle qui a été découverte par M. Faraday. M. Taddei a analysé ce composé en le calcinant, en faisant ensuite agir l'alcool sur lui, pour dissoudre l'iode, et en brûlant le résidu dans l'oxigène. Il l'a trouvé formé de iode 17, carbone 1.

Iodure d'azote.

Produit en mettant de l'iode dans l'ammoniaque, à la température atmosphérique. Cet iodure est en poudre noire ; bien sec, il détonne souvent avec lumière, et se réduit en azote et en vapeurs d'iode. Il est composé de 3 volumes de vapeur d'iode, et 1 de gaz azote.

(1) *Giorn. di fis. chim.*, etc., et *Bulletin général et universel des nouvelles scientifiques*, par M. de Férussac, t. II.

§ II.

IODURES MÉTALLIQUES.

Composés résultant de la combinaison, en proportions fixes, des métaux avec l'iode. ,

Propriétés. Inodores, cassans, sapides en général, et cristallisables, indécomposables par le phosphore et le soufre, décomposables à une chaleur rouge par le chlore, qui s'unit au métal, ainsi que par les acides nitrique et sulfurique. Les iodures solubles dans l'eau la décomposent partiellement, et il se produit un hydriodate métallique, en dissolution dans l'eau, lequel, par la calcination, repasse à l'état d'iodure, avec production d'eau.

Préparation. En chauffant le métal avec l'iode, ou en versant dans une dissolution d'un sel métallique de l'hydriodate de potasse : dans ce cas, l'acide du sel métallique se porte sur la potasse, et l'oxigène de l'oxide s'unit à l'hydrogène de l'acide hydriodique, pour former de l'eau, tandis que l'iode se combine avec le métal. Au reste, ces composés sont encore peu connus. M. Gay-Lussac est le chimiste qui s'en est le plus occupé. Les principaux iodures sont :

Les iodures de potassium, de sodium, qui sont volatils et indécomposables par le calorique; ceux de plomb et de bismuth, également indécomposables par le calorique ; celui de mercure est d'un rouge vif et volatil, décomposable par le calorique; celui de zinc, déliquescent, volatil et décomposable par le calorique.

SIXIÈME SECTION.

DES AZOTURES MÉTALLIQUES.

On ne connaît que deux de ces combinaisons ; elles ont été découvertes par MM. Gay-Lussac et Thénard ; ce sont les azotures de potassium et de sodium. On les obtient en faisant absorber le gaz ammoniac par ces deux métaux, et en faisant chauffer le produit vert olivâtre, qui laisse un résidu solide et de couleur verte qui constitue ces azotures. Il se dégage, pendant cette dernière opération, de l'azote, de l'hydrogène et de l'ammoniaque.

SEPTIÈME SECTION.

DES CARBURES.

Dans les cinq premières sections, nous avons parlé des diverses combinaisons du carbone avec les combustibles simples non métalliques ; il ne nous reste qu'à rappeler ce que nous avons dit à l'article *Fer* : 1º que l'acier est un protocarbure de fer, qui contient jusqu'à $\frac{2}{100}$ de son poids de carbone, et que dans le plus estimé cette proportion était de 7 à $\frac{8}{1000}$; 2º que la plombagine, ou mine à crayon, était un percarbure de fer, ayant pour principes constituans de 94 à 96 carbone, et de 6 à 4 de fer. Le carbone peut se trouver aussi en diverses proportions dans le fer, comme on peut le voir dans la fonte ou fer de gueuse, etc. Il est cependant une autre combinaison du carbone avec un corps simple non métallique, qui semble appartenir également aux produits des corps organiques, et que nous ne rangeons

29

ici que pour compléter la série des combustibles unis entr'eux.

Du cyanogène ou carbure d'azote, azote carboné.

Découvert par M. Gay-Lussac.

Propriétés. Gaz permanent, inflammable, odeur vive et pénétrante, rougissant les couleurs bleues végétales, et d'un poids spécifique égal à 1,8064.

Ce gaz brûle avec une flamme violette; il se forme de l'acide carbonique, et l'azote est mis en liberté; le calorique ne le décompose pas; l'eau à 20° en dissout quatre fois et demie son volume; il en est de même de l'éther sulfurique et de l'huile de térébenthine; l'alcool en absorbe cinq fois plus.

Le phosphore, le soufre, l'iode, l'hydrogène, le cuivre, l'or, le platine, etc., à la chaleur de la lampe, n'altèrent point ce composé. A la chaleur rouge, le fer en opère la décomposition partielle, et devient cassant; et le potassium en prend une quantité égale à celle du gaz hydrogène, qu'il dégage lorsqu'on le met en contact avec l'eau; ce dégagement a lieu avec émission de lumière : ce cyanure est solide. Si on le dissout dans l'eau, il la décompose, et il se forme un hydrocyanate de potasse.

Les dissolutions alcalines s'unissent avec le cyanogène, pour former des cyanures d'oxides alcalins, qui se colorent en brun quand ce gaz est en excès. Ces cyanures, suivant M. Gay-Lussac, ne sont susceptibles d'opérer la décomposition de l'eau, qu'au moment même où l'on y ajoute un acide; les nouveaux produits sont de l'ammoniaque qui s'unit à cet acide, de l'acide hydrocyanique et du gaz acide carbonique qui se dégagent. De tous les cyanures connus, celui de mercure étant le seul employé, nous allons nous borner à son examen.

Préparation. On obtient le cyanogène en chauffant dans une cornue du cyanure de mercure neutre, bien sec et cristallisé (1), et recevant le gaz qui se dégage sous des cloches pleines de mercure.

Composition. Deux volumes de vapeur de carbone et un d'azote, condensés en un seul.

Du cyanure de mercure.

Découvert par Schéele.

Propriétés. Incolore, inodore, saveur du deutochlorure de mercure, soluble dans l'eau, et cristallisant en prismes quadrangulaires; le calorique le décompose. Ce cyanure s'unit à plusieurs proportions d'oxide rouge de mercure, en conservant son état de cyanure.

Préparation. En traitant par l'ébullition 4 parties de bleu de prusse, 2 d'oxide rouge de mercure, et 18 d'eau. Quand ce mélange a acquis une couleur jaune, on filtre, et le cyanure de mercure cristallise par le refroidissement.

Composition présumée. Mercure 100, cyanogène 26,10.

Des borures.

Composés binaires encore peu connus.

---

(1) Si le cyanogène est humide on n'obtient que de l'acide hydrocyanique, de l'acide carbonique et de l'ammoniaque.

LIVRE IX.

Combinaisons des acides avec les bases salifiables, ou des sels.

HISTOIRE. La connaissance du sel marin, et par suite celle de ceux qu'on trouve à l'état naturel, a dû précéder celle de tous les autres. Ce nombre fut d'abord peu étendu, mais les travaux infatigables des alchimistes, les recherches des médecins arabes, et les découvertes de la chimie pneumatique en ont prodigieusement augmenté le nombre. Dans le 18e siècle, on donnait également le nom de sels à des extraits des végétaux bien séchés en couches minces, etc.; maintenant on réserve ce nom aux composés résultant de la combinaison des acides avec les bases salifiables. Sous ce nom de bases salifiables on comprend les oxides métalliques, l'ammoniaque et quelques composés végétaux. Quelques acides peuvent s'unir avec plus d'une base; s'ils en ont besoin, on les appelle sels triples, comme le tartrate de potasse antimonié, etc. (émétique).

Relativement aux proportions des acides avec ces bases, elles peuvent être variables; alors le principe excédant manifeste ses propriétés; tandis que, lorsqu'elles sont en parfait équilibre, aucune d'elles ne devient sensible. Dans ce dernier cas, les sels sont appelés *neutres,* c'est-à-dire ne participant point des propriétés des principes constituans ; ils sont au contraire connus sous les noms de sels *acides* ou *sursels,* et de *soussels* quand l'acide ou la base prédominent et que la saturation, par conséquent, n'est pas complète.

Les premiers ne changent point les couleurs bleues végétales, les seconds les rougissent, et les derniers les verdissent, ou rétablissent la couleur bleue rougie par un acide.

Un fait digne de remarque, c'est que plus un oxide contient d'oxigène et se rapproche des acides, moins il tend à s'unir avec les acides, et qu'il ne contracte cette union qu'en passant à un degré d'oxidation moindre. Il y a pourtant des exceptions à cette règle. Les oxides, à divers états d'oxidation, se combinent cependant avec les acides, et forment des sels différens et qui sont désignés par le degré d'oxigénation de l'oxide ; ainsi l'on dit : sulfate de *protoxide,* de *deuto* et *tritoxide* de fer, etc. En parlant des sels en particulier, nous ferons connaître ces distinctions.

Les sels neutres reconnaissent des lois de composition constantes. Ainsi, dans un genre de sels formé par un même acide et divers oxides, chaque sel, au même degré de saturation, offrira une quantité d'oxide qui contiendra environ une quantité égale d'oxigène à la quantité de l'acide, et le plus souvent même dans les mêmes proportions que l'oxigène de ces corps oxigénés. On peut, d'après cela, reconnaître la composition d'un genre de sels en connaissant celle de l'oxide de chaque espèce; nous allons en offrir un exemple :

Le carbonate de plomb est composé de :

acide   100,   contenant 72,32 d'oxigène;
protoxide 5o6,o6   36,29 *idem.*

Si l'on veut reconnaître les quantités des principes constituans du souscarbonate de soude, on substituera aux 5o6,o6 de protoxide plomb une quantité de soude qui contienne en total 36,29 d'oxigène; cette quantité sera 141,351.

D'après un grand nombre d'expériences, il a été reconnu que

L'acide des sulfates neutres a trois fois plus d'oxigène que l'oxide;

L'acide des souscarbonates, deux fois plus que l'acide;

Et celui des carbonates, deux fois comme celui de ce dernier.

Propriétés physiques. Tous les sels sont solides, à l'exception du fluoborate d'ammoniaque, qui est liquide. Les uns sont fixes, les autres volatils; les uns cristallisables, les autres incristallisables, incolores ou colorés, suivant la quantité d'oxide et son degré d'oxigénation. Tous, hors le souscarbonate et le sousfluoborate d'ammoniaque, sont inodores. Ils sont insipides s'ils sont insolubles dans l'eau, ou ont des saveurs diverses et en rapport avec leur solubilité; les uns sont opaques, les autres translucides, les autres demi-transparens et les autres diaphanes; leur force de cohésion est très-variable; elle est cependant en raison directe de leur insolubilité.

Propriétés chimiques. Par le calorique, les uns se volatilisent; les autres sont fixes. Parmi ceux qui partagent cette dernière propriété, il en est qui se fondent dans leur eau de cristallisation, se dessèchent et, par une température plus élevée, passent à une nouvelle fusion qu'on nomme *ignée*; si ces sels ne sont pas de nature à être décomposés, et si leur eau de cristallisation n'est pas suffisante pour opérer cette fusion aqueuse, elle s'échappe avec force, en projetant les particules salines dans l'air avec un bruit qu'on appelle décrépitation. Il en est enfin qui sont décomposés par le calorique et donnent de nouveaux produits.

Action de l'eau. La solubilité des sels est en raison directe de leur affinité pour l'eau, et en raison inverse de leur cohésion. De là vient qu'un grand nombre sont très-solubles dans ce liquide et que d'autres y sont insolubles. M. Gay-Lussac a fait une remarque curieuse : c'est que les sels les plus solubles exigent que l'eau soit portée à une température plus élevée pour entrer en ébullition, et qu'on peut reconnaître leur degré d'affinité pour le liquide en dissolvant des proportions égales de divers sels dans des quantités semblables d'eau, portant ces solutions à l'ébullition et déterminant leur température au moyen d'un thermomètre à bain. Il est encore quelques règles presque générales : c'est que les sels à bases très-solubles sont également très-solubles dans l'eau; que les sursels sont solubles, malgré même l'insolubilité de leur base saline, tandis que, dans ce dernier cas, ils sont insolubles à l'état de soussels; enfin qu'une solution saturée d'un sel peut en dissoudre d'une autre espèce.

Presque tous les sels se dissolvent en plus grande quantité dans l'eau bouillante que dans l'eau froide; cette différence est même telle qu'il suffit du simple refroidissement pour les obtenir en beaux cristaux; si les proportions d'eau sont trop fortes, on les enlève par l'évaporation, par l'action du calorique, ou par le vide.

L'eau qui surnage les cristaux salins en contient encore, et porte le nom d'eau-mère. Les formes régulières qu'affectent les sels par la cristallisation sont très-nombreuses; le noyau de ces sels est ce qu'on appelle la forme primitive, et les cristaux ne sont, suivant M. Haüy, qu'un arrangement symétrique d'un grand nombre de ces molécules qu'on peut séparer par une sorte de dissection. On peut à ce sujet consulter le beau travail de cet habile minéralogiste. Nous avons exposé, à la page 15, les divers moyens pour obtenir ces cristallisations.

Action de l'air. Les sels très-solubles, exposés au contact de l'air, en attirent l'humidité et tombent en *deliquium*, tandis qu'il en est d'autres qui n'en éprouvent aucune altération, d'autres qui se volatilisent, et d'autres qui perdent leur eau de cristallisation et s'effleurissent. On donne aux premiers le nom de sels deliquescens, et aux derniers celui d'efflorescens.

Si les acides ou les oxides des sels ne sont point au plus haut degré d'oxigénation, tels que les sulfites et les nitrites, ainsi que les protoxides de

(345)

cuivre et de fer, il arrive que leur dissolution enlève l'oxigène à l'air, et que cet effet a lieu même
entre le sel et l'air humide avec d'autant plus de
facilité que la température est plus élevée.

Action de la lumière. Ce fluide en décompose
partiellement quelques-uns.

Action du fluide électrique. Décompose les sels
et souvent même leurs acides.

Action des corps simples non métalliques. A froid,
cette action paraît nulle; le chlore est le seul connu
qui, en décomposant l'eau des solutions des sels, se
change en acide hydrochlorique, et porte l'oxide au
maximum de l'oxidation.

Action des métaux. Les métaux des quatre dernières sections sont sans action sur les sels et les
solutions salines des métaux des deux premières;
tandis que le potassium et le sodium décomposent,
à une température plus ou moins élevée, les sels
de toutes les sections, sans exception; ils agissent sur
les sels des deux premières en s'oxidant aux dépens
de l'oxigène de l'acide, les borates et les pthorates
exceptés; et sur ceux des quatre dernières, en s'emparant de l'oxigène de la base et de l'acide, sans
cependant attaquer les acides borique et pthorique.
Les métaux de la deuxième section, mis en contact
avec les dissolutions salines, décomposent l'eau,
s'oxident et précipitent, en général, la base qui était
unie à l'acide, en se combinant avec lui.

Plusieurs métaux des quatre dernières sections, en
agissant sur les sels de ces mêmes sections, s'emparent de l'oxigène de ces bases, et les précipitent à
l'état métallique. C'est ainsi que le cuivre précipite le

mercure, le fer, le cuivre, le zinc, le plomb, etc. Cette dernière précipitation ou cristallisation, qui a lieu en moins de deux jours, en plongeant des lames de zinc dans une dissolution de $\frac{1}{25}$ à $\frac{1}{30}$ de son poids d'acétate de plomb, était connue sous le nom d'*arbre de saturne*. Depuis que l'on a reconnu l'influence de l'électricité sur les réactions chimiques, voici comme on explique ce phénomène : il y a deux métaux en présence ; celui qui est à l'état de sel est le pôle négatif, et celui qu'on fait agir, le positif. Voilà donc les élémens de la pile voltaïque, qui agissent sur l'eau qu'ils décomposent. L'oxigène se porte à l'extrémité du métal, qui forme le pôle positif, et l'oxide en partie; tandis que l'hydrogène passe au métal négatif, le désoxide, forme de l'eau avec son oxigène. L'acide, mis en liberté, se porte au pôle positif, où il rencontre le nouvel oxide, et se combine avec lui. Telle est l'ingénieuse théorie que quelques physiciens distingués ont émise pour expliquer quelques faits chimiques.

Action des oxides. Tous les oxides des métaux de la deuxième section, de même que la magnésie et l'ammoniaque, décomposent, à froid ou à l'aide du calorique, les sels ou les solutions salines de presque tous les sels.

Action des acides. Les sels sont décomposés par les acides qui ont plus de tendance à s'unir avec leur base salifiable; il se forme un nouveau sel, et l'acide est dégagé à l'état de gaz, comme on le voit en traitant le carbonate calcaire par un acide, ou reste en dissolution dans la liqueur, ainsi que cela a lieu en décomposant le nitrate de potasse par l'acide sulfurique : souvent le sel qui se produit se précipite, s'il est de nature insoluble; c'est ce qu'on observe en versant quelques gouttes de ce dernier acide dans une solution d'un sel baritique.

Action des sels. Les sels réagissent les uns sur les autres, en raison des affinités respectives des bases pour les acides, ou, si l'on veut, du degré de force de leurs électricités opposées. Ces décompositions offrent quelques règles constantes : ainsi, dans l'échange de deux bases les deux nouveaux sels sont au même degré de saturation, si un des sels produits est insoluble. Il est bon de faire observer que la formation d'un sel insoluble favorise beaucoup cette décomposition. Si l'on traite deux sels par le calorique, et si l'acide de l'un avec la base de l'autre peu constituer un sel volatil, cette décomposition est certaine. Il est enfin des sels qui peuvent se combiner entr'eux, et former des sels doubles qui ont en général moins de solubilité que les sels constituans pris séparément.

État naturel. Beaucoup de sels existent tout formés dans la nature, mais il en est encore plus qui sont le produit de l'art. On porte le nombre des premiers à 58, et celui des derniers à plus de 1000.

Préparation. On les obtient 1° en traitant les oxides par les acides, 2° certains métaux par les mêmes agens ; 3° en décomposant leurs carbonates par les acides qui ont plus d'affinité pour leurs bases ; 4° par double décomposition ; 5° en neutralisant les *sur* ou *soussels;* etc. Nous allons étudier les sels dans les trois sections suivantes, basées sur le principe dit *acidifiant de l'acide,* ou sur sa composition.

SELS FORMÉS PAR LES OXACIDES.

Des borates.

Histoire. Ces sels, formés par l'acide borique et les bases salifiables en plusieurs proportions, ont été peu étudiés, principalement à l'état de sel neutre. Ils possèdent les propriétés suivantes :

1º Les borates sont solides, indécomposables par le calorique, à l'exception de celui d'ammoniaque et de ceux de la cinquième et de la sixième sections; vitrifiables; la plupart sont insolubles.

2º Les sousborates sont également solides, indécomposables par le calorique, et vitrifiables, si, dans les sels de la précédente division et dans celle-ci le métal ne se revivifie point par le calorique. A l'exception des sousborates de potasse, de soude et d'yttrium, tous les autres sont insolubles; ils deviennent solubles si on les fait bouillir avec deux ou trois fois leur poids de potasse ou de soude.

On peut obtenir l'acide borique des borates solubles, en versant de l'acide sulfurique dans leur solution concentrée; l'acide borique se dépose en écailles brillantes.

Etat naturel. On ne trouve dans la nature que les sousborate de soude, ou borax, et celui de magnésie.

Composition. M. Berzélius pense que, dans les sousborates, la quantité en poids de l'oxigène de l'oxide est à celui de l'acide :: 1 : 2,656; et que dans les borates la quantité de l'acide est double, de manière qu'il est des sousborates dont la base est à celle des borates :: 2 : 1.

Comme le sousborate de soude est le seul employé, il fixera seul notre attention.

Sousborate de soude, ou borax.

Histoire. Le borax ou chrysocolle, en raison de la propriété de souder l'or, est un des premiers sels connus. L'arabe Gebeet en a parlé dans le 9e siècle ; mais c'est à Geoffroy que nous devons la connaissance de sa composition. Ce sel nous était apporté de l'Inde, où il porte le nom de *tinkal*, et on le purifiait en France. Maintenant on le fabrique de toutes pièces dans plusieurs fabriques de produits chimiques. MM. Payen et Cartier le préparent, dans leur bel établissement, en combinant l'acide borique tiré de Toscane, avec le souscarbonate de soude qu'ils fabriquent.

Propriétés. Ce sel pur ou raffiné est blanc, efflorescent, d'une saveur un peu alcaline, verdissant l'infusion de violettes, et d'un poids spécifique de 1,740. Exposé à l'action du calorique, il éprouve la fusion aqueuse, se dessèche, se fond de nouveau et se vitrifie. Ce sel est très-soluble dans l'eau, et cristallise en beaux prismes hexaèdres. M. Payen en a présenté, à l'exposition de 1823, un cristal isolé surmonté d'une grosse tête, et pesant plus d'un kilogramme ; il avait la couleur du borax foncé de Hollande.

Usages. Pour souder l'or, comme fondant dans les essais minéralogiques et dans les essais au chalumeau, pour une espèce de couverte anglaise, pour la porcelaine ; pour préparer l'acide borique, connu en médecine sous le nom de *sel sédatif d'Homberg* ;

et pour rendre plus soluble dans l'eau le surtartrate
de potasse.

Des carbonates.

Histoire. Sels formés par l'acide carbonique et
les bases salifiables. Quelques-uns constituent une
partie des montagnes, ainsi que les pierres calcaires,
les marbres, etc. Cet acide est susceptible de s'unir
avec les bases, en souscarbonate, en carbonate neutre, et en carbonate avec un excès double de base.

1° Les *souscarbonates* sont répandus sur toute la
surface du globe; ils sont tous décomposés par le calorique, à l'exception de ceux de barite, de lithine,
de potasse et de soude, qui ne le sont qu'en y ajoutant du charbon, ou les mettant en contact avec
l'eau en vapeur, dans un tube de porcelaine porté
au rouge-blanc. Les souscarbonates, si l'on en excepte ceux de lithine, d'ammoniaque, de potasse et
de soude, sont insolubles dans l'eau; quelques-uns
s'y dissolvent à la faveur d'un excès d'acide. Tous les
acides décomposent les souscarbonates avec une effervescence due au dégagement du gaz acide carbonique.

2° Les *carbonates neutres* sont le produit de l'art;
ceux de potasse, de soude et d'ammoniaque sont les
seuls bien connus. Par le calorique on les convertit
en souscarbonates; ils sont moins solubles que les
souscarbonates.

3° *Carbonates à double excès de base.* M. Darcet
pense que les produits naturels offrent plusieurs
composés semblables, tels que la malachite, le mortier des vieux édifices, etc.

Composition. Dans les souscarbonates, les propor-

tions d'oxigène de l'oxide sont à l'acide :: 1 : 2,754,
et à l'oxigène de l'acide :: 1 : 2. L'on peut par ce
moyen reconnaître les proportions des parties constituantes de chaque sel, par celle de l'oxide qui lui
sert de base. Exemple : si l'oxide est formé de 10
d'oxigène, la quantité relative d'acide carbonique
sera 27,54. Les carbonates enfin sont composés d'une
quantité double d'acide.

Ces sels, comme nous l'avons déjà dit, sont au
nombre de trois ; on les obtient en saturant l'excès
de base, en faisant passer du gaz acide carbonique
dans leur solution saline.

Souscarbonates.

Comme ce genre de sels est très-étendu, nous
allons nous borner à l'examen des sept suivans, qui
sont les principaux.

Souscarbonate de chaux.

Abondamment répandu sur la surface du globe
et constituant les montagnes calcaires, les marbres,
les albâtres, les craies et une foule de superbes
cristallisations qui décorent nos cabinets minéralogiques. Ce sel constitue aussi quelques produits
organiques tels que les coraux, les yeux d'écrevisse,
certains calculs des animaux, etc. Les cristaux des
sels calcaires varient à l'infini ; M. Haüy et les
plus savans minéralogistes en ont porté les variétés
à plus de 600. Ils sont le plus souvent incolores et
quelquefois colorés par des oxides métalliques. On
les distingue des cristaux de quartz en ce qu'ils font

effervescence avec les acides, et qu'ils ne font pas feu au briquet.

Ce souscarbonate est insoluble dans l'eau, et converti par le calorique en oxide de calcium ou chaux vive. Poids spécifique 2,7.

Usages. Les coraux, les yeux d'écrevisse sont employés en médecine comme absorbans.

Souscarbonate de fer.

Ce sel existe dans la nature. Dans les ouvrages de minéralogie on en trouve deux variétés bien décrites, le *fer argileux commun* et le *fer spathique.* Avec ce dernier on peut fabriquer de l'acier. On obtient également ce sel en exposant de la limaille de fer, entretenue humide, au contact de l'air. C'est alors ce médicament qui est connu en pharmacie sous le nom de *safran de mars astringent*, et qui est employé contre la chlorose, les fièvres intermittentes, comme tonique, astringent, pour rappeler le flux menstruel. En Angleterre MM. Stewart Crawford, Davis [1] et Todd Thompson [2] ont obtenu par ce sel la guérison du tic douloureux. Ils l'administrent à la dose de 20 grains, trois fois par jour, et le portent graduellement à un gros.

Souscarbonate de potasse.

Sel très-anciennement connu sous les noms de *potasse, salin, sel d'absinthe, sel de centaurée, sel de chardon-bénit.* Dans cet état, il est vrai, ce sel

[1] *London Med. and phys. journ.*, n° 288, p. 109.
[2] *Ibid.*, p. 411.

est mêlé avec d'autres sels à base de potasse, à la silice, etc.

Propriétés. Le souscarbonate de potasse est solide, blanc, déliquescent, âcre, caustique, très - soluble dans l'eau, indécomposable par le calorique, et verdissant la plupart des couleurs bleues végétales; il est décomposé par tous les acides avec une vive effervescence; il a plus d'affinité avec eux que la soude.

État naturel. Tout formé dans quelques plantes et dans les cendres des végétaux qui ne croissent ni sur les bords de la mer ni dans les lieux salés ou saumâtres.

Préparation. On l'extrait des cendres en les lessivant, évaporant cette lessive à siccité et la calcinant fortement.

Usages. Dans les arts, pour fabriquer certains savons, les verres, les cristaux, l'alun, le nitrate de potasse; pour le blanchissage, etc. En médecine, il est administré comme fébrifuge, combiné avec le quinquina ou les amers; avec le suc d'un citron, et une once d'eau de menthe, à la dose de 24 à 36 grains, il forme la potion anti-émétique de Rivière, qu'on fait avaler au malade au moment que l'effervescence se manifeste. On l'emploie dans les pharmacies pour préparer la pierre à cautère, la magnésie, etc.

Souscarbonate de soude.

Histoire. Ce sel existe tout formé dans presque toutes les plantes marines, et particulièrement dans celles de la nombreuse famille des salsola, en dissolution dans certaines eaux minérales, dans celles de la mer et de plusieurs lacs d'Égypte et de Hongrie, etc. , d'où on l'extrait sous le nom de *natrum*. M. Berthollet l'a trouvé en efflorescence dans la vaste plaine du Delta en Egypte. Cet illustre chimiste et moi l'avons rencontré également dans la plaine de l'Étang-Salin à Narbonne (1).

Propriétés. Blanc, transparent, solide, saveur âcre et caustique, efflorescent à l'air, très-soluble dans l'eau, et cristallisant en très-beaux cristaux décrivant deux pyramides quadrangulaires réunies par leur base. M. Payen en avait présenté à l'exposition de 1823 dont la grosseur indiquait qu'ils avaient été préparés dans de grands vases; la régularité de leurs formes annonçait un assez grand degré de pureté. Le souscarbonate de soude contient plus de la moitié de son poids d'eau de cristallisation.

Préparation. On le fabrique en grand en Espagne, en Italie et dans le midi de la France, en brûlant dans des fosses quelques salsola (2). Ce sel, ainsi obtenu, n'est pas pur; il est mêlé avec le sulfate, l'hydrochlorate de soude, le charbon, etc.; il ne peut servir ainsi, suffisamment purifié, que pour la fabrication du verre et du savon. On l'extrait maintenant en grand dans plusieurs fabriques, en décomposant le sel marin par l'acide sulfurique, et

(1) *Voyez* mes observations sur la terre qui produit le salicor; mon mémoire sur le danger du déboisement des montagnes de la Clape, et celui sur la culture de la soude, *Annales de chimie*, tom. XLIX.

(2) Mémoire sur la culture de la soude, *loco citato.*

le sulfate de soude par le charbon, la chaux, etc.

Usages. Son emploi dans les arts est très-étendu ; mais il sert plus particulièrement pour la fabrication des savons durs, pour celle du verre, des glaces, du borax, de la lessive caustique ; pour préparer plusieurs sels, pour le blanchissage du linge, pour la teinture, etc. En médecine il peut remplacer la potasse.

Souscarbonate de plomb.

Le minerai de ce sel est connu sous le nom de *mine de plomb blanche.* Sa couleur est très-variable ; le plus souvent elle est blanche. Ce sel se trouve en petits filons ou en petits prismes tétraèdres, hexaèdres, etc., en France, en Allemagne, en Angleterre, en Espagne, etc. ; son poids spécifique est de 7,2357. On le prépare en grand dans les fabriques ; il porte alors les noms de *ceruse* et *blanc de plomb.*

Usages. On l'emploie en peinture et dans certaines préparations pharmaceutiques.

Souscarbonate de magnésie.

Presque jamais seul dans la nature, mais dans les pierres calcaires, et dans les pierres dites *magnésiennes,* telles que les ollaires, etc. On le prépare dans les pharmacies en décomposant le sulfate de magnésie par le souscarbonate de potasse.

Usages. On l'emploie en médecine comme absorbant, contre les aigreurs, surtout pour les enfans, aux doses de 10 jusqu'à 24 grains. A haute dose il est purgatif.

Souscarbonate d'ammoniaque.

Histoire. Il se dégage des substances animales en décomposition, principalement de l'urine, comme on peut s'en convaincre dans les bergeries, les écuries, etc. Le docteur Marcet a annoncé l'avoir trouvé dans l'eau de mer. Ce travail a été le dernier de cet habile médecin-chimiste. Il existe aussi dans quelques eaux minérales.

Propriétés. Solide, blanc, volatil même à l'air libre, et sans le concours du calorique; odeur ammoniacale assez forte; très-soluble dans l'eau, et se volatilisant par l'ébullition de ce liquide.

Préparation. En substituant, dans la préparation de l'ammoniaque, le souscarbonate calcaire à la chaux.

Usages. On le conserve dans de petits flacons qu'on aromatise; il porte en cet état la dénomination de *sel volatil d'Angleterre.*

Des phosphates.

L'acide phosphorique peut s'unir en diverses proportions avec les bases et former des sels *neutres*, des *sur* ou des *soussels.* Les premiers ont pour caractères distinctifs d'être indécomposables par le calorique et vitrifiables, à l'exception de celui d'ammoniaque, dont l'acide seul se vitrifie et la base se volatilise; d'être la plupart insolubles dans l'eau, et de s'y dissoudre par l'addition des acides phosphorique, nitrique, etc.

État naturel. Tous les phosphates sont le produit de l'art, à l'exception de ceux de chaux, de fer ou *sydérite*, de plomb, de manganèse, de magnésie, ammoniaco-magnésien, de potasse et de soude.

Composition. Plusieurs chimistes croient s'être assurés que

Les sousphosphates contiennent une fois et demie autant de base que les phosphates ;

Les phosphates dits *acidules* n'en ont que les trois quarts des phosphates ;

Les phosphates dits *acides*, la moitié.

Ces quatre classes de sels comprennent un grand nombre d'espèces ; comme elles sont sans aucune utilité, nous allons nous borner à celles qui peuvent offrir quelque intérêt.

Phosphate de chaux.

Ce sel constitue, avec un excès de base, plus de la moitié de la charpente osseuse, ainsi que quelques mamelons de montagnes en Espagne, particulièrement dans l'Estramadure.

Usages. Pour préparer le phosphore et le phosphate de soude, le noir d'ivoire, la gélatine, l'ammoniaque, l'huile animale, etc. On employait jadis en médecine, comme absorbant, l'*album græcum*, qui n'était autre chose que les excrémens de chiens qu'on nourrissait avec des os.

M. Payen est un des chimistes français qui ont le plus perfectionné la fabrication de ce noir d'ivoire, et sa fabrique est celle où cette opération se fait le plus en grand.

Phosphate de soude.

Histoire. Ce sel existe dans plusieurs liqueurs animales, et notamment dans l'urine.

Propriétés. Ce sel, contenant un excès de base, a une légère saveur salée, et est très-soluble dans l'eau ; par le refroidissement, il cristallise en rhombes qui contiennent la moitié de leur poids d'eau : il est très-efflorescent et verdit le sirop de violettes. Les beaux cristaux qui avaient été placés à l'exposition de 1823 par M. Payen, s'effleurirent à leur surface dans quelques jours, malgré qu'ils fussent sous cloche et qu'on y eût placé une coupe pleine d'eau pour rendre l'air humide.

Préparation. Par la décomposition du phosphate acide de chaux par le souscarbonate de soude. On le prépare en grand dans quelques fabriques.

Usages. Dans les essais minéralogiques, comme fondant et comme réactif. En médecine, il est regardé comme un purgatif doux à la dose de demi-once à une once et demie.

Phosphate d'ammoniaque.

Histoire. Ce sel existe dans l'urine humaine, et constitue, soit seul, soit en sel triple avec l'ammoniaque, une classe particulière de calculs urinaires.

Propriétés. Blanc, inodore, saveur urineuse ; cristallisable en prismes et sommets quadrangulaires, verdissant le sirop de violettes, et très-soluble dans l'eau.

Préparation. En substituant, dans la préparation du sel précédent, le carbonate d'ammoniaque à celui de soude.

Usages. Employé jadis pour préparer le phosphore.

Des sulfates.

Histoire. Sels résultant de l'union de l'acide sulfurique avec les bases. Ce genre de sels est celui qui offre le plus de secours à la médecine; aussi l'histoire des principales espèces est-elle bien connue. L'acide sulfurique peut s'unir avec quelques bases en plusieurs proportions, d'où il résulte des sulfates neutres et des sursulfates.

Il arrive aussi qu'en passant à l'état de sursulfates, quelques sels insolubles deviennent solubles dans l'eau.

Propriétés. Décomposables à un degré de calorique plus ou moins élevé, excepté celui de magnésie et ceux de la deuxième section (1); susceptibles de l'être par le charbon, d'où il résulte, avec les sulfates des quatre dernières sections, des sulfures, et quelquefois des métaux revivifiés, et, avec ceux des deux premières, ou des sulfures, ou du soufre et des oxides. Ils sont également décomposables par les acides phosphorique et borique, à l'aide du calorique; la plupart sont très-solubles dans l'eau; il en est qui s'y dissolvent difficilement, et certains qui sont insolubles dans ce liquide. Le degré d'affinité des bases pour l'acide sulfurique peut être ainsi établi :

barite,	lithine,
strontiane,	chaux,

(1) Les sulfates de potasse et de soude se décomposent par l'action du calorique, si on y ajoute de la silice, à cause de la tendance que les alcalis ont à se vitrifier avec cet oxide. L'acide est alors converti en oxigène et en acide deutosulfurique ou sulfureux.

potasse,   ammoniaque,
soude,   magnésie, etc.

État naturel. Le plus grand nombre de sulfates est le produit de l'art; cependant on trouve à l'état naturel ceux de magnésie, de chaux, de barite, de strontiane, de potasse, de soude, de cuivre, de fer, de zinc, et les deux variétés d'alun à double base d'alumine et de potasse, d'alumine et d'ammoniaque, etc.

Préparation. En dissolvant, dans l'acide sulfurique étendu d'eau, quelques métaux ou leurs oxides; ou bien en décomposant les sels dont l'acide a moins d'affinité pour la base que le sulfurique; par double décomposition; enfin en grillant certains sulfures, comme ceux de fer, et les laissant en contact avec l'air humide.

Composition. Dans les sulfates neutres, l'oxigène de l'oxide est à celui de l'oxide :: 2 : 6, et les proportions de l'acide :: 2 : 10.

Nous allons décrire les sulfates les plus employés en médecine; les autres ne présentent presque aucun intérêt.

Sulfate de soude.

Histoire. Découvert par Glaubert, d'où lui vint le nom de *sel admirable de Glaubert.*

Propriétés. Incolore, inodore, très-amer; en beaux prismes hexaèdres terminés par des sommets dièdres; si soluble dans l'eau que, par le simple refroidissement, l'on obtient des cristallisations magnifiques : il faut avoir soin de soutirer alors l'eau-mère, sinon elle redissout peu à peu les sommités des cristaux. Ce sel cristallisé contient plus de la moitié de son poids d'eau de cristallisation, aussi est-il très-efflorescent.

État naturel. Dans les eaux de la mer ; dans un grand nombre d'eaux minérales ; dans les plantes marines ; dans le tamarisck gallica, ainsi que M. Chaptal et moi l'avons reconnu.

Préparation. On l'extrait des marais salans, après qu'on en a enlevé le sel ; il forme alors de très-belles cristallisations autour des carrés ; il est mêlé avec un peu de sulfate de magnésie : aussi vend-on indistinctement l'un et l'autre dans le commerce, en variant la cristallisation, qui, pour le dernier sel, doit être en aiguilles fines, brisées. On le prépare en grand en décomposant le sel marin par l'acide sulfurique.

Usages. Dans la fabrication du salpêtre, pour décomposer l'hydrochlorate de chaux qui s'oppose à la cristallisation du nitrate de potasse ; pour la fabrication de la soude. En médecine, il est un bon purgatif à la dose de demi-once à une once et demie.

Composition. Acide sulfurique 100, soude 78,187.

Sulfate de potasse.

Histoire. De tous les composés salins, le sulfate de potasse est celui qui fait le mieux apprécier les bienfaits de la nouvelle nomenclature chimique ; avant elle, les élèves étaient obligés de retenir, pour désigner le même sel, les noms de *tartre vitriolé, sel de Duobus, arcanum duplicatum, panacea nolsatica, specificum purgans, alcali vitriolé, sel polychreste de Glaser*, etc.

31

Propriétés. Blanc, amer, dur; en cristaux prismatiques très-courts à 4 ou 6 pans; inaltérable à l'air; décrépitant au feu; entrant en fusion au-dessus du rouge cerise; soluble dans 4 parties d'eau bouillante, et dans 10, à 15°. Quelques acides lui enlèvent une partie de sa base et le font passer à l'état de sursulfate. La plupart des chimistes pensent que l'eau que ce sel contient n'est qu'interposée.

État naturel. Il existe dans quelques plantes, principalement dans le *tamarisck gallica*, qui croît loin de la mer, comme M. le comte Chaptal et moi l'avons démontré; dans les mines d'alun, etc. On le prépare en traitant le souscarbonate de potasse par l'acide sulfurique.

Composition. Acide 100, potasse 117,996.

Usages. On s'en sert dans la fabrication de l'alun, dans celle du salpêtre pour décomposer le nitrate de chaux, etc. En médecine, il est un assez bon purgatif, à la dose de demi-once à une once.

Sulfate de magnésie.

Histoire. Ce sel était connu en médecine sous les noms de *sel d'Epsom, de Sedlitz, d'Egra, de Scheidschutz, d'Angleterre, de magnésie vitriolée.* On vend indifféremment, dans presque toutes les pharmacies, le sulfate de soude pour celui de magnésie; cette fraude est facile à reconnaître en ce que celui-ci n'effleurit pas à l'air, et qu'en les dissolvant l'un et l'autre dans l'eau, les alcalis précipitent la magnésie du premier, tandis qu'ils ne changent point celui de soude.

Propriétés. Blanc, amer; en beaux prismes tétraédres; soluble dans trois parties d'eau; éprouvant la fusion aqueuse, etc.

État naturel. Dans les eaux de la mer et de plusieurs sources salées, desquelles il a pris ses divers noms. Il accompagne aussi quelques pyrites d'où on l'extrait, principalement à la Guardia. M. Mojon a donné, sur le procédé qu'on y suit, un mémoire très-étendu, que j'ai traduit de l'italien et publié en 1804.

Préparation. Avant qu'on lui eût substitué le sulfate de soude, on l'extrayait des eaux-mères des salines. Cette fabrication avait lieu principalement à Narbonne.

Composition. Acide 5,790, magnésie 2,855, eau 9,154. (Gay-Lussac.)

Usages. Pour en extraire la magnésie. En médecine, c'est le sel le plus usité, comme purgatif, aux doses de une à une once et demie.

Sulfate d'ammoniaque.

Histoire. Ce sel porta les noms de *sel ammonia secret*, et d'*ammoniaque vitriolée;* la découverte en est due à Glaubert.

Propriétés. Inodore, saveur amère et piquante ; cristaux en petits prismes hexaèdres; attirant l'humidité de l'air, décrépitant légèrement, passant à la fusion aqueuse, et, par une température plus élevée, se décomposant. Dans des vaisseaux fermés, cette décomposition est partielle, et il se sublime à l'état de sursulfate. Deux parties de ce sel sont solubles dans une d'eau bouillante et dans quatre d'eau froide.

Préparation. En saturant l'acide sulfurique af-

faibli par l'ammoniaque, ou décomposant l'hydrochlorate ammoniacal par cet acide.

Usages. Pour la fabrication de l'alun.

Sulfate de barite.

Histoire. Connu jadis sous le nom de *spath pesant.* Il existe abondamment sur divers points du
globe, à l'état brut ou cristallisé. On le rencontre à
Montmartre; je l'ai également trouvé dans le département de l'Aude, à Montferrand, dans les Py-
rénées, et près du fort Montjouy à Barcelone.

Propriétés. Impur, rougeâtre ou bleuâtre; presque
pur, il est blanc, inodore, insipide, insoluble, décrépitant au feu, entrant en fusion à une très-haute
température. Si on le réduit en poudre, et qu'après
en avoir fait une pâte avec de la farine et de l'eau,
on l'étende en gâteaux, et qu'on le fasse chauffer
au rouge, il devient lumineux lorsqu'on le place
dans l'obscurité, et constitue la *pierre de Bou-
logne.* Poids spécifique , 4,08.

Usages. En poudre, pour empoisonner les rats;
dans les laboratoires, pour en extraire la barite, et,
en le fondant avec parties égales d'hydrochlorate
de chaux, pour préparer l'hydrochlorate de barite.
Ce procédé, très-supérieur à celui qu'on suivait autrefois, fut communiqué par moi en 1803 à M. Bouillon-Lagrange.

Sulfate de strontiane.

Ce sel, comme le précédent, est très-répandu
sur la surface du globe. Il est blanc, inodore, insipide, soluble dans 3,500 à 4,000 parties d'eau, fu-

sible à une température très-élevée; d'un poids spécifique égal à environ 4,0.

Usages. Dans les laboratoires, pour en extraire le métal, l'oxide, et préparer les divers sels.

Sulfate de chaux.

Histoire. Connu sous le nom de *plâtre*, de *gypse*, de *sélénite;* existe en grandes quantités dans l'intérieur de la terre : tantôt il est en grandes couches colorées en gris bleuâtre ou en rouge; il constitue alors le plâtre gris ordinaire : d'autres fois il affecte diverses formes cristallines qui, par leur variété, produisent des espèces auxquelles les minéralogistes ont donné les noms de *gypse soyeux*, *gypse lenticulaire*, etc. Enfin, en dissolution dans les eaux, il porte celui de *sélénite*. C'est ce sel qui les rend en grande partie impropres à dissoudre le savon et à cuire les légumes. On peut en débarrasser les eaux et leur rendre cette propriété, en y ajoutant suffisante quantité de souscarbonate de potasse, qui l'en précipite, et laisser ensuite clarifier l'eau.

Propriétés. Inodore, insipide, soluble dans 460 parties d'eau; décrépitant, par l'action du calorique; perdant sa transparence et se convertissant en une poudre susceptible d'absorber une grande quantité d'eau et de la solidifier, sans que la température s'élève bien sensiblement : c'est ce qu'on appelle *plâtre*.

Usages. Pour construire les édifices. Il contient environ $\frac{15}{100}$ de chaux. Combiné avec quelques substances colorantes et la colle-forte, il constitue le *stuc*. Le plâtre blanc sert à décorer nos appartemens, à mouler des vases, des ornemens, des statues, etc.

Sulfate de zinc.

Histoire. Ce sel n'est connu que depuis le milieu du seizième siècle. Il a porté les noms de *vitriol blanc*, *vitriol de zinc*, *couperose blanche*, *zinc vitriolé*, etc.

Propriétés. Inodore, saveur styptique, couleur blanche, cristaux en prismes hexaèdres; contenant $\frac{36}{100}$ d'eau de cristallisation; soluble dans deux fois et demie son poids d'eau, à la température atmosphérique; se décomposant à une haute température, après avoir subi la fusion aqueuse.

Préparation. On l'extrait de la blende ou sulfure de zinc, par le grillage, l'exposition à l'air, la lessivation et l'évaporation. Les taches jaunes qu'on remarque sur ce sel sont dues à un peu de sulfate de fer, dont on peut le débarrasser en le faisant bouillir avec de la limaille de zinc.

Usages. Avant qu'on administrât le surtartrate de potasse antimonié comme émétique, ce sel était généralement employé comme tel. Il n'est guère maintenant usité que comme astringent. Il entre dans certaines injections, dans quelques collyres, etc.

Sulfate de protoxide de fer.

Histoire. Sel très-anciennement connu sous les noms de *couperose*, *couperose verte*, *vitriol vert*, *vitriol martial*, *mars vitriolé*, etc.

Propriétés. Récemment cristallisé, il est inodore, saveur styptique, en beaux cristaux prismatiques

rhomboïdaux d'un beau vert d'émeraude, transparens, s'effleurissant à l'air en absorbant l'oxigène, se convertissant à leur surface en sulfate de
tritoxide de fer, et formant des taches jaunes qui
décèlent ce nouveau sel. Cette action a également
lieu lorsqu'on expose à l'air une dissolution de ce
sel; il se forme un soussulfate de tritoxide de fer
qui se précipite. Le sulfate de protoxide de fer est
si soluble dans l'eau, qu'il suffit de 9 parties d'eau
bouillante pour en dissoudre 12. Ses cristaux contiennent environ $\frac{45}{100}$ d'eau de cristallisation.

Préparation. Dans les laboratoires, en traitant la
limaille de fer par l'acide sulfurique étendu d'eau.
En grand, on l'extrait des pyrites; on les expose
quelque temps à l'air humide, on les lessive, et on
fait cristalliser le sel par l'évaporation.

Usages. Dans les arts, pour les teintures en noir,
pour la fabrication de l'encre et du bleu de Prusse,
pour la dissolution de l'indigo, pour dorer les porcelaines.

J'ai cru devoir passer sous silence les sulfates des
deuto et tritoxides de fer, n'étant d'aucune utilité.

Sulfate de deutoxide de cuivre.

Histoire. C'est à ce sel qu'on avait donné les noms
de *vitriol bleu, vitriol de Chypre, couperose bleue,
cuivre vitriolé, vitriol de cuivre*, etc.

Propriétés. Inodore, saveur âcre et très-styptique;
cristaux bleus transparens, irréguliers et quelquefois
en octaèdres ou décaèdres, jouissant de la double réfraction, légèrement efflorescens, et offrant alors une
matière pulvérulente d'un blanc verdâtre; soluble

dans 4 parties d'eau froide, et subissant la fusion aqueuse. L'ammoniaque en précipite l'oxide, qui reste en partie en dissolution dans la liqueur, et lui donne une couleur bleue si belle, que cette préparation porte le nom d'*eau céleste*.

Préparation. Comme ce sel existe en dissolution dans quelques eaux, on peut l'en extraire par l'évaporation, ou bien en traitant les pyrites cuivreuses comme celles de fer.

Usages. Dans les arts, pour la composition des cendres bleues et du vert de Schéele; en médecine, comme escarotique : il entre aussi dans quelques collyres résolutifs.

Sulfate de deutoxide de mercure.

Ce sel s'obtient en prenant 8 parties d'acide sulfurique et 1 de mercure ; après une longue ébullition, on obtient une masse blanche qui est ce sel avec excès d'acide.

Usages. On s'en sert en pharmacie pour préparer un médicament connu jadis sous le nom de *turbith minéral.* Le procédé consiste à traiter cette masse par l'eau chaude; il s'opère une décomposition : ce liquide dissout un sursulfate acide, qui est blanc, et il reste pour résidu un soussulfate ou turbith, qui est jaune.

Sulfate d'alumine et de potasse, ou d'ammoniaque (alun).

Histoire. L'alun est un des sels les plus anciennement connus. Jusqu'au quinzième siècle, l'Europe fut tributaire du Levant pour ce produit; c'est en Italie qu'on l'a d'abord fabriqué. La nature de ce sel fut connue des alchimistes, qui démontrèrent qu'il était composé d'acide sulfurique et d'une terre particulière; Margraaff annonça que cette terre était la même qui constituait principalement les terres argileuses; enfin, vers la fin du dix-huitième siècle, on le regarda comme un sulfate d'alumine, jusqu'à ce que M. le comte Chaptal, et MM. Vauquelin et Descroisilles, eurent fait connaître que l'alun avait une double base qui était, dans quelques espèces, l'alumine et la potasse, et, dans d'autres, l'ammoniaque, enfin souvent ces trois bases.

Propriétés. Inodore, incolore, saveur astringente, rougissant la teinture de tournesol, soluble dans 0,75 d'eau bouillante et dans 15 d'eau froide, cristallisant en beaux octaèdres, qui sont le produit de deux pyramides appliquées l'une à l'autre par deux bases. Ces cristaux d'alun sont quelquefois d'une grosseur démesurée, et forment par leur réunion de très-grandes tables. J'en ai vu une à la belle fabrique des produits chimiques de M. Berard, à Montpellier, qui avait plus de deux mètres de longueur sur un de largeur. Ces cristaux ont quelquefois la forme cubique; ils effleurissent légèrement à l'air, éprouvent la fusion aqueuse, et, par une plus haute température, perdent leur eau de cristallisation, deviennent très-légers et très-spongieux, et offrent une matière blanche très-friable, qui est connue sous le nom d'*alun calciné;* enfin, au rouge blanc, l'alun est décomposé; il se dégage de l'oxigène et de l'acide deutosulfurique.

Il est une préparation connue sous le nom de *pyrophore de Homberg*, qui s'enflamme dès qu'elle est en contact avec l'air humide. Elle consiste à chauffer, dans une cuillère de fer, six parties d'alun à base d'alumine et de potasse avec une de sucre ou de farine, jusqu'à ce que la matière soit devenue noire et ne se gonfle plus; en cet état, on la pulvérise et on la fait chauffer dans une fiole à médecine, jusqu'à ce qu'il se dégage une flamme bleue; alors on la retire du feu et on la bouche soigneusement.

État naturel. Aux environs des volcans; en efflorescence sur des schistes charbonneux; en dissolution dans quelques eaux; à l'état de soussulfate, en très-grandes masses, dans quelques parties de l'Italie.

Extraction. Par la lessivation des efflorescences alumineuses, et de certaines pyrites martiales, et en calcinant les argiles, les traitant par l'acide sulfurique, etc.

Usages. Pour la teinture, principalement comme mordant; pour rendre le suif plus ferme, pour confectionner la pâte du papier à écrire, pour la fabrication de plusieurs laques, etc. En médecine, il est employé comme astringent, escarotique; lorsqu'il est calciné, on en fait usage pour ronger les excroissances baveuses des vieilles plaies; en dissolution dans le vin, contre les engelures non entamées, etc., etc.

Nous avons annoncé qu'il existait des sursulfates et des soussulfates.

Les premiers contiennent, d'après les analyses qui ont été faites de plusieurs, deux fois plus d'acide que les sulfates neutres.

Dans les seconds, suivant Berzélius, l'acide sulfurique se combine avec diverses proportions de bases et donne des soussels variables.

Hyposulfites, sulfites et hyposulfates.

Sels produits par la combinaison des bases avec les acides proto, deuto ou tritosulfurique, ou bien hyposulfureux, sulfureux et hyposulfurique.

Sans usages.

Séléniates.

Sels résultant de l'union de l'acide sélénique avec les bases en diverses proportions, de manière à donner des sels neutres, des *sur* et des *soussels*.

Les séléniates, dans le premier état, sont généralement insolubles dans l'eau, et dans le second, solubles ; ils sont presque indécomposables par le calorique.

Encore peu étudiés et sans usages.

Nitrates.

Histoire. Quelques nitrates existent à l'état naturel ; le plus grand nombre est le produit de l'art. Quoique ce genre renferme beaucoup d'espèces, il n'en est cependant que six ou sept qui soient de quelque utilité.

Propriétés. Tous les nitrates sont décomposés par le calorique ; la base est mise en liberté, et il se dégage, dès le commencement, du gaz oxigène et du gaz azote, ensuite de l'acide nitreux, et quelquefois ce dernier acide et de l'oxigène dès le principe de l'opération, surtout par la décomposition des nitrates des métaux des cinquième et sixième sections. Les acides sulfurique, arsenique et phosphorique en dégagent l'acide nitrique à l'état de gaz, surtout si l'action de ces trois derniers acides est aidée de celle du calorique. A l'aide de la chaleur, les nitrates jouissent de la propriété d'oxider tous les métaux, à l'exception de ceux de la sixième section. Cette oxidation a lieu aux dépens de leur acide, qui se décompose et donne de l'azote et du deutoxide de ce gaz. Enfin, les nitrates mêlés avec le soufre, et projetés dans un creuset, s'enflamment tout-à-coup et donnent des sulfates, si le sel était formé par un métal de la deuxième section, ou par la magnésie; s'il était dû à un des quatre dernières, le produit est un oxide, un sulfure ou un métal. Cette variété de résultats est relative à l'affinité des métaux pour l'oxigène et pour le soufre, ainsi qu'au degré de température où l'on opère.

Composition. L'oxigène de l'oxide est à celui de l'acide :: 1 : 5, et à la quantité d'acide :: 1 : 6,77.

Nitrate de potasse.

Histoire. Ce sel est très-anciennement connu sous le nom de *salpêtre,* tel qu'il sort de l'atelier du salpêtrier, et sous celui de *salpêtre raffiné* et de *sel de nitre,* quand il est dépouillé des sels déliquescens qu'il contient et d'une partie de l'hydrochlorate de soude. Il existe à l'état naturel dans tous les lieux habités, ce qui a fait penser qu'il était le produit des décompositions végétales et animales. C'est même d'après ce principe qu'on a établi des nitrières artificielles (1). Dans ces cas, l'oxigène et l'azote, se trou-

(1) Dans le mois de novembre 1823, M. Longchamp a lu à l'Institut un mémoire contre cette théorie, regardant l'air

vant en contact à l'état naissant, se combinent et forment de l'acide nitrique, qui se porte sur la potasse, la chaux et la magnésie, et donne lieu à trois sels différens. Il est cependant divers lieux, tels que l'Inde, la partie méridionale de l'Amérique, etc., où ce sel semble se reproduire sans le concours de ces substances. En Europe, on le retrouve tous les quatre ou cinq ans, dans les terres du sol des écuries, des bergeries, des caves, des magasins à blé, etc.

Propriétés. Inodore, en beaux prismes à six pans à sommets hexaèdres, transparens, ayant une saveur fraîche. Si l'on trouble la cristallisation, il se forme de petites aiguilles qui, en se réunissant, se prennent en une masse très-blanche, brillante et demi-transparente. Ce sel est très-soluble dans l'eau, inaltérable à l'air, fusible à 340°. Si on le laisse refroidir en couches minces, il est alors pesant, dur, blanc, translucide, et donne lieu à ce médicament connu sous le nom de *cristal minéral*. Par une température plus élevée il passe à l'état de nitrite et ensuite à une décomposition complète ; il s'opère un dégagement d'azote, d'oxigène, et quelques traces d'acide nitreux, et l'on a de la potasse pour résidu. L'acide sulfurique en dégage l'acide nitrique.

Extraction. On extrait le salpêtre des terres qui sont chargées de ce sel, ainsi que des vieux plâtras

comme l'unique agent de la nitrification ; dans la séance suivante, j'ai présenté à mon tour un travail basé sur un grand nombre d'expériences, et entièrement contraire à l'opinion de ce chimiste. La même commission est chargée de prononcer sur nos mémoires.

qu'on pulvérise. On lessive ces terres, et, quand on les a épuisées, on verse cette liqueur sur de nouvelles terres ; on la soutire au bout de vingt-quatre heures ; on la fait évaporer ensuite dans une grande chaudière, en ajoutant de nouvelle lessive jusqu'à ce que toute celle qui doit former la cuite soit employée ; alors, lorsque la liqueur est suffisamment concentrée, on la coule dans de vastes baquets en bois où elle cristallise. Il est bon de faire observer qu'avant de soumettre la lessive à l'évaporation, on doit décomposer les nitrates de chaux et de magnésie qu'elle contient par le sulfate de potasse et la potasse, et que la quantité de ce sel doit être d'autant plus forte que les terres contiendront plus de plâtras. Pendant l'évaporation il cristallise beaucoup d'hydrochlorate de soude qu'il faut avoir soin d'enlever. Le salpêtre, ainsi obtenu, contient des muriates déliquescens et un peu d'hydrochlorate de soude, ainsi qu'une matière colorante. Pour le purifier on l'entasse dans un grand vase on y place au-dessus un peu de paille recouverte d'argile ; alors on y verse $\frac{1}{10}$ d'eau froide, qui, en filtrant à travers le sel, dissout ceux qui sont déliquescens. Par des cristallisations successives on obtient ce sel plus ou moins pur. Pendant l'évaporation la vapeur d'eau entraîne un peu de ce nitrate, qu'on peut recueillir en plaçant au toit des corbeilles d'osier.

Composition. Acide nitrique 100, potasse 87,146.

Usages. Pour la fabrication des acides nitrique et sulfurique, pour celle de la poudre à fusil ; en médecine il est considéré comme rafraîchissant et très-diurétique ; la médecine vétérinaire en fait surtout un grand usage comme antiphlogistique, à la dose d'environ deux gros, dans du son mouillé.

Nitrate de soude.

N'existe point dans la nature. Saveur fraîche, piquante et amère; cristaux en prismes rhomboïdaux anhydres, suivant M. Longchamp; soluble dans 3 parties d'eau froide.

Composition. Acide 100, soude 57,745.

Nitrate de barite.

Produit de l'art.

Propriétés. Inodore, saveur âcre, cristaux en octaèdres s'unissant quelquefois de manière à former des espèces d'étoiles; soluble dans 18 parties d'eau à 15°; n'éprouvant presque pas d'altération à l'air.

Préparation. En traitant une dissolution de sulfure de barite dans l'eau, par l'acide nitrique, se garantissant soigneusement de l'influence de la grande quantité d'acide hydrosulfurique qui se dégage, filtrant et faisant cristalliser la liqueur, etc.

Usages. Pour préparer la barite, et, comme réactif, pour démontrer les plus petites portions d'acide sulfurique dans une liqueur.

Composition. Acide 100, barite 141,355.

Nitrate de strontiane.

La préparation de ce sel ne diffère de celle du précédent qu'en ce qu'on doit le débarrasser auparavant du carbonate de chaux qu'il contient par l'acide hydrochlorique. Il diffère peu du nitrate de barite.

Nitrate de chaux.

Ce sel existe en grande quantité dans les vieux plâtras, sur les vieilles murailles, ou sur les pavés bas, humides et non habités; sous forme de petits cristaux assez longs imitant les barbes de plume.

Propriétés. Inodore, saveur âcre, soluble dans le quart de son poids d'eau, très-déliquescent et difficilement cristallisable , excepté lorsqu'on fait la dissolution dans l'alcool. Lorsqu'on le calcine, de manière à ne pas opérer sa décomposition totale , on lui attribue la propriété de luire dans l'obscurité, ce qui lui a fait donner le nom de *phosphore Beaudouin.* Si l'on verse dans de l'eau saturée de ce sel une forte solution de potasse très-rapprochée, le mélange se prend en masse. Cet effet, dû à la chaux précipitée qui absorbe l'eau des deux liqueurs, avait reçu des alchimistes la dénomination pompeuse de *miraculum chemicum.* On peut préparer ce nitrate en traitant le marbre par l'acide nitrique.

Composition. Acide 10 , chaux 52,584.

Usages. Dans les ateliers des salpêtriers, on le décompose par le sulfate de potasse et cet alcali, pour préparer le salpêtre.

Nitrate d'ammoniaque.

Ce sel est le produit de l'art. Il était connu des anciens chimistes sous le nom de *nitre inflammable.*

Propriétés. Inodore, saveur âcre et piquante, déliquescent, soluble dans son poids d'eau bouillante et dans deux d'eau froide, cristallisant le plus souvent en prismes hexaèdres, deliés, comme satinés. Par l'action du calorique, il éprouve la fusion aqueuse et perd son eau de cristallisation et une portion d'ammoniaque ; il passe ensuite à la fusion ignée, se décompose et donne lieu à des produits qui varient suivant l'élévation de température. Si on le projette dans un creuset incandescent, il s'enflamme aussitôt, et il se produit de l'azote, du deutoxide de ce gaz et de l'eau, tandis que dans une cornue de verre et à une douce chaleur, il n'y a point d'inflammation, qu'il ne se dégage que très-peu d'azote, de deutoxide et d'acide nitreux, et qu'il se produit de l'eau et beaucoup de protoxide d'azote : c'est le procédé qu'on suit pour la préparation de ce gaz. Il paraît que cette inflammation est due à la combustion de l'hydrogène de l'ammoniaque par l'oxigène de l'acide nitrique.

Composition. Acide 100, ammoniaque 31,67.

Nitrate de magnésie.

Le nitrate de magnésie existe dans les eaux de la mer et de quelques sources.

Propriétés. Inodore, saveur amère, déliquescent, cristallisé en prismes deliés ou en prismes rhomboïdaux ; décomposable complétement par les alcalis, et partiellement avec l'ammoniaque, avec laquelle la partie indécomposée s'unit en sel double.

Nitrate de protoxide de mercure.

Propriétés. Blanc, inodore, saveur âcre et corrosive, rougissant la teinture de tournesol ; cristaux en prismes à quatre pans, et solubles dans l'eau. Cette dissolution est très-caustique, et colore l'épi-

32

derme en noir ; les alcalis y forment un précipité noir, et l'ammoniaque affaiblie, si on n'en met pas assez pour décomposer tout le sel, y en produit un qui porte le nom de *mercure soluble de Hahnemann*.

Le protonitrate réduit en poudre fine, est décomposé par l'eau ; il en résulte un sousnitrate de protoxide insoluble, qui est de couleur jaune tirant sur le vert, *turbith nitreux*, et un surnitrate très-soluble, qui est connu sous les noms *d'eau mercurielle, remède du duc d'Antin, remède du capucin.*

Composition. Acide 100, mercure 388,729.

Préparation. En traitant par l'ébullition un excès de mercure avec de l'acide nitrique étendu de 4 parties d'eau.

Usages. La dissolution de ce sel est un des principes constituans du sirop de Belet, qui est employé contre les maladies psoriques, les écrouelles, etc. Ce médicament exige une main prudente pour son administration. Le remède du capucin est employé à l'extérieur comme caustique, pour les chancres et les excroissances syphilitiques, etc.

Nitrate de deutoxide de mercure.

On prépare ce sel en faisant bouillir un excès d'acide nitrique sur du mercure ; si l'on concentre la liqueur, on obtient ce nitrate en belles aiguilles blanches, solubles dans l'eau. Cette dissolution est très-corrosive, elle tache l'épiderme en rouge, et le décompose même ; elle rougit la teinture de tournesol. Ce sel est décomposé par le calorique ; si l'on fait cette opération dans une fiole à médecine, il prend une couleur jaune, et en acquiert bientôt une rouge très-belle; en cet état il constitue le deutoxide de mercure ou *précipité rouge*. Par une température plus élevée, l'oxigène se dégage et le métal est réduit. Les cristaux de nitrate, de deut-oxide de mercure, broyés et traités par l'eau, sont décomposés; il en résulte un soussel insoluble qui est blanc si l'on opère avec l'eau froide, et jaune si c'est avec l'eau bouillante : ce dernier porte en médecine le nom de *turbith nitreux*. La liqueur tient en dissolution un sursel très-acide. Les pré-cipités précités ont besoin de plusieurs lavages à l'eau froide pour leur enlever l'acide qu'ils re-tiennent.

Usages. Dans les arts on l'emploie pour le feu-trage des poils de lièvre et de lapin; en médecine, le précipité rouge est administré comme caustique, pour brûler les chancres vénériens, pour tuer les poux, etc. Cette dissolution saline fait la base de l'onguent citrin, employé avec succès contre les ma-ladies de la peau, principalement la gale.

Nitrate d'argent.

Connu depuis très-long-temps en médecine.

Propriétés. Incolore, inodore, saveur amère et styptique, inaltérable à l'air, brunissant à la lu-mière solaire, et une partie de son oxide se rédui-sant; soluble dans son poids d'eau à 15°, et cris-tallisant en lames brillantes et minces qu'on peut considérer comme des hexaèdres, des tétraèdres ou des triangles. Cette dissolution est très-caustique, colore la peau en violet; le charbon et le phosphore la décomposent par l'ébullition et réduisent le métal. Le nitrate d'argent exposé à l'action du calorique, se boursouffle, laisse échapper son eau de cristallisation, et par une température plus élevée se fond ; si on le coule en cet état dans une lingotière graissée, on obtient par le refroidissement des cylindres bruns à l'extérieur, dont la cassure offre une réunion de petites aiguilles se dirigeant du centre à la circonférence ; c'est ce médicament qu'on appelle *pierre infernale*. Si, au lieu d'une lingotière, on coule ce sel dans des tubes de verre, on l'obtient très-blanc. Il paraît que la couleur du premier est due à de l'argent très-divisé, ou à de l'oxide de ce métal séparé par le cuivre, ainsi qu'à un peu de charbon provenant de la combustion d'un peu de suif.

Arbre de Diane. Cette espèce de végétation métallique s'opère en versant du mercure dans une dissolution de nitrate d'argent. Le premier de ces métaux précipite le second à l'état de petits cristaux très-brillans, qui prennent un arrangement tel, qu'ils imitent parfaitement les tiges et les feuilles des arbres.

Argent fulminant. Ce singulier composé a été découvert par mon illustre maître M. le comte Berthollet. Il est solide, grisâtre, inodore, soluble dans l'ammoniaque, et s'y décomposant avec le temps ; insoluble dans l'eau.

On le prépare en précipitant l'oxide du nitrate par la potasse, la soude ou la chaux ; lavant ce précipité, et en prenant 2 ou 3 grains dont on fait une pâte claire avec l'ammoniaque. Au bout de quelques heures on obtient une masse qui détonne avec la plus grande violence lorsqu'on la fait chauffer, ou qu'on la touche même avec un tube de verre ou la barbe d'une plume. Cette préparation est très-dangereuse.

Argent détonnant. En décomposant ce nitrate par l'alcool à une douce température, ce composé est blanc ; il détonne par le choc du marteau et par le frottement, Sa préparation est très-dangereuse. Les confiseurs l'emploient pour faire leurs bonbons à pétards.

Préparation. En faisant dissoudre à une douce chaleur de l'argent en limaille dans un excès d'acide nitrique.

Composition. Acide 100, argent 214,380.

Usages. En médecine, la pierre infernale est employée à l'extérieur pour cautériser les chairs fongueuses, brûler les excroissances vénériennes, etc. A l'intérieur, ce sel est administré contre l'épilepsie, la chorée, les névralgies faciales chroniques, et dans plusieurs affections nerveuses ; la dose à laquelle on administre ce médicament, est de un quart de grain à deux grains. M. Orfila recommande de l'associer à quelque extrait narcotique. Mais est-il bien constant qu'on administre alors ce sel? On sait que M. Sementini a fait connaître que les extraits végétaux lui enlevaient la causticité. Caventon a annoncé qu'il suffisait d'un gros et demi d'extrait de chiendent pour décomposer complétement cinq grains un tiers de pierre infernale. MM. Payen et Chevalier, ayant trouvé des hydrochlorates dans presque tous les extraits végétaux, regardent le nitrate d'argent adouci par les extraits comme un mélange d'oxide et de chlorure d'argent.

Le nitrate d'argent, à haute dose, est un poison violent, qui produit l'ulcération de la membrane muqueuse de l'estomac.

M. Proust reconnaît un autre nitrate moins oxidé, toujours liquide, et qui, par l'évaporation, se transforme en celui que nous venons de décrire.

Nitrate de bismuth.

Propriétés. Inodore, et en beaux cristaux en prismes à quatre pans. Ce sel, étendu dans une grande quantité d'eau, laisse précipiter une poudre très-blanche, qui paraît être un sousnitrate de bismuth, et qui, bien lavée, est employée comme cosmétique; c'est le *blanc de fard*. Ce blanc rend la peau rude et sèche, et noircit lorsque l'air contient un peu de gaz hydrosulfurique.

Je ne pousserai pas plus loin l'examen de ces nitrates; ceux que j'ai passés sous silence n'offrent aucun intérêt pour la médecine ni pour les arts.

Sousnitrates.

Sels encore peu connus. Ils sont insolubles, et contiennent, depuis deux fois jusqu'à six, autant d'oxide que les nitrates.

Pernitrites.

Sels peu étudiés. On sait seulement qu'ils sont décomposés par le calorique, solubles dans l'eau. Suivant Berzélius, l'oxigène de l'oxide est à celui de l'oxide, lorsque les sels sont à l'état neutre, :: 1 : 3. On n'a encore pu, par aucun moyen, en isoler l'acide.

Nitrites.

On n'a pu encore unir l'acide deutonitrique (ni-

treux) avec les oxides, pour former des deutoni-
trates. Il se décompose toujours pour former des
nitrates et des pernitrites ou pernitrates.

Des chlorates.

Histoire. Ce genre de sels a été découvert par
M. Berthollet, qui leur donna le nom de muriates
suroxigénés ; M. Gay-Lussac a démontré qu'ils
étaient formés par un acide particulier, qu'il a appelé acide chlorique.

Propriétés. Ces sels sont blancs, la plupart susceptibles de cristalliser, et se dissolvant dans l'eau,
à l'exception du souschlorate de mercure. Le calorique les décompose tous ; il se produit généralement des proto ou deutochlorures du métal, et l'oxigène de l'oxide et de l'acide se dégagent. Ces sels
sont également décomposés par les divers combustibles simples ; le carbone et le phosphore opèrent
surtout cette décomposition d'une manière très-
énergique. Ils forment aussi, avec plusieurs d'entre
eux, des mélanges, qui s'enflamment et détonnent
fortement par la percussion.

L'ordre d'affinité des bases pour cet acide peut
être arrangé ainsi :

potasse,	chaux,
soude,	ammoniaque,
barite,	magnésie, etc.
strontiane,	

Préparation. Tous les sels qui composent ce genre
sont le produit de l'art. On les obtient en faisant
passer un courant de chlore à travers l'eau où l'on
a délayé ou dissous les bases. Dans cette opération,

l'eau se décompose, et ses principes constituans se portent sur le chlore, pour former les acides chlorique et hydrochlorique, lesquels produisent un chlorate et hydrochlorate, etc.

Composition. Dans les chlorates neutres, l'oxigène de l'oxide est à celui de l'acide :: 1 : 5, et le poids de cet acide à celui de l'oxigène de l'oxide :: 9,37 : 1.

De tous les chlorates, celui de potasse est seul employé.

Propriétés. Couleur blanche, saveur fraîche et piquante, cristallisé en lames rhomboïdales, inaltérable à l'air, soluble dans 32 parties d'eau à o, donnant du gaz oxigène par le calorique, et se convertissant en chlorure de potassium. Ce sel active beaucoup la flamme du charbon.

Préparation. En faisant passer un excès de chlore dans une solution de potasse caustique, ce sel se précipite en écailles brillantes qu'on lave avec un peu d'eau, pour le dépouiller de l'hydrochlorate et du chlorure qui se forment en même temps. Cette opération dure plusieurs jours, et l'on doit, pour obtenir ce sel plus pur, le faire de nouveau cristalliser. Avec un kilogramme de potasse, on n'en obtient qu'environ 90 à 100 grammes.

Composition. Acide chlorique 61,23, et potasse 38,77.

Usages. On l'emploie dans les laboratoires, pour en extraire le gaz oxigène. Mêlé à parties égales avec le soufre, et réduit en pâte au moyen d'une gomme, on en prépare ces allumettes qui s'enflamment en les plongeant dans l'acide sulfurique, et que l'on appelle improprement briquets physiques.

Il sert de base à une poudre, pour les amorces des fusils à nouvelle platine, dont voici la composition :

chlorate de potasse	100,
nitrate de potasse	55,
soufre	33,
lycopode	17,
bois de bourdaine râpé et tamisé	17.

M. Berthollet avait proposé de substituer ce sel au nitrate de potasse, pour la fabrication de la poudre à canon. Cette dangereuse opération coûta la vie à M. Letort, directeur des poudres et salpêtres, et à sa sœur, qui, répétant cette expérience à Essonne, en présence de Lavoisier, furent tués par l'explosion du mortier où se faisait le mélange, malgré toutes les précautions qu'on avait prises (1). En médecine, on l'a administré comme antisyphilitique, mais son emploi a été abandonné.

Iodates.

Propriétés. Décomposables par le calorique à la chaleur rouge, les uns en passant à l'état d'iodures, avec dégagement d'oxigène ; les autres, en dégageant, avec ce gaz, de l'iode en vapeurs. Ces sels sont insolubles, ou n'ont que peu de solubilité dans l'eau. Les acides hydrosulfurique et deutosulfurique (sulfureux) les désoxigènent et en précipitent l'iode.

Composition. Les proportions de l'oxigène de l'oxide sont à celles de celui de l'oxide :: 1 : 5, et à la quantité d'acide :: 1 : 20,60.

(1) *Voyez* ma notice historique sur M. le comte Berthollet, Paris, 1823.

Préparation. Par l'union directe de l'acide iodique avec les bases; par double décomposition, ou en agitant une solution de soude ou de potasse caustique avec l'eau. Dans cette opération, ce liquide est décomposé, ses élémens se portent sur l'iode, et les acides iodique et hydriodique, qui se forment, se combinent avec la base alcaline. L'iodate de potasse n'étant presque pas soluble, se précipite en grande partie. On n'a qu'à le laver avec un peu d'alcool pour l'obtenir pur.

Sans usages.

Fluates ou hydropthorates.

Sels découverts en 1771, par Schéele.

Propriétés. Ces sels, bien secs, n'éprouvent d'autre changement de la part du calorique que de se fondre à des degrés plus ou moins élevés; ils sont tous solubles, lorsqu'on y ajoute un excès de leur acide; hors de ce cas, ceux à base de potasse, de soude et d'ammoniaque, sont les seuls que l'eau puisse dissoudre. Les acides sulfurique, phosphorique et arsenique, par le concours de l'eau, s'emparent de leur base; tandis que, s'ils sont dans un état de siccité parfaite, l'acide borique est le seul qui, à une chaleur rouge, puisse se décomposer. L'affinité des bases pour cet acide peut être rangé dans l'ordre suivant :

barite,	soude,
strontiane,	ammoniaque,
potasse,	magnésie, etc.

Quelques-uns de ces sels existent dans la nature, les autres sont le produit de l'art.

Composition. En admettant, avec MM. Thénard, Gay-Lussac, Berzélius, etc., que cet acide est formé par l'oxigène, et non par l'hydrogène, comme d'autres le soutiennent, les proportions de l'oxigène de l'oxide sont à celles de l'acide :: 1 : 1,374.

Préparation. Ou par double décomposition, ou en unissant cet acide avec les bases.

Ces sels sont tous inusités, à l'exception du suivant.

Fluate de chaux.

Assez commun en France, en Allemagne, en Angleterre, etc., sous le nom de *spath fluor.*

Propriétés. Cristallisé en cubes dont les bords sont tronqués, couleur blanche avec une teinte bleuâtre, etc.; inaltérable à l'air; exposé à l'action du calorique, il décrépite et devient très-lumineux dans l'obscurité et même sous l'eau (1); à un degré de calorique plus élevé, il se fond et donne par le refroidissement un verre transparent. Poids spécifique, 3,15.

Usages. En docimasie, comme fondant : on en extrait l'acide fluorique.

Arséniates.

Propriétés. Décomposables par le charbon, à une haute température, et par l'acide sulfurique, à chaud, d'autant plus facilement que le sel qui devra se former sera moins soluble; indécomposables

____

(1) Le fluate de chaux perd cette propriété de devenir lumineux, lorsqu'on l'a tenu long-temps chaud; on ne peut la lui rendre par aucun moyen, à moins que de le décomposer par l'acide sulfurique et de le recomposer.

par le calorique, à l'exception des sels dont les oxides appartiennent aux métaux des deux dernières sections, et des oxides qui, à une haute température, absorbent de l'oxigène ; d'être, à l'exception de ceux à base de *potasse*, de *soude* et d'*ammoniaque*, insolubles ou très-peu solubles dans l'eau, et généralement d'y devenir solubles à la faveur d'un excès d'acide. Les arséniates solubles dans l'eau verdissent le sirop de violettes ; lorsqu'on fait évaporer ces dissolutions, il y a une réaction entre les bases, et une formation d'un *sur* et d'un *sousarséniate*.

Composition. La proportion d'oxigène de l'oxide, dans ces sels neutres, est à celui de l'acide :: 2 : 5, et à celles de l'acide :: 1 : 7,204. Les sursels contiennent double proportion d'acide.

Préparation. Quatre seules espèces de sels de ce genre existent dans la nature ; ce sont les arséniates de cobalt, de cuivre, de fer et de nickel ; les autres sont le produit de l'art. On les obtient par double décomposition, et, pour ceux à base de potasse et de soude, en calcinant dans un creuset parties égales de deutoxide d'arsenic et de nitrate de ces deux alcalis.

Usages. Les deux arséniates suivans sont seuls employés.

Surarséniate de potasse.

Histoire. Découvert par Macquer, qui lui donna le nom de *sel arsenical de Macquer.* Un des plus illustres pharmaciens qu'ait vus la Suède, Schéele, en indiqua la composition.

Propriétés. Verdit le sirop de violettes, lorsqu'il est à l'état neutre; mais comme il ne cristallise qu'avec un excès d'acide, c'est sous ce rapport que nous allons l'examiner. Ce sel est en prismes tetraèdres à sommets à quatre pans; par l'action du calorique, il se fond et passe à l'état de sel neutre.

Il est très-soluble dans l'eau; cette solution est décomposée par celle de barite, de chaux et de strontiane. Par un excès d'alcali, il passe à l'état de sel neutre et devient incristallisable.

Arséniate neutre de soude.

Ce sel diffère du précédent en ce qu'il cristallise à l'état neutre en prismes hexaèdres, et qu'à l'état de *sursel* il devient incristallisable et déliquescent. Il est très-soluble dans l'eau. On peut l'obtenir en saturant l'acide arsenique par le carbonate de soude.

Usages. Ces deux sels sont des poisons violens. On a administré le premier contre les fièvres intermittentes chroniques; on lui a substitué le second avec succès.

De tels médicamens sont tellement périlleux, qu'on ne saurait être trop en garde dans leur administration.

Arsénites.

Sels formés par les bases et le deutoxide d'arsenic, qui joue le rôle d'acide.

Propriétés. En général ils sont décomposés à une haute température, et le deutoxide se dégage, à l'exception des arsénites de potasse et de soude, qui décomposent une partie de l'oxide d'arsenic et passent à l'état d'arséniates, tandis que l'arsenic se volatilise. Ils sont insolubles dans l'eau, à l'exception de ceux de potasse, de soude et d'ammoniaque; il en est qui le deviennent par un excès d'acide. Par le charbon , ils sont tous décomposés.

Composition. L'oxigène de l'oxide de la base est à celui de l'oxide arsenical :: 1 : 3.

Usages. Il n'en existe qu'un dans la nature, l'arsénite de plomb. Celui de cuivre est le seul dont les arts se soient emparés; il est un des principes constituans du *vert de Schéele,* dont on fait usage pour peindre les papiers.

Des chromates.

Histoire. Ce genre de sels a été découvert par M. Vauquelin, en 1797.

Propriétés. A l'exception du chromate de potasse, presque tous les autres sont décomposés par le calorique; cette décomposition est générale et complète par l'addition du charbon. Ces sels sont la plupart insolubles dans l'eau, et portent la couleur de leurs oxides; l'acide sulfurique concentré s'empare de leur base.

Préparation. Par doubles décompositions, on obtient ceux qui sont insolubles; les autres, par la combinaison directe de l'acide avec quelques bases, etc. Un seul de ces sels existe dans la nature, c'est le chromate de plomb, ou *plomb rouge de Sibérie;* c'est aussi le seul employé dans les arts pour la peinture sur porcelaine, sur toile, sur bois, etc.

Composition. L'oxigène de l'oxide est à celui de l'acide :: 1 : 3, et à l'acide :: 1 : 6,518.

Des colombates.

Sels découverts par M. Hattchett; peu étudiés et sans usages.

Des tungstates.

Découverts en 1781, par Schéele; n'offrant aucun intérêt, et sans usages.

Des molybdates.

La découverte en est également due à Schéele; peu étudiés et sans usages.

DEUXIÈME SECTION.

SELS FORMÉS PAR LES HYDRACIDES.

Les hydracides ne forment point de combinaisons salines avec tous les oxides; il en est avec lesquels cette classe d'acides éprouve une réaction telle qu'ils sont mutuellement décomposés. Dans ce cas, l'hydrogène de l'acide et l'oxigène de l'oxide se combinent et forment de l'eau, et le métal réduit s'unit avec la base de l'acide pour former des sulfures, etc. Quelquefois l'acide n'est que partiellement décomposé; il en résulte alors un *hydrosulfate sulfuré*.

Des hydrochlorates.

Histoire. Lors de la création de la nouvelle nomenclature chimique, on donna à ce genre de sels le nom de *muriates;* ce n'est que depuis que l'on a reconnu que l'acide, auquel on avait assigné celui de *muriatique,* avait l'hydrogène pour un de ses principes constituans, qu'on lui a préféré cette dénomination.

Propriétés. Décomposables, à froid , par l'acide sulfurique, et par l'ébullition, par les arsénique et phosphorique ; donnant par leur décomposition, par l'acide nitrique en excès, de l'acide nitreux, du chlore et un nitrate. Le calorique produit sur ces sels des effets différens.

1° Ceux formés avec les oxides des métaux de la première section laissent échapper leur acide : l'oxide reste pour résidu.

2° Parmi ceux des autres, les uns donnent de l'eau et un chlorure métallique ; aussi observe-t-on qu'on n'a besoin que de faire dissoudre les chlorures dans l'eau pour les convertir en hydrochlorates, et qu'il suffit d'en faire cristalliser plusieurs pour les transformer en chlorures.

3° Il en est enfin où le métal est réduit ; alors il y a production d'eau et dégagement de chlore.

4° Les hydrochlorates, à l'exception de ceux d'antimoine, de bismuth et de tellure, sont tous solubles dans l'eau. Lorsqu'on traite ces trois sels par ce liquide, ils sont partiellement décomposés. Une partie de l'acide reste en dissolution dans la liqueur, et le précipité est regardé comme un soushydrochlorate , ou comme un composé d'oxide et de chlorure.

État naturel. On n'a encore trouvé que quatre hydrochlorates dans la nature : ce sont ceux de potasse , de soude , de chaux et de magnésie ; les autres sont le produit de l'art.

Préparation. En traitant certains métaux en limaille par l'acide hydrochlorique, et d'autres par l'acide hydrochloronitrique ; en décomposant quelques sulfures par l'acide hydrochlorique ; en faisant agir sur les oxides ou leurs carbonates, cet acide, etc.

Composition. La proportion en volume de l'oxigène des oxides est à l'acide :: 1 : 4, et en poids :: 1 : 4,526.

Ce genre de sels est très-étendu ; nous allons étudier les plus usités.

Hydrochlorate de barite.

Propriétés. Inodore, liquide, saveur âcre et piquante ; se convertissant, par la cristallisation, en un chlorure qui est tantôt en prismes tétraèdres, en tables, etc., et qui décrépite au feu, se fond, se dessèche, et se change en chlorure.

Préparation. On fait fondre dans un creuset parties égales de sulfate de barite et de chlorure de calcium, l'un et l'autre en poudre. On pulvérise le nouveau produit, et on le lessive au moyen de l'eau distillée. Je suis le premier qui ai indiqué ce procédé.

Composition. Acide 100, barite 211,43.

Usages. En médecine, comme fondant dans les maladies scrophuleuses, etc. C'est un des poisons les plus violens. Si on l'applique sur le tissu cellulaire, à la dose de quelques grains, il produit, d'après les observations de M. Orfila, des convulsions qui sont bientôt suivies de la mort, et une irritation locale capable de déterminer l'inflammation des parties avec lesquelles il a été en contact. Le meilleur antidote est l'acide sulfurique étendu d'eau, ou mieux une solution de sulfate de soude ou de magnésie qui déterminent un sulfate de barite insoluble.

Hydrochlorate de chaux.

Propriétés. Blanc, saveur âcre et piquante; attirant l'humidité de l'air et tombant en déliquescence;
soluble dans un quart de son poids d'eau, à la température atmosphérique, et susceptible de donner,
principalement en hiver, des cristaux en prismes
hexaèdres striés. Il est également soluble dans l'alcool; par le calorique, il éprouve la fusion aqueuse,
se dessèche, passe ensuite à la fusion ignée et à l'état
de chlorure de calcium. Lorsqu'il est refroidi, il devient, par le frottement et dans l'obscurité, lumi-
mineux; c'est cette propriété qui lui fit donner le
nom de *phosphore de Homberg.*

Préparation. En faisant agir l'acide hydrochlorique sur la chaux ou son carbonate.

Composition. Acide 100., chaux 78,66.

Usages. Ce sel existe dans les eaux de plusieurs
sources minérales; elles lui doivent en partie leur
onctuosité. Il est employé pour dessécher les gaz et
produire des froids artificiels : en médecine, il a été
administré comme fondant, dans les engorgemens,
les tumeurs squirrheuses, etc.

Hydrochlorate de potasse.

Histoire. Ce sël fut connu pendant très-long-
temps sous le nom de *sel fébrifuge de Sylvius.*
Boerhaave y substitua celui de *sel marin régénéré,*
et H. Davy celui de *potassane.* Il existe dans quelques eaux minérales, dans les cendres de plusieurs
végétaux, etc.

Propriétés. Inodore, incolore, liquide, saveur amère
et salée., passant par l'évaporation et la cristallisa-

tion à l'état de chlorure qui est en cristaux prismatiques à 4 pans; soluble dans 3 parties d'eau à 15°.

Préparation. En unissant la potasse à l'acide hydrochlorique.

Composition. Acide 100 , base 130,35.

Usages. En médecine, on l'a employé comme fébrifuge, apéritif, désobstruant. Peu usité.

Hydrochlorate de soude.

Ce sel est si universellement connu, que son histoire ne pourrait être que fastidieuse. Nous nous
bornerons à dire que ces masses qu'on trouve à l'état
solide, enfouies dans le sein de la terre, portent le
nom de *sel gemme.*

Propriétés. Solide, incolore, inodore, saveur salée; cristallisant en cubes très-réguliers, et en dissolution dans l'urine en octaèdres; soluble dans 2,82
d'eau bouillante et le double de cette quantité d'eau
froide. Par le calorique, décrépite, se fond dans son
eau de cristallisation, se dessèche, éprouve la fusion
ignée, et passe à l'état de chlorure.

Composition. Acide 100, soude 86,38.

Usages. Pour saler et conserver les viandes, pour
fabriquer l'acide hydrochlorique, les soudes dites
factices, le chlore, l'hydrochlorate d'ammoniaque,
pour vernisser quelques poteries, pour la fabrication du verre, comme engrais, etc. En médecine, il
est regardé comme fondant de 1 à 2 gros, et comme
purgatif à la dose de demi-once à une once. A cette
dernière dose on le conseille pour expulser le tænia :
je suis forcé de convenir qu'après en avoir fait deux
fois usage pour moi, je n'en ai retiré d'autre avan-

tage qu'une grande irritation et une soif inextin-
guible. A l'extérieur, il est la base des eaux minérales de Balaruc et des bains de mer, employés avec
succès contre plusieurs maladies chroniques, etc.

Hydrochlorate d'ammoniaque.

Sel connu depuis très-long-temps sous le nom de
sel ammoniac.

Propriétés. Blanc, inodore, saveur piquante et
urineuse; un peu élastique; cristaux en pyramides
hexaèdres et tétraèdres, réunis comme le gypse
soyeux; très-volatil, et soluble dans trois parties d'eau
à la température ordinaire; soumis à l'action du
calorique, il se fond, bout, se dessèche et se volatilise
sans se décomposer. On en trouve dans le commerce
en gros pains blancs et très-purs, et d'autres de couleur grisâtre, qui n'ont pas le dernier degré de pureté.

Préparation. On préparait autrefois ce sel en
Égypte en brûlant la fiente des chameaux et en
chauffant, dans de grands ballons, la suie pour en
sublimer le sel; depuis plus de vingt-cinq ans on le
prépare en France, principalement dans la fabrique
de MM. Payen et Pluvinet, en décomposant le
souscarbonate d'ammoniaque par le sulfate de chaux
et le nouveau sel obtenu par l'hydrochlorate de
soude. Les fabricans sont obligés de fabriquer le sel
ammoniac gris, dont la couleur imite celui de l'É-
gypte, parce que, pour certains emplois, l'étamage
surtout, il est préféré par les consommateurs; de
manière que, dans les fabriques, on prépare tout au
plus ; de sel ammoniac blanc. Les Anglais raffinent
celui qu'ils tirent de l'Inde, et s'efforcent de l'intro-

duire sur le continent. Celui qu'ils ont pu faire passer en France est très-inférieur au sel ammoniac français.

Usages. Pour la fabrication du fer-blanc, l'étamage du cuivre, le traitement du minerai de platine, pour la teinture, la préparation de l'ammoniaque et de plusieurs produits ammoniacaux. En médecine, il est administré comme fondant, sudorifique et fébrifuge, surtout contre les fièvres quartes. A l'extérieur, il est très-résolutif et employé comme tel pour combattre certaines maladies psoriques, ainsi que pour les engorgemens atoniques des articulations, les rhumatismes chroniques, etc.

Ce sel est susceptible de s'unir en sel triple avec l'oxide de fer, et de donner un hydrochlorate d'ammoniaque et de fer qui portait jadis les noms de *fleurs martiales* et *fleurs ammoniacales ferrugineuses.*

Hydrochlorate de protoxide d'étain.

Propriétés. Lorsqu'il est en cristaux, plusieurs chimistes pensent qu'il est à l'état de chlorure. Quoi qu'il en soit, ce sel est blanc et soluble dans l'eau; cette dissolution rougit le sirop de violettes; exposée au contact de l'air, il se dépose un précipité blanc, que l'on croit être un mélange de deutochlorure de ce métal et de deutoxide d'étain; elle enlève également l'oxigène à un grand nombre de corps.

Préparation. En faisant agir, jusqu'à saturation, l'acide hydrochlorique sur l'étain bien pur en limaille, et rapprochant la dissolution pour opérer la cristallisation du sel.

Usages. Pour la préparation du *pourpre de Cassius*, pour détruire quelques couleurs appliquées sur toile, etc.

Hydrochlorate de deutoxide d'étain.

Propriétés. Ce sel est solide, blanc, inodore, d'une saveur styptique; il est déliquescent et rougit le sirop de violettes; il cristallise en aiguilles très-solubles dans l'eau. Il diffère du premier en ce que le degré d'oxigénation de sa base ne change point. Par l'action du calorique, il n'est point converti en chlorure; si l'on opère dans des vases clos, il y a décomposition, formation d'eau, de l'acide hydrochlorique et un chlorure qui se dégagent, et pour résidu de l'oxide d'étain.

Préparation. En faisant passer un courant de chlore dans une dissolution d'un sel à base de protoxide d'étain, ou en traitant ce métal, par l'acide hydrochloronitrique.

Usages. Ce sel est le mordant qu'on emploie pour la teinture écarlate.

L'histoire des chlorures est si liée à celles des hydrochlorates, qu'il est bien des chimistes qui les confondent, et qui regardent comme des chlorures les sels que d'autres classent parmi les hydrochlorates. Il faut d'ailleurs si peu de chose pour opérer cette conversion! C'est ce qui nous a déterminés à placer après les hydrochlorates les bases qui sont susceptibles de former des chlorures.

Chlorure de deutoxide d'étain.

Ce sel était connu sous le nom de *liqueur fumante de Libavius.*

Propriétés. Liquide, incolore, odeur vive et désagréable ; répandant des vapeurs blanches, lorsqu'il est en contact avec l'air ; très-volatil, se convertissant en hydrochlorate lorsqu'on le délaie dans l'eau, et devenant susceptible alors de cristalliser.

Préparation. En distillant à une douce chaleur parties égales d'un amalgame composé de trois parties d'étain, une de mercure et une de chlorure de deutoxide de ce métal (deutochlorure ou sublimé corrosif).

Chlorure de protoxide d'antimoine et hydrochlorate de protoxide de ce métal.

Préparation. Si l'on prend de l'antimoine réduit en poudre très-fine, et qu'on l'introduise dans un large ballon rempli de chlore en gaz, le métal brûle, et se convertit en chlorure. On peut également préparer ce sel, ou ce composé, par la distillation d'une partie de ce même métal pulvérisé, et de deux de sublimé corrosif. Le produit est d'un blanc grisâtre cristallisé en tétraèdres, et le plus souvent formant une espèce de bouillie ; c'est l'escarotique qui est désigné sous le nom de *beurre d'antimoine.* Il est plusieurs autres procédés pour l'obtenir que nous passerons sous silence. Ce chlorure est soluble dans l'eau ; il la décompose en se convertissant en surhydrochlorate soluble, qui a une saveur caustique, et qui rougit la teinture de tournesol ; et en soushydrochlorate insoluble, qu'on appelait *poudre d'Al-garoth*. Le surhydrochlorate, par l'évaporation et la dessiccation, se convertit en chlorure.

Il existe aussi un hydrochlorate de deutoxide, qui est peu connu et sans usages.

Chlorure de protoxide de mercure.

Histoire. Ce sel est un de ceux qui ont reçu le plus de dénominations. On le trouve dans la matière médicale désigné sous les noms de *mercure doux, précipité blanc, panacée mercurielle, calomelas, aquila alba, aigle* ou *dragon mitigé, muriate de mercure doux*, etc.

Propriétés. Inodore, blanc, inaltérable à l'air, se colorant en jaune par la lumière solaire; insoluble dans l'eau, volatil et se condensant par la sublimation en cristaux prismatiques hexaèdres, et, suivant l'observation de Schéele, lumineux par le frottement dans l'obscurité. La potasse, la soude et la chaux, triturés avec ce sel et un peu d'eau, le décomposent, et le mélange prend une couleur noirâtre, due sans doute à un mélange de mercure et de deutoxide de ce métal. Il est aisé, par ce simple essai, de distinguer le mercure doux d'avec le sublimé corrosif, qui, traité de la même manière, donne un précipité rouge-orangé.

Préparation. On prépare ce sel en versant dans une dissolution de nitrate de protoxide de mercure une dissolution d'hydrochlorate de soude, jusqu'à ce qu'il ne se forme plus de précipité. On en sépare le peu de sublimé qui pourrait s'être formé par le lavage. Dans les pharmacies, on sublime un mélange de parties égales de mercure et de deutochlorure, après les avoir préalablement triturés ensemble avec un peu d'eau, jusqu'à ce que le mercure ait perdu son éclat métallique, ou bien en sublimant parties égales d'hydrochlorate de soude et de sursulfate de mercure : dans l'un et l'autre cas, il faut.bien laver le produit pour le débarrasser d'une petite portion de sublimé corrosif qui se forme.

Usages. Il est administré comme vermifuge, purgatif, et antisyphilitique; à l'extérieur, soit seul, soit incorporé avec le saindoux, pour le traitement des chancres. Il fait la base de plusieurs médicamens, et principalement des biscuits vermifuges et des pastilles et amandes vermifuges et purgatives.

Hydrochlorate de deutoxide de mercure, et chlorure de deutoxide de ce métal.

Histoire. Ce sel est un de ceux qui ont le plus fixé l'attention des alchimistes. Il faisait partie de la médecine des Arabes. On le trouve décrit dans les ouvrages d'Avicennes. Les cures surprenantes qu'il opéra, entre les mains de quelques iatrochimistes, furent telles, que Paracelse se vantait d'avoir fait par son moyen des miracles : il avait en ce médicament une telle confiance, qu'il en portait constamment au pommeau de son épée.

Propriétés. Le sublimé corrosif, deutochlorure de mercure, etc., est solide, inodore, saveur styptique et cuivreuse, ou, pour mieux dire, *sui generis,* qui laisse dans la bouche une impression désagréable assez longue; il se dissout dans l'alcool et dans 25 parties d'eau à 20°. En se dissolvant dans ce

34

liquide, il se décompose et passe à l'état d'hydrochlorate, de manière que le médicament qui est
connu sous le nom de *liqueur de Van Swietem* est
un hydrochlorate de deutoxide de mercure. La dissolution de ce sel cristallise en prismes tétraèdres
ou en cubes. Le sublimé corrosif est très-volatil; il
se sublime en une masse composée de petits prismes
en aiguilles. Trituré avec la potasse, la soude et la
chaux et un peu d'eau, il donne un précipité rouge-
orangé. Lorsqu'on fait cette opération avec la chaux,
la liqueur obtenue porte le nom d'*eau phagédénique*,
et est employée comme escarotique.

Préparation. On l'obtient ordinairement en sublimant, en proportions égales, un mélange d'hydrochlorate de soude desséchée, de nitrate de deutoxide de mercure, et de sulfate de fer.

Usages. Ce sel est employé en médecine comme
antisyphilitique. En dissolution, à la dose de douze
grains, dans deux livres d'eau distillée, il constitue
la liqueur de Van Swietem, qu'on donne à la dose
d'une cuillerée dans du lait; en dissolution dans
l'alcool avec la gomme de gayac, l'huile de sassafras,
etc. , il produit les gouttes dépurantes de Falc. Les
proportions sont telles, que 15 gouttes de cette teinture, qu'on prend dans une décoction de quelque
bois sudorifique, équivalent à $\frac{1}{6}$ de grain subl. cor.
On l'incorpore avec le saindoux pour un onguent
que Cyrillo a conseillé pour le traitement des maladies vénériennes. Le sublimé corrosif est employé
avec succès pour la préparation des pièces anatomiques, qu'il finit par rendre aussi dures que le
bois.

Ce sel, pris à l'intérieur, ou appliqué à l'extérieur, est un des plus violens poisons. Il est rapidement absorbé, et cause une irritation locale très-forte en produisant son effet sur le canal digestif, ainsi que sur le cœur et le cerveau. Parmi les antidotes qu'on a conseillés, M. Orfila place l'albumine au premier rang; cependant, le professeur Taddei, de Florence, donne la préférence au gluten, à cause de la propriété dont il jouit de convertir le sublimé corrosif en mercure doux, et le deutoxide de mercure en protoxide. A la suite de plusieurs expériences que M. Taddei a entreprises, il a indiqué la manière d'administrer ce nouvel antidote. Elle consiste à plonger, à diverses reprises, cinq à six parties de gluten frais dans une dissolution de savon vert ou de potasse; à en former par l'agitation une émulsion qu'on évapore jusqu'à siccité. On la pulvérise, et, lorsqu'on veut s'en servir, on l'avale en poudre, ou délayée dans l'eau. Vingt-quatre parties de cette poudre suffisent pour en convertir une de sublimé en mercure doux; il vaut mieux cependant en administrer davantage.

Chlorure d'argent.

Sel connu autrefois sous les noms d'*argent corné, lune cornée*, et *muriate d'argent*.

Propriétés. Solide, blanc, insipide, et soluble dans 3075 parties d'eau; fusible à 26°, et se prenant en une masse demi-transparente. Réduit en poudre, l'ammoniaque en opère la dissolution; il n'est presque pas soluble dans les acides, même dans leur plus grand état de concentration.

Préparation. En précipitant une dissolution de nitrate d'argent par une dissolution d'hydrochlorate de soude.

Usages. Calciné avec la potasse ou la soude caustiques, on obtient l'argent dans un grand état de pureté.

Hydrochlorate d'or.

Histoire. A proprement parler, il n'existe qu'un sel à base d'or, qui est l'hydrochlorate; on ne saurait donner ce nom au nitrate, qui n'a qu'une petite quantité d'oxide que l'eau en précipite.

Propriétés. Cristaux en aiguilles prismatiques tétraèdres, ou bien en octaèdres tronqués; couleur jaune, saveur styptique et astringente, qui laisse une impression très-désagréable; attirant l'humidité de l'air, et par conséquent très-soluble dans l'eau; rougissant la teinture de tournesol et teignant la peau en pourpre. Le calorique le décompose et le convertit d'abord en chlorure avec formation d'eau; à une plus haute température, il passe à l'état d'oxigène et d'acide hydrochlorique, et le métal est réduit. Le phosphore, qu'on plonge dans une dissolution de ce sel, se décolore et se recouvre d'une couche d'or; il en est de même du charbon. Le sulfate de protoxide de fer le décompose; le précipité recouvre par le frottement son éclat métallique. L'hydrochlorate de protoxide d'étain, en dissolution concentrée, versée dans une dissolution également concentrée de ce sel, donne un précipité connu sous le nom de *pourpre de Cassius.* La potasse, la soude, la barite, la chaux et la strontiane,

en petite quantité, y forment un précipité qui est un
soussel ; en excès, et à l'aide du calorique, le précipité est un oxide brun. Lorsque l'hydrochlorate
contient un excès suffisant d'acide, il forme, avec
quelques bases, des sels doubles solubles. Le précipité
que l'ammoniaque y forme est d'une couleur jaune-
rougeâtre ; si le réactif est en excès, cette couleur
est d'un jaune citron. Ce précipité est floconneux ;
lavé et desséché à une douce chaleur, il constitue
l'or fulminant, qui est un composé d'ammoniaque
et d'oxide d'or. Pour avoir une idée de l'action des
divers corps sur ce sel, on doit consulter un excellent mémoire qu'a publié à ce sujet M. Pelletier.

Préparation. On obtient ce sel en faisant agir
l'acide hydrochloronitrique sur des lames d'or pur.

Usages. Pour préparer le pourpre de Cassius et
l'argent très-divisé, qui servent pour dorer la porcelaine, et donner les couleurs rose et violette. Dans
le moyen âge de la médecine on avait mis en vogue
les préparations d'or. M. Chrestien, médecin de
Montpellier, les a, au commencement du dix-neuvième siècle, appliquées de nouveau à l'art de guérir,
principalement dans le traitement des maladies
vénériennes anciennes, et contre lesquelles les préparations mercurielles avaient été sans succès. M. Lallemand, professeur à l'école de médecine de Montpellier, vient de publier un travail sur l'emploi des
préparations d'or en médecine, particulièrement de
l'hydrochlorate d'or et de soude, duquel il résulte
qu'on doit donner la préférence à ce sel, lorsqu'un
premier traitement mercuriel a été infructueux,
et surtout un second, un troisième, etc.

On administre ce sel en frictions sur la langue, les gencives, ou l'intérieur des joues. On commence par une dose quotidienne de $\frac{1}{15}$ à $\frac{1}{16}$ de grain qu'on porte graduellement jusqu'à $\frac{1}{6}$; sept à huit grains sont suffisans pour un traitement. Il est bon de faire observer que les gencives n'en sont nullement affectées. A haute dose il rentre dans la classe des poisons.

Des hydriodates neutres.

Histoire. De même que l'acide iodique forme, avec les bases salifiables, un genre de sels; de même l'acide hydriodique donne lieu à un autre genre, qui présente des propriétés toutes différentes du premier. Les principales de ces propriétés sont d'être tous solubles dans l'eau, susceptibles de dissoudre de l'iode et de prendre alors une couleur rouge-brune foncée : ils sont indécomposables à froid par les acides hydrochlorique, hydrosulfurique et protosulfurique; les acides sulfurique et nitrique, ainsi que le chlore, s'unissent promptement à l'hydrogène de l'acide hydriodique, et en précipitent l'iode.

Les dissolutions d'hydriodates de potasse, de soude et d'ammoniaque donnent, avec presque toutes les dissolutions salines des métaux des trois dernières sections, des précipités que l'on peut considérer comme des chlorures diversement colorées.

État naturel. De tous les hydriodates connus, un seul existe dans la nature, c'est celui à base de potasse que l'on trouve dans les varecks et plusieurs autres plantes marines.

Préparation. On peut obtenir presque toujours ces sels en unissant l'acide hydriodique avec les bases. Il en est plusieurs, tels que ceux de potasse, de soude, de chaux, de barite et de strontiane, que l'on peut préparer en traitant l'iode et ces bases par l'eau pure ; comme l'on se procure aussi ceux de fer, de manganèse, de zinc, etc., en ajoutant de l'eau à leurs iodures.

Composition. Le volume de l'oxigène de l'oxide est au volume de l'hydrogène de l'acide :: 1 : 2, et à celui de l'acide :: 1 : 4.

Usages. L'hydriodate de potasse étant le seul employé, nous allons le décrire.

Hydriodate de potasse.

L'hydriodate de potasse est si soluble dans l'eau, que dix parties de ce liquide, à 20 degrés, en dissolvent 15 de ce sel. Si l'on fait cristalliser cette dissolution, ou qu'on en opère la dessiccation, le sel se trouve converti en iodure de potassium. Ce nouveau composé a pour caractères d'être très-fusible et de se volatiliser à la chaleur rouge et avec le contact de l'air, sans être décomposé. Il paraîtrait, d'après cela, que l'état naturel de l'hydriodate de potasse est l'état liquide.

Préparation. Outre les moyens déjà indiqués, nous avons un nouveau procédé qui vient d'être publié par le professeur Taddei (1) : il consiste à dissoudre de l'iode dans de l'alcool à 25 degrés, et de verser de cette dissolution dans une d'hydrosul-

(1) *Giornale di fis. chim.* etc.

fate de potasse, jusqu'à ce que la liqueur devienne laiteuse; l'on filtre au bout d'une demi-heure; on distille pour retirer l'alcool, et l'on évapore à siccité pour obtenir ce sel.

Composition. Acide 100, base 37,426.

Usages. A l'article *Iode,* nous avons parlé de l'emploi de ce sel en médecine.

Hydrosulfates.

Histoire. La première connaissance de ces sels doit être attribuée à M. Berthollet, qui annonça que, dans ces compositions, l'hydrogène uni au soufre jouait le rôle d'un acide. L'acide hydrosulfurique ne peut s'unir avec tous les oxides; il en est, tels que la plupart de ceux de la première section, dont la force de cohésion l'emporte sur celle de leur affinité pour cet acide. L'expérience a démontré qu'il s'unissait à l'état salin avec tous les oxides dont on obtient difficilement la réduction, et qu'avec ceux qui étaient faciles à réduire il s'opérait avec les uns, par une double décomposition, une formation d'eau et d'un sulfure; avec les autres, un hydrosulfate sulfuré, dont l'oxide métallique est moins oxigéné qu'il l'était.

Propriétés. Décomposables par le calorique; les uns, comme celui de magnésie, abandonnant leurs acides; les autres passant à l'état de sulfure avec excès de base; il arrive que, si l'oxide, dans un hydrosulfate, se trouve en excès, l'on obtient de l'acide sulfureux, et quelquefois même une partie de l'oxide est réduit. Dans ces divers cas il y a toujours formation d'eau. Le chlore et l'iode s'unissent à l'hydrogène de l'acide hydrosulfurique, en s'acidifiant, et en éliminent le soufre. Les hydrosulfates sont presque tous solubles dans l'eau; l'odeur de ceux qui sont solubles est analogue à celle de leur acide, et leur saveur est âcre et amère. Les acides un peu forts décomposent ces sels et donnent des produits très-variables entr'eux; ils sont incolores ou blancs, à l'exception de celui de fer, qui est noir; de celui d'antimoine, qui est brun-orangé, et de celui d'étain, qui est jaune ou café-au-lait.

L'action de l'air sur les dissolutions de ces sels est très-remarquable. L'hydrogène de l'acide s'unit à l'oxigène de l'air pour former de l'eau; un peu de soufre est mis à nu et colore la liqueur en jaune. Cette action continue peu à peu et devient telle que tout l'hydrogène est brûlé, et qu'une partie du soufre se trouve convertie en acide *protoxisulfurique* (acide hyposulfureux) qui s'unit avec la base pour former un protoxisulfate incolore que la liqueur tient en dissolution. Il paraît que cette action de l'air a lieu également sur les hydrosulfates secs, mais qu'elle devient beaucoup plus lente.

Les dissolutions de ces sels sont susceptibles, surtout si l'on aide leur action de celle du calorique, de dissoudre des proportions diverses de soufre en abandonnant une partie de leur acide. Ces nouveaux composés sont des hydrosulfates sulfurés ou des sulfures hydrogénés, suivant les quantités respectives des deux principes constituans.

Préparation. On obtient la plupart de ces sels en faisant passer des courans de gaz hydrosulfurique dans les dissolutions des bases, ou dans l'eau où on les a délayées , et en entourant les flacons de glace.

Composition. L'hydrogène de l'acide est à l'oxigène de l'oxide dans les proportions déterminées pour former de l'eau, c'est-à-dire dans les rapports de 2 à 1.

Usages. L'hydrosulfate à base d'antimoine est le seul employé en médecine. Nous allons examiner seulement deux ou trois espèces de sels de ce genre.

Hydrosulfate de.potasse.

Propriétés. Cristaux en prismes tétraèdres ou hexaèdres ; saveur âcre et amère ; attirant l'humidité de l'air ; s'unissant à son oxigène et passant successivement à l'état d'hydrosulfate sulfuré et de protoxisulfate ; produisant beaucoup de froid en se dissolvant dans l'eau. Le calorique en dégage une partie de l'acide sulfurique, et l'autre forme un soussel. Sa préparation est celle que nous avons déjà indiquée.

Les autres hydrosulfates solubles présentent peu d'intérêt, et quelques-uns même ont été peu étudiés.

Hydrosulfate d'antimoine.

Histoire. Ce sel, introduit dans la matière médicale, vers le commencement du dernier siècle, par frère Simon, chartreux, est célèbre dans les fastes de la médecine. On ignore à qui la découverte en est due ; ce que l'on sait de bien positif, c'est que la préparation de ce médicament, auquel on avait donné le nom de *kermès*, fut communiquée à l'apothicaire chartreux par La Ligerie, auquel le gouvernement l'acheta en 1720 pour la rendre publique. L'on assure, je ne sais sur quel fondement, que La Ligerie tenait cette découverte d'un élève de Glaubert, qui la tenait à son tour de son maître.

Propriétés. Le kermès est sous forme d'une poudre légère, d'une couleur pourpre-marron tirant plus ou moins sur l'orangé et d'un aspect velouté. Il est insoluble dans l'eau, décomposable par l'air, qui s'empare de l'hydrogène, et par l'acide hydrochlorique concentré, qui en dégage l'acide. Les alcalis le dissolvent après avoir converti sa couleur en jaune.

Préparation. Il est une foule de procédés pour l'obtenir. Nous allons nous borner à décrire celui qu'a donné M. Cluzel, comme étant le meilleur. Il consiste à prendre 22 parties et demie de sous-carbonate de soude, 1 de sulfure d'antimoine en poudre, et de faire bouillir le tout pendant demi-heure avec 250 parties d'eau dans une marmite de fer. On filtre la liqueur bouillante et on la reçoit dans des vases chauffés qu'on laisse refroidir lentement. Le lendemain on filtre et on lave le précipité, soit avec de l'eau distillée, soit avec de l'eau qu'on a fait bouillir et refroidir à l'abri du contact de l'air; on fait sécher alors le kermès à une douce chaleur, et on le conserve dans un vase fermé à l'abri d'une vive lumière. L'eau-mère de cette opération contient du kermès en dissolution avec un hydro-sulfate sulfuré de soude; il suffit d'y verser de l'acide sulfurique, nitrique ou hydrochlorique faibles pour l'en séparer. Il se dégage alors de l'acide hydrosul-furique, et une portion de soufre s'unit au kermès et lui communique une couleur plus ou moins orangée, suivant ses proportions. Ce produit est connu en pharmacie sous le nom de *soufre doré d'antimoine;* c'est un hydrosulfate sulfuré. M. Robiquet a fait un travail très-intéressant sur ces deux préparations, d'après lequel l'antimoine, dans ces composés, serait à l'état de protoxide, et le kermès un soushydrosulfate de protoxide d'antimoine.

Usages. En médecine, comme incisif et diaphorétique, etc.

Hydrosulfate d'ammoniaque.

Ce sel porte aussi le nom de *liqueur de Boyle.*

Propriétés. Cristaux en aiguilles ou en lames très-jolies. Il est si volatil qu'il se sublime à la température atmosphériqne au haut des bouteilles ; il s'unit avec l'oxigène de l'air, et forme un hydrosulfate sulfuré de couleur jaune.

Préparation. On prend un flacon à trois tubulures, à chacune desquelles est adapté un tube de verre qui traverse un bouchon et qui plonge jusqu'au fond du flacon. L'un de ces tubes communique à une cornue qui donne du gaz ammoniac, qu'on fait passer à travers de l'hydrochlorate de chaux pour le dessécher; et l'autre, avec un matras qui produit du gaz acide hydrosulfurique. Le troisième, qui plonge sous le mercure, sert pour évaluer l'excédant des gaz et pour empêcher l'intromission de l'air. On entoure le flacon de glace, et aussitôt que les deux gaz y arrivent, ils s'unissent en cristaux transparens blancs et quelquefois jaunâtres.

Quand on veut obtenir ce sel à l'état liquide, on

fait passer un courant de ce gaz acide à travers l'ammoniaque.

Usages. Il n'est employé que comme réactif.

Hydroséléniates.

M. Berzélius a fait connaître que l'acide hydrosélénique pouvait se combiner avec la plupart des bases et donner lieu à divers sels dont l'odeur a quelque rapport avec celle des hydrosulfates. Ces sels sont encore peu connus et d'aucun usage.

Des sels formés par les acides qui ne contiennent ni oxigène ni hydrogène.

Cette section comprend quatre genres de sels : les fluoborates, les chloriodates, les chlorocyanates, etc.

L'on ne sait que fort peu de chose sur ces sels, qui ne sont encore d'aucun usage dans les arts ni en médecine.

Nous avons déjà dit qu'un grand nombre de sels se trouvaient dans la nature, soit dans l'intérieur des terres, soit en dissolution dans les eaux. En ce dernier état, ils constituent les eaux minérales. Nous avons déjà parlé de l'eau pure et des divers sels; l'étude des eaux minérales doit naturellement trouver ici sa place. Mais il nous paraît nécessaire de décrire auparavant l'effet que produisent les corps qu'on appelle réactifs sur les autres, ou, pour mieux dire, les signes par lesquels ils indiquent leur existence.

Des réactifs et de la manière dont ils indiquent
l'existence de plusieurs corps.

Nous avons déjà dit qu'un ouvrage complet sur
les réactifs serait un des plus grands services qu'on
pourrait rendre à la chimie, surtout s'il partait d'un
chimiste fertile en ressources comme MM. Vauquelin,
Thénard, etc. Au lieu de disséminer dans ce travail
ce qu'il est important de connaître sur les réactifs,
nous avons préféré de le réunir en un livre séparé,
afin que MM. les élèves trouvassent en un moment
ce qu'ils sont obligés de chercher pendant plusieurs
heures dans les autres ouvrages. De tous les auteurs
que nous avons consultés, nous aimons à publier que
c'est dans celui de MM. Payen et Chevallier que
nous avons puisé le plus de faits. Nous allons examiner la plupart des réactifs connus, dans six paragraphes.

§ I.er

Des teintures.

La teinture de mauve. Est bleuâtre, rougit par
les acides, verdit par les alcalis, et est décolorée par les sulfures et les sulfites.

— *de violettes ou le sirop.* Idem.

— *de tournesol.* Rougit par les acides. Les alcalis ne lui font éprouver d'autre effet que de
rétablir cette couleur bleue.

— *de chou rouge.* Est d'un beau bleu. Peut
remplacer avec succès celle de violettes.

— *de Dalhia.* Produit encore des effets plus sensibles.

— *de Curcuma.* Couleur jaune qui devient rouge ou orangé par les alcalis.

— *de roses.* Par les alcalis est colorée en vert jaunâtre. Elle précipite aussi l'acétate de plomb en vert-jaune plus ou moins foncé.

— *de bois de Brésil.* Est rouge ; les alcalis la colorent en violet.

On colore avec ces teintures des papiers qui sont de la plus grande utilité dans les essais chimiques.

§ II.

Réactifs pris dans les corps organiques.

Albumine. Précipite le chlorure de deutoxide de mercure en flocons blancs, insolubles dans l'eau, quand même les proportions de ce sel dans un liquide ne seraient que de 0,0005.

Alcool. Peut être considéré comme menstrue et comme réactif. Il précipite les sels contenus dans l'eau ; il sépare le sucre des champignons, la mannité de la manne, la glaïadine du gluten, la cétine du blanc de baleine, la résine des extraits ; il précipite la gomme de ses dissolutions aqueuses, etc. Il est encore un excellent moyen pour reconnaître la pureté de l'huile de ricin, qui s'y dissout en toutes proportions, tandis qu'il faut 1000 parties d'alcool pour en dissoudre de 3 à 8 des autres.

Amidon. La bouillie d'amidon démontre l'iode par la couleur bleue plus ou moins intense qu'il contracte par les dissolutions de ce corps simple. Ce réactif est si sensible, que, si l'on aide son action de celle d'un acide, il peut indiquer jusqu'à $\frac{1}{4'00000}$ d'iode.

Éther. Souvent substitué à l'alcool, et plus souvent employé à purifier divers produits.

Gélatine. Indique le tanin par le précipité blanc-jaunâtre, élastique et collant qui se produit et qu'il rend très-sensible quand il n'existe même dans une liqueur que dans les proportions de 0,0008. Le nitrate de mercure est l'unique sel qu'il décompose; le précipité est blanc.

Glaïadine. Bon réactif pour précipiter le tanin que l'alcool tient en dissolution, et préférable à la gélatine, qui se précipite avec le tanin, tandis que la glaïadine reste en dissolution dans l'alcool.

Indigo pur. Sa dissolution dans l'acide sulfurique étendue d'eau, est décolorée par le chlore, ce qui peut servir à le faire reconnaître.

Infusion de noix de galle. Précipite la dissolution des sels

de fer, bleu noir plus ou moins foncé suivant l'oxigénation de l'oxide;
d'osmium, bleu;
de tellure, jaune;
d'argent, blanc;
de mercure, orangé;
d'urane, brun.

La *teinture alcoolique d'iode.* Pour reconnaître l'amidon, soit en bouillie, soit dans les racines fraîches, par la belle couleur bleue qu'elle leur communique.

Le *picromel,* en dissolution dans l'eau, précipite le sousacétate de plomb en flocons blancs.

Le *tanin* sert à démontrer la présence de la gélatine dans les liqueurs par le précipité dont nous avons déjà parlé.

§ III.

Des réactifs pris parmi les métaux.

L'*argent* sert à reconnaître la présence du soufre ou de l'acide hydrosulfurique dans une liqueur, par la couleur noire qu'il prend, et que l'acide sulfurique détruit.

Le *cuivre* précipite l'argent de ses dissolutions à l'état métallique. Le précipité est quelquefois en petits cristaux comme dans l'*arbre de Diane,* et souvent sous forme de mousse ou d'éponge. Il précipite également le mercure des sels mercuriels.

L'*étain* précipite l'or de ses dissolutions. Si elles sont très-étendues d'eau, le précipité est d'un pourpre rose; si elles sont concentrées, elles se rapprochent plus ou moins du pourpre noir.

Le *fer* précipite l'or, l'argent, le cuivre, l'antimoine, le tellure, etc., de leurs dissolutions salines à l'état métallique.

Le *mercure* sert, comme l'argent, à indiquer l'existence du soufre; il se colore en noir, et se convertit en sulfure.

Le *zinc* que l'on plonge dans les dissolutions des sels de cuivre, le précipite à l'état métallique. Il produit le même effet sur celles d'argent, d'étain et de tellure.

§ IV.

Des réactifs pris parmi les oxides.

La *chaux,* en dissolution dans l'eau, décèle l'existence de l'acide carbonique dans un liquide. Le précipité obtenu est un carbonate de chaux. Elle verdit le sirop de violettes, et fait reconnaître le deutochlorure de mercure (sublimé corrosif) par le précipité orangé qu'il forme avec ce sel, ce qui n'a pas lieu avec le mercure doux.

La *barite*, ou mieux l'eau de barite, est un réactif précieux pour indiquer la présence de l'acide carbonique, et surtout celle de l'acide sulfurique ou des sulfates. Le précipité qui se forme, dans le premier cas, est un carbonate; et, dans le second, un sulfate de barite insoluble dans l'acide nitrique, tandis que le carbonate s'y dissout. Ce réactif précipite aussi la strontiane de ses combinaisons salines; ses effets sur les liquides contenant des sulfates ou de l'acide sulfurique sont tels, qu'il rend sensible 0,00005 de cet acide dans une eau. Il verdit le sirop de violettes.

La *magnésie.* Vingt grains avec un gros de salep en ébullition, dans quatre onces d'eau, forment une masse ferme semblable à l'empois.

La *strontiane.* Mêmes effets de la barite.

La *potasse* verdit les couleurs bleues végétales autres que celle de tournesol. Elle précipite la plus grande partie des métaux à l'état d'oxides hydratés, qu'on reconnaît aux couleurs suivantes :

celui de magnésium est blanc;
— de nickel — vert-pomme;
— d'aluminium — blanc;
— de fer — blanc, vert, et jaune, suivant le degré d'oxidation;
— de zirconium — blanc-grisâtre;
— d'or — rougeâtre;

— de manganèse   — blanc-rosé ;
— de bismuth   — blanc ;
— de cobalt   — bleu tirant sur le vert ;
— de protoxide de mercure — noir ;
— de deutoxide   — jaune ;
— d'urane   — vert-jaunâtre, etc.

On l'emploie aussi avec succès pour s'assurer de la couleur factice qu'on donne quelquefois aux vins, qui par tous les alcalis donnent un précipité vert, et lorsqu'ils sont colorés par

les baies d'hièble,	ce précipité est violâtre ;
le bois d'Inde,	— rouge-violet ;
le bois de fernambouc,	— rouge ;
le tournesol ,	— violet clair ;
les baies du sureau,	— bleuâtre ;
la dissolution d'indigo dans l'acide sulfurique,	— verdâtre.

§ V.

Réactifs pris parmi les acides.

L'acide acétique. Lorsqu'on se livre à l'examen de quelque substance végétale, et que l'on a à séparer du gluten d'avec la résine, on dissout le tout dans cet acide concentré, on y ajoute de l'eau qui en précipite la résine ; en saturant ensuite l'acide par un alcali, on obtient le gluten. On en fait usage pour rougir le papier coloré en bleu, par une infusion de tournesol.

L'acide arsénieux, ou *deutoxide d'arsenic*, annonce la présence de l'acide hydrosulfurique. Il se forme de l'eau, et se précipite du soufre.

L'acide carbonique forme un précipité blanc dans les eaux de barite, de chaux et de strontiane, soluble dans un excès de cet acide. Il précipite en blanc, et à l'état de carbonate, l'acétate et le sousacétate de plomb. L'acide nitrique décompose ce précipité avec effervescence.

L'acide gallique produit dans les dissolutions des sels de fer un précipité plus ou moins noir.

L'acide hydrochlorique forme dans les dissolutions d'argent un précipité blanc, cailleboté et pesant, qui est insoluble dans un excès d'acide nitrique, et soluble dans un excès d'ammoniaque. Ce précipité est un chlorure. Cet acide produit le même effet sur le nitrate de plomb, mais avec cette différence que le précipité est soluble dans une grande quantité d'eau, et qu'il diffère de celui d'argent par la forme. Il indique aussi l'existence de l'ammoniaque par les vapeurs blanches qui ont lieu pendant leur union.

L'acide hydrosulfurique précipite les dissolutions métalliques à l'état de sulfures; on reconnaît les métaux à la couleur de quelques-uns de ces sulfures. Ceux

d'argent, de bismuth et de plomb, sont noirs;	
d'arsenic,	jaune-orangé;
de cadmium,	jaune;
L'hydrosulfate d'antimoine,	brun-marron.

Cet acide décompose l'acide iodique : son hydrogène, avec l'oxigène de ce dernier acide, forment de l'eau, et l'iode se précipite.

Acide nitrique. Il indique la présence du cuivre par l'effervescence verte qu'il produit sur ce métal, et la couleur verte de l'oxide. Il sert à distinguer l'étain des métaux qui lui ressemblent et qu'il dissout, tandis qu'il ne fait qu'oxider l'étain. Il produit dans les arsénites un précipité blanc, sans en opérer dans les arséniates.

L'acide oxalique. C'est le meilleur moyen pour démontrer la présence de la chaux ou d'un sel calcaire dans un liquide. S'il est en très-petite quantité, la liqueur brunit ; sinon il se produit un précipité blanc très-abondant, qui est un oxalate de chaux soluble dans l'acide oxalique, et qui, par la calcination, donne de la chaux pure.

L'acide deutoxisulfurique (sulfureux) décompose l'acide iodique, et en précipite l'iode.

L'acide peroxisulfurique (sulfurique) précipite la barite et la strontiane et ses dissolutions salines, en un sulfate qui est blanc et insoluble. Il précipite aussi les sels de plomb en sulfate blanc insoluble. Il sert aussi à distinguer l'indigo du *bleu de Prusse ;* il dissout le premier sans l'altérer, et cette dissolution est bleue, tandis que ce dernier est décomposé et la couleur détruite. Ce réactif est encore précieux pour reconnaître les fécules : un chimiste russe, M. Kirskoff, a découvert qu'il les convertissait en sirop. Suivant M. Braconnot, il produit le même effet sur les chiffons, la gélatine animale, la sciure de bois, etc.

De l'eau distillée.

L'eau peut être considérée comme réactif, en ce que c'est par son moyen qu'on sépare les substances solubles des insolubles. Elle sert à distinguer le potassium du sodium et des autres métaux ; on sait que le premier brûle à sa surface en globules de feu, qui se meuvent avec vitesse sur ce liquide. Elle sert enfin à précipiter les résines de leurs dissolutions alcooliques, et à une foule d'expériences dont l'énumération nous entraînerait trop loin.

De l'ammoniaque.

Cet alcali forme dans les dissolutions des sels de cuivre un précipité d'un beau bleu céleste, qui se redissout dans la liqueur, à la faveur d'un excès de cet alcali; il produit le même effet dans les sels de nickel, avec cette différence que la couleur est moins belle, et que l'hydrocyanate de potasse et de fer y forme un précipité vert, tandis qu'il est brun-marron si c'est un *ammoniure de cuivre*. Il sert à reconnaître les précipités de chlorure d'argent qu'il dissout. Il annonce aussi la présence de la magnésie dans les sels par un précipité blanc, léger et floconneux qu'il y produit.

§ VI.

Réactifs pris parmi les sels.

L'*arséniate de potasse* démontre l'existence du cuivre dans une liqueur par un précipité vert, connu sous le nom de *vert de Schéele*, qui est un simple mélange d'arsenic et d'oxide de cuivre. Ce réactif est très-sensible.

L'*acétate de plomb*. L'emploi de ce sel est très-fréquent dans l'analyse chimique : il forme dans les sulfates un précipité blanc très-pesant, qui est un sulfate de plomb dont les caractères sont d'être insoluble dans l'acide nitrique; avec l'acide borique, un borate de plomb blanc et soluble dans un excès d'acide nitrique, fusible et vitrifiable. Il démontre l'existence de l'acide hydrosulfurique et des hydrosulfates en formant un sulfure noir ; il sépare la résine de la bile, en se précipitant avec la première, et les acides végétaux, en dissolution ou unis à d'autres substances en formant avec eux des précipités insolubles. Si l'on a à reconnaître si un acide est le citrique ou le tartrique, en versant un peu de ces acides séparément dans une dissolution de ce sel, on voit que le dernier y produit un tartrate insoluble, et que la liqueur ne change pas par le premier.

Le *sousacétate de plomb* fait distinguer le *mucus* de la *gélatine animale*, par le précipité floconneux qu'il opère dans la dissolution du premier, tandis qu'il n'en produit pas dans celle du dernier ; il indique également la présence de l'acide hydrosulfurique et des hydrosulfates, etc.

Benzoate d'ammoniaque. Si l'on a à séparer d'une dissolution le fer du manganèse, ce sel en précipite le premier en benzoate insoluble, et le second reste dans la liqueur.

Souscarbonate d'ammoniaque. Dans une dissolution d'alumine et de glucine, précipite ces deux bases, et redissout la dernière par un excès de ce sel, qu'on sépare de l'alumine par le filtre. Si l'on évapore ensuite la liqueur, l'ammoniaque se volatilise et la glucine reste pure.

Souscarbonates de soude et de potasse. Précipitent les sels métalliques à l'état de souscarbonates, qui sont presque tous réduits à l'état d'oxides à divers degrés de température. Par la couleur des précipités on peut reconnaître la nature du métal; ainsi le précipité opéré dans

les dissolutions des sels alumineux est blanc cailleboté;

— d'argent — blanc et décomposable; la lumière le noircit;

— de barite — blanc, soluble dans les acides nitrique et hydrochlorique avec effervescence;

— de bismuth — blanc, et coloré en noir par l'acide hydrosulfurique ou les hydrosulfates;

— de cérium — blanc argentin;

— de chaux — blanc, soluble dans les acides avec effervescence;

— de cobalt — violâtre;

— de cuivre — vert-pomme;

— de fer — jaune ou brun, suivant le degré d'oxidation;

— de glucine — blanc;

— d'yttria — blanc pulvérulent;

— de manganèse — blanc-rosé;

— de magnésie — blanc, léger, floconneux, soluble avec effervescence dans les acides sulfurique, nitrique et hydrochlorique;

— de plomb — blanc, très-pesant, et formant un sulfure noir avec l'acide hydrosulfurique et les hydrosulfates;

— de strontiane — comme celui de barite;

—	de titane	— blanc-rougeâtre ;
—	d'urane	— blanc, tandis que celui qui est produit par les alcalis est jaune ;
—	de zinc et de zircone	— blanc.

Chromate de potasse. Ce sel produit dans les dissolutions des sels métalliques des précipités diversement colorés ; dans ceux

de plomb ce précipité est d'un beau jaune, s'il provient d'un sel neutre ; il est d'un jaune orangé, si c'est d'un soussel ;

du nitrate de protoxide de mercure, d'un beau rouge ;

d'argent,   d'un pourpre foncé.

Hydrochlorate d'ammoniaque. Précipite les sels de platine en sel à double base. Ce précipité est décomposé par le calorique, et le nouveau produit est ce métal à état métallique et sous forme de mousse ou d'éponge. Ce sel en poudre un peu humide fait reconnaître la chaux dans un mélange par les vapeurs ammoniacales qui se dégagent.

Hydrochlorate et nitrate de barite. Pour s'assurer de l'existence de l'acide sulfurique ou des sulfates solubles. Le précipité est blanc : c'est un sulfate de barite.

Hydrochlorate de potasse. Pour distinguer l'acide tartrique d'avec l'acide citrique. Il suffit pour cela de verser dans une dissolution de ce sel de l'acide tartrique pour y produire un précipité, qui est un surtartrate de potasse, tandis que l'acide citrique ne le décompose pas.

Hydrochlorate d'étain. Précipite en bleu avec l'acide molybdique, et les sels de platine en jaune-orangé. Ce dernier précipité est réduit par le calorique, et conserve une forme spongieuse.

Hydrochlorate d'or. Avec les sels d'étain, un précipité qui est le *pourpre de Cassius;* avec le sulfate de protoxide de fer, une poudre brune qui acquiert par le frottement le brillant de l'or. Ce réactif indique aussi l'existence des huiles volatiles dans l'eau distillée.

Hydrochlorate de platine. Fait distinguer la potasse ou les sels de potasse d'avec la soude ou les sels de soude, en ce que les précipités formés avec le premier alcali et ses sels concentrés sont un sel à double base qui, étant très-peu soluble dans l'eau, se précipite, tandis qu'avec le second et ses sels le nouveau sel est très-soluble et ne se précipite point.

Hydrocyanate de potasse et de fer. Ce réactif est un des plus précieux pour reconnaître et distinguer les sels métalliques. L'hydrocyanate de potasse peut être également employé. Nous allons ajouter ici le tableau des précipités produits par ces deux sels dans les dissolutions métalliques, qui est consigné dans le traité des réactifs de MM. Payen et Chevallier.

(*Voyez le tableau ci-contre.*)

Ces divers précipités sont presque toujours des hydrocyanates terminés et du métal précipité.

Hydriodate de potasse ou *de soude* avec la dissolution des sels

d'argent, un précipité d'un beau jaune;
de plomb   jaune brillant;
de peroxide de mercure rouge;
de bismuth   brun-marron.

Hydrosulfates d'ammoniaque, de potasse ou *de soude* précipitent les dissolutions métalliques

d'argent, de cobalt, de cuivre, de fer, de nickel, d'or, de palladium, de platine, de plomb, de tellure et de mercure, en sulfures et hydrosulfates sulfurés noirs.

d'antimoine	en jaune orangé,	hydrosulfate.
d'arsenic	jaune,	
de cadmium	jaune,	
de cérium	brun,	} sulfures.
de chrôme	vert,	
de colombium	chocolat,	
de protoxide d'étain	chocolat,	
de deutoxide *idem*	jaune,	} hydrosulfates.
de manganèse	blanc sale,	
de molybdène	brun-rougeâtre,	} sulfures.
de titane	vert-bouteille,	
de zinc	blanc,	hydrosulfate.
de zircone	blanc,	oxide de zircone.

Nitrate d'argent. Pour reconnaître les hydrochlorates et l'acide hydrochlorique. Ce réactif est si sensible qu'il indique par un précipité blanc, pesant, cailleboté et insoluble dans l'acide nitrique 0,0000125 de cet acide dans l'eau.

Il précipite les phosphates alcalins en sousphosphate d'argent d'une belle couleur jaune-citron, et les dissolutions d'arsenic en un précipité semblable; il suffit pour cela de plonger un petit cylindre de nitrate d'argent dans une dissolution arsenicale, pour le voir se recouvrir d'une couleur jaune. Les hydrosulfates et l'acide hydrosulfurique précipitent ce sel en noir.

Nitrate de protoxide de mercure. Indique l'ammoniaque par un précipité gris; forme dans les dissolutions d'or un précipité bleuâtre réductible par le calorique, et dans celle de platine un précipité jaune-orangé, également réductible par la chaleur.

Surnitrate de mercure. Détermine la pureté de l'huile d'olive qu'il solidifie tandis que les autres restent fluides. Cet ingénieux procédé est dû à M. Pontet, de Marseille.

Oxalate d'ammoniaque. Réactif préférable à l'acide oxalique, pour reconnaître les plus petites proportions de chaux ou de sels calcaires avec lesquels il forme des précipités blancs, qui sont des oxalates que le calorique convertit en chaux pure.

Phosphate de soude. Précipite les dissolutions d'argent en jaune très-pâle.

Sulfate de cuivre. Réactif précieux pour constater les plus petites portions d'arsenic dans un liquide. On y ajoute d'abord un peu de solution de potasse, et ensuite quelques gouttes de ce sel; il s'opère de suite un précipité vert qui répand, par l'action du calorique, une odeur d'ail très-prononcée.

Sulfate de cuivre et d'ammoniaque. Est préféré au précédent.

Sulfate de protoxide de fer. Pour s'assurer de la présence de l'or par un précipité brun; indiquer la quantité d'oxigène dans les eaux; reconnaître l'acide hydrocyanique et les hydrocyanates par un précipité bleu foncé, et l'acide gallique par une couleur noirâtre.

Persulfate. A ces derniers usages.

Sulfate de potasse et de soude. Forme dans les sels de plomb des sulfates blancs insolubles dans l'eau, solubles dans les acides sulfurique et hydrochlorique.

Savons. Indiquent dans les eaux les sels calcaires par un précipité blanc, floconneux et très-léger, qui reste suspendu dans la liqueur.

LIVRE X.

DES EAUX MINÉRALES.

Parmi les secours que la nature offre à l'art de guérir, les eaux minérales occupent un rang distingué. Ce qui prouve la vérité de cette assertion, c'est que de temps immémorial on s'occupa de leur examen, et si l'on ne put parvenir à en bien reconnaître les parties constituantes, c'est que la chimie était encore dans son enfance.

Ce fut vers la fin du 17e siècle que Boyle et Duclos firent plusieurs tentatives heureuses pour découvrir les principes minéralisateurs des eaux médicinales; Boyle fut le premier qui indiqua les moyens d'analyse qui furent suivis et perfectionnés par Duclos.

Plusieurs autres chimistes, tels que Hierne, Hoffmann, Margraaff, Venel, Boulduc, Regis, Rouelle, Geoffroy, Bayen, etc., contribuèrent beaucoup à l'avancement de cette science. Cependant, malgré leurs savantes recherches et le grand jour que répandirent, sur ce sujet, Black par la découverte de l'acide carbonique, et Bergmann par la dissertation qu'il publia en 1778, la nature des eaux minérales n'a été bien connue que depuis la naissance de la chimie pneumatique et les travaux des Klaproth,

Schéele, Westrumb, Kirwan, Giovanetti, Fourcroy-Vauquelin, etc. Depuis ce temps il est fort peu de chimistes qui ne se soient livrés à l'examen de quelque eau minérale.

La nature a répandu les sources d'eaux minérales sur presque tous les points du globe, le plus souvent dans les endroits éloignés du séjour des hommes, et souvent même inaccessibles; il semble qu'elle ait voulu par là nous prouver la juste répartition de ses bienfaits. Presque toujours elles sourdent au pied ou à diverses hauteurs des montagnes, et elles entraînent ou dissolvent les sels que contiennent les terres à travers lesquelles elles filtrent.

Les eaux minérales peuvent donc tenir en dissolution ou en suspension diverses substances gazeuses, terreuses et salines, dont le nombre et les proportions sont très-variables. Il en est même qui n'y sauraient exister ensemble, attendu qu'elles se décomposent mutuellement. Les substances qu'on y a trouvées sont :

1° Le gaz oxigène.

2° L'air, dans quelques-unes pour $\frac{1}{28}$.

3° Le gaz azote, dans la plupart des eaux dont la température ne dépasse pas 40 degrés.

4° Le gaz hydrogène y a été rencontré par MM. Pearson, Garnet et Cambe.

5° Le gaz acide hydrosulfurique.

6° Le gaz acide carbonique, en plus ou moins grande quantité dans presque toutes les eaux.

7° Le gaz acide sulfureux, en Italie, dans des eaux au voisinage des volcans.

8° L'acide borique dans quelques lacs.

9° La soude, par Black.

10° La potasse, par le docteur Marcet dans les eaux de la mer.

11° L'ammoniaque, par le même.

12° La silice, par Bergmann, Black, Klaproth, Hassenfratz, etc.

13° La chaux : sa présence n'y est pas bien démontrée.

Parmi les sels on y rencontre le sulfate, l'hydrochlorate de soude; les sulfates de magnésie, de soude, de chaux, de fer, de cuivre, et quelquefois d'alumine; les hydrochlorates de chaux, de magnésie, et quelquefois ceux de manganèse, d'ammoniaque, de barite, d'alumine et de potasse; les nitrates de chaux, de magnésie et de potasse, ainsi que les carbonates de soude, de fer, de chaux, de potasse, d'ammoniaque et de magnésie; les hydrosulfates de chaux et de soude, etc.

De ces 38 substances, il n'y en a guère que 7 à 8 qu'on y rencontre presque toujours. D'après les proportions dans lesquelles elles se trouvent dans les eaux minérales, on les a divisées en sulfureuses, acidules, salines et ferrugineuses.

1° On appelle *sulfureuses* celles qui ont pour principal minéralisateur l'acide hydrosulfurique ou un hydrosulfate. Elles ont une odeur et une saveur hépatiques.

2° *Acidules* celles où prédomine l'acide carbonique. Elles ont une saveur aigrelette et rougissent les couleurs bleues végétales.

3° *Ferrugineuses* celles où prédomine le carbonate de fer, qui y est en dissolution par un excès d'acide carbonique. Un petit nombre contiennent du sulfate de ce métal.

4° *Salines*, quand elles ne sont minéralisées que par des sels, tels que les sulfates de soude et de magnésie, et les hydrochlorates de chaux, de magnésie et de soude, etc.; les carbonates de chaux, de magnésie et de fer.

Relativement à leur température, on les divise en eaux froides et chaudes ou thermales; le degré de température de ces eaux est plus ou moins élevé. MM. Boucingo, Rivero et de Humboldt en ont trouvé une sulfureuse sur les Cordillères à 92° cent. M. Caldeleugh en a vu au Brésil dont la température est de 140° et de 150 de Farenheit : on en rencontre en Islande qui se rapprochent de celle de l'ébullition. M. de Humboldt assure que les eaux à la Trincheras sont chargées d'acide hydrosulfurique, quoique leur température soit de 90°.

Lorsqu'on se propose d'examiner une source d'eau minérale, il faut auparavant parcourir attentivement les environs, reconnaître la nature du sol et s'asurer s'il existe des mines dans la direction d'où viennent les eaux; car, comme l'a fort bien observé Pline, *tales sunt aquæ qualis terra per quam fluunt.* On doit prendre ensuite soigneusement, et avec plusieurs bons thermomètres, la température de l'eau à la source, en observer la transparence, et recueillir une partie du dépôt, si elle en forme. Après cette opération préliminaire, on passe à l'analyse préliminaire qui a lieu au moyen des réactifs.

Examen par les réactifs.

Cet examen doit être fait à la source, ainsi que

toutes les expériences préliminaires, afin d'éviter la déperdition des substances gazeuses qui a lieu en partie par le transport. Cette analyse s'opère en faisant réagir successivement sur plusieurs portions d'eau divers réactifs. En notant soigneusement l'effet que chacun d'eux y produit, on acquiert des notions préliminaires qui conduisent le chimiste à des résultats d'autant plus exacts que son habileté lui rend la connaissance de l'action des réactifs plus familière. Nous devons faire observer qu'il est plusieurs composés qui ne peuvent exister simultanément avec d'autres corps dans les eaux minérales, attendu qu'ils réagissent les uns sur les autres, et donnent lieu à de nouveaux produits. Les analyses dans lesquelles on rencontre, en même temps, ces mêmes corps sont inexactes.

La connaissance des substances qui se décomposent mutuellement facilite beaucoup l'étude des eaux minérales, et nous fait éviter bien des erreurs. Nous allons offrir le tableau de ces divers corps :

Gaz oxigène, air atmosphérique,	ne peuvent exister avec l'acide hydrosulfurique et l'acide sulfureux.
Acide carbonique,	avec aucun alcali libre, ni avec l'oxide de fer, la magnésie et la chaux.
SUBSTANCES SOLIDES. Iode,	avec les acides hydrosulfurique et sulfureux.
SELS. Les sulfates de potasse et de soude,	les nitrates de chaux et de magnésie, les hydrochlorates de ces deux bases.

37

Sulfate d'alumine	ne peut exister avec les alcalis, l'hydrochlorate de barite, le nitrate et l'hydrochlorate de chaux, les carbonates calcaire et ma : gnésien.
Sulfate de chaux,	les alcalis, l'hydrochlorate de barite, le carbonate de magnésie.
Sulfate de fer,	les alcalis, l'hydrochlorate de barite, les carbonates terreux.
Sulfate de cuivre,	les alcalis, l'hydrochlorate et ni- trate de barite.
Sulfate de magnésie,	alcalis, hydrochlorate de barite, nitrate et hydrochlorate de chaux.
Hydrochlorate de barite,	les sulfates et les carbonates.
Hydrochlorate de chaux,	les sulfates autres que celui de chaux, les carbonates alcalins.
Hydrochlorate de magnésie,	les sulfates et carbonates alcalins.
Nitrate de chaux,	les carbonates terreux et alca- lins, et les sulfates.
Carbonate de soude et de potasse,	l'hydrochlorate de barite, de chaux et de magnésie, le nitrate calcaire, les sulfates de magnésie et d'alumine, de fer et de cuivre; l'acide bori- que, etc.

Examen par le calorique.

Si l'eau qu'on se propose d'examiner est de nature ferrugineuse ou sulfureuse, en la faisant bouillir pendant un quart d'heure, on ne tarde pas à

reconnaître si elle est minéralisée par le sulfate ou le carbonate de fer, ou par l'acide hydrosulfurique. Si elle l'est par le dernier sel, elle n'éprouve, après l'ébullition, aucun changement de la part de l'hydrocyanate ferruré, parce que le calorique, en dégageant l'acide carbonique, rend le carbonate de fer insoluble et le précipite ; s'il y développe, au contraire, une couleur bleue, elle contient du sulfate de fer. Dans une eau sulfureuse, si, après l'ébullition, le sousacétate de plomb ne produit point un précipité noir, elle était minéralisée par l'acide hydrosulfurique ; si elle y forme, au contraire, un précipité semblable, c'est par un sulfure. Il peut arriver cependant qu'une eau soit minéralisée par ces deux corps en même temps. Alors on chauffe l'eau dans une cornue, et on reçoit le gaz dans une éprouvrette pleine d'une dissolution de sousacétate de plomb. Par le poids du précipité obtenu, on détermine celui du gaz acide hydrosulfurique.

Pour reconnaître la quantité d'air ou les gaz qu'une eau peut contenir, on en remplit une cornue à laquelle on adapte un tube recourbé, également plein d'eau, qui va plonger sous une cloche pleine de mercure ; par l'ébullition on en dégage les gaz : 1° si ces gaz brûlent avec une flamme bleue, par l'approche d'un corps enflammé, c'est de l'hydrogène pur ; s'il détonne, il est mêlé avec de l'oxigène ou de l'air : alors on en détermine la quantité en le brûlant dans l'eudiomètre de Volta ; 2° si le gaz rougit les couleurs bleues végétales, on le lave avec l'eau de chaux, et l'on juge par le poids du précipité qui se forme, celui de l'acide carbonique qui s'est dégagé de cette eau ; 3° s'il éteint les bougies allumées, c'est du gaz azote ; 4° s'il augmente la combustion des corps enflammés, c'est ou de l'oxigène pur ou mêlé avec un peu d'azote, dont on détermine les proportions en le brûlant, avec le gaz hydrogène, dans l'eudiomètre de Volta ; 5° s'il ne présente enfin aucune de ces particularités, c'est de l'air atmosphérique, dont on peut évaluer la quantité d'oxigène par ce dernier procédé.

Ordinairement, lorsqu'on a obtenu les gaz sous la cloche au mercure, on les agite avec une solution de potasse, pour en séparer l'acide carbonique et le gaz hydrogène sulfuré, s'ils y existent en petite quantité. Lorsqu'on soupçonne qu'une eau contient de l'acide sulfureux, on le convertit en acide sulfurique par le chlore ; on le précipite ensuite par le nitrate acide de barite ; 200 parties de ce sulfate indiquent 54,94 d'acide sulfureux. En reconnaissant la nature des précipités obtenus et les proportions de leur principes constituans, on parvient à la connaissance de la substance extraite d'une eau. Ainsi, si, dans une eau hydrosulfurique, j'obtiens, en y versant du sousacétate de plomb, un précipité noir pesant 115,45, que je sais être un sulfure de plomb, je dis : Si le sulfure de ce métal est composé de 100 de plomb et de 15,45 de soufre, il y a donc eu 15 parties de soufre précipitées. Or, comme un litre d'acide hydrosulfurique à 0, et sous la pression ordinaire, est composé de 1 gr. 4581 de soufre, par le calcul je trouverai ce que cette quantité d'eau contenait d'hydrogène sulfuré. On fait le même calcul pour le gaz acide carbonique. On l'obtient en faisant bouillir l'eau et le recevant dans un mélange d'ammoniaque et d'hydrochlorate de chaux; le précipité blanc est un carbonate calcaire, dont on reconnaît la quantité de l'acide en le pesant. Si ce poids est de 228,75, celui de l'acide sera de 100, attendu que 228,75 de ce sel sont composés de 100 acide et 128,75 de chaux. Si on veut le réduire en litres, en sachant qu'un litre de ce gaz acide à 0, et sous la pression ordinaire, pèse 1,9805, par le calcul on aura bientôt réduit tout le poids en volume. Si cette eau contient un hydrosulfate sulfuré, ce que l'on reconnaît par son odeur hépatique et le précipité noir qu'elle donne par le sousacétate de plomb, lorsqu'on l'a filtrée pour en séparer les carbonates, on y verse de l'acide acétique qui en dégage le gaz hydrosulfurique; on le reçoit dans une éprouvette pleine d'acétate acide de plomb, et l'on juge, par le poids du sulfure qui se forme, de celui du gaz hydrogène sulfuré, en tenant compte d'un peu de soufre qui s'attache aux parois de la cornue.

Extraction des substances fixes.

Les carbonates de magnésie, de chaux et de fer n'étant tenus en dissolution dans les eaux qu'en faveur d'un excès d'acide carbonique, dès qu'elles entrent en ébullition l'acide se dégage, et ces sels se précipitent. Quand l'eau est réduite à moitié volume, on les sépare par le filtre, ou, si l'on veut, on continue l'évaporation dans une bassine d'argent; à défaut, dans une bassine de cuivre étamée, et lorsque le liquide est réduit à environ demi-litre, on le retire du feu; on rince bien la bassine afin d'enlever le sel qui pourrait adhérer aux parois, et l'on finit l'évaporation jusqu'à siccité dans une capsule de porcelaine. On recueille soigneusement le précipité, on le pèse exactement, et, par la quantité d'eau sur laquelle on a opéré et celle du précipité, on juge de celle des substances salines que chaque litre contient. Plus la quantité de ce résidu est forte, plus l'on doit espérer d'obtenir des résultats voisins de l'exactitude; il faut en avoir au moins de 20 à 30 grammes. Nous allons maintenant indiquer la méthode suivie par le professeur Thénard.

Traitement du résidu par l'eau distillée.

Dès qu'on a pesé exactement le résidu, on le fait bouillir dans une capsule de porcelaine, avec huit fois son poids d'eau distillée; on filtre ensuite la liqueur, on lave soigneusement le filtre; s'il y a un résidu, on le fait sécher, et on le pèse afin de connaître ce qui a été dissous par l'eau distillée.

Traitement par l'alcool des substances dissoutes par l'eau.

On évapore jusqu'à siccité la solution aqueuse, et l'on traite le résidu par l'alcool très-concentré à plusieurs reprises; l'on filtre et on lave le filtre avec l'alcool. Le résidu est séché et pesé exactement. Il est clair que, par ces deux opérations, on a divisé en trois les substances fixes contenues dans l'eau. Pour en reconnaître la nature, on opère de la manière suivante.

1° Les matières que l'eau bouillante n'a point attaquées sont les carbonates de chaux, de fer et de magnésie , le sulfate de chaux et la silice. Il peut n'y exister qu'un ou deux de ces corps. Mais, pour rendre l'étude de cette analyse plus complète, nous allons les y supposer tous les cinq réunis.

On traite ce résidu par un peu d'acide hydrochlorique faible en excès, qui dissout les carbonates ; par la filtration on en sépare le sulfate de chaux et la silice. On ajoute à dissolution de l'ammoniaque, qui en précipite l'oxide de fer. Par son poids , on reconnaît celui de son carbonate; par l'addition du souscarbonate d'ammoniaque, on en précipite ensuite la chaux à l'état de carbonate. Il est évident que ce qui reste en dissolution est la magnésie, dont on reconnaît le poids dès le moment qu'on sait ceux des carbonates de fer et de chaux.

Pour séparer le sulfate de chaux de la silice, on chauffera le tout dans un creuset avec du souscarbonate de potasse en excès, qui s'emparera de l'acide pour former un sulfate de potasse et un carbonate de chaux qu'on séparera de la silice en les traitant par l'acide hydrochlorique.

2° Les substances qui sont solubles et dans l'eau et dans l'alcool concentré sont la soude , les nitrates de chaux et de magnésie , et les hydrochlorates de chaux, de magnésie, d'ammoniaque et de soude. Ces deux derniers ne se dissolvent qu'en très-petites proportions dans l'alcool. Tous ces sels n'y existent pas en même temps; il en est même, tels que les nitrates de chaux et de magnésie, et l'hydrochlorate de magnésie, qui ne s'y rencontrent que rarement. Il est aussi bon de faire observer qu'il en est qui, se décomposant mutuellement, ne peuvent

s'y trouver en même temps; il est même bien reconnu qu'on ne rencontre ordinairement dans les
eaux que l'hydrochlorate de soude et les nitrates et
hydrochlorates de chaux et de magnésie.

Pour déterminer la nature et les proportions de
ces sels, on les dissout dans l'eau, et on verse dans
la liqueur un excès de souscarbonate d'ammoniaque
qui décompose les nitrates et hydrochlorates de
chaux et de magnésie. Le carbonate de chaux, qui
se forme, est séparé par le filtre, et la liqueur contient des hydrochlorates de soude et d'ammoniaque,
du nitrate de cet alcali, et un souscarbonate ammoniaco-magnésien. On évapore à siccité, et on calcine
fortement le résidu; tous les sels se décomposent et
se volatilisent, à l'exception de l'hydrochlorate de
soude et la magnésie pure, qui restent dans le
creuset, et qu'on sépare en dissolvant le sel marin
dans l'eau, et le séparant de la magnésie par la filtration. Par ces moyens, on trouve les proportions de
ces derniers sels, et celles de la chaux et de la magnésie, des nitrates ou hydrochlorates. Pour reconnaître
celles de leurs acides, on prend une nouvelle quantité de matière saline qu'on dissout dans l'eau et
qu'on précipite par le nitrate d'argent en excès. Le
précipité est un chlorure d'argent qui égale en
poids la quantité d'acide hydrochlorique des hydrochlorates de magnésie et de chaux, en en déduisant
cependant celui qui appartient à l'hydrochlorate de
soude, dont on connaît déjà les proportions. Il ne
reste plus qu'à chercher les quantités d'acide des
nitrates. Pour y parvenir, on dissout dans l'eau une
troisième portion de matière saline, qu'on précipite

par le carbonate d'ammoniaque; on filtre et l'on
évapore à siccité. On prend le résidu, qui est formé de nitrate d'hydrochlorate d'ammoniaque et
d'hydrochlorate de soude, on le distille dans une
petite cornue de verre, d'où part un tube qui va
plonger sous une cloche de la machine hydrargyro-
pneumatique. Le nitrate ammoniacal se décompose et donne de l'eau et du protoxide de carbone,
dont on convertit, par le calcul, la quantité en acide
nitrique (1). Par les divers essais on reconnaît la
quantité des carbonates, et celle de l'hydrochlorate
de soude, qu'on isole en entier; celle des hydrochlorates et des nitrates de magnésie et de chaux, n'est
démontrée que par la connaissance des quantités des
acides et des bases. Pour compléter cette analyse,
il reste encore à reconnaître les sels qui ont été dissous par l'eau, et que l'alcool n'a pu dissoudre.

3o La solution aqueuse des sels insolubles dans
l'alcool, peut être très-compliquée, puisque ce liquide peut contenir les sulfates de magnésie, de
soude, d'ammoniaque, de cuivre, de fer et d'alumine, le nitrate de potasse et les hydrochlorates de
soude et de potasse, qui passent par la dessiccation
à l'état de chlorures, ainsi que les souscarbonates

(1) En même temps que le protoxide d'azote, il passe sous
la cloche l'air du récipient; mais comme, par le refroidissement, il rentre dans la cornue autant de gaz qu'il en sort
par l'élévation de température, ce qu'il en reste dans la
cloche représente exactement la quantité de protoxide, et
par conséquent celle de l'acide nitrique. (Thénard, *Traité de
chimie*, tom. IV.)

de soude et de potasse, l'acide borique et le sous-borate de soude.

Il s'en faut de beaucoup que tous ces sels se trouvent en même temps dans une eau ; la plupart, tels que les sulfates d'ammoniaque, de cuivre, d'alumine, l'acide borique, le borate de soude, le nitrate, l'hydrochlorate et le carbonate de potasse, n'existent que très-rarement dans quelques eaux minérales. On peut à la rigueur borner les sels solubles dans l'eau, et non dans l'alcool, qu'elles contiennent, aux sulfates de magnésie et de soude, et à l'hydrochlorate et souscarbonate de soude. Il est bon de faire observer aussi qu'il est plusieurs de ces sels qui ne sauraient s'y trouver ensemble parce qu'ils se composent mutuellement.

D'après cela, il est bien évident qu'il n'existe dans la solution aqueuse dont les sels sont insolubles dans l'alcool, que trois sels, puisque le carbonate de soude ne peut s'y trouver avec le sulfate de magnésie. En supposant que ce sel ne s'y trouve point, on traite le tout à plusieurs reprises par de l'alcool à 0,875, qui finit par dissoudre tout le sel marin, dont on détermine le poids par l'évaporation de l'esprit-de-vin ; en versant de l'acide acétique sur le résidu que n'a point attaqué l'alcool, on forme, avec le carbonate de soude, un acétate qui est très-soluble dans ce dernier menstrue, et au moyen duquel on l'isole du sulfate de soude.

Si, au lieu du carbonate de soude, il y a du sulfate de magnésie, on s'empare du sel marin par l'alcool ; on dissout le résidu dans l'eau, et on reconnaît la quantité d'acide des deux sulfates en les précipi-

tant par l'hydrochlorate de barite ; en évaporant ensuite la solution à siccité et la chauffant au rouge-
cerise, dans un creuset de platine, la magnésie laisse
échapper son acide, et l'hydrochlorate de soude se
convertit en chlorure qu'on sépare de cette base par
l'eau froide. En pesant la magnésie, on reconnaît
la quantité de sulfate de cet oxide, et par suite celle
du sulfate de soude. Si une eau contient un sulfate
de fer, ce dont on est assuré lorsqu'après son ébullition elle précipite en bleu par l'hydrocyanate de
potasse ferruré, on doit précipiter le fer par la soude,
et, par le poids du précipité, reconnaître celui du
sulfate, en déduisant ensuite du total de l'acide
sulfurique celui qui était uni avec cet oxide. Si cette
eau contient en même temps du sulfate de magnésie,
il faut séparer la magnésie précipitée avec l'oxide
de fer, afin d'obtenir des résultats exacts.

Tel sont, à peu de chose près, les procédés usités
pour l'analyse des eaux minérales en général ; ces
procédés sont plus ou moins variés, suivant qu'elles
présentent quelques principes particuliers, et suivant l'habileté des chimistes qui exécutent ces opérations.

Des eaux de mer.

Parmi les eaux minérales, les eaux de mer doivent
tenir un rang distingué, surtout d'après les nombreuses applications qu'on en fait de nos jours à la
médecine. Un grand nombre d'analyses en ont été
entreprises, et presque toutes présentent des variations dans leurs résultats. Cependant, les principales
substances qu'on y trouve généralement sont les

hydrochlorates de soude et de magnésie, les sulfates de ces deux bases, et quelquefois leurs carbonates, ainsi que le sulfate de chaux, etc. Quelques chimistes avaient annoncé, sans en donner cependant une preuve évidente, le mercure dans les eaux de mer; cette même opinion vient d'être encore émise par M. Bode, dans l'*Algemene konst en letter*, janvier 1823. M. Kruger a trouvé l'iode dans l'eau-mère de la saline de Sulz, ce qui me porte à croire que, dans les parages où il croît beaucoup de fucus, l'eau de mer pourrait bien en contenir. On ne connaissait dans cette eau que la présence de la soude, le docteur Marcet y a annoncé celle de la potasse pour $\frac{1}{2000}$, ainsi que celle de l'ammoniaque; c'est par ce travail que ce savant a terminé son honorable carrière. Voici comme il écrivait à ce sujet à M. Prevost, le 4 août 1822, deux mois avant sa mort : « Depuis quelque temps je m'étais attaché principalement à examiner l'eau de mer, pour voir si elle contenaît du mercure, comme l'avaient avancé quelques chimistes; mais, tandis que je n'en trouvais pas la moindre trace, j'y découvris l'ammoniaque dans des proportions sensibles. »

L'hydrochlorate de soude est le principe dominant de l'eau de mer; il s'y trouve en quantités différentes. L'eau de l'Océan est en général plus salée dans l'hémisphère boréal que dans le méridional. Le poids spécifique de cette eau, pris à l'équateur, est plus grand que celui de celle de l'hémisphère boréal, et moindre que celui de celle de l'austral. La différence des longitudes n'influe pas sensiblement pour en faire varier la densité, mais l'eau est d'autant plus

salée qu'elle est prise plus profondément. MM. Gay-
Lussac et Despretz ont trouvé que

la densité la plus faible de l'eau de

l'Océan était   1,0272,

la plus grande   1,0297,

la moyenne   1,0286 à 8 cent.

et que les plus petites quantités de sel

étaient sur 100 parties d'eau 3,48,

les plus grandes   3,77,

la moyenne de leurs expériences 3,63.

Les petites mers sont moins salées que les grandes; aussi l'Océan l'est plus que la Méditerranée. Le docteur Marcet a publié un mémoire très-intéressant sur l'eau de mer (1), dans lequel il démontre, par ses observations et celles de Phipps, Ross, Parry, Sabine, Saussure, Ellis et Peron, que, dans la Méditerranée et les mers tropiques, la température de l'eau est d'autant moins forte, qu'on descend plus profondément, tandis qu'elle augmente au contraire dans les mers arctiques. Ce phénomène fut annoncé pour la première fois par M. Scoresby, et bientôt confirmé par M. Fisher et MM. les lieutenans Franklin et Beechy.

L'eau pure à + 4 degrés de Réaumur se trouve à son maximum de densité, au lieu que celle de l'eau de mer continue jusqu'à — 4 , $\frac{4}{9}$ R.; au-dessous elle se dilate, et se congèle à 6 $\frac{2}{9}$.

Les eaux minérales contiennent quelquefois un peu de bitume, uni à un alcali à l'état savoneux; le calorique y forme un coagulum qui, recueilli sur le filtre et brûlé, indique sa nature. Il arrive aussi qu'elles peuvent contenir une matière extractive dont on reconnaît la présence en précipitant, par le nitrate de

____

(1) *Philos. trans.* 1819, et *Edimb. phlios. journal.* vol. II.

plomb, les nitrates et les sulfates ; si elles précipitent
ensuite en brun par le nitrate d'argent, on a la certitude de l'existence de cette substance.

Usages. Nous n'entreprendrons point de tracer la
vertu des eaux minérales ; nous nous bornerons à faire
observer qu'on est surpris, en lisant les volumineuses
compilations qu'on a faites sur un grand nombre de
sources, de trouver une foule de cures miraculeu-
ses, produites dans des maladies semblables par des
eaux dont les principes constituans sont d'une nature
bien différente, et leurs vertus médicales bien opposées. Le grand nombre d'exemples qu'on en trouve,
s'ils ne sont point la plupart controuvés, nous porte-
raient à croire, en considérant cette identité de vertus médicales, que la plupart de ces cures doivent
être plutôt attribuées à l'eau chaude, à la pureté de
l'air des montagnes, à un genre de vie différent, etc.,
qu'à leurs principes minéralisateurs. Il est cependant
des eaux minérales dont les vertus ne sont point
hypothétiques : de ce nombre sont les sulfureuses,
pour les maladies de la peau, les affections de poitrine, etc.; les ferrugineuses, comme toniques, dés-
obstruantes, etc. Les vertus médicales des eaux de
mer sont si bien reconnues, qu'en Angleterre on a
construit des établissemens magnifiques pour recevoir les malades. En France, M. le professeur Del-
pech a puissamment contribué à enrichir la matière
médicale de ce puissant secours ; l'on vient enfin
de former à Dieppe un superbe établissement de
bains de mer dont la direction est confiée à un médecin plein de mérite, M. le docteur Mourgué, qui
a publié sur ce sujet une brochure pleine d'intérêt.

TROISIÈME PARTIE.

CHIMIE ORGANIQUE.

L'on comprend sous ce nom cette branche de la chimie qui s'occupe de l'examen des substances organiques. Nous allons la sous-diviser en deux parties : chimie *organique végétale*, et chimie *organique animale*.

CHIMIE ORGANIQUE VÉGÉTALE.

On est convenu de donner le nom de végétaux aux corps qui, fixés sur la convexité du globe, se développent et meurent à l'endroit même où ils ont pris naissance; ils ont pour caractères d'être privés de sensibilité, de croître par intus-susception et de se multiplier au moyen d'une semence qu'ils ont eux-mêmes produite, certains même en fixant dans la terre une de leurs tiges. Pour que le développement de la semence ait lieu, il faut le concours des conditions suivantes.

De la germination.

1º La semence doit avoir été cueillie dans un état de maturité et n'être pas vieille.

2º La présence de l'*eau* est indispensable. Cependant, chez le plus grand nombre de plantes, si elle est en excès, elle décompose la graine. C'est par erreur qu'on a cru que l'eau de fumier en favorisait le développement; l'eau pure est préférable. Ce n'est que lorsque la racine est bien formée que celle de fumier convient mieux.

3° Celle de l'*air* ou de l'*oxigène* est également indispensable, puisque les graines ne germent pas quand elles sont à une trop grande profondeur dans la terre, dans le vide, dans le gaz hydrogène, l'azote ou l'acide carbonique. On aperçoit à la vérité un commencement de germination, mais elle s'arrête bientôt, et les semences périssent. Schéele a démontré que cette germination ne pouvait avoir lieu dans une atmosphère formée de 3 d'oxigène et 1 d'acide carbonique; et de Saussure, dans un mélange de 12 d'air et 1 d'acide carbonique.

4° Le *chlore* très-étendu d'eau favorise beaucoup le développement même des vieilles semences, si son action est aidée de celle de la lumière et d'une température d'environ 35° c.; on observe cependant que les jeunes plantes qui en sont le produit, sont moins vigoureuses que les autres.

5° Le *calorique* est encore un des agens indispensables de la germination. Au-dessous de o, elle n'a pas lieu; il en est de même d'une température élevée. Les diverses plantes exigent pour leur développement divers degrés de chaleur; les plus favorables sont de 10 à 3o.

6° L'*action de la lumière* n'a pas encore été bien étudiée; nous savons seulement que le plus grand nombre de plantes germe beaucoup mieux à

l'abri de la lumière. Einhof a remarqué qu'il y a
des rayons lumineux qui favorisent plus la germination que les autres.

Dès que la semence est disposée pour germer,
elle absorbe de l'eau, se ramollit et se gonfle; bientôt
après, il s'opère un petit dégagement de gaz acide
carbonique, et le germe commence à se montrer; ce
développement continue, ainsi que le dégagement
de cet acide. L'on a calculé que la semence absorbait, pendant son entière germination, de la 1000^e
à la 100e partie d'oxigène du poids de la semence,
et que la quantité de gaz acide carbonique dégagé était égale en volume à celle du gaz oxigène
absorbé. Tant que cette opération dure, il se développe du calorique qui est quelquefois tel que
l'on a vu des inflammations spontanées avoir lieu
dans la préparation de la drèche.

La semence, ou, pour mieux dire, la matière glutineuse et amylacée, contenue dans les cotylédons
devenus feuilles séminales, fournit le carbone propre
à la formation de l'acide carbonique; aussi remarque-
t'on que le poids des semences a diminué; il se
forme alors une substance sucrée, soluble dans l'eau,
qui est à proprement parler le lait de la jeune
plante.

Une fois que la germination est opérée, la partie
qui doit constituer la racine, et que l'on appelle *ra-
dicule*, s'enfonce dans la terre, et celle qui doit former la tige, et que l'on nomme *plumule*, s'élève
au-dessus, accompagnée des cotylédons ou feuilles
séminales, qui tombent dès que la plante est un peu
forte.

Des racines.

Les racines sont la partie de la plante qui sert à la fixer dans la terre et à y puiser les sucs nutritifs. Elles se ramifient en fibres si déliées, qu'il n'y a que les substances dissoutes dans l'eau qui puissent être absorbées. Ces substances sont :

1º L'*eau*. Il en faut une plus ou moins grande quantité pour l'entretien de la végétation ; il est des plantes qui végètent dans des terrains très-secs, et d'autres, telles que les aquatiques, dont les racines, et quelquefois les plantes même, sont constamment plongées dans l'eau. Cependant, en général, un manque d'eau les fait périr, et un excès les fait pourrir.

2º L'*acide carbonique*. Les végétaux, arrosés avec une eau contenant de l'acide carbonique, croissent beaucoup mieux qu'avec de l'eau pure.

3º Les *sels*. Ces substances dissoutes dans l'eau sont absorbées par la plante. M. le comte Chaptal et moi avons observé que le *tamarisc gallica*, qui croît sur les plages maritimes, donne du sulfate et de l'hydrochlorate de soude, tandis que celui qui végète à un rayon de dix lieues, loin de la mer, ne produit que du sulfate et de l'hydrochlorate de potasse. Quant aux sels insolubles et à la silice, qu'on trouve dans leurs cendres, leur présence est bien difficile à expliquer, à moins que de l'attribuer à des réactions produites par la combustion. L'on peut consulter à ce sujet l'excellent ouvrage de M. de Saussure.

La fertilité du sol est en raison directe de la quantité de substances organiques décomposées qu'il con-

tient. Il est même démontré que les plantes absorbent également d'autres substances, qui leur communiquent une partie de leurs propriétés. John a
remarqué que des pois arrosés avec une dissolution
de suc d'aloès contractent une saveur amère. J'ai
observé, dans le midi de la France, que, dans les
terrains presque couverts d'aristoloches, où l'on plan-
tait la vigne, le vin conservait un goût amer bien
prononcé.

Du tronc et des branches.

Le point de séparation entre la partie qui s'élève
hors de la terre et celle qui s'y enfonce est appelé
collet; elle semble rattacher les racines au tronc.
Les racines, comme le tronc et les branches, sont
composées de quatre parties : la moelle, qui est
placée au centre du bois, qui la recouvre; de l'aubier, qui vient immédiatement après le bois; et de
l'écorce, qui est composée elle-même de trois autres
parties, l'épiderme, les couches corticales et le li-
ber. Toutes les années celui-ci se détache de l'écorce,
et, en s'appliquant sur le bois, constitue l'aubier,
tandis que le précédent passe à l'état de bois; aussi
voit-on que le tronc, les racines et les branches sont
formés de couches concentriques, d'autant plus
dures qu'elles se rapprochent plus du milieu; on
peut même jusqu'à un certain point reconnaître, par
ces couches, l'âge des arbres. Ces diverses parties des
plantes sont pourvues de vaisseaux absorbans, exhalans et pneumatiques, qui se ramifient dans les autres parties; l'étude de leurs fonctions compose la
physiologie végétale. Les sucs et les sels absorbés

par les plantes sont élaborés dans les vaisseaux et
convertis en amidon, gomme, résine, huile, mucilage, sucre, acides et en une foule d'autres produits,
à l'examen desquels nous nous livrerons bientôt.

Les branches émanent une quantité de gaz acide
carbonique égale à celle de l'oxigène qu'elles absorbent. Tant que la nutrition a lieu, l'intérieur de
l'arbre conserve un degré de température qui n'est
jamais inférieur à 11° cent., et qui paraît augmenter
avec celle de l'air, sans cependant dépasser celle de
23°. L'on a observé que, lorsque l'air était à 2,5°,
l'intérieur de l'arbre était à 11 ; lorsqu'il était à
12,5°, l'arbre était à 6 ; enfin que dans un air de
32,5 il était à 20. Il est bon de faire observer que
la pluie abaisse cette température, mais d'une manière très-lente.

Des feuilles.

Les feuilles sont destinées à diverses fonctions :

1° Elles servent à la transpiration de la plante ; elle
s'opère principalement par la surface supérieure ; si
on les enduit d'un vernis, elle s'arrête. Cette transpiration est aqueuse, elle se supprime la nuit, ainsi
que par les temps froids et par la pluie ; elle est plus
abondante dans les jeunes plantes. On a calculé que
la quantité d'eau qu'exhalent les plantes herbacées
était quelquefois égale au tiers et même à la moitié
de leur poids, et qu'elle était imprégnée de l'odeur
de la plante.

2° Pendant la nuit, les feuilles absorbent, par leur
surface inférieure, l'eau atmosphérique, ainsi que
celle de pluie et de rosée.

3° MM. Priestley et Sennebier ont fait connaître qu'elles absorbaient aussi un volume d'acide carbonique égal à celui du gaz oxigène qu'elles exhalent; mais, pour que cette absorption et cette exhalation aient lieu, il faut que la plante soit exposée à l'action de la lumière solaire. En automne, lorsqu'elles ont contracté une couleur rouge, ce dégagement cesse; il paraît qu'alors les fonctions vitales commencent à s'éteindre. L'expérience a démontré que la quantité d'oxigène qu'elles produisaient était en raison directe, non de leur épaisseur, mais de leur surface. Dans l'acte de la végétation, cet acide est décomposé, son carbone sert à la formation du ligneux, et contribue à celle des divers produits végétaux.

4° Lorsque les feuilles sont à l'abri du contact de la lumière, elles inspirent de l'oxigène, et expirent du gaz acide carbonique. Ce même effet a lieu la nuit, et est en raison directe de la bonté du sol; il est moins sensible dans les plantes marécageuses, et celles qu'on appelle grasses, que dans les autres.

Des fleurs.

Les fleurs diffèrent des feuilles en ce qu'elles absorbent constamment du gaz oxigène, moins cependant la nuit que le jour, et que les proportions d'acide carbonique qu'elles exhalent sont moindres que celles de l'oxigène qu'elles absorbent. M. de Saussure a remarqué que, dans les gaz dépouillés d'oxigène, les boutons ouverts périssaient, et les autres ne s'ouvraient point.

Des fruits.

Nous devons à M. Bérard un travail fort intéressant, par lequel il démontre, jusqu'à un certain point, que les fruits, avant de parvenir à leur maturité, exhalent de l'acide carbonique et absorbent de l'oxigène, et que cet effet est plus actif le jour que la nuit. Lorsqu'ils ont atteint leur maturité et qu'on les a cueillis, ils changent l'oxigène de l'air en acide carbonique, et passent successivement du dernier degré de maturité au blossissement et ensuite à la décomposition.

Nous ne pousserons pas plus loin cet aperçu; nous nous bornerons à conseiller à ceux qui voudront acquérir des connaissances plus étendues sur cet objet à consulter les travaux de Schéele (1), Ingenhouz (2), Sennebier (3), de Saussure (4), de Candolle (5), John (6), Bérard (7), Carradori (8), etc.

Classification des produits végétaux.

Un grand nombre d'analyses, faites par les plus habiles chimistes, a démontré que les élémens premiers qui existent dans les plantes, et qui constituent leurs produits immédiats, sont l'oxigène, l'hydrogène, l'azote, le chlore, le carbone, le soufre,

(1) *Opusc. chim.*, I.
(2) *Expériences sur les végétaux.*
(3) *Mém. phys. chim.*, III.
(4) *Recherches chim. sur la végétation.*
(5) *Mémoires d'Arcueil; Elém. de botanique,* etc.
(6) *Sur la nourriture des plantes,* etc.
(7) *Mémoire sur la maturation des fruits.*
(8) *Journ. de physiq.*, 85, 75.

le phosphore, l'iode; et parmi les métaux, le potassium, le sodium, le calcium, le fer, le manganèse, le magnésium et le silicium. Meisner et Bucholz y ont même annoncé la présence du cuivre (1). Ces principes élémentaires donnent lieu par leur combinaison aux acides, aux sels, aux sucs gommeux, sucrés ou résineux, ainsi qu'aux autres diverses substances végétales. Afin de les étudier avec plus de méthode, nous allons les ranger dans la division admise par M. Thénard, qui forme sept sections.

Dans la première sont rangés les acides végétaux dépourvus d'azote, et dans lesquels les proportions d'oxigène sont supérieures à celles de l'hydrogène, nécessaires pour former de l'eau. Il est bon de faire observer que, quelles que soient les proportions d'oxigène dans un acide végétal, elles sont toujours insuffisantes pour convertir en eau et en acide carbonique son carbone et son hydrogène.

Dans la deuxième sont comprises les substances qui servent de base à ces acides pour former des sels, et dont on n'a pas encore reconnu les proportions d'oxigène et d'hydrogène.

Dans la troisième sont placées celles dont les proportions d'oxigène et d'hydrogène se trouvent égales à celles qui sont nécessaires pour former de l'eau; elles sont appelées neutres : telles sont la gomme, le ligneux, l'amidon, le miel, le sucre, etc.

La quatrième est formée par les substances qui contiennent plus d'oxigène qu'il ne faut pour former de l'eau, avec leur hydrogène, et une grande quan-

____

(1) *Manuel pour les chimistes*, et *Journal de Schw.*

tité de carbone ; elles sont très-combustibles. C'est dans cette classe que sont rangés les résines, les huiles, l'alcool, etc. Quelques-unes de ces substances jouissent des propriétés des acides.

La cinquième réunit les matières colorantes ;

La sixième, les substances encore peu étudiées.

La septième comprend celles qui contiennent, outre les principes signalés dans les autres, de l'azote.

Nous nous réservons, en traitant de la plupart de ces substances, de faire connaître l'action qu'exercent sur elles les acides et les oxides.

PREMIÈRE SECTION.

Des acides végétaux et des sels qu'ils forment en s'unissant avec les bases.

Ces corps ont pour propriétés caractéristiques de rougir les couleurs bleues végétales, de former des sels avec les bases, de n'avoir pour principes constituans que l'oxigène, l'hydrogène et le carbone. Tous les acides sont incolores et inodores, à l'exception de l'acide acétique, d'un poids spécifique supérieur à celui de l'eau ; les acides margarique et oléique sont les seuls qui soient plus rares que ce liquide ; ils sont aussi presque tous solubles dans l'eau et un grand nombre même dans l'alcool. Le calorique en volatilise quelques-uns sans altération ; ceux-là sont susceptibles d'être distillés, comme le vinaigre, etc. ; d'autres sont partiellement décomposés, et les nouveaux produits se volatilisent en combinaison avec la partie indécomposée ; de ce nombre sont les acides

gallique, benzoïque , oxalique, succinique, margarique , oléique, etc.; il en est enfin qui sont complétement décomposés et convertis en acides acétique et carbonique, en eau, en charbon et en
substance huileuse. Les acides végétaux connus
jusqu'à présent, sont au nombre de trente-sept;
nous allons les examiner succinctement, en gardant
l'ordre alphabétique.

Quelques-uns de ces acides existent naturellement dans les végétaux, d'autres sont le produit de
l'art, et certains, de l'art et de la nature.

Les sels qui proviennent de l'union des acides végétaux avec les diverses bases salifiables ont tous
les caractères des autres sels. Le calorique les décompose à une haute température, et l'on obtient
souvent pour résidu un carbonate métallique; d'autres fois l'oxide est complétement ou partiellement
réduit. Il en est enfin, dont une partie de l'acide est
décomposée et l'autre volatilisée, et la base métallique est réduite ou reste à l'état d'oxide. Lorsque
nous examinerons les divers sels, nous nous arrête-
rons sur ce qu'ils peuvent offrir de particulier.

Acide acérique.

Cet acide vient d'être reconnu dans le suc de l'é-
rable. Il n'a encore été que fort peu étudié, ainsi
que ses combinaisons salines.

Acide acétique.

Histoire. On a donné long-temps au vinaigre le
nom d'acide acéteux. On croyait qu'il différait de

l'acide acétique par un degré moindre d'oxigénation. Leur identité a depuis été bien reconnue.

Propriétés. L'acide acétique, connu jadis dans les
pharmacies sous le nom de *vinaigre radical*, est, dans
son plus grand état de concentration, liquide, incolore, d'une odeur très-vive, *sui generis*, d'une saveur très-acide et caustique; rougissant les couleurs
bleues végétales, entrant en ébullition au-dessus de
100, inflammable, attirant l'humidité de l'air, se
dissolvant dans l'alcool, et exerçant une grande action désorganisatrice sur les substances animales.
Son poids spécifique est égal à 1,063. Celui qui provient de la distillation du vinaigre ne contient qu'environ $\frac{1}{17}$ de celui-ci. Son poids spécifique est de 1,007
à 1,009. Dans cet état, sa saveur est acide et non caustique, son odeur agréable; il contient un peu de mucilage et souvent un peu d'alcool, surtout quand le
vinaigre n'a pas plus de 6°. J'ai obtenu, par la distillation de 20 litres d'un semblable vinaigre, un produit éthéré qui, bien rectifié, m'a donné demi-litre
de bon éther acétique.

L'acide acétique à 1,063 se prend en une masse
cristalline à la température de $+$ 13 cent.; une
forte pression peut opérer le même effet. M. Perkins a soumis du vinaigre de M. Mollerat conte-
nant $\frac{20}{100}$ d'acide réel et 10 d'eau à une pression de
1,100 atmosphères, et a obtenu les $\frac{7}{8}$ supérieurs de
cristaux d'acide acétique pur et très-fort; la partie
inférieure était de l'eau acidulée. A une chaleur ordinaire, il passe à la distillation sans se décomposer;
dans un tube rouge il est même difficilement décomposé. Il est soluble dans l'eau en toutes propor-

tions. Dans son plus grand état de concentration, il
en contient 14,78 parties, qui sont nécessaires à son
existence. Un fait bien remarquable, c'est que cet
acide, quand on l'unit avec diverses proportions
d'eau, les poids spécifiques de ces mélanges ne s'accordent pas avec les proportions de chacun de ces
corps. M. Mollerat s'est livré à ce sujet à un travail
fort intéressant duquel il résulte que :

100 parties d'acide et	14,78 d'eau pèsent	1,0630,
100	25,21	1,0742,
100	52,54	1,0800,
100	59,38	1,0763,
100	71,90	1,0742,
100	116,25	1,0658,
100	166,34	1,0630.

L'acide acétique dissout le cuivre, l'étain, le fer
et le zinc. Il forme, avec les oxides et les bases salifiables, des sels qui portent le nom d'acétates.

Etat naturel. Cet acide est un des acides végétaux qui existent le plus communément dans la nature. On le trouve dans le lait, la sève, la sueur,
l'urine, etc. Il est un des produits de la putréfaction
des végétaux, de leur distillation, et de l'action des
acides sulfurique et nitrique, ainsi que des alcalis,
sur les substances végétales. C'est un des produits
végétaux les plus oxigénés. Il se forme aussi dans
l'estomac, lors des mauvaises digestions.

Préparation. On obtient cet acide à l'état de vinaigre en faisant subir une nouvelle fermentation,
plus ou moins prolongée, et avec le contact de l'air,
aux liqueurs alcooliques. Cette acétification est d'autant plus prompte, que la température à laquelle

on opère s'écarte moins de 15 à 20 + o, que la liqueur présente plus de surface à l'air, et qu'on l'agite plus souvent, en la tenant en contact avec l'atmosphère. Quelques personnes, pour activer la fermentation acétique, ajoutent au vin de la levure de bierre et une partie de vin chaud. Le vinaigre ainsi obtenu est rouge ou jaune doré, suivant qu'on a employé du vin rouge ou blanc.

Dans le premier cas, on le décolore, 1° par la distillation, 2° par le noir d'ivoire ou charbon animal. Si l'on veut lui conserver une couleur dorée, il suffit de verser dans deux pintes de bon vinaigre un verre de lait, ou d'y délayer un morceau de levain; au bout de 2 ou 3 jours on filtre, et on obtient un vinaigre très-beau, que l'on peut aromatiser avec diverses plantes, en les y laissant en infusion pendant 24 heures.

Le vinaigre concentré, ou vinaigre radical, se préparait en distillant, dans une cornue de grès, de l'acétate de cuivre; on redistillait le produit pour en séparer un peu d'oxide de cuivre qu'il entraîne et qui le colore en vert; on le fabrique maintenant en grand par la distillation des bois dans un appareil très-ingénieux que nous devons à M. Mollerat. Les produits de cette distillation sont du gaz acide carbonique, de l'oxide de carbone, de l'hydrogène carboné, de l'eau, de l'huile empyreumatique et de l'acide acétique. Ces produits réunis, à l'exception des trois premiers, qui se dégagent à l'état de gaz, étaient connus sous le nom d'*acide pyroligneux*. Dans cet appareil de M. Mollerat, les gaz qui proviennent de cette distillation se rendent, par un large tuyau, dans le foyer du fourneau, où en brûlant ils fournissent le calorique nécessaire pour continuer cette opération. Pour obtenir l'acide acétique pur, on sature le produit liquide en le filtrant à travers la soude factice; la plus grande partie de l'huile s'unit à la charrée : on fait cristalliser l'acétate de soude, on le redissout, et on le fait *recristalliser* jusqu'à ce qu'il soit bien blanc; on décompose ensuite l'acétate de soude par l'acide sulfurique, et on recueille le produit, qui se volatilise, et dont la concentration est relative à celle de l'autre acide. C'est ainsi que M. Mollerat prépare celui qu'il livre annuellement au commerce, et dont la concentration et la beauté l'emportent sur le vinaigre de vin.

L'opération de la distillation du bois dure de 5 à 6 heures. La cornue contient de 1 voie $\frac{1}{2}$ à 2 voies, ce qui fournit de 240 à 300 litres d'acide pyroligneux, et $\frac{28}{100}$ de beau charbon, lequel exposé à l'air augmente de poids de $\frac{10}{100}$, et brûle plus rapidement.

Les bois durs doivent seuls être employés, et les bois blancs rejetés.

Composition. Selon MM. Gay-Lussac et Thénard, cet acide est composé de :

carbone	50,224,
hydrogène et oxigène dans les proportions propres à former de l'eau	46,511,
oxigène en excès	2,865.

Usages. Cet acide, à l'état de vinaigre, est employé dans les arts chimiques pour fabriquer les acétates de cuivre, de plomb, d'alumine et de fer. Dans les pharmacies, on en prépare une foule de médicamens, tels que les vinaigres scillitique, rosat, des quatre-voleurs, l'oximel scillitique et simple, l'extrait de saturne, l'onguent égyptiac, etc. Dans l'économie domestique, il est très-employé comme condiment et aliment. En médecine, il est d'un très-grand emploi, tant comme moyen hygiénique que comme moyen curatif. Sous ce dernier point de vue, il est considéré comme un bon antiseptique, rafraîchissant et calmant; il peut être employé dans tous les cas où les acides minéraux faibles sont indiqués. Il convient aussi dans les lipothymies, ainsi que dans l'asphyxie. En fumigations, et en arrosant les chambres des malades, il contribue à leur assainissement et à détruire l'odeur désagréable qu'elles ont.

Tout le monde connaît l'usage qu'on en fait à l'extérieur dans les évanouissemens, soit en frictions sur les tempes, soit en le faisant respirer; il est alors excitant et antispasmodique. Il est aussi employé en frictions pour détruire l'engorgement de quelques organes, pour les tumeurs anévrismales et contre la céphalalgie. On l'ajoute à quelques pédiluves comme un bon moyen révulsif.

Le vinaigre avait été préconisé comme étant un bon antidote de l'opium; M. Orfila a démontré que, loin d'en être le contre-poison, il en augmentait l'action meurtrière lorsqu'ils se trouvaient ensemble dans le canal digestif, mais que l'eau vinaigrée était un des meilleurs médicamens pour combattre les symptômes développés par ce poison. Le sel de vinaigre n'est autre chose que du sulfate de potasse arrosé avec de l'acide acétique concentré.

Des acétates.

Ce genre de sels étant très-étendu, nous nous bornerons à l'examen de ceux qui offrent quelque intérêt ou quelque utilité. Ils ont pour caractères d'être complétement décomposés par le calorique, et de donner de l'esprit *pyroacétique* (1). Dans cette opération, l'acide acétique est décomposé dans des proportions plus ou moins grandes, suivant la force d'affinité qui l'unit à l'oxide avec lequel il est à l'état de combinaison saline; sa décomposition est presque totale dans les acétates alcalins et terreux. Avec les bases non métalliques, on n'a pas encore bien étudié leur réaction.

L'eau dissout tous les acétates; si ce liquide est en quantité, et qu'on expose quelque temps la solution au contact de l'air, le sel est décomposé.

Tous les acides dits minéraux dégagent l'acide acétique de ses combinaisons salines.

Acétate d'ammoniaque.

Ce sel est connu dans les pharmacopées sous le nom *d'esprit de Mindererus*. Il existe dans l'urine putréfiée et dans le bouillon gâté. Il est liquide; lorsqu'on l'évapore rapidement, il perd une partie de son ammoniaque, et se sublime en aiguilles déliées. Il a une saveur piquante; on l'obtient en saturant l'acide acétique par l'ammoniaque.

Vertus. Sudorifique et antispasmodique. On le

(1) L'acétate d'ammoniaque semble faire exception à cette règle, puisqu'il se sublime en grande partie en aiguilles déliées.

donne dans cinq ou six onces de véhicule, à la dose de deux gros à une once et demie. Il est très-recommandé dans les typhus, les fièvres putrides, malignes, dans la petite-vérole, les gouttes rentrées, à la fin des rhumatismes aigus, etc.

Acétate d'alumine.

Propriétés. Liquide, inodore, saveur astringente et sucrée, et abandonnant son acide sans décomposition à une température voisine de la chaleur rouge. Ce sel cristallise difficilement; il est soluble dans l'eau. Cette solution, évaporée à siccité, se convertit en sousacétate, qui est insoluble, et en acide acétique. Le même effet a lieu, si on l'expose à une température de 5o à 6o° c.

Préparation. En décomposant le sulfate d'alumine (alun) par l'acétate de plomb.

Usages. Ce sel est très-employé pour fixer les couleurs sur les indiennes, etc.

Acétate de potasse.

Sel désigné dans les anciennes pharmacopées sous les noms de *terre foliée de tartre, sel diurétique,* sel *essentiel du vin,* etc. Il a été connu des alchimistes : Raymond Lulle l'a décrit dans ses ouvrages. Il existe dans la sève de presque tous les arbres, etc.

Propriétés. Petits feuillets blancs, d'une saveur piquante et très-déliquescens, susceptibles de cristalliser par l'évaporation lente. Si on fait chauffer ce sel dans des vaisseaux fermés, avec son poids d'oxide d'arsenic, on obtient deux produits liquides, dont l'un est la liqueur fumante de Cadet, que M. Thénard regarde comme un acétate oléo-arsenical.

Préparation. On fait dissoudre de la potasse ou du souscarbonate de potasse dans de l'acide acétique concentré et blanc; lorsque la liqueur est réduite à moitié, on y ajoute un peu de charbon animal pour en opérer la décoloration; on filtre, et on fait évaporer à siccité dans une bassine d'argent. Ce sel est alors très-blanc.

Vertus. Diurétique et fondant. En usage dans les engorgemens, l'ictère, l'hydropisie, les fièvres intermittentes, etc. Dose de demi-gros à quatre gros par jour.

Acétate de soude.

Connu sous le nom de *terre foliée cristallisée.* Différant du précédent par sa propriété de cristalliser en prismes; à cela près, mêmes propriétés et même préparation que l'acétate de potasse. Peu usité.

Acétate de protoxide de mercure.

Inusité. Ce n'est point ce sel, comme l'a cru M. Orfila, qui entre dans les dragées de Keyser, mais le suivant.

Acétate de deutoxide de mercure.

Découvert par Margraaff. Il est cristallisé en lames minces d'un blanc nacré, ayant une saveur métallique, et soluble dans six cents parties d'eau, à la température ordinaire.

La solution de ce sel se convertit par l'ébullition en sousacétate; il en est de même quand on verse de l'eau bouillante dans une solution concentrée de ce sel. Ce sousacétate est de couleur jaune, et insoluble.

Préparation. En faisant bouillir du vinaigre distillé sur l'oxide rouge de mercure.

Vertus. Il fait partie des dragées de Keyser, et remplace souvent le nitrate de sa base dans la composition du sirop de Belet.

Acétate de peroxide de fer.

Propriétés. Liquide, très-soluble, et incristallisable. Sa solution évaporée se convertit en sousacétate insoluble, que l'eau bouillante change en peroxide de fer.

Préparation. Il existe aussi des acétates de proto et de deutoxide de fer. On les obtient également en dissolvant les proto, deuto ou peroxides de fer dans l'acide acétique.

Usages. L'acétate de peroxide est employé dans les manufactures de toiles peintes pour les couleurs rouille, et comme base des couleurs noires.

Sousacétate de deutoxide de cuivre.

C'est sous ce nom qu'est connu le vert-de-gris ou verdet, qu'on fabrique principalement dans les départemens de l'Aude et de l'Hérault. Le procédé généralement suivi consiste à prendre des plaques de cuivre minces, à les battre, et les chauffer à environ 5o degrés. On les trempe ensuite dans du vin chaud ou mieux du vinaigre. On place sur le sol une couche de bon marc de raisin, et par-dessus une couche de plaques de cuivre, et successivement. Au bout d'un mois ou d'un mois et demi, suivant le degré de spirituosité du marc, les plaques sont couvertes d'une couche verdâtre. On les enlève, et on les place l'une à côté de l'autre transversalement ; on les arrose ensuite plusieurs fois avec de l'eau acidulée par le vinaigre, et quelquefois avec de l'eau. Alors cette couche de sel se gonfle, et l'on voit se former une effloresence blanchâtre qui offre sur les bords de longues aiguilles et qui se sépare facilement de la plaque; c'est alors que le vert-de-gris est fait. On le racle, et on laisse reposer les plaques quelque temps pour reprendre ensuite cette opération. Il est bon de faire observer qu'en hiver, tant qu'elle dure, on chauffe l'atelier de manière à entretenir la température à 20 degrés.

Ce sel est vert, insoluble dans l'eau, et indécomposable par l'acide carbonique. Si on le fait dissoudre dans l'eau, le liquide s'empare de l'acétate neutre, et l'oxide hydraté se précipite. Par l'action du calorique le métal est réduit.

Composition. Selon M. Proust,

acétate de cuivre neutre	43
hydrate de cuivre	37,5
eau	15,5
	96,0

Usages. Dans la peinture à l'huile. En médecine, il entre dans la composition de quelques médicamens, tels que l'emplâtre divin, l'onguent égyptiac, la cire verte de Baumé, la pierre divine, le cérat d'acétate de cuivre, et de plusieurs autres destinés à détruire les chairs fongeuses, etc.

Acétate neutre de deutoxide de cuivre.

Dans le commerce on donne à ce sel les noms de

verdet cristallisé, et *cristaux de Vénus.* On le prépare en faisant dissoudre le vert-de-gris dans le
vinaigre, filtrant la dissolution et la faisant cristalliser.

Propriétés. Saveur styptique et sucrée, soluble
dans l'eau et dans l'alcool, et cristallisant en rhombes
très-réguliers. Le calorique en dégage la plus grande
partie de l'acide, qui entraîne un peu d'oxide par
lequel il se trouve coloré; et, suivant la remarque
de mon ami, le professeur Vogel, il se sublime au
haut de la cornue un acétate anhydre en cristaux
d'un blanc satiné.

Composition. Acide 51,29, oxide 39,5, eau 9,06.

Usages. Pour préparer le vinaigre radical, dans la
peinture, le vert d'eau pour lavis des plans, etc. En
médecine, on l'a conseillé à l'intérieur comme excitant; mais ce sel est, comme tous les sels cuivreux,
si vénéneux, que l'usage interne doit être banni de
la pratique médicale. Il entre dans le remède de
Gamet et les pilules de Gerbier, que nous regardons
également comme des médicamens très-dangereux.

N. B. La couche de cette substance verte qui se
forme sur les vases de cuivre, et à laquelle on donne
également le nom de vert-de-gris, est un souscarbonate de cuivre qui est même plus vénéneux que
le vert-de-gris du commerce.

Sousacétate de plomb.

Dans les pharmacies on donne à ce sel le nom
d'*extrait de saturne.*

Propriétés. En lames opaques et blanches, saveur
sucrée, verdissant le sirop de violettes, inaltérable

à l'air et soluble dans l'eau. Cette solution est décomposée par tous les sels neutres, ainsi que par l'acide carbonique, qui y forme un précipité blanc qui est un souscarbonate de plomb. La gomme, le tanin et la plus grande partie des substances animales le décomposent.

Préparation. En faisant bouillir un excès de litharge calcinée avec le vinaigre, ou bien l'acétate avec le même oxide.

Composition. Acide 100, protoxide de plomb 656.

Usages. Pour la teinture, pour préparer le blanc de plomb, le blanc de céruse, etc. En médecine, étendu d'eau de fontaine, il constitue l'eau blanche ou eau de saturne, eau végéto-minérale de Goulard. On l'ajoute souvent au cérat, qui prend alors le nom de *cérat saturnisé*.

Il est un autre sousacétate de plomb qui est insoluble et qui contient, sur 100 parties d'acide, 1608 d'oxide.

Acétate neutre de plomb.

Ce sel est celui qu'on appelle dans le commerce *sel* ou *sucre de saturne.*

Propriétés. Cristallise en longs primes tetraèdres terminés par des sommets dièdres, saveur très-sucrée et astringente ; ne rougissant pas le sirop de violettes ; plus efflorescent à l'air que le précédent. Le calorique en dégage en grande partie l'acide acétique. L'eau bouillante en dissout plusieurs fois son poids, et cette solution bout à la même température que l'eau pure. Les sulfates solubles, ainsi que l'acide sulfurique, le décomposent et le convertissent en sulfate de plomb insoluble. Ce sel peut dissoudre un poids égal au sien de protoxide de plomb.

Préparation. En faisant bouillir de la litharge calcinée et pulvérisée dans le vinaigre, et faisant cristalliser cette dissolution.

Composition. Acide 100, protoxide de plomb 217,662.

Usages. Comme le précédent, ce sel est très-employé dans les arts. En médecine, il est considéré comme astringent, dessicatif, et répercussif. On en a fait usage avec quelques succès, comme stimulant, dans des phthisies tuberculeuses, et pour arrêter les hémorragies passives du poumon et de l'utérus; pour arrêter les écoulemens syphilitiques; comme résolutif et rafraîchissant, dans quelques opthalmies, les brûlures, etc. On l'administre à l'intérieur à la dose de 1 à 2 grains par jour, qu'on porte graduellement jusqu'à 8 dans 4 ou 6 onces de véhicule. Ces trois sels sont vénéneux; on peut consulter la toxicologie du professeur Orfila, pour connaître les effets qu'ils produisent comme poisons.

Acide aloétique.

Cet acide a été découvert par M. Braconnot. On l'obtient en faisant bouillir une partie d'aloès avec 8 d'acide nitrique jusqu'à consistance sirupeuse; en y ajoutant ensuite de l'eau, il se précipite.

Il a pour caractères, d'être jaune, très-amer, d'une odeur agréable, et de rougir le tournesol. Par l'action du calorique, il se décompose, et donne de l'azote, etc. Cet acide n'a pas encore été bien examiné ; il y a tout lieu de croire que c'est une combinaison du principe amer de l'opium avec l'acide nitrique.

Acide benzoïque.

Cet acide, connu jadis sous le nom de *fleurs de benjoin*, est, à l'état de pureté, en aiguilles brillantes, inodore, inaltérable à l'air, d'une saveur légèrement amère et acide ; il rougit la teinture de tournesol ; son poids spécifique est 0,657 ; la chaleur, en le volatilisant, en décompose une petite partie ; il se dissout dans 200 parties d'eau froide et dans 30 à 90 degrés. L'alcool bouillant en dissout son poids ; l'eau l'en précipite.

Il est inaltérable par les acides sulfurique, nitrique et hydrochlorique.

Préparation. Cet acide existe dans les baumes et dans les urines de quelques animaux ; mais on le prépare en chauffant le benjoin dans un creuset surmonté d'un long cône de carton. On prend les cristaux sublimés, et on les fait chauffer jusqu'à siccité avec leur poids d'acide nitrique. On traite le résidu par l'eau chaude, et on fait cristalliser l'acide par l'évaporation d'une partie de la liqueur.

Composition. Carbone 74,71 , oxigène 20,02 , hydrogène 5,27 = 100.

Usages. Cet acide n'est plus employé en médecine ; il forme, avec les oxides, des sels, dont un seul, le benzoate d'ammoniaque, est un bon réactif pour reconnaître les sels ferrugineux, qu'il précipite en jaune orangé.

Acide bolétique.

Découvert par M. Braconnot. Il est en cristaux prismatiques à quatre pans, d'une saveur acidule, inodore, inaltérable à l'air, et soluble dans 180 parties d'eau et 45 d'alcool. Par l'action du calorique il se volatilise sans se décomposer. On l'obtient en traitant le suc épaissi de *boletus pseudo-ignarius* par l'alcool, faisant dissoudre le résidu dans l'eau distillée, précipitant la dissolution par le nitrate de plomb, et la décomposant ensuite par le gaz acide hydrosulfurique.

Sans usages, et non analysé.

Acide camphorique.

Découvert par Kosegarten. Il cristallise en parallélipipèdes à barbes de plume et efflorescens. Il est d'une saveur amère et d'une odeur de safran. Par le calorique, il se volatilise sans altération; 10 parties d'eau bouillante en dissolvent une; à la température ordinaire, il en exige 100; l'alcool bouillant le dissout en toutes proportions. Les acides dits minéraux le dissolvent également.

On prépare cet acide en traitant à chaud et à plusieurs reprises 1 partie de camphre par 12 d'acide nitrique.

Cet acide et ses sels sont sans usages.

Acide cévadique.

Découvert par MM. Pelletier et Caventou. Cet acide est solide, blanc, cristallin, fusible à + 20° c., très-volatil et soluble dans l'eau, l'alcool et l'éther.

On le prépare en traitant la substance grasse de la cévadille par la potasse.

Sans usages.

Acide citrique.

Retiré du suc des citrons par Schéele. A l'état de pureté, il est en prismes rhomboïdaux, transparent, d'une saveur acide, presque caustique ; rougissant l'infusion de tournesol, inaltérable à l'air, et soluble dans demi-partie de son poids d'eau bouillante ; l'eau froide en prend les $\frac{2}{3}$. Exposé à l'action du calorique, il perd son eau de cristallisation, et se décompose ensuite. La solution aqueuse de cet acide, même dans des vases clos, s'altère peu à peu aux dépens de l'acide, qui finit par se décomposer entièrement.

Préparation. Cet acide existe dans le suc des citrons et d'une foule d'autres fruits. On l'obtient en saturant le jus de citrons par le carbonate de chaux, lavant le précipité et le décomposant par l'acide sulfurique en excès, qui, s'emparant de la chaux, se précipite à l'état de sulfate ; on fait cristalliser ensuite l'acide citrique par l'évaporation.

Composition. Selon MM. Gay-Lussac et Thénard, carbone 33,81, oxigène 59,859, hydrogène 6,330.

Usages. Le suc de citrons ne diffère de cet acide que par le mucilage qu'il contient et l'eau dont il est étendu. On l'emploie en médecine, à l'état de limonade, comme rafraîchissant, désaltérant et antiseptique. Son emploi est très-utile dans les fièvres inflammatoires, bilieuses, adynamiques et quelques embarras gastriques. On prépare aussi une limonade sèche avec cet acide en poudre et le sucre, ainsi qu'une eau gazeuse, avec cet acide et le carbonate de magnésie.

Citrates. Ces sels sont sans usages, à l'exception du citrate de potasse, qu'on emploie en médecine pour arrêter les vomissemens. C'est ce médicament qu'on connaît sous le nom de *potion antiémétique de Rivière.* On la prépare en faisant dissoudre de 20 à 3o grains de souscarbonate de potasse dans 1 once d'eau de menthe, et y ajoutant un suc de citron. Le malade doit l'avaler au moment où l'effervescence se produit.

Acide ellagique.

Découvert par Braconnot. M. Chevreul pense que cet acide n'est autre chose que l'acide gallique uni à une matière colorante volatile, à une substance azotée, et à du fer et de la chaux. Cet acide est sous forme d'une poudre brunâtre, inodore, insipide, et ne rougissant pas sensiblement les couleurs bleues végétales. On l'extrait du dépôt qui se forme spontanément dans l'infusion des noix de galles.

Sans usages.

Acide fungique.

Découvert par M. Braconnot. Dans les champignons, tantôt libre, tantôt uni à la potasse.

Sans usages.

Acide gallique.

Découvert par Schéele dans les noix de galles. Il existe aussi dans celles de cyprès, les fleurs d'arnica, les semences de sumac et de cévadille, dans la racine de l'ellébore blanc, du colchique d'automne, d'ipécacuanha, etc.

Propriétés. L'acide gallique pur est en cristaux soyeux très-blancs, mais ordinairement colorés en jaune par un peu de matière colorante; il est inodore, d'une saveur douceâtre et acide, rougissant le sirop de violettes, soluble dans 20 parties d'eau froide ainsi que dans l'alcool, se sublimant en partie, et se décomposant dans un tube à une chaleur rouge; précipitant les sels des deuto et tritoxides de fer en bleu et en brun. Avec les oxides et les bases salifiables, il forme des sels qui sont sans usages.

Préparation. On expose pendant deux mois au contact de l'air une forte infusion de noix de galles : on enlève la moisissure qui s'est formée, et on exprime le dépôt qu'on trouve au fond du vase. Au moyen de l'eau bouillante, on enlève l'acide gallique qu'il contient; on fait évaporer la liqueur, et on obtient par le refroidissement cet acide tel que le découvrit Schéele. On le débarrasse de la matière colorante en le redissolvant plusieurs fois et décolorant la solution par le charbon animal.

Composition. Carbone 57,08, oxigène 37,89, hydrogène 5,03 = 100.

Usages. Comme réactif; uni au tanin dans la noix de galle, pour faire l'encre et diverses couleurs noires; comme mordant, etc.

Acide hydroxanthique.

Découvert par Will-Zeize, professeur de chimie à Copenhague. Il se produit lorsqu'on fait agir du carbure de soufre sur une solution alcoolique de potasse ou de soude. Cet acide est incolore, d'une saveur acide, amère et astringente, et d'un aspect oléagineux. Il rougit la teinture de tournesol , etc.

Composition. Hydrogène et un radical composé de carbone et de soufre, auquel on a donné le nom de *xanthogène*.

Sans usages.

Acide igasurique.

Découvert par MM. Pelletier et Caventou dans la féve Saint-Ignace et la noix vomique. Cet acide est brun, d'une saveur acide et acerbe, cristallisant en une masse grenue que l'eau et l'alcool dissolvent aisément. On le prépare en traitant par l'alcool l'extrait qu'on obtient, au moyen de l'éther, de la féve Saint-Ignace. On évapore à siccité, et l'on fait bouillir le résidu dans l'eau avec la magnésie, et l'on filtre. Le nouveau produit, que l'on a sur le filtre, est de magnésie et d'igasurate de magnésie et de strychnine; on le lave à l'eau froide et l'on sépare le premier sel par l'alcool; on dissout l'autre par l'eau bouillante, on le précipite par l'acétate de plomb, et on décompose l'igasurate de ce métal par le gaz acide hydrosulfurique.

Sans usages.

Acide kinique.

Découvert par M. Deschamps à l'état de kinate dans l'infusion à froid du kina. Cet acide peut cristalliser en lames; il est inodore, d'une saveur acide, rougissant l'infusion de tournesol, et donnant, avec les oxides terreux et alcalins, des sels cristallisables et solubles.

Sans usages.

Acide laccique.

Découvert par M. John, en traitant successivement de la laque en poudre par l'eau, l'alcool et l'éther. Cet acide est d'une couleur jaunâtre, d'une saveur acide, et soluble dans les trois menstrues précités.

Sans usages.

Acide lampique.

Découvert par M. H. Davy dans ses recherches sur la nature et les propriétés de la flamme : ce chimiste reconnut qu'on pouvait opérer la combinaison rapide des corps combustibles avec l'oxigène à des degrés de chaleur au-dessous de ceux qui produisent leur inflammation visible. Il observa aussi que la combustion lente de l'éther donnait une vapeur piquante que ce chimiste et MM. Faraday et Daniell ont nommée *acide lampique.* On l'obtient en brûlant de l'éther au moyen d'un fil de platine disposé en rouleau sur la mèche de coton d'une lampe, etc. On peut consulter, pour les propriétés de cet acide et de ses sels, le *Dict. de chimie* du docteur Ure.

Acide malique.

Découvert par Schéele à l'état liquide, et reconnu par MM. Donavan et Labillardière comme identique avec l'acide sorbique.

Cet acide est blanc et cristallise en mamelons : il est inodore, très-acide, plus pesant que l'eau, déliquescent, et ne cristallisant que lorsqu'il est porté à l'état sirupeux ; il rougit les couleurs bleues végétales, et est converti en acide oxalique par l'acide nitrique.

Préparation. On le trouve dans presque tous les fruits acides. On l'extrait plus particulièrement du suc de sorbier, qu'on laisse clarifier par le repos; on y ajoute de l'acétate de plomb; on lave à l'eau froide le malate de ce métal; on le dissout ensuite dans l'eau bouillante, qui donne par le refroidissement des cristaux en aiguilles de malate de plomb. On décompose ce sel par l'acide sulfurique, on sépare l'acide malique du sulfate de plomb, et on le débarrasse de l'oxide de ce métal qu'il contient par le gaz hydrogène sulfuré.

Acide et sels sans usages.

Acide margarique.

Voyez l'art. *Graisse.*

Acide méconique.

Découvert par Sertuner dans l'opium, où il existe à l'état de méconate de morphine. Cet acide cristallise en espèces de houppes formées d'aiguilles ou de lames blanches; il est fusible, volatil, très–soluble dans l'eau et dans l'alcool, et communique aux dissolutions de peroxide de fer une couleur rouge très-intense sans y produire de précipité, et à celle de sulfate de cuivre une belle couleur verte émeraude, et un précipité jaunâtre. On le retire de l'opium en le faisant bouillir avec de la magnésie et traitant le sousméconate de magnésie insoluble par l'acide sulfurique.

Acide mélassique.

L'acide qui existe dans la mélasse est regardé

par quelques chimistes comme un acide *sui generis,* et par d'autres, comme de l'acide acétique.

Acide mellitique.

Découvert par Klaproth. On l'extrait de la pierre de miel ou *honigstein,* par l'action de l'eau chaude. On le précipite de ce liquide par l'alcool. Cet acide cristallise en prismes ; il est inodore, peu sapide, et soluble dans l'eau.

Sans usages.

Acide ménispermique.

Découvert par M. Boullay dans la coque du Levant. On ne peut cependant le classer rigoureusement parmi les acides, que tout autant qu'il sera bien dépouillé de picrotoxine, et qu'on l'aura obtenu à l'état de pureté.

Acide morique.

Découvert par Klaproth dans les excroissances de l'écorce des mûriers blancs. Cet acide porte aussi les noms de *moroxilique, moroxolique* et *moroxalique.* Il est inodore, en cristaux jaunâtres, soluble dans l'eau. Peu étudié, et ses combinaisons presque inconnues.

Acide mucique.

Découvert par Schéele. Il a porté successivement les noms d'*acide muqueux* et *acide saccholactique.* Cet acide est en poudre blanche, insoluble dans l'alcool, et soluble dans 60 fois son poids d'eau bouillante. Sa saveur est un peu acide ; le calorique le décompose. On l'obtient en traitant les gommes, le sucre de lait et les mannes grasses par trois parties d'acide nitrique, etc.

Acide nancéique.

Découvert par Braconnot, dans quelques substances végétales passées à l'acescence ; c'est de là que lui vient le nom d'*acide zumique* que certains chimistes lui ont donné. Cet acide a quelque analogie avec l'acide lactique. *Voyez* Annales de chimie , tome LXXXVI.

Acide oléique.

Voyez l'article *Graisse*.

Acide oxalique.

Découvert par Schéele. Cet acide est cristallisé en longs prismes tétraèdres terminés par des sommets dièdres ; il est très-acide , rougit fortement l'infusion de tournesol, même quand il est étendu de 3600 fois son poids d'eau. Le calorique lui fait perdre $\frac{30}{100}$ d'eau ; il se réduit en une poudre blanche qui réabsorbe ce liquide ; par la distillation une partie se sublime, et l'autre se décompose. Cet acide est inaltérable à l'air , et est soluble dans le double de son poids d'eau froide ; il enlève la chaux à tous les sels calcaires solubles, et forme un oxalate qui n'est soluble que dans un excès d'acide.

Préparation. Ce sel existe naturellement dans l'*oxalis* et le *rumex acetosella,* etc., à l'état de suroxalate de potasse. On peut en extraire l'acide par sa décomposition, mais on emploie plus particulièrement le procédé indiqué par Bergmann, qui consiste à faire bouillir 3 parties d'acide nitrique sur une de sucre, à ajouter, quand la liqueur est devenue brune, autant de cet acide, qu'on chauffe jusqu'à ce qu'il ne se produise plus d'acide nitreux ; on obtient par le refroidissement l'acide oxalique en cristaux ; l'eau-mère, par une nouvelle quantité d'acide nitrique, donne d'autres cristaux. Suivant M. Thomson, on retire de 100 parties de sucre jusqu'à 58 d'acide oxalique.

Par ce même procédé, je l'ai également obtenu du miel blanc, du sucre de raisin, et de la manne en larmes. Un fait digne de remarque, c'est qu'en traitant deux onces d'amadou pur par huit onces d'acide nitrique, j'en ai retiré deux gros d'acide oxalique très-beau.

Composition. Suivant Gay-Lussac et Thénard, carbone 26,566, oxigène 70,689, hydrogène 2,745.

Usages. Étendu d'une grande quantité d'eau, et édulcoré avec le sucre, il peut remplacer au besoin la limonade. A la dose d'environ une once, il devient un poison violent.

Oxalates.

L'acide oxalique, en s'unissant avec les oxides et les bases salifiables, forme un genre de sels dont deux, l'oxalate de chaux et le suroxalate de potasse, existent dans la nature. Nous allons borner notre examen à ce dernier sel, le seul employé en médecine, et à celui d'ammoniaque, qui est très-usité comme réactif.

Suroxalate de potasse.

L'acide oxalique est susceptible de se combiner avec les oxides en quatre proportions, et de constituer des sels neutres, des soussels et des oxalates acidules et acides. La potasse est susceptible de se combiner avec cet acide sous trois de ces états.

Le suroxalate portait primitivement le nom de *sel d'oseille*, qui fut remplacé par celui d'oxalate acidule de potasse; M. Thénard l'a décrit sous le nom de *bioxalate*, pour le distinguer des quadroxalates qui contiennent beaucoup plus d'acide, etc.

Ce sel cristallise en parallélipipèdes opaques très-courts. Il est très-acide, rougit le tournesol, est inaltérable à l'air et moins soluble dans l'eau que l'oxalate neutre. On l'extrait en Suisse du suc du *rumex acetosella*, et en Angleterre, de celui de l'*oxalis acetosella*. Ce sursel, saturé par la potasse, donne un oxalate neutre dont la solubilité est telle qu'on parvient difficilement à le faire cristalliser.

En unissant le sel d'oseille avec les bases salifiables et les oxides métalliques, on obtient un genre de sels triples, que j'ai décrit le premier dans une thèse que soutint M. Gros à l'école de Montpellier.

Usages. Pour aviver les couleurs du carthame, enlever les taches d'encre, etc. Il n'est guère employé que dans la médecine vétérinaire.

Oxalate d'ammoniaque.

Ce sel cristallise en longs prismes à quatre pans très-déliés; il a une saveur piquante et est très-soluble dans l'eau. On le prépare en saturant l'acide oxalique par l'ammoniaque.

Usages. Excellent réactif pour reconnaître les sels calcaires solubles, et la thorine, qu'il précipite à l'état gélatineux, blanc et transparent.

Acide pyroligneux.

C'est le nom qu'on donne à l'acide acétique provenant de la distillation du bois, et uni à une huile empyreumatique.

Acide pyromalique.

Il existe deux acides pyromaliques; on les obtient en distillant l'acide malique. L'un est blanc, liquide et très-caustique. M. Braconnot, qui a examiné cet acide, l'a obtenu cristallisé en aiguilles, en concentrant la liqueur. Cet acide a une saveur aigre très-forte, il est inaltérable à l'air, fusible à $+ 47°5$, volatil sans éprouver presque de décomposition, et très-soluble dans l'alcool et dans le double de son poids d'eau froide. L'autre acide est en aiguilles sublimées, à la fin de la distillation de l'acide malique. M. Lassaigne, qui l'a fait connaître, a trouvé qu'il n'était soluble que dans 210 parties d'eau.

Acide pyromucique.

Découvert par Houton-Labillardière. On l'obtient en distillant de l'acide mucique. Une partie de cet acide est sublimé au col de la cornue, et l'autre passe à la distillation avec de l'acide acétique. On les sépare en étendant la liqueur d'eau, filtrant et faisant cristalliser par l'évaporation. Cet acide pur est cristallisé en aiguilles; sa saveur est acide, il est inaltérable à l'air, très-soluble dans l'alcool et dans 26 fois son poids d'eau.

Acide pyrotartrique.

Découvert par Rose. Cet acide est en lames blanches, d'une saveur aigre, et rougissant le tournesol. Exposé à l'action du calorique, il se fond et se volatilise en grande partie sans se décomposer; l'eau le dissout facilement. On l'obtient par la distillation du surtartrate de potasse.

Acide rheumique.

Cet acide a été annoncé par M. Anderson dans le suc du *rheum raponticum.* Un chimiste, dont les débuts dans la carrière chimique ont été marqués par plusieurs succès, M. Lassaigne a démontré que cet acide n'était autre chose que l'acide oxalique uni à une partie de matière extractive.

Acide subérique.

Découvert par Brugnatelli, et étudié par M. Chevreul. Les propriétés de cet acide sont d'être en poudre blanche, peu sapide et rougissant faiblement le tournesol. Exposé à l'action du calorique, il se fond et se volatilise presqu'en entier; il se dissout dans 80 parties d'eau, à la température ordinaire. L'acide nitrique ne lui fait éprouver aucun changement. On l'obtient en traitant une partie de liége par six d'acide nitrique.

Acide succinique.

Cet acide existe tout formé dans le succin ou ambre jaune. On n'a besoin pour l'en retirer que de chauffer doucement ce combustible dans une cornue de verre jusqu'à ce que le gonflement soit passé et que l'affaissement soit bien sensible. On trouve alors, au sommet de la cornue et dans le col, cet acide cristallisé en aiguilles. On le purifie en le faisant passer à l'état de succinate de potasse, décolorant ce sel par le charbon animal et le décomposant ensuite par l'acétate de plomb. Le succinate de ce métal étant insoluble, se précipite, et on lui enlève l'oxide de plomb par l'acide hydro-sulfurique.

L'acide succinique bien pur est en aiguilles prismatiques incolores ; il a une saveur âcre et rougit le tournesol ; l'air ne l'altère point ; l'eau et l'alcool le dissolvent. Exposé à l'action du calorique, il se fond et se sublime en partie à une température au-dessus de 100°.

Composition. Carbone 47,99, oxigène 47,78, hydrogène 4,23. = 100.

Sans usages. Les succinates ne sont également d'aucune utilité, si ce n'est ceux de potasse, de soude ou d'ammoniaque, qui peuvent servir de réactifs.

Acide sulfovinique.

Découvert par Vogel dans la réaction de l'acide sulfurique sur l'alcool, surtout lorsqu'on opère sur de grandes quantités. Lorsqu'on fait ce mélange et qu'on en a obtenu, par la distillation, la moitié de l'éther, on ajoute de l'eau à la liqueur résidu, et on la sature par la craie ou le carbonate de barite. On filtre et on évapore à une douce chaleur jusqu'à consistance sirupeuse. On en précipite alors la chaux ou la barite par l'acide sulfurique.

L'acide sulfovinique, ainsi obtenu, est limpide et d'un aspect huileux ; sa saveur est très-acide ; il rougit fortement le tournesol, et produit des sels douceâtres. Je me suis livré à quelques recherches sur la nature de cet acide, qui me portent à le regarder comme n'étant que l'acide tritoxisulfurique (hyposulfurique), uni à une substance huileuse.

Sans usages.

Acide tartrique.

Découvert par Schéele. Cet acide a été successivement connu sous les noms d'*acide tartareux* et *tartarique.* Il existe dans le moût des raisins, dans le vin, les tamarins, et dans une foule de végétaux. Il a pour propriétés caractéristiques de cristalliser en prismes et en lames comme lancéolées. Il a une saveur très-acide, aussi rougit-il fortement le tournesol; l'air ne l'altère point. Exposé à l'action du calorique, il se fond, bout à 120 degrés et se prend par le refroidissement en une masse blanchâtre qui attire l'humidité de l'air; à une température plus élevée, il se décompose; s'il est avec le contact de l'air, il brûle avec flamme et donne lieu à de l'acide carbonique et de l'eau. Cet acide est très-soluble dans ce liquide. L'acide nitrique le convertit en acide oxalique.

Préparation. On fait bouillir 10 parties de crême de tartre avec 100 d'eau, et on sature l'acide par le carbonate calcaire; on y ajoute ensuite de l'hydrochlorate calcaire, qui précipite le tartrate de potasse à l'état de tartrate de chaux. On lave le précipité et on le fait chauffer avec 0,60 de son poids d'acide sulfurique étendu d'eau; on filtre et l'on fait cristalliser l'acide.

Composition. Selon MM. Gay-Lussac et Thénard, carb. 24,050, oxig. 69,321, hydrog. 6,629.

Usages. On en fait une limonade sèche en l'incorporant avec le sucre en poudre. De tous les végétaux, c'est celui qui offre le plus de médicamens à la médecine. Je vais en examiner quelques-uns.

Surtartrate de potasse.

Connu également sous les noms de *tartre rouge*, *tartre blanc*, *créme de tartre*, et *tartrite acidule de potasse*. Ce sel existe tout formé dans le vin, il s'en dépose en grandes plaques cristallines qui recouvrent peu à peu les parois des tonneaux, d'où on le râcle chaque 5 ou 6 ans, selon que les vins y séjournent plus ou moins long-temps.

On le débarrasse de ses impuretés et de la partie colorante, en le dissolvant dans l'eau bouillante, et y ajoutant $\frac{5}{100}$ de terre argileuse grisâtre. Cette décoloration est plutôt opérée si l'on y mêle $\frac{2}{100}$ de charbon animal. On filtre et l'on fait cristalliser ce sel, qu'on redissout s'il n'est pas assez pur. Ce sel, ainsi obtenu, est en cristaux quadrilatères courts; il est acide, rougit l'infusion de tournesol, insoluble dans l'alcool, soluble dans 60 parties d'eau bouillante et dans 100 de froide. Cette solution se décompose avec le temps et offre, suivant l'observation de M. Berthollet, un peu d'huile et du souscarbonate de potasse. L'air ne lui fait éprouver aucune altération; le calorique le décompose : outre les divers gaz, analogues à ceux provenant des décompositions des substances végétales, il donne de l'acide pyromalique. Ce sel acide s'unit avec diverses bases salifiables, et donne lieu à des sels à double base; nous allons en examiner quelques-uns. Il contient deux fois autant d'acide que le tartrate neutre.

Usages. Pour préparer les flux blanc et noir. On l'emploie en médecine pour préparer divers médicamens; on l'administre comme purgatif à la dose d'une once , combiné avec 1 gros de borax ou sous-borate de soude, qui jouit de la propriété de le rendre soluble dans trois ou quatre verres d'eau. Si on y ajoute suffisante quantité de sucre et qu'on l'aroma-tise avec l'essence de citron , on forme ce qu'on appelle la limonade anglaise.

Tartrate de potasse.

Sel végétal des anciennes pharmacopées. Pour l'obtenir on sature le précédent par le souscarbo-nate de potasse. Ce sel cristallise en prismes tétraè-dres terminés par des sommets dièdres. Il est amer et plus soluble que le tartrate acidule. On l'emploie en médecine comme purgatif.

Tartrate de potasse et de soude.

Découvert par Seignette, pharmacien de La Ro-chelle, qui lui donna le nom de *sel de Seignette ou de La Rochelle*. On l'obtient en saturant le surtar-trate de potasse par le souscarbonate de soude. Ce sel cristallise le plus souvent en prismes à huit pans , et quelquefois à dix ; il est amer, efflorescent et très-soluble dans l'eau.

Usages. Il a été long-temps employé en médecine comme purgatif. Il est maintenant peu usité.

Tartrate de potasse et de fer.

On le prépare en faisant bouillir dans l'eau par-ties égales de limaille de fer et de surtartrate de potasse. Par l'évaporation, on obtient un sel en ai-guilles verdâtres , ayant une saveur styptique, légè-rement acide. On prépare une foule de médica-mens solides et liquides qui ne sont que ce tartrate à double base. De ce nombre sont les *boules de*

Nancy ou de Mars, la *teinture de Mars*, *de Ludovic*; la *tinctura Martis* ou *teinture de Mars tartrisée*, le *tartre chalybé*, le *tartre chalybé soluble*, l'*essence de Mars tartarisée*, les *cristaux de tartre chalybé*, etc.

Tartrate de potasse antimonié.

Ce médicament se trouve annoncé pour la première fois dans un ouvrage, alors fort estimé, d'Adrien Mynsicht, publié en 1631, sous le titre de *Thesaurus medico-chemicus*. Il est connu également sous les noms d'*émétique*, *tartre émétique* et *tartre stibié*. C'est la préparation antimoniale la plus anciennement employée en médecine.

Ce sel cristallise en tétraèdres réguliers et en octaèdres incolores; sa saveur est âcre. Il effleurit légèrement à l'air, rougit le sirop de violette et se dissout dans deux fois son poids d'eau bouillante et dans quinze d'eau froide. Le gaz hydrosulfurique y forme un précipité brun-rouge, qui est un mélange de kermès et de crême de tartre; les hydrosulfates de potasse et de soude n'y produisent que le premier précipité. Les infusions de quinquina décomposent ce sel; le précipité qui se forme est de l'oxide d'antimoine combiné avec une substance extractive végétale. D'après mes expériences, les infusions d'écorce de saule, de fleurs de camomille et de petit chêne, y produisent le même effet; de manière que ces substances peuvent être considérées comme les antidotes de ce sel.

Préparation. Le procédé le plus généralement employé consiste à faire bouillir parties égales de verre d'antimoine et de surtartrate de potasse en poudre, dans vingt fois leur poids d'eau, en tenant la masse agitée avec une spatule. Au bout de demi-heure on filtre et on réduit la liqueur à siccité. On la redissout, et on la fait cristalliser par l'évaporation jusqu'à pellicule.

Usages. L'émétique est très-employé en médecine comme vomitif, à la dose de 1 à 2 grains dans 6 onces de véhicule. Si l'excipient est porté à une pinte, et qu'on le prenne par verres, de quart d'heure en quart d'heure, il agit comme purgatif. Il est des cas, comme dans l'apoplexie, où l'on porte la dose de ce médicament jusqu'à 12 et 15 grains. Il est dangereux d'outre-passer ce point, car, à celle de 20 à 24 grains, il devient un poison violent. Les docteurs Rasori, Tomasini et Balfour ont employé l'émétique comme antiphlogistique, ou plutôt comme un contre stimulant. M. Jeffreys a appliqué au traitement des phlegmasies externes, la méthode vantée par le docteur Balfour avec le plus grand succès. Cette méthode consiste à dissoudre de 2 à 4 grains d'émétique dans huit onces d'eau, avec une once de sulfate de magnésie, et à administrer, toutes les demi-heures, deux ou trois cuillerées de cette solution jusqu'à ce que le vomissement survienne. On en donne une dose semblable, quatre ou six heures après, suivant les circonstances individuelles (1). Le docteur Pommer a employé avantageusement ce médicament contre les fièvres intermittentes. Son mode de traitement consiste à faire

____

Revue médicale, mars 1823.

des frictions sur l'abdomen avec la pommade d'Authenrieth, également employée par ce dernier contre la coqueluche des enfans, etc.

Acide végéto-sulfurique.

Découvert par Braconnot dans l'action qu'exerce l'acide sulfurique sur les chiffons, en les convertissant en sucre; quand le sucre est formé, on sature l'acide par l'oxide de plomb et on décompose le végéto-sulfate de plomb par l'hydrogène sulfuré. Cet acide est incristallisable, et d'une saveur très-acide, se rembrunit à l'air, et noircit au-dessous de 100°, en déposant du carbone. Il est alors composé en partie d'acide sulfurique. Les sels qu'il forme sont très-solubles dans l'eau et ont l'aspect de la gomme. Nous sommes portés à croire que ce corps est de l'acide sulfurique, modifié par une substance huileuse et charbonneuse.

A ces acides douteux, nous ajouterons également :
L'*acide nitro-saccharique* de Braconnot,
L'*acide nitro-leucique* du même chimiste,
L'*acide de l'indigo* de M. Chevreul.

SECONDE SECTION.

Alcaloïdes, ou bases salifiables végétales.

Dans l'énumération de ces corps, nous allons conserver, comme nous venons de le faire pour les précédens, l'ordre alphabétique qui nous paraît beaucoup plus commode. Les substances alcaloïdes sont presque toutes dues aux chimistes de ce siècle; elles sont au nombre de 18 :

atropine,   brucine,   cinchonine,

dalhine,	esculine,	quinine,
daphnine,	hyosciamine,	rhubarbarine,
dathurine,	morphine,	solanine,
delphine,	narcotine,	strychnine,
émétine,	picrotoxine,	vératrine.

Ces alcalis végétaux, à l'état de pureté, sont blancs, inodores, plus pesans que l'eau, insipides ou âcres, amers, et quelques-uns cristallisables, insolubles, généralement, ou très-peu solubles dans l'eau; solubles dans l'alcool et verdissant alors le sirop de violette; quelques-uns se dissolvent dans l'éther et sont insolubles dans les huiles douces, et légèrement solubles dans les volatiles. Les alcaloïdes n'éprouvent aucune altération de la part de la lumière; le calorique, à une haute température, les décompose et donne lieu aux divers produits des substances végétales. Avec les acides, ils forment des sels dont le plus grand nombre est encore inconnu. C'est dans les principes végétaux des sels, surtout quand ils sont à l'état salin, que les vertus médicamenteuses et vénéneuses des plantes sont placées. MM. Pelletier et Dumas assurent que l'azote est un des principes constituans de tous les alcalis végétaux.

Atropine.

Découverte par Brandes dans la belladonne. Cristallisée en longues aiguilles incolores, translucides et brillantes; insipide, insoluble dans l'alcool et l'eau froide, peu soluble dans ces deux menstrues et dans l'éther à chaud; formant des sels réguliers dont la solution donne par l'évaporation des vapeurs qui produisent un effet narcotique et dilatent la pupille.

On obtient cet alcali en précipitant la décoction

de l'*atropa belladonna* par la magnésie; si l'on fait bouillir ce précipité dans l'alcool et qu'on filtre, l'atropine se précipite par le refroidissement en belles aiguilles.

Brucine.

Découverte par MM. Pelletier et Caventou, dans la fausse-angusture (qui est un *stycnhos*, et non le *brucæa anti-dysenterica* de Linné). La brucine est en masses feuilletées d'un blanc nacré, ou, par une évaporation lente, en cristaux prismatiques; elle est amère, acerbe et âcre, inaltérable à l'air, soluble dans 500 fois son poids d'eau bouillante ou 850 de froide; fusible à une température un peu au-dessus de celle de l'ébullition de l'eau; à un degré plus fort elle se décompose. On l'obtient en enlevant d'abord la matière grasse de cette écorce par l'éther, faisant ensuite bouillir le résidu plusieurs fois dans l'alcool, évaporant ces décoctions, dissolvant le nouveau résidu dans l'eau, précipitant la majeure partie de la partie colorante par l'acétate de plomb, éliminant ensuite le plomb de la liqueur par l'hydrogène sulfuré, faisant bouillir ensuite le liquide avec la magnésie, filtrant et évaporant à siccité. On reprend ce résidu, qui contient la brucine et un peu de matière colorante, par l'acide oxalique qui s'empare de cet alcali; on en sépare la matière colorante par l'alcool absolu, et l'on décompose l'oxalate de brucine par la magnésie qu'on fait bouillir avec la liqueur. L'alcool bouillant en sépare la brucine à l'état de pureté.

Les sels de cet alcali sont amers et facilement

cristallisables ; comme la brucine, ils sont vénéneux. Ils agissent sur la moelle épinière et déterminent des contractions tétaniques.

Cinchonine.

Découverte par le docteur Duncan, d'Edimbourg,
publiée par le docteur Gomez, et étudiée par MM. Pelletier et Caventou. Cette substance existe en proportions variables dans les diverses espèces de quinquina ; elle est solide, blanche, translucide, amère,
soluble dans 2,500 parties d'eau bouillante ; ni fusible, ni volatile ; se décomposant à une haute température, et très-soluble dans l'alcool. On l'obtient en
traitant l'extrait alcoolique de quinquina par l'acide
hydrochlorique, décomposant l'hydrochlorate de
cinchonine par la magnésie en excès, lavant le précipité à l'eau froide, et séparant ensuite la cinchonine de la magnésie par l'alcool bouillant, qui donne,
par l'évaporation, la cinchonine cristallisée.

La cinchonine diffère de la quinine, en ce qu'elle
sature plus d'acide que cette dernière, et en ce qu'elle
forme avec l'acide acétique un sel incristallisable,
tandis que l'acétate de quinine cristallise. Les vertus
médicamenteuses de la première sont aussi beaucoup moins énergiques que celles de la seconde ;
lorsqu'on veut l'employer comme fébrifuge on l'administre à l'état de sulfate, à une dose cinq fois plus
forte que celui de quinine.

Daphnine.

Découverte par M. Vauquelin, en traitant l'écorce
des *daphne alpina* et *mezereum* par l'alcool, etc.

Cet alcali cristallise en prismes incolores, très-solubles dans l'eau, l'alcool et l'éther. L'eau de potasse, de barite et de chaux colorent cette solution en jaune doré. L'acide nitrique fait passer la daphnine à l'état d'acide oxalique.

Daturine.

Découverte par Brandes dans les semences du *datura stramonium*. Encore peu connue; l'on sait seulement qu'elle est presque insoluble dans l'eau et l'alcool froids; soluble au degré de l'ébullition; elle forme des sels solubles d'où les alcalis la précipitent en flocons blancs.

Delphine.

Découverte par MM. Lassaigne et Fenuelle dans les semences de staphisaigre, *delphinium staphysagria*. A l'état de pureté, cette substance est sous forme d'une poudre blanche qui cristallise lorsqu'elle est humide, et qui, exposée à l'air, devient opaque. Elle a une saveur âcre et amère; elle est fusible et offre par le refroidissement une matière dure et cassante; à une température plus élevée elle se décompose. Cet alcali est peu soluble dans l'eau et très-soluble dans l'alcool et l'éther; cette solution verdit la teinture de violettes. On obtient la delphine en faisant bouillir sa décoction avec la magnésie, filtrant, lavant le résidu et le faisant digérer dans l'alcool bouillant, filtrant et faisant évaporer la plus grande partie de ce menstrue.

Emétine.

Découverte par MM. Pelletier et Magendie dans

les racines de *callicocca ipecacuanha, psychotria emetica* et *viola emetica*. L'émétine est une poudre blanche, inodore, amère, très-peu soluble dans l'eau, et très-soluble dans l'alcool et l'éther. En s'unissant aux acides, elle ne forme que des sursels, qui sont susceptibles de cristalliser, et que les alcalis et la magnésie décomposent. Quand on veut la préparer, on débarrasse la racine de la résine au moyen de l'éther; on en fait ensuite une décoction alcoolique qu'on évapore à siccité. On fait bouillir le résidu dans l'eau pour en séparer la cire; on filtre et on y ajoute de la magnésie; il se forme un précipité qui est l'émétine, et un gallate de cette substance; on le lave à l'eau froide pour enlever une portion de matière colorante : on redissout le précipité par l'alcool, qui s'empare de l'émétine, et qu'on débarrasse du principe colorant auquel elle est unie, en évaporant à siccité, redissolvant cet alcali par un acide, décolorant le sel par le charbon animal, filtrant et précipitant l'émétine de ce sel par un alcali.

L'émétine est le principe vomitif des ipécacuanha à la dose de $\frac{1}{16}$ de grain; elle produit le vomissement; 2 grains sont suffisans pour empoisonner un chien.

Esculine.

Découverte dans l'écorce du maronnier d'Inde, par F. Canzoneri. Ce chimiste a recherché s'il n'existerait pas dans cette écorce, comme dans le quinquina, un principe auquel on pût attribuer ses vertus fébrifuges; guidé par ce but, il est parvenu à la connaissance d'une substance à laquelle il a donné le nom d'*esculine*.

Cet alcali a une saveur douceâtre et piquante ; sans action sur les couleurs bleues végétales; insoluble dans l'eau; par l'action du calorique il se fond , se gonfle, et brûle comme les huiles; il est inaltérable à l'air. On obtient cette substance par un procédé à peu près semblable à celui qui est employé pour la quinine et la cinchonine, ou bien en suivant celui que l'auteur a consigné dans son Mémoire inséré dans le *Journal de pharmacie*, novembre 1823.

Hyosciamine.

Découverte par Brandes, qui l'a obtenue en la précipitant de la décoction de la jusquiame noire par la potasse. Cet alcali cristallise en longs prismes; sa vapeur est vénéneuse et affecte beaucoup les yeux. Les sels qui sont le résultat de son union avec les acides nitrique et sulfurique, sont cristallisables.

Morphine.

On a été conduit à la connaissance des principes des végétaux dans lesquels résident leurs propriétés médicamenteuses, par la découverte de la morphine faite par le savant pharmacien d'Eimbeck, M. Serturner. C'est à cette substance et à la narcotine que l'opium doit ses vertus médicamenteuses et ses effets délétères. Cet alcali a été depuis bien étudié par MM. Robiquet, Thomson, Pelletier et Caventou.

La morphine pure est cristallisée en prismes rectangulaires blancs et transparens; ils sont quelquefois seulement translucides; elle est sans odeur ni sa-

veur (¹), insoluble dans l'eau froide, soluble dans
82 parties d'eau bouillante, cristallisant par le refroidissement, et soluble dans l'alcool : ces diverses
solutions brunissent le curcuma. Exposée à l'action
du calorique, elle se fond à une température peu
élevée et se décompose ensuite.

Préparation. De tous les procédés connus, le
meilleur est celui de M. le professeur Robiquet : il
consiste à faire bouillir, pendant demi-heure, une
décoction claire d'opium avec de la magnésie; après
avoir filtré et lavé plusieurs fois le précipité à l'eau
froide, pour le décolorer, on le fait bouillir dans de
l'alcool très-rectifié, lequel s'empare de l'alcali et
laisse la magnésie à nu. Par l'évaporation on obtient
la morphine.

Cet alcali existe dans l'opium, à l'état de sousmé-
coniate. Il forme diverses combinaisons salines, avec
les acides, qui sont inodores, généralement cristallisables, et d'une saveur très-amère. MM. Lassaigne
et Féneulle ont reconnu que, placé dans le circuit
de la pile voltaïque, l'acide se rend au pôle positif,
et la morphine au négatif.

De tous les sels qu'elle forme, il en est un qui
vient de devenir célèbre dans les annales du crime,
c'est l'acétate de morphine, qu'on peut obtenir en
combinant cet alcali avec l'acide acétique. Ce sel
est très-amer et difficile à cristalliser; l'impossibilité
où l'on est de le conserver dans cet état fait qu'on le
dessèche. Cet inconvénient devrait lui faire substi-

(¹) Lorsque la morphine est dissoute dans l'alcool, l'éther
ou l'eau bouillante, elle a une saveur très-amère.

(409)

tuer le sulfate, qui cristallise en aiguilles blanches, soyeuses, et dont l'état est constant (1).

Vertus. Les propriétés médicamenteuses de l'opium résident dans la morphine et la narcotine. Le peu de solubilité de la morphine rend ses effets délétères moins prompts que ceux de ses sels solubles, tels que le sulfate, l'hydrochlorate et l'acétate de morphine. M. Orfila, qui s'est beaucoup occupé de son action sur l'économie animale, a reconnu que les empoisonnemens par cet alcali et ses sels solubles, sont analogues à ceux de l'opium et doivent être traités de la même manière; que l'extrait aqueux d'opium, privé de morphine, n'était plus vénéneux; que la morphine n'agissait qu'après avoir été absorbée, et qu'ainsi elle était plus prompte à opérer ses effets délétères quand on l'injectait dans les veines, qu'en l'introduisant dans l'estomac ou en l'appliquant sur le tissu cellulaire; enfin que ses propriétés vénéneuses étaient moins diminuées par les huiles que par les acides. Malheureusement les effets produits par l'empoisonnement causé par cet alcali et ses sels, ne sont pas bien caractéristiques et peuvent être confondus avec ceux produits par quelques affections morbides, comme on a pu s'en convaincre par le témoignage des médecins qui ont déposé dans le procès qui vient de fixer l'attention de la France entière. Les expériences tentées par M. Orfila sur trois individus, auxquels il a fait prendre demi-grain de morphine dans demi-gros d'alcool,

(1) L'on peut consulter une note très-intéressante insérée dans le *Journal de pharmacie*, novembre 1823.

étendu de deux onces d'eau distillée, demi-heure
après autant, et au bout d'un quart d'heure une semblable dose, déterminèrent des effets tels qu'on ne
saurait être trop prudent sur l'emploi d'un si terrible médicament.

Narcotine.

Découverte par M. Derosne, et connue sous les noms
d'*opiane* et *sel de Derosne*. Elle fait le 5oe de l'o-
pium. Pour obtenir cet alcali, M. Serturner conseille
de prendre une partie d'opium, et de le traiter cinq
fois de suite par 2 parties d'éther. On évapore presque à siccité, et l'on traite le résidu par l'eau bouillante, qui n'attaque pas la résine. On filtre et l'on
précipite par l'ammoniaque. On redissout de nouveau ce précipité dans une petite quantité d'acide
hydrochlorique, et on l'en sépare par l'ammoniaque. En cet état, l'opiane ou narcotine est pure. Si on
la dissout dans l'alcool ou l'éther, on peut l'obtenir
en aiguilles déliées ou en prismes rhomboïdaux.
Cette substance est inodore et insipide ; elle est so-
luble dans $\frac{1}{24}$ d'alcool bouillant et $\frac{1}{100}$ froid ; l'éther
chaud la dissout très-facilement ; elle s'unit aux
acides et forme divers sels.

Vertus. M. Magendie ne considère point la narcotine comme un médicament, il a reconnu qu'un
grain donné à un chien produisait un état de stu-
peur qui, dans vingt-quatre heures, était suivi de la
mort. A l'état d'acétate elle est moins vénéneuse,
puisqu'on peut en porter la dose jusqu'à 24 grains,
sans faire périr l'animal. Ce physiologiste soupçonne,
d'après quelques expériences qu'il a tentées sur des

animaux, que c'est à la présence de la morphine et de la narcotine dans l'opium que sont dus les effets variables de ce médicament. La morphine provoque fortement le sommeil, et la narcotine produit des mouvemens convulsifs avec l'agitation des mâchoires, une écume à la gueule, etc.

Picrotoxine.

Découverte par M. Boullay, dans les semences du *menispermum cocculus*, coque du Levant. On le prépare en faisant bouillir la décoction très-rapprochée de cette semence avec $\frac{1}{10}$ de magnésie ; quand elle est en consistance d'extrait, on la traite à plusieurs reprises par l'alcool à 40°. Cette solution alcoolique, évaporée à siccité, est redissoute dans le même menstrue et décolorée par le charbon animal ; après avoir filtré la liqueur, si on l'évapore lentement, on obtient cette substance cristallisée en prismes quadrilatères blancs et transparens. Cet alcali, ainsi obtenu, est inodore et très-amer ; il est très-soluble dans l'alcool et l'éther, et presque insoluble dans l'eau. Les sels qu'il forme sont très-amers et peu solubles.

Vertus. M. Orfila s'est convaincu que cette substance agissait sur l'économie animale à peu près comme le camphre, mais beaucoup plus énergiquement, puisque 3 ou 4 grains tuaient les chiens les plus vigoureux dans une heure. C'est à la picrotoxine que sont dus les effets vénéneux de la coque du Levant.

Quinine et sulfate de quinine.

Découverte par Pelletier et Caventou, dans les écorces de quinquina, principalement dans celle du jaune. Comme le sulfate de quinine est très-employé en médecine, et qu'on peut extraire la quinine de ce sel, nous allons décrire le procédé qu'a publié M. Henry fils. Il consiste à faire bouillir, à plusieurs reprises, du quinquina jaune dans de l'eau contenant de 6 à 8 grammes d'acide sulfurique par kilogramme; on filtre et on sature ces décoctions par la chaux; on enlève l'excédant de chaux que peut contenir le précipité, en le lavant plusieurs fois à l'eau froide. Quand il est bien égoutté, on fait agir sur lui, et à plusieurs reprises, de l'alcool à 38 degrés; le résidu qu'on obtient par l'évaporation de ce menstrue, traité à chaud par l'eau acidulée par l'acide sulfurique, donne, par l'évaporation d'une partie du liquide, un soussulfate de quinine, s'il y a excès de base, qui cristallise en aiguilles satinées et en lames. Ce sel est blanc, inodore, très-amer, peu soluble dans l'eau et beaucoup plus dans l'alcool. Le sulfate acide, tel que le prépare M. Robiquet, est en prismes rectangulaires. Il rougit la teinture de tournesol.

Composition.

Le soussulfate de quinine

contient 90,1 de quinine et 9,9 acide,
le sursulfate   63,5   19,1.

Si l'on traite le sulfate de quinine par l'eau de chaux, il s'opère un précipité composé de quinine et de sulfate de chaux; on les sépare au moyen de l'alcool, qu'on évapore jusqu'à le réduire à $\frac{1}{5}$. Par le refroidissement, on obtient la quinine.

Quinine.

Cet alcali est blanc et incristallisable, propriété qui le distingue de la cinchoniné, qui cristallise en aiguilles; il est aussi beaucoup plus amer que cette substance; ses sels ont un aspect nacré que ceux de cinchonine n'ont point; celle-ci est peu soluble dans l'éther, tandis que la quinine s'y dissout en quantité. Leur solubilité dans l'eau est égale ; il faut environ 700 parties de ce liquide pour en dissoudre une.

Vertus. C'est dans la cinchonine et la quinine que résident les vertus fébrifuges du quinquina. La quinine l'emporte sur la cinchonine. Quatre grains de cette première substance équivalent à deux gros de quinquina, ce qui fait que cette facilité de le prendre, à raison du petit volume, et plusieurs autres avantages qu'il est inutile d'énumérer ici, en ont rendu l'emploi général. Malheureusement la fraude a commencé à altérer ce précieux médicament. Quelques droguistes poussent la cupidité et l'oubli de la probité si loin, que M. Pelletier m'a raconté que l'un d'eux n'avait pas craint de le prier de lui préparer du sulfate de chaux, qui, comme on sait, est en filets soyeux, pour mêler avec le sulfate de quinine. Il est inutile de dire comment cette proposition fut reçue par ce savant pharmacien.

Rhubarbarine.

Cette substance est d'un brun foncé, brillante, opaque, d'une saveur amère, d'une odeur désagréable ; très-soluble dans l'eau, l'alcool et l'éther ; la solution aqueuse précipite les sels ferrugineux en vert noirâtre, le sulfate de cuivre en brun, l'acétate de plomb et le nitrate de mercure en jaune clair ; l'acide nitrique la convertit en acide oxalique. Des sels qu'elle forme, on ne connaît bien que le sulfate de rhubarbarine, dont M. Nani a décrit la préparation dans la *Bibliothèque universelle,* juillet 1823.

Préparation. Suivant M. Pfatt, on l'obtient en dissolvant l'extrait aqueux du *rheum palmatum*, ou rhubarbe, dans l'eau, filtrant, évaporant à siccité, et traitant le résidu sec par l'alcool absolu.

Solanine.

Découverte par Desfosses dans les tiges et les feuilles de la douce-amère, et dans les baies de la morelle. On la prépare en précipitant par l'ammoniaque le suc filtré de la douce-amère. Le précipité doit être lavé à l'eau froide et bouilli ensuite dans l'alcool ; en filtrant et concentrant la liqueur, on obtient par le refroidissement la solanine en poudre blanche, inodore, un peu amère ; soluble dans 8000 fois son poids d'eau chaude, etc. ; unie aux acides, elle donne lieu à des sels amers et non cristallisables.

Strychnine.

Découverte par MM. Pelletier et Caventou dans la noix vomique et la féve Saint-Ignace ; on l'extrait de cette dernière substance en la traitant à chaud par l'éther, et l'épuisant par l'alcool bouillant. L'extrait alcoolique, bouilli avec la magnésie, donne un précipité qui, lavé à l'eau froide et traité par l'alcool, laisse, par l'évaporation, la strychnine. Cette substance, quand l'évaporation est bien ménagée, est en prismes quadrilatères, inodore et amère ; très-soluble dans l'alcool, insoluble dans l'éther, et soluble dans 6667 parties d'eau froide. Cette solution est d'un jaune-orangé.

La strychnine est le poison végétal le plus violent ; $\frac{1}{8}$ de grain fait périr le chien le plus vigoureux.

Vératrine.

Découverte par MM. Pelletier et Caventou, et, presque en même temps, par M. Meissner, dans les semences de cévadille, *veratrum sabadilla,* et dans les racines de l'ellébore blanc et des colchiques. Par le procédé de ce dernier chimiste, on l'obtient en dissolvant l'extrait fait par l'alcool absolu, dans l'eau, filtrant et précipitant la vératrine par le carbonate de potasse. On la lave à l'eau froide pour la purifier. La vératrine est en poudre blanche, inodore, d'une saveur âcre et brûlante, très-soluble dans l'alcool et dans l'éther, et dans 100 fois son poids d'eau bouillante. Elle se fond à + 50°. Par le refroidissement, la masse obtenue est translucide.

Vertus. Cette substance est un sternutatoire dangereux ; en très-petite quantité, elle produit les vomissemens les plus forts, et des évacuations alvines très-abondantes. Son emploi est très-dangereux.

TROISIÈME SECTION.

Des substances dans lesquelles l'oxigène et l'hydrogène sont dans des rapports propres à former de l'eau.

Ces divers corps sont solides, plus pesans que

l'eau et sans action sur la couleur bleue des végétaux. Quoiqu'il soit probable qu'un grand nombre
puissent être rangés dans cette section, on n'y en a
cependant encore compris que sept; ce sont :

asparagine,	mannite,
amidon,	miel,
gomme,	sucre.
ligneux,	

Asparagine.

Découverte par MM. Vauquelin et Robiquet dans
le suc des asperges, d'où on l'extrait en exposant au
contact de l'air le suc concentré, lequel dépose, au
bout d'un certain temps, une matière sucrée en aiguilles et l'asparagine en prismes rhomboïdaux.
Cette substance pure est inodore; elle a une saveur
fraîche et nauséabonde; elle est très-soluble dans
l'eau et insoluble dans l'alcool.

Sans usages.

Amidon.

L'amidon ou fécule est connu depuis très-long-
temps. On le rencontre dans les céréales, les marrons,
les fèves, les pois, les pommes-de-terre, etc., etc.
Tous les amidons, quoique à peu près de même
nature, sont unis à des substances hétérogènes qui
en font varier les propriétés. Nous allons nous borner
à exposer celles de celui de grain.

Cette substance est blanche, opaque, grenue, cra-
quant sous le doigt, plus pesante que l'eau, inaltérable à l'air, inodore et insipide, insoluble dans l'éther,
l'alcool, les diverses huiles et l'eau froide, et très-
soluble quand elle est bouillante.

Si on la triture avec la potasse ou la soude, elle devient alors soluble dans l'eau froide. Quelques gouttes de teinture d'iode, dans une liqueur contenant de l'amidon en suspension ou en dissolution, lui communiquent une belle couleur bleue. L'acide nitrique convertit l'amidon en acides acétique, malique et oxalique; l'acide sulfurique peut former avec cette substance un composé susceptible de cristalliser. Si l'acide est étendu de $\frac{22}{1000}$ d'eau, et qu'on en fasse bouillir, pendant trente-six heures, quatre parties sur une d'amidon, ce dernier, d'après les expériences de M. Kirchoff, est converti en sucre. M. Saussure a également reconnu que l'empois, ou bouillie d'amidon, soit avec le contact de l'air, soit dans le vide, se change, au bout de quelque temps, en une substance sucrée qui fait la moitié de l'amidon employé.

Préparation. Il suffit pour l'obtenir de déchirer, par la râpe ou le moulin, les cellules végétales et d'étendre la masse d'eau. L'amidon, étant insoluble, se dépose au fond des vases. S'il est uni, dans les substances végétales, au gluten, il faut l'en dépouiller par la fermentation. Composé de carbone 43,55, oxigène 45,68, hydrogène 6,77.

Amidon de lichen.

Regardé long-temps comme un mucilage, et classé par Berzélius parmi les gommes. Cette substance est en masse brune, très-dure, fragile et d'une cassure vitreuse. Avec l'acide sulfurique affaibli, elle se convertit également en sucre.

Gomme.

On connaît un grand nombre d'espèces de gommes; elles existent dans le tissu cellulaire de diverses parties des plantes, dans l'écorce de quelques arbres et de quelques fruits; les principales sont celles qui découlent des acacias du Levant, du Sénégal et de l'Arabie, et que l'on nomme *gomme arabique*, et *gomme adragant*.

Gomme arabique.

Cette substance est de même nature que celle qui suinte des cerisiers, des pruniers, des abricotiers et des amandiers. Elle est solide, souvent en globules, incolore, quand elle est pure, dorée ou rougeâtre, quand elle est unie à des corps étrangers; elle se pulvérise facilement; sa saveur est fade; elle est soluble dans l'eau chaude et dans l'eau froide, insoluble dans l'éther, l'alcool et les huiles; inaltérable à l'air, incristallisable, et blanchissant par le contact prolongé de la lumière. Légèrement torréfiée, elle devient, suivant M. Vauquelin, plus soluble dans l'eau. La solution aqueuse, à travers laquelle on fait passer un courant de chlore, se convertit, selon le même chimiste, en un acide qui diffère peu du citrique. L'alcool la précipite des solutions aqueuses, n'en contenant même que $\frac{1}{1000}$; l'acide nitrique la convertit en acides mucique, malique et oxalique; le sulfurique la charbonne complétement. Quoiqu'elle ne soit point soluble dans les huiles et les substances résineuses liquides connues sous le nom de *baumes*, cependant, en s'unissant avec elles,

elle les tient suspendues dans l'eau, qui prend alors
un aspect laiteux et perd sa transparence.

Le poids spécifique de la gomme varie entre
1,3161 et 1,4317.

Gomme adragant.

Cette gomme provient de l'astragalus tragachanta.
Elle est en rubans blancs, translucides, élastiques,
durs et difficiles à réduire en poudre ; inodore, fade,
inaltérable à l'air, insoluble dans l'alcool, l'éther et
les huiles, très-soluble dans l'eau, mais moins que les
autres gommes ; elle forme aussi, avec ce liquide, un
mucilage beaucoup plus épais ; il suffit d'une partie de
gomme et de sept d'eau pour produire une bouillie
blanche, qui précipite en noir grisâtre le nitrate de
mercure. Il est encore plusieurs autres gommes, que
nous passerons sous silence parce qu'elles n'offrent
pas le même intérêt.

Usages. Les gommes sont employées en médecine comme moyens adoucissans et pectoraux ; elles
servent à suspendre dans l'eau les huiles et quelques
substances résineuses, à former certaines pastilles, etc.

Ligneux.

Le ligneux est, à proprement parler, la charpente végétale, unie à divers principes. On le débarrasse des résines par l'alcool, des gommes et des
sels solubles par l'eau, et des sels insolubles dans ces
deux menstrues, par l'acide hydrochlorique faible.
Après qu'il a été bien lavé et séché, le ligneux est
d'un blanc sale, sans saveur ni odeur, plus pesant
que l'eau, inaltérable à l'air sec, et se convertissant,

par l'action prolongée de l'acide sulfurique affaibli,
en gomme, et par suite en sucre.

Sans usages.

Mannite.

Matière sucrée, découverte par Proust, dans la
manne, d'où on l'extrait en la faisant bouillir dans
l'alcool; on filtre, et par le refroidissement on obtient
cette substance en aiguilles blanches, transparentes,
solubles dans cinq fois son poids d'eau froide, très-
solubles dans l'alcool aqueux bouillant, et presque
insolubles à froid. Une propriété caractéristique de la
mannite, c'est qu'elle n'entre pas en fermentation.

Miel.

Nous n'établirons point ici si le miel se produit dans
l'estomac des abeilles ou si elles le puisent tout
formé dans les fleurs des végétaux, et ne font que
l'élaborer; la substance sucrée qu'on trouve dans
les nectaires rend cette dernière opinion la plus probable. Le miel se récolte en grande quantité dans les
lieux où croissent beaucoup de plantes aromatiques;
mais c'est une erreur que de croire qu'ils sont d'autant plus blancs qu'ils sont plus exposés au midi; car
dans le département des Pyrénées-Orientales ils sont
généralement très-colorés, tandis que dans celui de
l'Aude ils sont ou jaune doré ou très-blancs. Dans
le même terroir, la couleur varie quelquefois à une
lieue de distance. Dans le midi de la France, on
l'extrait des ruches aux mois de mai et de septembre. Le premier est plus blanc et de meilleure qualité que le second. Ces miels, gardés un an dans

des vases, déposent, au fond et sur les parois, des cristaux qui, lavés dans l'alcool, offrent du sucre pur.

Les miels les meilleurs sont blancs ou jaune doré, aromatiques, épais et transparens; ils se solidifient d'autant plus vite qu'ils contiennent plus de sucre cristallisable. Ceux d'automne, qui, d'après mes expériences, en contiennent moins, restent plus long-temps liquides. Ils sont composés de sucre cristallisable, et d'une substance sucrée. On sépare le sucre cristallisable en délayant le miel dans l'alcool et le soumettant à la presse dans un linge. L'alcool dissout cette dernière substance et laisse le sucre pur, à la seconde opération; l'acide nitrique convertit le miel en acide oxalique.

Usages. Le miel est employé comme aliment; il est béchique, pectoral, etc.; il est l'excipient de la plupart des électuaires, et une des parties constituantes des oximels, de l'onguent égyptiac, etc.

Sucre.

On a donné long-temps, exclusivement, le nom de sucre à cette substance blanche, ou colorée en jaune, solide, cristallisée, très-soluble dans l'eau, inaltérable à l'air et jouissant d'une saveur douce très-agréable, qu'on extrait des cannes à sucre, *arundo saccharifera*. Depuis quelque temps on l'applique également à des substances plus ou moins analogues qu'on a extraites des racines des betteraves, du moût du raisin, des racines de chiendent, des marrons, des champignons, de l'urine du diabétès sucré, du petit-lait, etc. De ces diverses espèces de sucre, celui de betteraves est le seul qui puisse être confondu avec celui de canne : celui de raisin en diffère et par son goût et par son *incristallisabilité*. Nous n'exposerons point ici l'histoire de la canne à sucre, ni celle de la fabrication de cette substance ; ces détails se trouvent décrits dans une foule d'ouvrages. Nous nous bornerons à dire que ce produit a pour propriété caractéristique et exclusive, lorsqu'il est dissous dans l'eau et uni à suffisante quantité de ferment, de se décomposer et de donner lieu à une liqueur alcoolique. Ce corps existe en abondance dans le plus grand nombre de fruits, dans quelques sucs végétaux, dans certaines racines, dans les chaumes des graminées ; enfin l'acide sulfurique peut donner lieu à sa formation en agissant sur les gommes et les chiffons de linge.

Le sucre cristallisable est peu soluble dans l'alcool ; l'acide nitrique le convertit en acide oxalique.

Sucre de betterave.

Une grande partie des sucres qu'on trouve maintenant dans le commerce s'extraient du suc de betteraves. La découverte en est due à Margraaff. Lors du blocus continental, plusieurs chimistes français, parmi lesquels nous citerons MM. Proust, Chaptal, Barruel, etc., firent d'heureux essais qui ont contribué à établir ce nouveau genre d'industrie. Ce sucre diffère peu de celui de canne ; comme il est plus poreux et plus léger, on dit vulgairement qu'il sucre moins : cette erreur provient de ce que, sous le même volume, on emploie moins de matière. A cela près, il a la même saveur, est beau-

coup plus soluble dans l'eau et plus facile à pulvériser.

Ce sucre, soit en pain, soit à l'état de cassonade,
est employé comme aliment et condiment. Il est
pectoral et adoucissant ; on en fait des sirops, des
pastilles et finalement ce grand nombre de préparations connues sous le nom de *sucreries.* Par la fermentation, la liqueur qui en provient donne à la
distillation un alcool connu sous le nom de *rack* ou
rhum.

Composition. Suivant Berzélius, carbone 44,200,
oxigène 49,015, hydrogène 6,785.

Sucre de raisin.

Obtenu par évaporation, en consistance mielleuse, du moût de raisin. Quand il est pur, il est
solide, blanc, incristallisable, très-soluble dans
l'eau, d'une saveur analogue au sucre mêlé avec la
farine de froment ; plus soluble dans l'alcool que
celui de canne : l'acide nitrique le change également
en acide oxalique.

Sucre de lait.

On le fabrique en évaporant le petit-lait jusqu'à
consistance mielleuse : on redissout les cristaux obtenus pour les avoir plus purs ; ce sucre est très-dur
et cristallise en prismes quadrilatères blancs qui,
par leur exposition à l'air, deviennent translucides ;
sa saveur est peu sucrée ; il est insoluble dans l'alcool et il exige 2 parties et demie d'eau bouillante
ou de 5 à 7 de froide, pour se dissoudre.

Sucre du diabétès.

C'est en précipitant par l'acétate de plomb les substances animales contenues dans l'urine des malades atteints du diabétès sucré, et en y faisant passer un courant de gaz hydrogène sulfuré, pour s'emparer du plomb, qu'on obtient, par la filtration et l'évaporation, ce sucre en cristaux. En cet état, il conserve une odeur et une saveur désagréables dues sans doute à une portion de substance animale qu'il retient. Malgré tous les soins que j'ai pris pour le purifier et le blanchir, je n'ai jamais pu l'obtenir qu'en cristaux bruns.

QUATRIÈME SECTION.

Substances contenant de l'oxigène et de l'hydrogène dans des proportions telles que celles de ce dernier corps sont plus considérables que celles de l'eau.

Les corps qui composent cette section ont pour propriétés caractéristiques, d'avoir pour principes constituans une grande quantité d'hydrogène et une proportion de carbone qui va quelquefois jusqu'aux $\frac{8}{10}$ de leur poids; aussi sont-ils très-combustibles et en général très-fusibles et très-volatils. Tous sont insolubles dans l'eau et solubles dans l'alcool, plusieurs même dans les huiles et l'acide acétique. Il est quelques-uns de ces corps qui agissent comme les acides. Ils se décomposent, à une température plus ou moins élevée, et donnent lieu à une grande quantité de gaz hydrogène percarboné, de gaz oxide de carbone, et à un résidu charbonneux. Pour rendre l'étude de ces corps plus facile, nous allons les diviser en 7 articles : le premier comprendra les huiles fixes; le deuxième, les volatiles; le troisième, les résines; le quatrième, les gommes-résines; le cinquième, les baumes; le sixième, l'alcool; le septième, les éthers.

Des huiles fixes.

On comprend sous le nom d'huiles fixes, douces ou grasses, cette liqueur onctueuse qu'on extrait des amandes des divers amandiers, ainsi que de celles du *behen*, des *faînes*, des *pruniers*, des *abricotiers*, des *pêchers*, des *oliviers*, etc.; des semences de *chou-rave*, *brassica-rapa*; de *colza*, *brassica napus*; de *moutarde* noire et blanche, *sinapis alba* et *nigra*; de *jusquiame*, *hyosciamus niger*; de *raisin*, *vitis vinifera*; de *ricin*, *riccinus communis*; etc.; des jaunes d'œufs durcis, du fruit charnu des olives et de plusieurs substances animales et végétales. Comme il serait trop long d'étudier ces diverses espèces d'huiles, et qu'à quelques légères différences près elles sont analogues à celle d'olive, nous nous bornerons, en examinant celle-ci, à faire quelques remarques sur les autres. Toutes sont inflammables, et forment des savons avec les alcalis; on les extrait en divisant, le plus qu'il est possible, les substances qui les contiennent, et les soumettant à l'action d'une forte presse.

Huile d'olive.

L'huile du fruit de l'olivier, *olea europea*, semble avoir été connue dès les premiers âges du monde. Ce qu'il y a de bien remarquable, c'est que le mode de fabrication qui se trouve indiqué dans l'*Ecriture sainte*, n'a presque point varié. Il est un fait bien reconnu, c'est que les arts sont au berceau partout où la chimie n'a point encore porté son flambeau vivificateur. Dans diverses contrées de l'Espagne, telles que la Catalogne, le royaume de Valence, etc. où l'on trouve des forêts immenses d'oliviers et où l'on pourrait récolter une huile délicieuse, l'ignorance et l'aveugle routine, empreintes de la rouille des siècles, repoussent toute innovation. Ils se bornent à ramasser leurs olives, à les entasser, dans des enclos exposés à l'intempérie des saisons, et à en extraire l'huile trois, quatre, et même huit mois après. Pendant ce temps, ce fruit précieux se détériore et subit un commencement de putréfaction qui altère plus ou moins la quantité de ces huiles; aussi ont-elles un très-mauvais goût auquel les Français s'accoutument difficilement et que les Espagnols ne dédaignent pas.

L'huile d'olive bien préparée est d'un jaune doré qui tire quelquefois sur le vert, comme quelques huiles du Roussillon; la couleur des autres varie de la couleur ambrée au jaune verdâtre, au jaune bleuâtre, au jaune doré, etc. : sa saveur est douce et agréable; elle est onctueuse au toucher, et transparente, quand elle est bien pure, insoluble dans l'eau, et peu soluble dans l'alcool et l'éther. De même que les autres huiles, elle ne bout qu'au-dessus de 315°, est plus légère que l'eau, et laisse sur le papier une tache que le calorique n'enlève pas : propriété caractéristique qui la distingue des huiles volatiles. L'huile d'olive se congèle + o, tandis qu'il en est, comme celles d'œillet, d'amandes, de lin, de noix, qui ne se congèlent pas. Exposée à l'action du calorique, une partie se décompose, tandis que l'autre se volatilise dans un état d'altération. Cette huile est alors plus colorée, d'une saveur forte, quoique étant plus fluide et plus légère. Les alchimistes l'appelaient *huile des philosophes*. La décomposition complète de l'huile a beaucoup occupé la sagacité de quelques chimistes, à cause de la grande quantité de gaz hydrogène percarboné qu'elle donne, et de la supériorité de ce gaz pour l'éclairage. On le prépare en faisant tomber, par petites parties, de l'huile sur le fond d'une cornue fortement chauffée ; il faut une grande habitude pour bien saisir le point opportun. Les huiles, en brûlant à l'air libre, produisent de l'eau, de l'acide carbonique. Lorsqu'on les expose au contact de l'air, elles en absorbent l'oxigène, contractent un mauvais goût qu'on appelle *rance*, s'épaississent jusqu'à devenir solides ; presque toutes les huiles grasses perdent ainsi leur transparence, et celles qui sont siccatives la conservent. Cette propriété d'être siccatives appartient exclusivement à quelques huiles douces, telles que celles de lin, de noix, de pavot, etc. On l'augmente en les faisant bouillir sur la litharge, les enflammant et les éteignant après qu'elles ont brûlé quelque temps : elles sont alors plus épaisses, plus colorées et plus consistantes : aussi est-ce principalement en cet état qu'elles sont employées en peinture.

Le phosphore et le soufre se dissolvent dans une grande quantité d'huile, tandis que le carbone, l'azote et l'hydrogène n'y sont point solubles. Les acides faibles n'ont pas d'action marquée sur les huiles ; le sulfurique les charbonne, le nitrique enflamme les siccatives, et, s'il est uni à une portion du premier, il enflamme également les autres. Une des actions les plus remarquables sur les huiles, c'est celle des alcalis ; ils réagissent fortement sur ces corps, surtout à l'aide de la chaleur, et donnent lieu à des composés dont l'usage est très-étendu et que l'on appelle savons, lesquels sont de véritables sels solubles. Pour bien entendre ces faits on doit savoir que, d'après les belles expériences de MM. Chevreul et Braconnot, les huiles contiennent deux substances grasses, l'une solide et semblable à la *stéarine,* et l'autre liquide et analogue à *l'élaïne* ou *oléine de Chevreul.* Dans la réaction des alcalis sur les huiles, ces deux substances sont converties en acides margarique et oléique, lesquels s'unissent à l'alcali et forment des margarates et des oléates dont l'ensemble constitue les savons solubles : si l'on opère avec quelques bases autres que ces alcalis, comme la chaux, ces margarates et oléates étant insolubles, on obtient aussi des savons insolubles. Avec quelques oxides métalliques, les huiles forment également ment des savons insolubles, qui font la base de la plupart des emplâtres ; il se produit aussi un nouveau corps que Schéele, qui l'a découvert, a appelé principe doux des huiles. Ce composé est liquide, incolore, inodore, transparent, doux, soluble dans l'eau, plus pesant que ce liquide, et inflammable. L'acide nitrique le convertit en acide oxalique, et le sulfurique en sucre, suivant les expériences de Vogel.

M. Rousseau, dans un travail inédit lu à l'Institut, qu'il a eu la bonté de nous communiquer, a annoncé qu'une pile d'environ 2000 paires, enrobée de 2 parties de résine et d'une de gomme laque, et plongée à moitié dans une éprouvette remplie d'huile d'olive, l'un de ses pôles étant isolé et l'autre communiquant au sol, après deux ou trois heures d'immersion, il se déposait sur les parois de cette pile une matière blanchâtre et visqueuse qui s'épaissit de plus en plus et dont l'intensité n'augmente plus après 24 heures. M. Rousseau croyait que cette substance était de la stéarine; mais, d'après son analyse, il est porté à croire que cet effet est purement électrique, et que, par attraction, les parties les plus légères de l'huile s'attachent aux parois de la pile.

M. Rousseau a également présenté un appareil électrique qu'il appelle diagomètre. La force motrice réside dans une pile partagée en plusieurs sections qui amènent à un degré de tension voulue; un des pôles touche un sol et fait réagir l'électricité sur l'autre qui est isolé. Dans l'autre partie de l'appareil est une légère aiguille aimantée dans le plan du méridien magnétique pris comme o d'un cercle gradué; si, par un excitateur, on met en rapport ce système vers le pôle isolé, l'électricité alors agissant sur l'aiguille et sur le conducteur qui l'avoisine, la première, chargée d'un fluide de même nature, éprouvera aussitôt une déviation proportionnelle à la force propre de la pile; mais si, au lieu de toucher le disque de cuivre, on y interpose un corps dont on veuille éprouver la conductibilité, l'aiguille restera stationnaire ou déviera, suivant la nature des substances interposées. C'est d'après la vitesse de son écartement et le temps qu'elle mettra à arriver au terme de tension, qu'on devra déterminer le degré d'isolement. Avec cet appareil, M. Rousseau a reconnu que, de toutes les huiles animales ou végétales, celle d'olive possédait seule la propriété bien caractérisée d'être très-difficilement perméable au fluide électrique; cette propriété est telle, qu'elle conduit l'aiguille 700 fois moins vite que les autres, qui ont cependant entre elles des différences qu'on peut rendre appréciables. Il suffit de verser, dans 100 gouttes de cette huile, deux de celle d'œillet ou de faîne, pour imprimer à l'aiguille une vitesse quadruple. Sous ce point de vue, le diagomètre est un instrument précieux pour reconnaître, et préciser même, la sophistication de l'huile d'olive.

Les savons varient suivant l'alcali et l'huile avec lesquels ils ont été fabriqués; avec la soude ils sont durs; avec la potasse, mous et verts; avec l'ammoniaque, en bouillie et conservant l'odeur de ce corps. Les huiles de mauvaise qualité communiquent une partie de leur odeur au savon.

Le savon qu'on appelle médicinal est fait avec l'huile d'amande douce.

Usages. Tout le monde connaît l'application des huiles et des savons aux arts et à l'économie domestique; il ne me reste donc à parler que de leurs propriétés médicamenteuses. Les huiles douces, principalement celles d'olive et d'amande douce, sont adoucissantes et purgatives à la dose d'environ deux onces; elles sont fort estimées pour le traitement de certaines coliques, et surtout dans les empoisonnemens; on les administre alors à haute dose. Dans celui par les cantharides, l'huile paraît contraire, attendu, dit Pallas, qu'elle agit en dissolvant les parties âcres de ces mouches. Les huiles douces sont légèrement vermifuges; l'on regarde comme un moyen presque certain l'emploi de celle d'olive contre le tænia. On en avale trois onces, de quart-d'heure en quart-d'heure, jusqu'à ce que le ver soit expulsé : une livre et demie est le plus souvent suffisante. Si l'on augmente et rapproche la dose, le tænia est plus tôt tué et expulsé; ces intervalles que nous indiquons sont pour en faciliter la déglutition. Il serait trop long d'énumérer toutes les maladies dans lesquelles l'administration de l'huile est indiquée; nous nous bornerons à dire qu'on l'emploie également en lavemens dans les coliques et les inflammations intestinales, les empoisonnemens, etc. A l'extérieur, elles sont émollientes, résolutives, etc., surtout quand elles tiennent en dissolution des huiles volatiles, du camphre, etc.

Les savons sont employés comme fondans, désobstruans; on administre également l'eau de savon contre certains empoisonnemens, les aigreurs de l'estomac, les tympanites, etc.

Huile de ricin.

Cette huile se retire par expression des semences du ricin, *riccinus communis*, dont on a enlevé auparavant l'enveloppe, qui, sans cela, lui communiquerait une propriété émétique. Cette huile pure est d'un jaune doré, inodore, épaisse, d'une saveur fade, liquide à plusieurs degrés — o, soluble dans l'alcool, et se desséchant à l'air sans perdre sa transparence.

Usages. Excellent anthelmintique et bon purgatif pour les personnes délicates. La dose pour les enfans est de 1 once à 2 ; pour les adultes, de 4 à 5.

Huile de lin.

Extraite des semences du *linum usitatissimum*. Couleur jaune verdâtre, odeur *sui generis;* dissolvant par l'ébullition un peu de litharge, ce qui la rend siccative ; quand elle en est assez chargée, elle devient rougeâtre. On lui donne également de la consistance en la faisant brûler pendant quelque temps.

Huile de pavot ou d'œillet.

Extraite des semences du *papaver somniferum.* Moins visqueuse que les autres, d'un blanc jaunâtre, inodore, saveur agréable, liquide à o. Avec la litharge elle devient siccative.

Usages. Comme aliment et pour l'éclairage : c'est avec cette huile que l'on compose le liniment de Jadelot, qui est formé d'huile de pavot ℔ ij, sulfure de potasse ℥ iij, savon blanc ℔ j, huile de thym ʒ j.

Huiles volatiles.

Les huiles volatiles ou essentielles sont de tous les corps ceux dont on trouve le plus d'espèces ; il est probable qu'elles sont le principe odorant de la plupart des plantes ; sous ce point de vue, il est aisé de voir combien leur nombre doit être considérable. On les trouve tantôt dans toutes les parties du végétal, tantôt seulement dans les feuilles, dans les fleurs, dans les écorces des bois et des fruits, ou dans les enveloppes des semences, et non dans les cotylédons. Elles se distinguent des huiles douces ou fixes par leur volatilité, leur odeur, ou très-suave, ou très-piquante, ou désagréable, et de ne point laisser de taches sur le papier. Ces huiles ont une saveur âcre et brûlante, incolores ou diversement colorées, plus légères que l'eau, à l'exception de celles de cannelle, girofle, moutarde et sassafras ; la plupart congelables à diverses températures ; certaines acquérant de la viscosité à la température ordinaire et devenant même solides, comme celles d'anis, de fenouil, etc. Les huiles essentielles brûlent avec une flamme brillante en répandant beaucoup de fumée ; mises en contact avec l'air ou le gaz oxigène, elles acquièrent une consistance solide et se convertissent en substances résinoïdes. A l'aide du calorique, elles dissolvent le phosphore, qui se précipite par le refroidissement. Suivant Hoffmann, 10 parties de camphre peuvent y en rendre soluble une de phosphore ; à l'aide de la chaleur elles dissolvent un peu de soufre qu'elles retiennent en partie ; cette solution constitue le *baume de soufre*, *anisé*, *téré-*

benthiné, etc.; le chlore et l'iode les déshydrogè-
nent en partie, et les rendent plus visqueuses en
s'unissant avec elles. Les bases salifiables forment
avec ces corps des savonules, dont un seul, le savon
de Starkey, offre quelque intérêt : il est le produit
de l'union de l'huile de térébenthine avec la soude.
Toutes les huiles volatiles sont solubles dans l'alcool
et les huiles fixes, auxquelles elles communiquent
leur odeur; elles se dissolvent aussi dans une grande
quantité d'eau. L'acide nitrique, au moment qu'on
vient d'y ajouter un peu d'acide sulfurique, les enflamme; l'acide hydrochlorique est absorbé par les
unes et en convertit d'autres, comme celle de térébenthine, en une espèce de camphre sur lequel nous
reviendrons.

Préparation. On extrait certaines huiles volatiles
par l'expression, mais on en obtient le plus grand
nombre par la distillation des parties qui les contiennent avec l'eau. Le produit est de l'eau aromatique
qui est surnagée par l'huile essentielle, quand la
quantité des matières distillées est suffisante; sinon
on distille cette eau sur de nouvelles portions. La
solution des huiles volatiles dans l'alcool constitue
les alcools aromatiques, tels que l'esprit de lavande,
l'eau des Carmes, l'eau de Cologne, etc.

Vertus. Les huiles volatiles sont généralement
stimulantes, toniques, sudorifiques et vermifuges.
La dose est de 4 à 10 gouttes sur du sucre. Comme
il serait trop long de décrire toutes les huiles volatiles, nous allons nous borner aux deux suivantes.

Huile ou essence de térébenthine.

Incolore, odeur désagréable, plus légère que l'eau, et d'une densité égale à o, 86. Le gaz hydrochlorique la convertit en camphre artificiel.

Usages. Dans les arts, pour la préparation des vernis. En médecine, elle fait partie de plusieurs médicamens. Cette huile est un puissant vermifuge; le docteur James Kennedy de Glascow vante ses bons effets contre les vers intestinaux de toute espèce et même contre le bicorne rude. On la donne à la dose d'une once dans une tasse de lait, le matin à jeun; on réitère le soir la dose quand la première n'a pas produit l'effet désiré (1). Le docteur W. Money vante aussi ce médicament contre le tænia, l'épilepsie et quelques autres affections du cerveau ou de l'estomac (2).

Huile de moutarde.

Les semences de moutarde donnent, par la contusion et l'expression, une huile douce particulière, et, par la distillation avec l'eau, une huile d'un jaune brun, plus pesante que l'eau, d'une odeur aussi vive que celle de l'ammoniaque, d'une saveur brûlante et caustique; elle se dissout dans l'eau et lui communique son odeur et sa saveur.

Usages. C'est dans cette huile que résident les vertus médicales de la moutarde. Quelques gouttes appliquées sur la peau y produisent l'effet d'un vésicatoire; il suffit de tremper une compresse dans sa solution dans l'eau, pour produire, dans deux mi-

(1) *London, Medical repository*, february 1823.
(2) *Voy. Revue médicale*, décembre 1822.

nutes, l'effet du meilleur sinapisme, comme je l'ai démontré dans une de mes dissertations sur la moutarde, à laquelle les sociétés royales de médecine de Marseille et de Toulouse décernèrent une double médaille d'encouragement.

Des résines.

Les résines se rapprochent des huiles par leur composition et quelques-uns de leurs caractères. Elles sont solides et quelques-unes liquides; on les obtient par l'exsudation des arbres ou par incision. Elles sont plus ou moins friables, tantôt incolores et tantôt colorées en jaune, en brun, etc.; leur saveur est âcre et chaude, et quelquefois amère; elles n'éprouvent aucune altération de la part de l'air; elles sont plus pesantes que l'eau, insolubles dans ce liquide, et presque toutes solubles dans l'alcool, l'éther et l'acide acétique. Les huiles fixes, principalement les siccatives, les graisses, de même que l'essence de térébenthine, en dissolvent un grand nombre. La potasse et la soude les dissolvent également; ce solutum a les propriétés du savon, ce que les savonniers connaissent fort bien, puisqu'ils le falsifient quelquefois de cette manière.

L'acide sulfurique les dissout à froid, si elles sont réduites en poudre fine; à chaud, il les décompose. L'acide nitrique, qu'on fait digérer long-temps sur ces substances, les décompose aussi; l'eau en précipite une substance qui, traitée par de nouvel acide nitrique, est convertie en tanin artificiel. L'acide hydrochlorique les dissout sans les altérer; l'eau les en précipite.

Les résines sont généralement inodores ; celles qui sont odorantes doivent probablement cette propriété à quelque huile volatile ; elles jouissent d'une propriété remarquable, quand on les frotte avec des étoffes de laine ou la peau d'un chat, c'est de développer à leur surface ce fluide électrique qui a porté le nom de *résineux*, et que l'on désigne par celui de *négatif*. Exposées à l'action du calorique, et avec le contact de l'air, elles brûlent avec une épaisse fumée. Dans les vases clos, elles donnent beaucoup de charbon, du gaz hydrogène carboné, et une huile empyreumatique. Nous allons nous borner à en décrire quelque-unes. Dans toutes les matières médicales on trouve consignées les propriétés des résines connues sous les noms de *résine animée*, *élémi*, *baume de La Mecque* ou *de Judée*, *sandaraque*, *sang-dragon*, etc.

Térébenthine.

C'est ainsi qu'on appelle le suc résineux qui découle par incision des sapins et de divers pins, principalement du pin maritime. La térébenthine est incolore quand elle est pure, et quelquefois jaunâtre ou bleuâtre ; elle est transparente et d'une consistance mielleuse ; elle est très-poisseuse, d'une odeur très-forte, qu'elle doit à l'huile volatile qu'elle contient ; d'une saveur âcre et amère, et communiquant à l'urine l'odeur des violettes. Quand elle n'est pas pure, il suffit, pour la débarrasser de la plupart des substances étrangères, de la fondre et de la faire passer à travers un filtre de paille ; c'est ce qu'on appelle térébenthine fine : on la vend sous le

nom de *thérébenthine de Venise et de Chio*. L'autre
est à plus bas prix. Soumise à la distillation, on en
retire $\frac{15}{125}$ d'huile volatile, et 110 de colophane.
Quand les arbres ne produisent plus de térébenthine
on en extrait du goudron en les brûlant dans un
appareil approprié à ce sujet. On se procure aussi
la poix noire en brûlant, dans un four convenable-
ment disposé, les filtres de paille qui ont servi pour
purifier la térébenthine.

Usages. La térébenthine a reçu diverses applications dans les arts. En médecine elle est regardée
comme un bon diurétique, et propre à arrêter les
écoulemens rebelles. On en fait un onguent, connu
sous le nom de *digestif*, en l'incorporant avec les
jaunes d'œufs.

Résine.

Celle qu'on trouve dans le commerce est composée de 3 parties de brai sec et de 1 de galipot fon-
dues ensemble, coulées à travers un filtre de paille,
et reçues dans un vase. On y jette, pendant qu'elle est
fondue, beaucoup d'eau qui y produit de suite un
grand dégagement de vapeurs, et la matière prend
une couleur jaune.

Usages. Très-employée dans les arts. En médecine, elle entre dans la composition de plusieurs
onguens et emplâtres, etc.

Baume de copahu.

Par incision du *copaïfera officinalis*, arbre de
l'Amérique méridionale et des Indes occidentales.
Couleur jaune, odeur extrêmement forte, saveur

insupportable; transparent, et d'une consistance qui devient aussi forte que celle du miel.

Vertus. Astringent et très-employé par quelques médecins pour arrêter les écoulemens gonorrhéiques; la dose est de demi-gros à un gros et demi, en looch, ou en suspension dans l'eau de plantain au moyen de quelque mucilage. Il fatigue l'estomac, produit des tiraillemens plus ou moins forts, et irrite le tube intestinal. Il exerce une action directe sur la prostate.

Gommes-résines.

C'est ainsi qu'on appelle les sucs laiteux qui découlent de quelques arbres, au moyen des incisions qu'on leur fait, et qui se durcissent par le contact de l'air. Ces substances reconnaissent pour principes constituans les résines, les huiles volatiles et une matière gommeuse ou mucilagineuse. Elles sont plus pesantes que l'eau, solubles en partie dans ce liquide et dans l'alcool; l'acide sulfurique les charbonne, et produit du tanin artificiel. D'après la connaissance de ces principes, il est aisé d'établir leurs propriétés caractéristiques. Nous allons en examiner rapidement quelques-unes.

Assa-fœtida.

Suc épaissi de la racine du *ferula assa-fœtida.* Il est en masses roussâtres, mêlées de lames blanches, friables, et d'une saveur âcre, amère et piquante. Odeur insupportable.

Suivant M. Pelletier, il est composé de résine

45

65 , huile vol. 3,60 , gomme 19,44 , bassorine 11,66; malate acide de potasse 0,30.

Vertus. Antispasmodique, et très-employé dans l'hystéricie , l'épilepsie , les convulsions et les coliques nerveuses; il est emménagogue, s'il y a relâchement général ; à l'extérieur, vermifuge , antiseptique dans la gangrène et les ulcères rebelles, etc.

Gomme ammoniaque.

Produit de l'*heracleum gummiferum.* Solide, en masses ou en lames; jaune pâle , offrant dans l'intérieur des morceaux amygdaloïdes plus blancs et plus purs. Sa saveur est un peu amère et nauséabonde ; odeur faible et désagréable. Elle est composée, suivant M. Braconnot, de gomme 18,4 , résine 70 , matière glutineuse 4,4 , eau 6.

Vertus. Stimulante. On l'emploie dans les catarrhes chroniques , les toux humides , les fausses péripneumonies, la suppression menstruelle, reconnaissant pour cause une faiblesse générale, etc.

Euphorbe.

Suc épaissi de l'*euphorbia officinarum* et *antiquorum.* En lames irrégulières, roussâtres en dehors et blanches en dedans ; saveur âcre, caustique, et irritant fortement la membrane pituitaire. Composée, suivant Pelletier, de résine 60,80, muriate de chaux 12,20, id. de potasse 1,80 , cire 14,40 , huile volatile 8 , bassorine 2.

Vertus. Purgatif hydragogue, à la dose de 2 à 4 grains en pilules ; en lavement de 6 à 10 grains dans un jaune d'œuf, etc.

Gomme gutte.

Suc du *cambogia gutta*. Jaune, cassure rougeâtre et brillante, inodore, saveur âcre et très-amère ; colorant l'eau en jaune.

Vertus. Purgatif drastique, employé dans les fièvres intermittentes et contre le tænia. Elle est la base principale des pilules hydragogues de Bontius et d'Helvétius. Elle fournit une belle couleur à la peinture.

Scammonée d'Alep.

Suc du *convolvulus scammonea*. Cendrée, fragile, cassure transparente, odeur nauséabonde, saveur âcre et amère. Composée, suivant Bouillon-Lagrange et Vogel, de résine 60, gomme 3, extractif 2.

Scammonée de Smyrne.

Provient du *periploca scammonium*. Plus noire, plus pesante, plus impure et moins recherchée. Composée de gomme et résine, 29 de chacune ; extractif 5, débris végétaux 58.

Vertus. Un des plus violens drastiques. On l'emploie dans les apoplexies séreuses et les maladies de la peau rebelles. La dose est de 8 grains à 35, en pilules ; celle de la résine, de 2 à 8 grains : celle de Smyrne est peu usitée, elle est trop violente.

Aloès.

On en connaît trois espèces.

1º *Aloès succotrin.* Suc des feuilles de *l'aloès*

perfoliata. Rouge-brun en masse; en poudre, jaune-brun; demi-transparent; saveur amère et presque entièrement soluble dans l'eau, et dans l'alcool faible. Composé, suivant Bouillon-Lagrange et Vogel, de extractif 68, résine 32.

2° *Aloès hépatique.* Par incision des mêmes feuilles. Couleur hépatique, plus fragile, plus amer et non transparent. Composé, suivant les mêmes chimistes, de extractif 52, résine 44, matière albumino-végétale coagulée de Tromsdorff, 6.

3° *Aloès caballin.* Par expression des mêmes feuilles. Plus impur que les précédens, et employé principalement pour les chevaux.

Vertus. L'extrait du premier est un purgatif hydragogue, à la dose de 4 à 10 grains; il est considéré comme amer, emménagogue et anthelmintique. Il entre dans les pilules gourmandes, celles de santé et d'Anderson; dans la plupart des élixirs toniques, dans celui de longue-vie, etc., etc.

Dans cette section, on peut également comprendre l'opoponax, l'oliban, la myrrhe, le galbanum, etc.

Des baumes.

On ne peut point, à la rigueur, placer les gommes-résines ni les baumes parmi les matériaux immédiats des végétaux, puisqu'ils sont composés de plusieurs de ces produits. Les baumes reconnaissent pour principes constituans une résine, l'acide benzoïque; et quelques-uns, une huile volatile et d'autres substances. Il y en a de solides et de li-

quides; saveur âcre et piquante. Le calorique en
dégage de l'acide benzoïque.

Baume du Pérou.

Extrait par incision du *myroxilum peruyferum*.
Jaune pâle, consistance sirupeuse; il brunit et s'é-
paissit à l'air; odeur de vanille; saveur âcre et
amère.

Vertus. Employé dans les catarrhes chroniques
de la vessie et du poumon, dans les affections nerveuses, atoniques, etc.

Baume de tolu.

Par incision de l'écorce du *toluifera balsamum*. Liquide et transparent, se dessèche à l'air et devient
cassant; il est tantôt jaunâtre et tantôt rougeâtre; son
odeur est suave, et sa saveur moins âcre et moins
amère que celle du précédent.

Vertus. Pectoral, dans les affections catarrhales,
la phthisie pulmonaire, etc.

Benjoin.

Par incision du *styrax benjoin* et de quelques
autres arbres. Solide, rouge jaunâtre, et parsemé de
lames tirant sur le jaune. Il contient environ $\frac{12}{100}$
d'acide benzoïque.

Vertus. Dans la faiblesse du canal digestif, les
fièvres ataxiques et adynamiques, l'asthme humide,
les toux chroniques, etc.

(534)

Storax calamite.

Ou *styrax officinalis* du Levant. Il nous parvient
en gros gâteaux pétris avec de la sciure de bois. Il
est fragile, doux au toucher, d'un brun jaunâtre,
et très-aromatique. Il jouit des mêmes vertus que
le précédent.

Styrax liquide.

De la décoction des jeunes branches du *liquidam-
bar styraciflua.* Consistance du miel, couleur d'un
brun verdâtre, très-poisseux, odeur très-forte et
désagréable.

Vertus. Peu usité, si ce n'est à l'extérieur,
comme excitant les parties gangrenées et les vieux
ulcères. Il entre dans l'onguent styrax, etc.

Caoutchouc.

Le caoutchouc, ou gomme élastique, n'est
connu en Europe que depuis le commencement du
dix-huitième siècle; il existe dans le suc laiteux de
l'*hevea guyanensis*, du *castileja elastica*, etc. On
le prépare en faisant sécher le suc sur le feu et l'appliquant par couches sur des moules de terre. Lorsqu'il est pur, il est blanc; exposé à l'air, il devient
d'un brun-marron; il est inodore, insipide, flexible
et très-élastique; il est fusible à 125, en répandant
des vapeurs aromatiques; insoluble dans l'eau bouillante, il s'y gonfle et devient poisseux; insoluble
dans l'alcool; soluble dans l'éther, et précipitable
par l'alcool; soluble dans les huiles de térébenthine,
de romarin, etc. Traité par l'acide nitrique, il

donne de l'acide oxalique et une matière grasse.

Usages. Employé pour faire des bougies, des sondes, des pessaires et divers instrumens.

De la cire.

L'opinion des chimistes a été long-temps partagée sur la nature de la cire; les uns la croyaient un produit animal dû aux abeilles, et les autres, un des principes immédiats des végétaux. Cette dernière opinion a prévalu, surtout depuis qu'on est parvenu à l'extraire également des fruits du *myrica cerifera* et du *génevrier*, des *tiges vertes de l'orge*, de *l'aunée*, de la *gomme laque*, des feuilles, etc. Nous allons nous borner à parler de celle des abeilles. Cette substance est solide, d'une couleur jaune, d'une cassure grenue, insipide, peu odorante, fusible à 68°. Soluble à chaud dans les huiles fixes et volatiles, insoluble dans l'eau, l'éther et l'alcool à froid, elle se dissout partiellement dans 20 parties d'alcool bouillant; se saponifie avec la potasse et la soude. La cire, réduite en rubans minces, et exposée au contact de l'air humide, devient très-blanche; il en est de même dans le chlore liquide. D'après mes expériences, l'acide sulfurique concentré la noircit, avec dégagement d'acide sulfureux; s'il est étendu de trois parties d'eau, elle prend une couleur grisâtre: l'acide nitrique à chaud la blanchit; et si on porte la liqueur à l'ébullition, la cire contracte une belle couleur noire, il se forme alors du deutoxide d'azote, et, si l'acide nitrique est étendu d'eau, la cire se blanchit sans éprouver de décomposition (1). Son poids spécifique est de 0,966, suivant M. de Saussure.

Composition. Si l'on fait bouillir la cire dans l'alcool, il en dissout une partie, et il reste une substance insoluble dans ce menstrue. On donne à la première le nom de *cérine*, et à la seconde celle de *myricine.*

De la cérine.

Outre que cette substance est un des principes constituans de la cire, comme l'élaïne et la stéarine le sont des graisses, elle existe aussi dans le pollen de plusieurs fleurs; elle sert d'enduit aux feuilles de chou, de pavot; et de vernis à plusieurs fruits, tels que les raisins, les oranges, les citrons, les figues, etc. La cérine est blanche, fusible à 42,5o, soluble dans 16 parties d'alcool absolu et bouillant, se précipitant par le refroidissement en bouillie glutineuse; elle est soluble dans 42 parties d'éther. La cérine fait environ les 0,91 de la cire. M. Chevreul a donné le même nom à une substance grasse qu'il a extraite du liége.

De la myricine.

Fusible à 35o ou 37,5o, plus légère que la cérine, soluble dans 200 fois son poids d'alcool bouillant, très-peu dans l'éther, même à chaud, et très-soluble dans l'huile de térébenthine. La myricine fait les 0,08 de la cire des abeilles, et les 0,13 de celle du *myrica.*

Usages. La cire, par la facilité avec laquelle elle

(1) *Voyez* mon mémoire inséré dans le *Journal de pharmacie.*

prend et conserve toutes sortes de formes, est devenue précieuse pour la préparation des pièces anatomiques; elle est un des ingrédiens des emplâtres,
du cérat, et de plusieurs pommades et onguens, etc.

Du camphre.

La substance qui porte ce nom est extraite des
laurus camphora, sumatrensis et *cinnamonum*. Les
deux derniers ne présentent que de légères variations; le plus grand nombre de plantes, de la famille des labiées, nous l'offre également, ainsi que
les racines d'*asarum* et d'*aunée*, les feuilles fraîches du tabac ainsi que l'anémone, le bois et l'é-
corce de bouleau, etc.

Le camphre pur est solide, d'un très-beau blanc,
transparent, très-amer, d'une odeur forte et particulière, très-volatil; il se sublime en lames hexa-
gones, entre en fusion au-dessus du terme de l'eau,
et s'évapore à l'air. Par l'approche d'un corps en ignition, il brûle avec flamme, et ne laisse aucun résidu.
Le camphre n'est soluble que dans 1152 parties de
son poids d'eau, mais il est très-miscible avec ce liquide, au moyen d'un mucilage; 100 d'alcool en dissolvent 75, l'eau l'en précipite; l'éther le dissout également. Il est beaucoup plus soluble à chaud qu'à
froid dans les huiles fixes et volatiles, ainsi que dans
l'acide acétique. L'acide sulfurique, aidé de l'action du calorique, le décompose et produit une espèce de tanin. L'acide nitrique, après l'avoir dissous, se sépare en deux couches : la supérieure a un
aspect oléagineux, aussi l'appelle-t-on *huile de camphre;* elle est formée de la plus grande partie du

(·538)

camphre et de l'acide nitrique concentré : la partie
plus pesante contient de l'eau et un peu d'acide et
de camphre. L'huile de camphre, suivant l'observation de M. Planche, dépose des cristaux de camphre; exposée à l'action du calorique, il se produit de l'acide camphorique et du gaz nitreux : l'eau
suffit pour séparer le camphre de son huile.

Vertus. Le camphre est un des puissans secours
que la nature offre à l'art de guérir; il est considéré
comme stimulant, antispasmodique, sudorifique et
antiseptique; il prévient aussi l'action des cantharides
sur la vessie. La dose est de 18 grains à deux gros par
jour. A haute dose, il agit comme poison. Dans les
pharmacies on en prépare une teinture spiritueuse;
on le dissout dans l'huile; il est un des principes
constituans du vinaigre des quatre-voleurs, etc.

Camphre artificiel.

On obtient ce camphre en faisant passer un courant de gaz acide hydrochlorique dans l'huile de
térébenthine. Il a les mêmes propriétés physiques
du précédent. Si on l'expose à l'action du calorique
dans des vaisseaux clos, une partie se sublime, et
l'autre se décompose et laisse échapper du gaz acide
hydrochlorique. Ce camphre donne, par la combustion, de l'eau et des acides carbonique et hydrochlorique; il est insoluble dans l'acide acétique;
les alcalis en séparent l'acide hydrochlorique, qui,
d'après tous les faits, paraît être un de ses principes
constituans. Avec l'acide nitrique, il n'offre point la
couche huileuse du camphre naturel, ni aucune trace
d'acide camphorique, mais du chlore. Sans usages.

Des vernis.

C'est sous cette dénomination qu'on connaît les dissolutions de quelques substances résineuses dans l'alcool ou l'essence de térébenthine , que les peintres appliquent sur les bois , les cuirs, les métaux , les diverses peintures, ainsi que pour les conserver, en les garantissant de l'action des corps. Les vernis sont transparens et quelquefois colorés de diverses manières. On en connaît trois espèces : à l'alcool , à l'essence , et celui qu'on appelle *vernis gras* , à cause qu'on y ajoute une huile lithargirée. Les deux premiers sont très-siccatifs, le dernier l'est beaucoup moins. On les prépare en mettant les divers ingrédiens dans un matras avec du verre pilé grossièrement , qui , en s'opposant en partie à leur agglomération, favorise l'action de l'alcool ou de l'essence de térébenthine ; on y verse l'un ou l'autre de ces menstrues , on les fait infuser au bain - marie pendant deux ou trois heures , et on filtre, au bout de vingt-quatre heures, à travers un peu de coton placé au fond de l'entonnoir.

De l'alcool.

La découverte de l'alcool date du quatorzième siècle ; elle est due à M. Arnauld de Villeneuve, professeur de l'université de médecine de Montpellier. L'alcool , tel que l'obtint ce chimiste, et tel qu'on l'a préparé long-temps, portait le nom d'*eau-de-vie;* ce n'est que bien du temps après , lorsqu'on parvint à le rectifier , qu'on lui donna celui d'*esprit-*

de-vin. Cette liqueur n'existe point dans la nature, elle est le produit de la fermentation des substances sucrées, déterminée par un ferment; aussi divers fruits sucrés sont-ils employés à en préparer des espèces qui participent de quelques-uns de leurs principes. Il est même d'autres substances dans lesquelles on développe une matière sucrée, soit par la germination, soit par l'action des acides. C'est ainsi qu'on obtient le kirchwaser, l'eau-de-vie de grain, de pomme-de-terre, de chiffons, etc. Il est une règle générale, c'est qu'il ne se produit jamais d'alcool sans la présence du sucre, lequel, en se décomposant, fournit les élémens de cette liqueur. Lavoisier, qui s'est beaucoup occupé de la fermentation spiritueuse, a déterminé d'une manière très-ingénieuse l'acide carbonique dégagé d'une quantité de sucre connue, et l'alcool qui s'était formé. J'ai moi-même suivi cette marche, et j'en ai fait connaître les résultats dans un Mémoire que j'ai lu à l'académie royale des sciences de l'Institut, en 1823 (¹). On a long-temps révoqué en doute si l'alcool était tout formé dans le vin, ou s'il était le produit de la distillation. Ce n'est plus maintenant un problème : on n'a pour le démontrer qu'à placer un chapiteau sur une cuve en fermentation hermétiquement fermée; le troisième jour on soutirera par le robinet une liqueur alcoolique, que j'ai trouvée marquant jusqu'à 14 degrés à l'aréomètre de Baumé.

(¹) Voy. *Journal de pharmacie*, septembre 1823, et *Ann. de l'industrie.*

Autrefois, par la distillation des vins, on ne préparait que ceux espèces d'alcool faible ; l'un, marquant environ 20 degrés, est connu encore dans le commerce sous le nom de *preuve de Hollande*, et l'autre, de 22 à 23, sous celui de *preuve d'huile*. Maintenant, avec le secours de nouveaux appareils distillatoires, on en obtient qui marquent depuis 28 jusqu'à 38 degrés. Dans les laboratoires de chimie, pour l'obtenir au plus haut point de rectification, on l'agite avec du chlorure de calcium en poudre et bien sec ; au bout de 1 à 2 jours, on distille à une douce chaleur, en observant de fractionner les produits ; la première moitié est un alcool très-concentré ou *absolu*, qui marque 41 degrés, et dont le poids spécifique, à 20 cent., est, suivant Richter, de 0,792 ; et selon Gay-Lussac, 0,792, 35 à 17° 88.

L'alcool ainsi obtenu est incolore, transparent, d'une odeur particulière, d'une saveur brûlante, très-volatil, d'un pouvoir réfringent égal à 2,2223, et non congelable, même à — 68° ; il est mauvais conducteur du fluide électrique, et s'enflamme lorsqu'on lance à sa surface des étincelles électriques et qu'il a le contact de l'air ; il en est de même par l'approche d'un corps enflammé. Sous la pression de 76, il bout à 78, 41 et se réduit en une vapeur dont la densité est, selon M. Gay-Lussac, de 1,613 : à une chaleur rouge, et dans un tube de porcelaine, il se décompose et produit du gaz hydrogène carboné, du gaz oxide de carbone, de l'eau et des traces d'acide acétique. Exposé à l'action de l'air, une portion s'évapore, et l'autre absorbe l'humidité atmosphérique, au point qu'il finit par ne marquer que quelques degrés.

L'alcool n'éprouve aucune action de la part de l'azote, de l'hydrogène, du bore et du carbone; il dissout à chaud le soufre et le phosphore, et les abandonne, si on ajoute de l'eau à la solution; il en est de même quand il tient en dissolution des résines, du camphre, des huiles, etc. L'iode est soluble à froid et à chaud dans cette liqueur; il en est de même de la potasse et de la soude, ainsi que de plusieurs sels, la plupart déliquescens, tels que les nitrates de chaux et de magnésie, les hydrochlorates de ces bases, etc. L'ammoniaque, les bases salifiables végétales, le sucre, la cire, de même que plusieurs acides végétaux et quelques principes colorans, certains corps gras, etc., sont solubles dans l'alcool. Le chlore gazeux et l'alcool agissent l'un sur l'autre, produisent une substance oléagineuse, un peu de gaz acide hydrochlorique, et beaucoup de gaz acide carbonique; en étendant d'eau ce produit, la matière oléagineuse se précipite. L'action du potassium et du sodium sur l'alcool est telle, qu'ils s'oxident aux dépens de son oxigène, et qu'ils en dégagent de l'hydrogène. Plusieurs acides réagissent sur l'alcool et donnent lieu à divers produits, connus sous le nom d'*éthers*, dont nous aurons bientôt occasion de parler. L'eau et l'esprit-de-vin s'unissent en toutes proportions, et l'on observe que si l'eau contient des sels insolubles dans l'alcool, ils sont précipités. Il est un fait remarquable, c'est que le volume d'un mélange d'eau et d'alcool est toujours au-dessous du volume respectif des deux liqueurs , si l'alcool est rectifié ; s'il est affaibli par l'eau, le mélange devient au contraire plus rare. On peut consulter les tableaux de ces mélanges , qu'ont présentés MM. Thénard (1) et Meissner (2). Dans tous les cas , il y a dégagement de calorique. L'alcool réagit sur les nitrates d'argent et de mercure , et y produit des précipités , connus sous le nom de *poudres fulminantes*, qui détonnent fortement par le choc. Celui qui est préparé avec le nitrate d'argent entre dans la fabrication des *bonbons* détonnans , etc. On l'obtient en dissolvant 1 partie d'argent dans 12 d'acide nitrique, et y ajoutant ensuite de 10 à 12 parties d'alcool à 34 deg. Cette préparation est d'autant plus dangereuse que déjà ·deux chimistes, M. le professeur Figuier en France , et M. Carbonell en Espagne , en ont été victimes. Cette poudre fulminante détonne par le choc , le frottement, une haute température et l'acide sulfurique.

Composition. 2 volumes de gaz hydrogène percarboné , 2 volumes de vapeur d'eau.

Usages. L'alcool est employé dans les arts pour la composition des vernis , et la préparation des liqueurs et des eaux de toilettes. C'est un des meilleurs menstrues pour les analyses chimiques. On en prépare un grand nombre de médicamens, connus sous le nom de *teintures spiritueuses* ou *alcooliques*. Administré à l'intérieur, il est, suivant les doses,

(1) *Loco citato.*

(2) *Aréométrie appliquée à la chimie et aux arts;* Vienne 1816, tom. II.

excitant, échauffant ; il cause une forte stupéfaction, il enflamme le tissu sur lequel on l'applique ; à haute dose, il produit l'ivresse et même la mort.

Des éthers.

La connaissance du premier connu, de l'éther sulfurique, date du milieu du seizième siècle. On trouve sa préparation décrite dans la *Pharmacopée* de Valerius Cordus, publiée en 1540. Depuis la naissance de la chimie pneumatique, on a soigneusement étudié l'action des acides sur l'alcool, et l'on est parvenu à la connaissance de plusieurs autres éthers et de quelques liqueurs qui en ont les caractères physiques sans en avoir toutes les propriétés chimiques. Le nom d'éther est devenu commun à tous ces corps, mais leurs propriétés ne sont point identiques : nous allons, à l'exemple de M. Thénard, les diviser en trois classes.

PREMIÈRE CLASSE.

Éther sulfurique.

Cet éther est liquide, incolore, transparent, d'une odeur vive et particulière, d'une saveur chaude, piquante et un peu amère, très-inflammable, très-réfringerent, et d'un poids spécifique, à 24° 77, suivant M. Gay-Lussac, égal à 0,71152. Il est si volatil, qu'il bout et s'évapore à 36° 66. La densité de sa vapeur est, d'après ce chimiste, de 2,586. Cette vapeur mêlée au gaz oxigène détonne par l'étincelle électrique, ou par l'approche d'un corps enflammé. Suivant MM. Fourcroy et

Vauquelin, il se congèle et cristallise à — 43 (1). Lorsqu'on l'expose au contact de l'air, il s'évapore sans résidu, et produit un tel degré de froid, qu'on peut, par ce moyen, congeler l'eau. M. Planche a fait une remarque curieuse, c'est que si l'on garde de l'éther en contact avec de l'air, dans un flacon fermé, il se convertit à la longue en acide acétique. Le chlore à l'état gazeux enflamme l'éther et se convertit en acide hydrochlorique ; le soufre et le phosphore se dissolvent en petites proportions dans ce menstrue. De toutes les bases salifiables qui n'appartiennent point au règne organique, l'ammoniaque et la potasse sont les seules qui, suivant M. Boullay, sont solubles dans l'éther. L'eau dissout $\frac{1}{10}$ de son poids d'éther, et ce liquide peut, à son tour, dissoudre un peu d'eau. Avec l'alcool il s'unit en toutes proportions ; si l'on ajoute de l'eau au mélange, elle se mêle à l'alcool, et l'éther vient nager à la surface de la liqueur. L'éther dissout aussi plusieurs bases salifiables organiques, le camphre, les résines, les huiles volatiles, le deutochlorure de mercure (sublimé corrosif), etc. Cette solution, exposée à la lumière solaire pendant cinq à six jours, se convertit en partie en protochlorure et en carbonate de mercure ; cette observation est due à M. Vogel. L'action de l'éther sur les sels d'or est très-remarquable ; si on les agite dans cette liqueur pendant quelque temps, on opère la réduction du métal.

Telles sont les principales propriétés de l'éther

(1) *Ann. chim.*, tom. XXIX.

sulfurique ; elles sont identiques avec celles des éthers arsenique et phosphorique.

Préparation. On distille dans une cornue de verre, et au bain de sable, un mélange de parties égales en poids d'acide sulfurique concentré et d'alcool rectifié. On doit commencer par introduire l'alcool et ajouter peu à peu l'acide sulfurique, en agitant chaque fois circulairement la cornue, afin de faciliter leur union ; il se dégage alors une si grande quantité de calorique, qu'il entraînerait quelque accident si l'on ajoutait trop d'acide à la fois ; aussi plusieurs pharmaciens, outre cette précaution, ont encore celle d'exposer auparavant l'alcool et l'acide à une basse température. Tout étant bien disposé, l'éther passe bientôt à travers une allonge et se rend dans un ballon, où il est condensé et d'où il s'écoule, par une ouverture pratiquée à sa partie inférieure, dans un flacon qui le supporte. Lorsqu'on a recueilli environ un volume d'éther égal au quart de l'alcool employé, on ajoute, de temps en temps, et par petites portions, une quantité d'alcool égale à celle des deux tiers de celui qu'on a déjà uni à l'acide sulfurique, et on continue la distillation jusqu'à ce qu'on aperçoive des nuages blancs se former dans la cornue. Ces nuages annoncent qu'au lieu d'éther, il se produit de l'acide sulfureux. Si l'on pousse plus loin cette opération, l'on obtient alors du gaz acide sulfureux, une substance connue sous le nom d'*huile douce du vin,* plus, un gaz dit *oléifiant* ou *hydrogène percarboné,* de l'acide carbonique, de l'eau, un résidu charbonneux, etc.

L'opération étant arrêtée au moment où l'acide sulfureux commence à se former, l'éther obtenu contient un peu d'alcool, de ce gaz acide, d'huile douce et d'eau. On le purifie en l'agitant dans un flacon avec $\frac{1}{15}$ de potasse caustique ; on le verse ensuite dans un autre flacon à moitié plein d'eau ; on les agite de nouveau, après quoi on le décante, et on le distille sur du chlorure de calcium bien sec.

La théorie de la formation de l'éther, qui d'abord avait été généralement reçue, a été combattue par les nouvelles expériences de MM. Dabit, Gay-Lussac, Serturner, etc. ; malgré leurs savantes recherches, il ne paraît pas que ce problème soit encore résolu ; nous croyons donc inutile d'exposer ici ces deux théories.

Composition. Suivant M. Gay-Lussac, il est formé de 2 volumes de gaz hydrogène percarboné, et de 1 volume de vapeur d'eau.

Usages. Il est employé en pharmacie pour préparer quelques teintures. On l'administre comme antispasmodique, antinerveux, etc. Uni à son poids d'alcool, il constitue la *liqueur d'Hoffmann.*

Ethers arsenique et phosphorique.

On prépare ces deux éthers en chauffant suffisamment dans une cornue, l'un ou l'autre de ces deux acides, avec cette différence, que le premier doit être dissous dans la moitié de son poids d'eau et porté à l'ébullition ; on verse alors goutte à goutte l'alcool au fond de ces acides, au moyen d'un tube de cuivre effilé qui plonge au fond de la cornue, et l'on procède à la distillation. L'éther arsenique et la manière de le préparer sont dues à M. Boullay, et la connaissance du second paraît appartenir à M. Boudet.

ÉTHERS DE LA SECONDE CLASSE.

Ether hydrochlorique.

Découvert par Schéele et Westrumb. Cet éther a une saveur aromatique légèrement sucrée et une odeur pénétrante; il est beaucoup plus pesant que le sulfurique; son poids spécifique est égal à 0,874; il est sans action sur le tournesol, brûle avec une flamme verte et jaune, et dégage du gaz hydrochlorique. Il est si volatil, qu'il suffit de le verser sur la main pour le faire entrer en ébullition. Au-dessous de 12° il est liquide, et au-dessus à l'état gazeux, à moins qu'il ne soit tenu à ce premier état par une forte pression : si on l'expose à l'action du calorique, il se convertit en volumes égaux de gaz hydrogène percarboné et de gaz hydrochlorique. Cet éther mêlé, à l'état de gaz, avec l'oxigène détonne par l'approche d'un corps enflammé, ainsi que par l'étincelle électrique. Il est peu soluble dans l'eau, et très-soluble dans l'alcool; l'acide nitrique le convertit en chlore et en acide hydrochlorique. La solution aqueuse de cet éther a le goût de la menthe.

Préparation. On peut l'obtenir en saturant l'alcool rectifié par le gaz hydrochlorique, et distillant cette dissolution avec le peroxide de manganèse; ou bien en distillant également un mélange de 3 parties d'alcool concentré, 1 d'acide sulfurique, 3 d'hydrochlorate de soude et 3 de peroxide de manganèse.

Sans usages.

Éther hydriodique.

Découvert par M. Gay-Lussac. Odeur analogue aux précédens, incolore, et contractant une couleur rose dans quelques jours; sans action sur la teinture de tournesol; ne s'enflammant pas par l'approche d'un corps incandescent; n'entrant en ébullition qu'à 68°,8; et d'un poids spécifique égal à 1,9206 à 22°,3 sous la pression de 76.

Préparation. En distillant au bain-marie 2 volumes d'alcool concentré, et 1 d'acide hydrochlorique à 1,7. On délaie dans l'eau le liquide obtenu; l'éther, plus pesant que cette liqueur, reste au fond du vase; on décante, et on le purifie en le lavant avec de l'eau froide.

Sans usages.

ÉTHERS DE LA TROISÈME CLASSE.

Éther acétique.

Découvert par M. le comte de Lauragais, et étudié par Schéele, Henry, Thénard, etc.; incolore, saveur particulière, odeur d'éther sulfurique et d'acide acétique; n'agissant point sur les couleurs bleues végétales, entrant en ébullition à 72° sous la pression de 76, brûlant avec une flamme jaunâtre, soluble dans 6 fois son poids d'eau, et très-soluble dans l'alcool. Son poids spécifique est de 0,864 à 12°. Combiné avec la potasse ou la soude caustique, il se décompose; si l'on distille ce mélange, le produit est de l'alcool et de l'acétate de l'un ou de l'autre de ces alcalis.

Préparation. En distillant à une douce chaleur

100 parties d'alcool absolu, 63 d'acide acétique et 17 de sulfurique, le premier produit est de l'éther acétique presque pur ; on le débarrasse de l'excédant d'acide acétique qu'il contient en l'agitant avec $\frac{1}{10}$ de potasse, et recueillant la couche supérieure du liquide, qui est l'éther pur. J'ai également obtenu de l'éther acétique en distillant du bon vinaigre d'un an, sans aucune addition.

Vertus. Employé en frictions contre les douleurs rhumatismales, etc.

Éther nitrique.

Découvert par Kunckel en 1681. Couleur ambrée, odeur forte et éthérée, saveur brûlante ; sans action sur le tournesol, plus pesant que l'alcool et moins que l'eau, entrant en ébullition par la seule chaleur de la main ; si on le fait passer dans un tube de porcelaine incandescent, il produit de l'eau, de l'ammoniaque, des acides hydrocyanique et carbonique, de l'huile, du charbon, etc. Si on agite une partie de cet éther avec 3o d'eau, il s'opère une action remarquable : une portion se volatilise, l'autre se décompose, et la troisième se dissout dans l'eau, qui contracte une odeur de pomme et devient acide.

Préparation. En distillant dans une grande cornue au bain de sable des poids égaux d'acide nitrique et d'alcool à 36°, et recevant le produit dans une série de flacons à moitié pleins d'une solution d'hydrochlorate de soude et entourés de glace et de sel marin ; on recueille l'éther qui surnage dans les divers flacons, et on le purifie en le redistillant et recevant ce nouveau produit dans un récipient entouré de neige ou de glace; on le tient ensuite en contact avec un peu de chaux vive en poudre, pour l'obtenir encore plus pur.

Sans usages.

Éther oxalique.

Découvert par Bergmann. Cet éther est peu soluble dans l'eau, soluble dans l'alcool; l'ammoniaque l'en précipite en une poudre blanche sans odeur ni saveur, se sublimant sans se décomposer et donnant, par sa distillation avec la potasse, de l'oxalate de cet alcali, de l'alcool et de l'ammoniaque.

Préparation. En chauffant et distillant 8 parties d'alcool et 1 d'acide oxalique, et cohobant le produit 6 ou 7 fois, ou jusqu'à ce que le résidu ait acquis un aspect oléagineux.

Cet éther, comme tous les autres de la même classe, n'étant d'aucune utilité en médecine ni dans les arts, nous bornerons là son examen.

CINQUIÈME SECTION.

Substances colorantes.

Tel est le nom qu'on donne au principe colorant des substances végétales. De nos jours les chimistes sont parvenus à en extraire quelques-uns et à les isoler ; leurs recherches ont beaucoup contribué au perfectionnement de la teinture. Les matières colorantes, qu'on a obtenues séparées, sont solides, sans saveur ni odeur ; les unes solubles dans l'eau, les autres dans l'alcool et l'éther, et beaucoup dans les huiles et les acides. A l'air humide elles s'altèrent promptement; il en est de même par l'action des rayons solaires; le chlore les détruit toutes.

Les principales sont :

L'hématine , découverte par M. Chevreul dans le bois de Campêche; la carminé, par MM. Pelletier et Caventou , dans la cochenille; le rouge de car- thame, par MM. Bouillon, Lagrange et Vogel; le rouge de la garance, l'indigo, etc. Il serait trop long d'énumérer ces diverses substances, qui n'ont aucun rapport avec la médecine : et ne sont pas même en- core bien étudiées; nous avons cru devoir les passer sous silence.

SIXIÈME SECTION,

Comprenant les substances encore peu étu- diées, et celles dont par conséquent l'exis- tence n'est pas bien certaine.

Cette section renferme une trentaine de sub- stances, qu'il est bien difficile de classer, attendu qu'elles présentent presque toutes des propriétés différentes , et que l'existence de la plupart n'est pas bien établie. Nous allons les examiner rapide- ment , par ordre alphabétique.

Amidine. S'obtient en exposant au contact de l'air, pendant quelque temps, la bouillie d'amidon. Solide, blanche , jaunâtre , inodore, insipide , inso- luble dans l'alcool, et très-soluble dans l'eau chaude, sans former de colle; moins soluble dans l'eau froide.

Bassorine. Blanche ou jaunâtre, insipide et in- odore; se dissout dans l'eau par l'ébullition, et donne par l'évaporation une substance analogue à la gomme arabique : elle est insoluble dans l'alcool et l'éther, et soluble dans la potasse et la soude. On l'extrait des gommes de Bassora, adragant, d'abricotier, etc., en les traitant par l'eau, l'alcool et l'éther, qui, n'attaquant pas la bassorine, servent à l'isoler.

Calenduline. Jaunâtre, translucide, friable, et très-soluble dans l'alcool. L'eau la convertit en une masse gélatineuse. On obtient, en traitant successivement par l'eau et par l'éther, l'extrait alcoolique des feuilles et des fleurs du *calendula officinalis;* ce que n'ont point attaqué ces menstrues est la calenduline.

Carthatine. Découverte par MM. Lassaigne et Feneulle. Brune jaunâtre, transparente, donnant de l'ammoniaque par sa décomposition; c'est le principe amer des feuilles de séné.

Cérine. C'est le nom qu'a donné M. Chevreul à une substance grasse qu'il a trouvée dans le liége.

Dalhine. Découverte par M. Payen dans les bulbes des dalhias. Blanche, pulvérulente, insipide, d'une ténuité extrême, insoluble dans l'alcool anhydre, soluble dans l'eau et dans la potasse ; convertie par quelques acides en sucre cristallisable, et, par la fermentation, en alcool. Son poids spécifique est de 1,356. Cette substance est probablement le principe nutritif des bulbes des dalhias.

Extractif. C'est ainsi qu'on appelle une substance qu'on dit être contenue dans les extraits, et que l'on n'est jamais parvenu à démontrer d'une manière bien évidente dans les sucs. Il y a encore beaucoup à faire pour prouver son existence dans les extraits, l'isoler et en bien assigner les caractères.

47

Fungine. Découverte par Braconnot, dans plusieurs champignons. Mollasse, blanchâtre, fade, légèrement élastique, etc. C'est le résidu qu'on obtient après avoir traité les champignons, bien exprimés, par l'eau, l'alcool, et la potasse étendue d'eau.

Gelée. Cette substance existe dans presque tous les fruits acides, tels que la groseille, les raisins, les pommes, etc. Quand elle est suffisamment rapprochée, elle devient semblable à la gélatine ; elle est, comme elle, transparente, élastique, tremblante, et conserve la couleur des fruits d'où on l'a extraite. La gelée est peu soluble dans l'eau froide, elle y est très-soluble quand elle est bouillante ; exposée à une douce chaleur, elle se dessèche, et offre l'aspect de la gomme. A la distillation elle donne des traces d'ammoniaque.

Glycyrrhizine. Découverte par MM. Dœbereiner et Robiquet, dans la réglisse et le *polypodium vulgare.* Transparente, aspect résineux, goût sucré, désagréable, et très-soluble dans l'eau. On l'obtient, suivant ce chimiste, en traitant l'infusion de réglisse par l'hydrochlorate d'étain, lavant le précipité à l'eau froide, et s'emparant ensuite de la glycyrrhizine, en la faisant bouillir pendant plusieurs heures dans l'alcool, d'où on l'extrait par l'évaporation.

Glu. Substance en nature résineuse, que M. Vauquelin croit être un principe particulier. Elle est verdâtre, très-gluante, inodore, insipide, ne se desséchant pas à l'air, insoluble dans l'eau et les alcalis, peu soluble dans l'alcool chaud, et très-soluble dans les éthers et les huiles. On peut l'extraire du *robi-*

nia viscosa, de l'*ilex aquifolium,* de la résine du *viscum album,* de l'extrait éthérique de la gentiane, etc. *Voy.* la *Chimie organique* de L. Gmelin.

Gomme artificielle. Tel est le nom qu'on donne à l'amidon torréfié. Cette substance paraît identique avec l'amidine.

Hordéine. Découverte par M. Proust. Jaune, grenue, insoluble dans l'eau, et se convertissant, par l'acide nitrique, en acides oxalique, acétique, et un peu de principe amer. On prépare cette substance en faisant bouillir dans l'eau le précipité que dépose la farine d'orge, traitée par l'eau froide. Ce liquide s'empare de la fécule, par l'ébullition, et laisse l'hordéine à nu.

Ligneux amilacé. Poudre jaune qui devient noire et brillante en se séchant, et se colore en bleu avec l'iode. Quand on a traité l'empois, qui s'est altéré à l'air, par l'eau froide et chaude, l'alcool, l'éther et l'acide sulfurique affaibli, ce qui reste se dissout dans une solution de potasse, d'où l'on précipite le ligneux par l'acide sulfurique.

Inuline. Découverte par M. Rose dans la racine d'aunée. Poudre blanche, transparente, soluble dans l'eau bouillante, et insoluble dans l'eau froide; fusible au-dessus de 100. On la convertit en substance sucrée amère, en la faisant bouillir dans de l'eau contenant $\frac{1}{25}$ d'acide sulfurique. On la prépare en traitant l'extrait aqueux d'aunée par l'eau froide, qui laisse l'inuline pour résidu. C'est à cette substance que John avait donné le nom d'*hélénine.*

Médulline. C'est ainsi que John désigne la moelle des plantes traitée par l'eau et l'alcool. Blanche, élastique, plus légère que l'alcool; insoluble dans ce menstrue, dans l'eau, l'éther, les huiles et la potasse. L'acide nitrique la convertit en acide oxalique.

Olivile. Découverte, par M. Pelletier, dans la gomme de l'olivier. Cette substance pure est inodore; saveur amère un peu sucrée; soluble dans 32 fois son poids d'eau chaude; très-soluble dans l'alcool bouillant, l'éther et les alcalis. On l'extrait de la gomme d'olivier en la dissolvant dans l'alcool, filtrant et laissant évaporer spontanément la solution. Les cristaux d'olivile ainsi obtenus sont en aiguilles aplaties; on lés purifie en les redissolvant dans l'alcool ou l'éther.

Pipérine. Découverte par M. Pelletier. En prismes incolores, translucides, n'ayant presque pas de saveur, peu solubles dans l'eau, et solubles dans l'alcool et l'éther. On la prépare en traitant l'extrait alcoolique du poivre noir par l'eau, à plusieurs reprises, et dissolvant dans l'alcool bouillant ce que ce menstrue n'a point attaqué; par l'évaporation on obtient la pipérine, qu'on purifie en la redissolvant dans l'esprit-de-vin.

Quassine. Jaune-brun, transparente, soluble dans l'alcool aqueux, et insoluble dans l'éther et l'alcool anhydre. C'est le principe amer du *quassia amara*, qu'on extrait de la décoction aqueuse du bois de cet arbre.

Saponine. Solide, brune claire, translucide, inodore, un peu amère; très-soluble dans l'eau, insoluble dans l'alcool absolu, l'éther et les huiles volatiles; en contact avec le gaz oxigène, elle l'absorbe

et donne du gaz acide carbonique. On la prépare
en évaporant l'infusion alcoolique des racines de sa-
ponaire.

Scillitine. Friable, incolore; cassure résineuse;
très-soluble dans l'eau, l'alcool et l'acide acétique.
On traite, par l'alcool, le suc épaissi de l'ognon de
scille; on évapore à siccité; l'on reprend le résidu
par l'eau, d'où l'on précipite le tanin par l'acétate
de plomb : on y fait passer ensuite du gaz acide
hydrosulfurique, on filtre, et l'on fait évaporer la
liqueur. Elle provoque le vomissement.

Sénégine. Découverte par Gehlen, dans la racine
du *polygala senega*. Solide, brune, translucide; saveur désagréable et provoquant l'éternuement; insoluble dans l'eau, l'alcool, l'éther et les huiles. On
la sépare de l'extrait alcoolique de cette racine en
la traitant successivement par l'éther et l'eau.

Sarcocolle. Molle, transparente et tremblante,
saveur sucrée et amère, et prenant, quand elle est
sèche, l'aspect de la gomme. On l'extrait du suc du
penœa sarcocolla épaissi, qu'on traite par l'eau et
l'alcool.

Subérine. C'est sous ce nom que M. Chevreul a
désigné le squelette du liége. Cette substance se
convertit en acide subérique par l'action de l'acide
nitrique.

Tanin. Ce principe n'existe que dans les plantes
vivaces, dans un grand nombre d'écorces, dans des
feuilles, des fruits et autres substances végétales,
mais jamais dans l'intérieur du tronc. Celles qui en
contiennent le plus sont la noix de galle, l'écorce
des chênes, le sumac, le cachou, la gomme kino, etc.

Il est une règle générale , c'est que les végétaux jeunes en contiennent plus que les vieux. Le tanin a pour caractère distinctif, de précipiter la gélatine et l'albumine de leurs dissolutions , et de former un composé insoluble et imputrescible. Le tanin n'existe jamais pur ; celui qui s'approche le plus de l'état de pureté est solide, brun, transparent, cassant, incristallisable, plus pesant que l'eau , d'une saveur acerbe et douceâtre , rougissant la teinture de tournesol , très–soluble dans l'eau , peu soluble dans l'alcool anhydre , et formant avec les alcalis des combinaisons presque insolubles. Le tanin se fond à une température peu élevée. Il donne , par sa décomposition, un peu d'ammoniaque, et précipite les sels ferrugineux en bleu ou en vert , suivant les végétaux d'où on l'a extrait ; ainsi :

1º Le précipité est bleu quand on opère avec le tanin provenant des écorces de chêne , de saule , de hêtre, de peuplier, de noisetier, de châtaignier, de marronnier , d'érable, de cerisier , de prunier , de sureau , des racines du *lythrum salicaria* , de l'*iris pseudacorus* , de bistorte , etc.

2º Il est vert quand le tanin provient du cachou , de la gomme kino , du quinquina , du thé, etc.

Préparation. C'est à M. Proust que nous devons le procédé le plus facile pour l'extraire ; il consiste à verser dans une infusion de noix de galle une solution de souscarbonate de potasse. On obtient un précipité floconneux et jaunâtre , qu'on lave à l'eau froide, et qui est le tanin ordinaire.

Tanin artificiel. Découvert par M. Hatchett.

On l'obtient par la réaction de quelques acides sur certaines substances végétales, notamment en dissolvant les résines par l'acide nitrique, évaporant la dissolution, qui donne une matière gluante, laquelle, traitée par l'acide nitrique, produit le tanin artificiel.

Ulmine. Découverte par M. Vauquelin, dans une exsudation de l'écorce d'orme. Elle existe aussi dans le terreau, dans le bois pourri, d'où on l'extrait en le traitant par une solution de potasse qui la dissout, et d'où on la précipite par un acide. Cette substance varie suivant celles d'où on l'extrait. Sèche, elle est insoluble dans l'eau, et soluble dans l'acide sulfurique, d'où l'eau la précipite.

Zéine. Molle, tenace, élastique, jaune, insipide, insoluble dans l'eau et les huiles douces, soluble dans l'alcool, l'éther et l'huile de térébenthine. On l'extrait de la farine du *zea maïs*, par l'eau et ensuite par l'alcool.

SEPTIÈME SECTION.

Substances azotées.

Si toutes les substances végétales étaient bien analysées, on en trouverait un grand nombre qui comptent l'azote parmi leurs principes constituans. Comme une partie de celles qui sont connues appartiennent aussi au règne animal, nous allons nous contenter d'examiner ici les trois suivantes.

De la gliadine.

Découverte par M. Einhoff. Brune jaunâtre,

transparente, semblable à la colle-forte, soluble dans l'alcool, insoluble dans l'éther et dans l'eau; soluble dans l'acide sulfurique, d'où l'eau la précipite en flocons visqueux; soluble dans les alcalis; les acides l'en précipitent : délayée dans l'eau, elle se putréfie et produit de l'ammoniaque; brûlée sur les charbons, elle répand une odeur animale.

Préparation. On broie dans un mortier (avec de l'eau) des féves, des pois ou des lentilles gonflées par ce liquide; la liqueur laiteuse dépose une fécule, et on sépare par le filtre, la gliadine qui est suspendue dans la liqueur.

Du ferment.

Il se présente ici une grande question : le ferment existe-t-il tout formé dans les végétaux, ou bien n'en contiennent-ils que les principes qui se réunissent pendant la fermentation vineuse? Nous adopterons cette dernière opinion, parce qu'aucune expérience directe n'a pu encore l'isoler des liqueurs non fermentées. Le ferment se développe dans les liqueurs riches en matières glutineuse et albumineuse. Ces substances doivent donc concourir à sa formation. Cela est d'autant plus vraisemblable, que l'on sait que les liqueurs fermentescibles, portées à l'ébullition, perdent la propriété de fermenter. D'après quelques expériences qui nous sont propres, nous pensons que le ferment qu'on parvient à isoler est une combinaison albumino-glutineuse, dans un état particulier. Celui qu'on obtient en lavant à l'eau froide la levure de bière, est brunâtre, transparent, dur, cassant, et a l'aspect de la corne. Il donne, en se décomposant, du carbonate d'ammoniaque, du gaz hydrogène carboné, de l'huile empyreumatique, etc. Uni aux substances sucrées, en solution dans l'eau, et exposées à une douce température, il en détermine la fermentation.

Du gluten.

Découvert par Beccaria. Existe dans presque toutes les céréales en diverses proportions, ainsi que dans les féves, les pois, le riz, les pommes, les coings, les châtaignes, etc. C'est à ce principe que nous devons la panification des farines, qui sont d'autant plus propres à la fabrication du pain qu'elles sont plus riches en gluten.

On le prépare en lavant la pâte de farine de blé jusqu'à ce que l'eau passe claire. L'eau lui enlève ainsi la fécule, qu'elle dépose au fond du vase, et l'on obtient le gluten en une pâte ferme, grisâtre, très-élastique, n'ayant presque pas de saveur, et conservant l'odeur du sperme. En le tirant de toutes parts, il s'étend beaucoup, et ressemble à une membrane. Quand il est sec, il est brunâtre, transparent, dur, cassant, inodore, insipide et insoluble dans l'eau, l'alcool, l'éther et les huiles. Il se saponifie avec la potasse, se dissout dans les acides minéraux affaiblis, ainsi que dans l'acide acétique, d'où les alcalis le précipitent sans altération. L'acide sulfurique le dissout en le noircissant; si l'on y ajoute de l'eau, il se précipite en flocons jaunâtres. L'acide nitrique, aidé de l'action de la chaleur, le décompose et le convertit en acides acétique, malique, oxalique, et en une substance amère.

Quoiqu'il soit insoluble dans l'eau, si on le fait bouillir dans ce liquide, il perd, avec sa ténacité, sa propriété collante. S'il est humide, et qu'on le laisse exposé au contact de l'air, il s'altère, devient très-gluant, et en partie soluble dans l'alcool. Cette dissolution forme un assez bon vernis.

Composition. M. Taddey, chimiste italien, a annoncé que le gluten de froment était composé de deux substances, qu'on pouvait isoler en le pétrissant avec de l'alcool, jusqu'à ce qu'il ne devînt plus laiteux. Au bout de quelque temps, l'alcool dépose un peu de gluten, et reprend sa transparence. En l'abandonnant à l'évaporation spontanée, il dépose la gliadine, qui, à peu de chose près, est telle que nous l'avons déjà décrite. La partie du gluten non attaquée par l'alcool est la zimome de M. Taddey.

Usages. Pour coller les porcelaines et les faïences cassées. Taddey a annoncé que le gluten, d'après ses expériences, était un antidote supérieur à l'albumine pour les empoisonnemens par le deutochlorure de mercure, qu'il convertit en mercure doux. On le prépare en plongeant, à diverses reprises, 6 parties de gluten frais dans une solution d'une partie de potasse dans dix d'eau; par l'agitation, on forme une espèce d'émulsion, qu'on évapore à l'étuve à siccité. On pulvérise ce produit, et on le délaie dans l'eau, quand on veut en faire usage. 24 parties en changent 1 de sublimé corrosif en mercure doux.

Des changemens qu'éprouvent le plus grand nombre de corps organiques privés de la vie.

Tout corps vivant une fois privé de la vie, dit M. le comte Chaptal (1), prend un chemin rétrograde et se décompose. On a appelé putréfaction la décomposition des substances animales, et fermentation putride celle des végétales. Les mêmes causes et les mêmes circonstances les déterminant et les favorisant, nous avons cru devoir rattacher ici la putréfaction, qui eût dû naturellement trouver place à la suite des substances animales. Outre ces deux fermentations, il en est encore trois autres qu'éprouvent quelques substances végétales : la première, qu'on nomme *saccharine*, a lieu toutes les fois qu'il se développe une matière sucrée dans une substance abandonnée à elle-même; la deuxième, quand les liqueurs sucrées se décomposent spontanément et se convertissent en alcool; la troisième, quand les liqueurs alcooliques passent à l'état d'acide acétique. Nous allons étudier ces cinq fermentations dans l'ordre suivant, laissant de côté la saccharine, sur laquelle nous n'avons pas encore d'observations bien exactes.

Fermentation vineuse, ou alcoolique.

Les substances sucrées dissoutes dans l'eau et unies au ferment, se convertissent bientôt en alcool,

(1) *Elém. de chim.*, tom. III.

si elles sont exposées à une douce température.
Dans cette opération, le sucre est décomposé ainsi
que le ferment; et les produits sont de l'alcool et de
l'acide carbonique. Lavoisier, qui a fait fermenter une quantité donnée de sucre, a déterminé les
proportions obtenues de ces deux principes. Nous
allons à notre tour porter notre examen sur la fermentation du moût de raisin. Cet examen sera basé
sur le résultat des expériences que nous avons lues à
l'Académie royale des Sciences de l'Institut (1).

La fermentation vineuse a été de temps immémorial livrée à des mains inexpérimentées; ce n'est
que vers la fin du 18 siècle que la chimie com-
mença à l'éclairer de son flambeau; et c'est aux
travaux des Fabroni, des Le Gentil, des Chaptal,
des Dandolo, de mademoiselle Gervais, etc., qu'elle
doit les améliorations qu'elle a reçues.

Le moût du raisin contient un principe sucré, les
principes des fermens, de la gelée, des gluten, etc.
C'est probablement à cette substance qu'on doit attribuer les traces d'ammoniaque qu'il offre quand
on le brûle ou qu'on y délaie de la chaux. Les moûts
sont plus ou moins riches en principes sucrés et en
fermens (2); c'est de la quantité des premiers que
dépend le degré de spirituosité des vins. J'ai pris en
1822, dans le canton de Narbonne, le poids spécifique de plus de 300 espèces de moût; le terme

____

(1) Pour éviter les répétitions, nous désignerons par les
noms de ferment les principes qui coopèrent à sa fermentation.

(2) M. Gay-Lussac donne pour 100 parties de sucre : alcool
51,34, acide carbonique 48,66.

moyen fut 14,85 degrés, et celui de l'alcool obtenu de
20,15. Toutes les espèces de raisins, dans un même
terroir, ne sont pas également riches en principe
sucré ; elles offrent des variations qui vont jusqu'à
trois degrés. J'ai également reconnu que certaines
contiennent de plus grandes proportions de ferment ;
que la fermentation est d'autant plus prompte, que
ce dernier principe est plus abondant, et d'autant
plus longue à s'établir et à être terminée, que le
sucre s'y trouve en plus grande quantité. L'expérience prouve que, dans le premier cas, les vins ont
fermenté en deux ou trois jours, tandis qu'il en est
dans le Roussillon, en Espagne, etc., qui ne sont
convertis en vin qu'au bout de plusieurs mois : on
dirait que le sucre leur sert de condiment. Ces vins
sont doux ou liquoreux, et, lorsque la fermenta-
est terminée, ils sont très-riches en alcool. La quantité d'acide carbonique qui se produit n'est pas en
raison directe de la quantité de principe sucré,
mais bien des proportions relatives de sucre et
de ferment qui existent dans les diverses espèces de
moût ; ainsi il en est qui produisent des quantités
doubles de cet acide :

12 litres de moût de piquepouil	à 13°		
m'ont donné		28	litres.
id.	de blanquette	13°	33,7
id.	de piquepouil noir	16°	30
id.	de caragnane	14°	15
id.	de grenache	15°	28,5

Le ferment peut être enlevé au moût par l'ébullition, par l'acide sulfureux, et par quelques oxides
métalliques. Dans mes recherches sur la fermenta-

tion, j'ai fait connaître que l'huile volatile de moutarde exerçait une telle action sur le ferment, qu'elle lui enlevait la propriété de fermenter, à moins d'y ajouter un nouveau ferment, et qu'elle arrêtait même la fermentation lorsqu'elle était commencée.

Il se présente ici une grande question : l'air est-il nécessaire à la fermentation ? En faveur de cette opinion, nous trouvons un savant dont le nom se rattache à presque toutes les découvertes modernes. M. Gay-Lussac a écrasé dans un tube plein de mercure, et bien dépouillé d'air, des grains de raisin ; la fermentation n'a pu s'établir qu'en y faisant passer une bulle de gaz oxigène. De mon côté, j'ai rempli d'huile cinq bouteilles de 15 litres chacune, afin de priver les parois d'air ; je les ai vidées et j'y ai introduit de suite 14 litres de moût dans chacune, que j'ai recouvert d'une couche d'huile de six pouces : deux jours après la fermentation s'établit dans toutes. Je me propose de répéter ces expériences dans le vide : celles que j'ai déjà faites me portent à croire que la présence de l'air n'est peut-être pas d'une nécessité absolue pour établir la fermentation, et qu'elle est inutile dès qu'elle a commencé.

Il est diverses autres substances sucrées qui, par la fermentation alcoolique, donnent des boissons spiritueuses, telles que le cidre, le poiré, l'hydromel, l'eau-de-vie de grain, la bière, etc., qu'on fabrique avec le suc des pommes, des poires, le miel, le blé et l'orge germés, etc.

La fermentation vineuse est terminée quand presque tout le principe sucré est décomposé ; et que la liqueur est devenue plus légère que l'eau ; nous

n'avons encore aucune méthode propre à reconnaître le point de décuvaison. Les œnomètres sont
des instrumens très-infidèles, parce que, comme je
l'ai démontré, le poids spécifique des vins n'indique
pas toujours leur degré de spirituosité, puisqu'il
peut-être également dû à la présence d'une grande
quantité d'acide carbonique. Ainsi, un vin doux,
marquant o, contient plus d'alcool qu'un vin gazeux
à 10, etc.

Quand la fermentation s'établit, une grande partie de l'acide carbonique se dégage et entraîne un
peu d'alcool; d'un autre côté, l'air acidifie la partie
du marc qui est en contact avec lui. Sous ces divers
points de vue, il est avantageux de clore hermétiquement les cuves, en laissant une ouverture pour
laisser échapper le gaz, et mieux encore d'adapter
à cette ouverture le chapiteau indiqué par mademoiselle Gervais, en le dépouillant de son réfrigérant,
dont nous avons reconnu l'inutilité.

Fermentation acide, ou acétification.

Malgré les nombreuses recherches de plusieurs
savans chimistes, la théorie de l'acétification n'est
pas encore bien établie. On croyait généralement
qu'elle reposait sur l'absorption de l'oxigène de
l'air, qui, en s'unissant au vin, le convertissait en vinaigre; cependant M. de Saussure a reconnu qu'en
faisant acétifier du vin dans une quantité d'air connue, cet air contenait des proportions d'acide carbonique égales à celles de l'oxigène dont il se trouvait dépouillé. D'après ces observations, dans la
fermentation acétique il n'y aurait pas un atome

d'oxigène d'absorbé, mais seulement du carbone enlevé à l'alcool. Ces expériences ont besoin d'être soigneusement examinées, afin de se convaincre en même temps s'il n'y aurait pas une portion d'hydrogène convertie en eau. En attendant qu'on ait arraché le voile qui couvre cette opération, nous nous contenterons d'indiquer les conditions nécessaires pour qu'elle ait lieu.

1° Le contact de l'air est indispensable : j'ai tenu du vin dans le vide pendant dix mois, sans avoir aperçu les moindres traces d'acidification. Il se passe alors un fait remarquable : ce vin se décolore en partie, et dépose sur les parois du vase du surtartrate de potasse uni à la partie colorante.

2° La présence du ferment est aussi d'une nécessité absolue. De l'alcool étendu d'eau ne fermente jamais; si on y ajoute de la levure de bière, il se convertit en vinaigre.

Pour que la fermentation acétique s'établisse, il faut que le vin soit exposé à une douce température; lorsqu'elle a lieu, le vin se trouble d'abord, et il se forme des flocons, qui se déposent peu à peu avec la partie colorante; alors le vin se trouve acidifié : sa saveur devient aigre, son odeur particulière, et il a recouvré toute sa transparence. Il est un fait bien reconnu, c'est que plus le vin présente de surface à l'air, plus l'acétification est prompte.

Lorsque le vinaigre est formé, on observe qu'il se forme dans cet acide une substance charnue, d'un blanc sale, ferme, translucide, élastique, et quelquefois très-volumineuse, qu'on appelle *mère*. D'après les recherches que j'ai commencées sur cette

matière, je me suis assuré qu'elle agissait sur les liqueurs alcooliques comme ferment, et qu'elle donnait à l'analyse les produits des substances animales.
Je me propose d'en faire le sujet d'un travail particulier. Jusqu'à présent tout me porte à croire qu'elle
participe de la nature albumineuse et même glutineuse.

De la fermentation putride.

Les végétaux bien secs échappent à cette décomposition. Une condition indispensable pour qu'elle
ait lieu, c'est que leur tissu soit relâché par l'eau.
La température la plus favorable est de 10 à 15° R.
Les végétaux, en se putréfiant, changent de couleur,
se ramollissent et se gonflent. Il s'opère en même
temps un grand boursoufflement, soit des parties
molles, soit des parties liquides; il se forme une
écume plus ou moins abondante, et leur température s'élève au point d'opérer quelquefois la combustion du végétal. L'odeur, qui d'abord tirait sur le
moisi, devient fétide, et quelquefois ammoniacale.
L'analyse chimique a démontré que les gaz qui se
produisent pendant cette décomposition étaient l'a-
zote, l'hydrogène carboné, les acides carbonique et
acétique, mais rarement l'ammoniaque et l'hydrogène sulfuré. Le résidu est appelé *terreau végétal;*
il varie suivant la nature des plantes. Il contient du
carbone dans le plus grand état de division, de l'ulmine, du carbonate et du phosphate de chaux, de
la silice, de la magnésie, de l'alumine, du fer, du
manganèse, etc. Il absorbe l'oxigène de l'air.

48

De la putréfaction.

L'histoire de la putréfaction et des phénomènes qu'elle présente a été tracée par une foule d'auteurs distingués. Beccher, Stahl, Macbride, Boissieu, Bordenave, Godard, Guyton de Morveau, Berthollet, Fourcroy, etc., ont jeté le plus grand jour sur cette partie. Pringle a entrepris un grand nombre d'expériences sur l'antisepticité, que Giobert a répétées après en avoir tenté de nouvelles. Nous devons à une dame française, madame Darconville, avantageusement connue par la traduction des cours de chimie de Shaw, un essai sur l'histoire de la putréfaction, qui contient une série d'expériences très-intéressantes. Je me suis, à mon tour, livré à plusieurs recherches qui avaient échappé à ces auteurs, et que j'ai publiées sous le titre d'*Expériences sur le degré d'antisepticité des végétaux indigènes fébrifuges,* etc.

La putréfaction se développe plus vite dans les substances animales, et parcourt avec plus de rapidité ses diverses périodes. Si la substance animale est solide, elle commence par se ramollir, devient bleuâtre, et donne un liquide diversement coloré. Insensiblement elle se boursouffle, se dissout, s'affaisse, prend une couleur plus forte, diminue de volume; et, par l'évaporation des liquides et le dégagement des gaz qui se produisent, une substance terreuse, grasse et fétide, connue sous le nom de *terreau animal,* est le dernier résultat de cette décomposition.

Lorsque la putréfaction commence à se manifes

ter, il se développe une odeur fade et nauséabonde, qui devient ensuite si fétide, qu'on ne peut la supporter. Il se dégage en même temps du gaz ammoniac, qui masque cette odeur putride, laquelle persiste après que ce dégagement a cessé. Quelquefois, d'après Fourcroy, à la fin de la putréfaction, cette odeur devient aromatique et se rapproche de celle qu'on nomme *ambrosiaque*.

Les liquides animaux, en se putréfiant, se troublent et déposent une infinité de flocons. Les couleurs varient à l'infini, et il se développe les mêmes odeurs et les mêmes gaz. Quant aux parties molles, elles se convertissent en une espèce de matière gélatineuse, putride, qui se boursouffle et présente les mêmes phénomènes que les substances animales solides. Quoique presque toutes les matières animales donnent par la putréfaction les mêmes produits, elles ne suivent pourtant pas exactement les mêmes lois, et n'offrent point les mêmes phénomènes; ils sont souvent dépendans de la quantité différente de leurs principes et de la nature de ces mêmes principes. On peut consulter à ce sujet un ouvrage fort curieux du docteur Garman (1), où l'on trouve l'histoire de la décomposition des corps dans les cimetières, etc. Fourcroy, qu'il faut toujours citer lorsqu'on parle de chimie animale, dit que chacune de ces substances a sa manière particulière de se comporter en se pourrissant.

Quel que soit le degré de confiance qu'inspirent les noms de MM. Lyons, Chaptal et Fourcroy,

(1) *De miraculis mortuorum.*

l'influence de l'air sur la putréfaction me paraît évidente. Nous savons que les corps plongés dans l'eau ou enfouis dans un terrain humide tournent au gras, et que, dans les terres sèches, il faut un temps considérable pour que les cadavres se putréfient totalement. L'air donc favorise non-seulement cette décomposition, mais il devient encore le récipient des divers gaz qui en proviennent, et qui, en s'évaporant, entraînent avec eux en dissolution une partie de la substance putréfiée.

Les produits gazeux de la putréfaction sont : le gaz hydrogène carboné, et quelquefois phosphoré; l'azote, l'acide hydrosulfurique, l'ammoniaque, l'acide carbonique et l'eau. Quelques-uns de ces corps se combinent ensemble, comme l'acide carbonique avec l'ammoniaque, etc.

Le terreau animal donne à l'analyse chimique, outre divers sels alcalins et terreux, une substance grasse charbonneuse, qui fournit, par la distillation du carbonate d'ammoniaque, une huile roussâtre, quelques phosphates salis par le carbone, etc. Il jouit de la propriété d'absorber l'oxigène de l'air atmosphérique.

QUATRIÈME PARTIE.

CHIMIE ORGANIQUE ANIMALE.

Nous voici arrivés à cette partie de la chimie qui se trouve le plus en rapport avec la physiologie. Depuis 1780 jusqu'à nos jours, une foule de chimistes distingués se sont occupés de l'examen des diverses substances animales, et nous sommes forcés de convenir que la médecine n'en a retiré encore que de faibles avantages, tant parce qu'il reste bien des choses à faire pour compléter leur histoire, que parce que les réactions chimiques qui ont lieu dans le corps humain ne sont pas toujours identiques avec celles que nous observons dans nos laboratoires. La puissance vitale, qui est le premier mobile de ces réactions, opère dans l'acte de la respiration, et dans ceux de la circulation, de l'assimilation et de la digestion, la formation de plusieurs produits remarquables par la variété de leurs principes constituans. La nature a couvert d'un voile, qu'on a inutilement tenté de soulever, les phénomènes qui donnent lieu à cette formation. Les bornes de cet ouvrage ne nous permettant pas d'entrer dans aucun examen physiologique, nous nous contenterons d'indiquer ce qu'il est indispensable de savoir pour la connaissance des divers produits animaux.

Les substances animales se décomposent à une haute température, et donnent les mêmes produits que les végétales, avec cette différence, que le plus grand nombre produit aussi de l'azote, et certaines, du phosphore et du soufre. Afin d'étudier ces substances avec plus d'ordre, nous les diviserons en huit sections.

Nous rangerons dans la première celles qui sont grasses;

Dans la seconde, les acides;

Dans la troisième, celles qui ne sont ni grasses ni acides;

Dans la quatrième, celles qui sont salines et terreuses;

Dans la cinquième, celles qui sont le produit de la digestion;

Dans la sixième, le sang;

Dans la septième, les liqueurs sécrétées;

Dans la huitième, les substances molles et solides.

SECTION PREMIÈRE.

Des corps gras.

M. Chevreul est de tous les chimistes celui qui a le plus contribué à la connaissance de la nature des corps gras; c'est lui qui a reconnu le premier que les graisses étaient composées de plusieurs principes immédiats, dont les proportions diverses constituaient les variétés de ces substances. Nous allons examiner successivement ces corps.

Stéarine.

Découverte par M. Chevreul. Unie à l'élaïne, elle forme la graisse de l'homme, du bœuf, du mouton, du cochon, de l'oie, etc. Elle est incolore, insipide, peu odorante, sans action sur la teinture de tournesol, fluide au-dessus de 38° cent. et susceptible de cristalliser en aiguilles : 100 parties d'alcool bouillant en dissolvent 21,5 d'humaine, 18,25 de celle de cochon, 36 de celle d'oie, 16,07 de mouton et 14,48 de bœuf. Il est aisé de voir, par cette différence de solubilité, que ce principe varie suivant les corps d'où on l'extrait. Si on la chauffe avec la potasse, il se produit un savon composé de margarate de potasse, d'un peu d'oléate, et un principe doux.

Préparation. On traite la graisse, à plusieurs reprises, par l'alcool absolu et bouillant; la portion qui s'en dépose est la stéarine : on n'a besoin, pour la purifier, que de la redissoudre dans l'alcool. Le degré de solubilité de la stéarine dans l'alcool varie; quant à leur saponification, elles offrent peu de différence; celle de l'homme donne 94,5; du cochon, 94,65; du mouton, 94,6; d'oie, 94,4, et de bœuf, 95,1.

La stéarine est regardée par Braconnot comme le suif absolu des graisses.

Élaïne.

Découverte par M. Chevreul. C'est la substance huileuse de la graisse; c'est celle qui reste dissoute dans l'alcool, quand il a déposé la stéarine.

Cette substance est fusible de 7 à 8º cent. Elle est ou incolore ou jaune clair, plus légère que l'eau, et presque inodore; elle est sans action sur le tournesol. L'alcool bouillant en dissout au moins son poids; par le refroidissement, il en laisse précipiter des proportions qui sont relatives aux diverses graisses, car l'élaïne offre des variétés remarquables, suivant le corps gras d'où on l'a extraite; sa densité n'est jamais identique; celle de la graisse d'oie est la plus pesante, et celles de l'homme et du bœuf les plus légères.

Chauffée avec la potasse et l'eau, elle produit une matière soluble et un savon composé de beaucoup d'oléate de potasse et d'un peu de margarate.

D'après la théorie de M. Chevreul, la formation des savons est due à la décomposition de l'élaïne et de la stéarine, et à leur conversion en acides oléique et margarique. D'après cela, ce sont des margarates et des oléates alcalins qui ont des proportions diverses de ces deux sels, suivant que les corps que l'on emploie pour leur fabrication, sont plus riches en l'un ou l'autre de ces deux principes.

Cétine.

Nom donné par M. Chevreul à cette substance blanche, solide, brillante, cristalline, douce au toucher, fragile et peu odorante, qu'on trouve dans la graisse de plusieurs cétacées, et que l'on connaît sous le nom de *blanc de baleine*. Cette substance est sans action sur le tournesol; fusible à 44,68, soluble dans 2 fois $\frac{1}{2}$ son poids d'alcool bouillant, et se déposant presque entièrement par le refroidissement ; avec la potasse elle se saponifie. L'acide nitrique ne la convertit pas en acide cétique.

Cholestérine.

C'est sous ce nom que M. Chevreul désigne la matière grasse que l'on extrait des calculs biliaires de la vésicule de l'homme, au moyen de l'alcool bouillant. Cette substance est en écailles brillantes, insipides, fusibles à 137°, cristallisant par le refroidissement en lames, solubles dans environ 5 parties d'alcool à 815. La cholestérine a été rencontrée par M. Lassaigne dans une concrétion trouvée dans le cerveau d'un cheval, etc. Par l'action de l'acide nitrique, elle donne lieu à un acide particulier. Ne se saponifie pas avec la potasse.

Ambréine.

Découverte par M. Pelletier. Blanche, insipide, odeur agréable ; volatile et fusible à + 42. Elle est soluble dans l'éther et l'alcool absolu. On l'extrait de l'ambre gris par l'alcool bouillant.

Huile du beurre.

Découverte par M. Chevreul. Cette substance diffère des autres corps gras, en ce qu'en se saponifiant elle se convertit en margarate, oléate, principe doux et acide butirique, qui est volatil.

De la phocénine.

Découverte par M. Chevreul dans l'huile de marsouin, qui, d'après ce chimiste, serait composée de phocénine et d'une substance analogue à l'oléine.

La phocénine (de *phocœna*, marsouin) a une

odeur particulière, se fond à 17°, très-soluble dans l'alcool bouillant; cette solution, étendue d'une grande quantité d'eau, en précipite la phocénine, qui alors rougit le tournesol, propriété qu'elle n'avait pas auparavant. Si l'on traite 100 parties de cette substance par la potasse, on obtient 32,82 d'acide phocénique sec, 15,00 de glycérine, et 59,00 d'acide oléique hydraté.

De la butirine.

Découverte par M. Chevreul. Presque toujours colorée en jaune, fluide à 19°, odeur de beurre chaud, congelable à o, sans action sur le tournesol, insoluble dans l'eau, soluble en toutes proportions dans l'alcool bouillant à 0,822, se saponifiant facilement. Suivant ce chimiste, cette huile, l'oléine, et la stéarine sont les principes constituans des beurres.

De l'hircine.

Découverte par M. Chevreul dans les graisses de bouc et de mouton. C'est cette substance qui forme avec l'élaïne, que M. Chevreul appelle *oléine*, la partie liquide du suif. Elle est plus soluble dans l'alcool que l'oléine. En se saponifiant elle produit de l'acide hircique.

De l'éthal.

Substance grasse qui se produit pendant la saponification de la cétine. Voici la description qu'en donne M. Chevreul. Incolore, solide, demi-transparente, insipide, peu odorante, soluble en toutes proportions dans l'alcool à 812, et chauffé à 54; par le refroidissement, elle cristallise en petites lames brillantes insolubles dans l'eau. *Voyez*, pour sa préparation, l'ouvrage de M. Chevreul.

De la graisse.

Substance qui existe dans le tissu de tous les animaux, principalement sous la peau, près des reins, dans l'épiploon, etc.

Elle est ou blanche ou jaunâtre, tantôt odorante et souvent inodore, d'une consistance qui varie suivant les animaux, leur âge et les parties d'où on l'a extraite; d'une saveur douce et fade, plus légère que l'eau, sans action sur le tournesol, plus ou moins fusible, s'altérant à l'air et acquérant une odeur et une saveur rances, insoluble dans l'eau, soluble en partie dans l'alcool, et formant diverses espèces de savons avec les alcalis, la barite, la strontiane, la chaux et les oxides de plomb et de zinc.

Exposée à l'action du calorique, elle se fond, et donne, par la distillation, du gaz hydrogène carboné, du gaz acide carbonique, d'acide acétique, d'acide sébacique, de l'eau, une substance grasse et du charbon, sans aucune trace d'azote. Ce caractère appartient aussi aux autres corps gras, et semble les rapprocher des huiles.

Graisse de l'homme.

Jaunâtre, plus ou moins fluide suivant les proportions de stéarine : 100 parties d'alcool à 100 en dissolvent 2, 48. Celle du sein d'une femme a donné à M. Chevreul un savon qui, décomposé par l'eau, répandait une forte odeur de fromage, tandis que celui fait avec celle des cuisses n'avait pas cette odeur.

Graisse de cochon.

Molle, blanche, inodore, fusible à 27°; 100 parties d'alcool bouillant en dissolvent 2,80. Fondue dans l'eau, elle contracte une odeur fade.

Graisse de mouton, ou suif.

Incolore, ferme, très-peu odorante, insipide et cassante quand elle est bien pure; 100 parties d'alcool en dissolvent 2,26. Elle contient beaucoup plus de stéarine que les autres graisses.

Graisse médullaire de bœuf.

D'un blanc bleuâtre, saveur et odeur fades, fusible à 45°; composée de 24 parties d'une huile presque incolore, qui a une saveur désagréable, et de 76 de suif.

Graisse ou suif de bœuf.

D'un jaune pâle, ferme, cassante, fusible à 40, et soluble dans 40 parties d'alcool bouillant.

Du beurre.

Le beurre existe dans le lait des mammifères, d'où on l'extrait en abandonnant le lait à lui-même. Il est blanc ou jaune, d'une consistance plus ou moins forte, d'une saveur agréable, d'une odeur particulière assez agréable, insoluble dans l'eau; 100 parties d'alcool bouillant en dissolvent 3,46. Il se saponifie très-bien avec la potasse. L'alcool en sépare successivement un principe colorant, un qui est aromatique, de l'acide butirique, de la stéarine et deux huiles, la butirine et l'oléine.

Le beurre, exposé au contact de l'air, se rancit très-vite, et finit par se décomposer. Cet effet pourrait être dû à la matière caséeuse, dont on ne prend pas soin de le débarrasser. On le conserve en le salant. Suivant M. Braconnot, le beurre des Vosges, préparé en été, est composé de 6o d'huile jaune et de 4o de suif blanc ; et celui d'hiver, de 35 d'huile et 65 de suif. Il est bien difficile d'expliquer la cause qui peut produire une si grande disproportion de principes.

Tout le monde connaît l'emploi qu'on fait des substances graisseuses dans l'économie domestique, les arts et la médecine, ce qui nous dispense d'en parler.

SECONDE SECTION.

Acides organiques animaux.

Ces acides sont, pour la plus grande partie, le produit de l'art. On en a beaucoup étendu le nombre depuis les belles recherches de MM. Chevreul et Braconnot sur les corps gras. Nous allons les examiner succinctement.

Acide allantoïque.

Dans un travail comparatif sur les eaux de l'amnios et de l'allantoïde de la vache, M. Lassaigne a reconnu que l'acide qui avait été annoncé par MM. Vauquelin et Buniva, comme existant dans l'eau de l'amnios de cet animal, ne se rencontrait pas dans celle-ci, mais constamment dans l'eau de l'allantoïde, ce qui lui a fait donner par ce chimiste le nom d'*acide allantoïque*, au lieu de celui d'*am-niotique*, que lui avaient donné les deux chimistes précités. Cet acide cristallise en prismes quadrila-tères transparens; il est inodore, un peu acide, inal-térable à l'air et rougissant la teinture de tournesol.

Acide ambréique.

Découvert par Pelletier et Caventou. En lames, fusible à 100, et peu soluble dans l'eau. On l'ob-tient par l'action de l'acide nitrique sur l'ambréine.

Acide butirique. Découvert par M. Chevreul. Liquide, incolore, très-acide et douceâtre, sem-blable à une huile volatile, ne se congelant pas à — 9°, se volatilisant au-dessus de 100, sans se dé-composer. L'odeur de cet acide se rapproche de celle du beurre rance. Il existe tout formé dans le beurre.

Acide caséique. Découvert par M. Proust. Il se produit pendant la putréfaction du fromage et du gluten.

Acide caprique. Découvert par M. Chevreul. Cet acide hydraté est en aiguilles incolores; liquide à 18°; odeur légère de bouc, saveur acide; brûlant avec un léger goût de bouc; peu soluble dans l'eau, soluble dans l'alcool en toutes proportions. Cet acide existe à l'état de caprate dans le savon du beurre de vache.

Acide caproïque. Découvert par M. Chevreul dans le beurre de chèvre et de vache. Ses proprié-tés diffèrent peu du précédent : liquide à la tempé-rature ordinaire, aspect huileux, distillable sans décomposition, ne se congelant pas à — 9°; il est incolore, a l'odeur de la sueur, une saveur acide et douceâtre; il est peu soluble dans l'eau, soluble en toutes proportions dans l'alcool absolu. Cet acide, comme le précédent, forme des sels différens, d'où on l'extrait.

Acide cholestérique. Découvert par MM. Pelletier et Caventou en traitant la cholestérine par l'acide nitrique; il est en cristaux d'un blanc jaunâtre; odeur du beurre, saveur faible et un peu styptique; fusible à 58°, rougissant l'infusion de tournesol, plus léger que l'eau, etc.

Acide chlorocyanique. Découvert par M. Berthollet et connu sous le nom d'*acide prussique oxigéné.* Il est composé de chlore et de cyanogène : on le prépare en faisant passer un courant du premier dans une dissolution d'acide hydrocyanique jusqu'à ce qu'elle décolore la dissolution de l'indigo dans l'acide sulfurique, etc. Cet acide est incolore, d'une odeur très-pénétrante, rougit le tournesol, n'est point inflammable, ne détonne point par l'étincelle électrique, quand il est mêlé avec deux fois son volume d'oxigène ou d'hydrogène. Son poids spécifique est de 2,123.

Acide delphinique. Découvert par M. Chevreul dans l'huile du *delphium globiceps.* Jaune citron, odeur forte et désagréable, saveur piquante. Pour l'obtenir, on saponifie cette huile avec la potasse, l'on décompose le savon par l'acide tartrique, on lave le résidu, on filtre, l'on distille les liqueurs. Le produit est saturé par l'eau de barite, qui forme un delphinate dont on sépare l'acide au moyen du phosphorique.

Acide formique. On l'obtient en distillant les

fourmis, avec l'eau, principalement la *formica rufa;*
une partie de l'acide qu'elles contiennent passe dans
le récipient. Incolore, saveur acide, incongelable à
la plus basse température; le chlore et les acides nitrique et sulfurique le décomposent.

Acide hircique. Obtenu par M. Chevreul par la
saponification de l'hircine. A l'état d'hydrate, il est
liquide même à o, incolore, d'une odeur d'acide
acétique et de bouc, très-volatil, plus léger que
l'eau, peu soluble dans ce liquide, et très-soluble
dans l'alcool.

Acide lactique. Découvert par Schéele dans le
petit-lait aigri, et soupçonné identique avec l'acide
nancéique de Braconnot. M. Berzélius l'a également
trouvé dans les muscles, le sang, et dans plusieurs
liqueurs animales.

Acide hydrocyanique ou *prussique.* Découvert
par Schéele, et obtenu pur par M. Gay-Lussac. Liquide, transparent, incolore, saveur âcre et irritante, odeur si vive qu'elle opère instantanément
des étourdissemens; il rougit faiblement la teinture
de tournesol; son poids spécifique est de o,70583 à
7 degrés. Il est très-volatil, entre en ébullition à
26,5, et se congèle à—15. Un fait bien remarquable,
et qui est particulier à cet acide, c'est que si on en
met quelques gouttes sur du papier, une partie, en se
volatilisant, produit un tel degré de froid que l'autre
cristallise. Par un courant électrique il est décomposé; le gaz hydrogène se rend au fil négatif, et le
radical, dit *cyanogène,* au positif. Cet acide à l'état
gazeux est peu soluble dans l'eau et assez soluble

dans l'alcool; il brûle par l'approche d'un corps enflammé.

Préparation. Le procédé généralement adopté
est celui de M. Gay-Lussac; il consiste à délayer du
cyanure de mercure pulvérisé dans l'acide hydrochlorique affaibli, à l'introduire dans une cornue,
à laquelle on adapte un large tube contenant une
couche de carbonate de chaux, et ensuite une de
chlorure; de ce tube part un tube beaucoup plus petit,
qui se rend dans une éprouvette entourée de glace.
Par l'action de la chaleur, l'hydrogène de l'acide
hydrochlorique se porte sur le cyanogène, et forme
de l'acide hydrocyanique, qui se dégage avec un
peu d'eau et de chlore qui sont absorbés. Dans ce
tube, le chlore s'unit à l'oxide de mercure pour
former un chlorure. Cet acide, ainsi obtenu, est
pur. Pour l'usage médicinal on l'étend de 7 parties
d'alcool.

Vertus. L'acide hydrocyanique est un des poisons les plus violens. M. Magendie assure qu'une
goutte, portée dans la gueule du chien le plus vigoureux, le fait tomber roide mort après deux ou
trois grandes inspirations précipitées. A côté des expériences de ce physiologiste, nous placerons celles
du docteur Viborg (1), qui assure que demi-gros de
cet acide en lavement ne donne pas la mort à un
chien, et que de dix à quatorze gouttes prises à l'intérieur n'en firent périr aucun. M. Magendie
ajoute qu'une goutte injectée dans la jugulaire tue
l'animal, comme s'il eût été frappé de la foudre;

____

(1) *Acta soc. med. hafniensis,* vol. VI.

M. Viborg fait observer qu'une injection de 5o gouttes ne tue un chien de taille moyenne que sept minutes après. Il paraît que ses effets délétères sont en raison directe de sa concentration ; car j'ai vu, chez M. Chevalier, un vieux chien, qu'il avait empoisonné la veille avec 12 grains d'acétate de morphine, sans déterminer la mort, avaler demi-once d'acide hydrocyanique médicinal qu'il lui injecta dans l'œsophage sans que la mort en ait été la suite. L'animal, au bout de quelques secondes, poussa des hurlemens affreux, et éprouva des convulsions très-violentes ; le soir il était tranquille-, mais il ne mangea que le troisième jour.

M. Magendie assure aussi qu'un grand nombre d'observations le portent à croire qu'on peut guérir complétement la phthisie au premier degré au moyen de cet acide ; M. Heller dit n'en avoir obtenu aucun bon effet. Les Anglais l'ont employé contre la toux hectique et la dyspepsie, les Italiens, pour modérer l'activité du cœur dans presque toutes les maladies sthéniques, pour calmer la trop grande irritabilité de l'utérus, même dans les cas de cancer, etc. (1) Une foule de médecins l'ont préconisé contre plusieurs autres maladies ; mais l'emploi d'un tel médicament est si dangereux que nous ne pouvous nous dispenser de faire connaître qu'on doit être toujours en garde contre un pareil moyen. Le docteur Hufeland rapporte à ce sujet deux morts dues à son administration : nul doute que si d'autres médecins avaient la bonne foi de faire un pareil aveu, ce

____

(1) Formulaire de M. Magendie.

nombre ne fût bien plus grand. Le docteur Murray regarde, d'après ses expériences, l'ammoniaque comme un si puissant antidote de ce poison, qu'il n'hésiterait pas, dit-il, à en prendre assez pour se donner la mort, s'il trouvait quelqu'un sur qui il pût compter pour lui administrer ce contre-poison. L'on peut consulter avec le plus grand avantage, tant sous ses rapports vénéneux que médicamenteux, la *Chimie médicale* et la *Toxicologie* de M. Orfila, les Mémoires de MM. Coulon, Heller, etc.

Hydrocyanates.

Ce genre de sels a été découvert par Schéele ; malgré les travaux d'un grand nombre de chimistes, leur étude est encore bien incomplète. Les hydrocyanates, formés par les oxides de la deuxième section, l'ammoniaque et la magnésie, sont solubles et verdissent le sirop de violettes ; les autres sont insolubles. Tous les acides, même le carbonique, les décomposent.

L'hydrocyanaté d'ammoniaque est très-volatil ; ceux de potasse et de soude se convertissent par la calcination en cyanures.

Acide hydrocyanique ferruré.

Plusieurs chimistes ont reconnu que l'acide hydrocyanique acquérait plus de stabilité dans ses principes en s'unissant avec quelques corps, tels que l'oxide de fer et le cyanure d'argent. Il existe même sur cette combinaison deux théories : l'une, que c'est un simple mélange d'hydrocyanate et de cyanure ; et l'autre, que l'argent et le fer deviennent des parties constituantes d'un acide nouveau, que Porrett, qui les a observées le premier, appelle *acides chyazique, ferruré, argenturé*, etc., ou *acide hydrocyanique ferruré*, etc.

Cet acide est en petits cristaux inodores, blancs, acides, solubles dans l'eau et dans l'alcool, et formant des sels avec les bases. Deux fixeront seulement notre attention, parce qu'ils sont les seuls employés. Exposé à l'action de l'air, il acquiert une teinte bleue.

Préparation. En décomposant une solution rapprochée d'hydrocyanate de potasse par une solution alcoolique d'acide tartrique.

Hydrocyanate ferruré de fer, ou bleu de Prusse. Découvert en 1710 par Diesbach, de Berlin. Couleur bleue très-belle; insipide, inodore, insoluble dans l'alcool et l'eau, s'altérant par le contact de l'air, et prenant avec le temps une couleur verte. Par la distillation, il donne des acides hydrocyanique et carbonique, du carbonate ammoniacal, un gaz inflammable, etc. Le résidu calciné est attirable à l'aimant, et s'enflamme lorsqu'on l'expose au contact de l'air, s'il est récemment préparé. L'acide sulfurique le décompose en le décolorant; il en est de même de l'acide hydrosulfurique liquide; les alcalis, la chaux, etc., le décolorent aussi en s'unissant à l'acide et précipitant la plus grande partie du protoxide de fer. A ces caractères, il est aisé de distinguer le bleu de Prusse de l'indigo, avec lequel il est facile de le confondre par plusieurs propriétés physiques.

Préparation. On l'obtient en grand, en calcinant

à une chaleur rouge un mélange, à parties égales, de potasse et de sang desséché, ou des débris de cornes et de plusieurs autres substances animales, etc.

Hydrocyanate ferruré de potasse. Jaune-serin, transparent, cristallisant en gros cristaux prismatiques quadrangulaires ; inodore, s'effleurissant à l'air, soluble dans l'eau et en conservant $\frac{12}{100}$ dans ses cristaux. Par la distillation, il donne de l'acide hydrocyanique, de l'ammoniaque, un gaz inflammable, etc., et pour résidu, du charbon, de la potasse et du fer, etc. L'hydrogène sulfuré n'exerce aucune action sur les solutions de ce sel; il en est de même des alcalis et de leurs sels ; l'acide hydrochlorique lui enlève sa base alcaline; en s'unissant à l'oxide rouge de mercure, il le convertit en cyanure.

Préparation. On fait digérer le bleu de Prusse en poudre dans de l'acide sulfurique affaibli, pour lui enlever l'alumine et les substances étrangères qu'il pourrait contenir ; on lave à plusieurs eaux le résidu, et on le verse dans une solution bouillante de potasse, jusqu'à ce qu'elle cesse de décolorer. On filtre, et on obtient par l'évaporation des cristaux de ce sel.

Usages. Très-employé dans la teinture pour la fabrication du bleu découvert par M. Raymond, et auquel on a donné le nom de ce chimiste. Comme réactif, il est aussi très-recommandé pour reconnaître la présence du fer par la couleur verte et bleue qui se développe.

Acide margarique.

Découvert par M. Chevreul. Solide, blanc na-cré, susceptible de cristalliser en aiguilles entre-lacées, odeur de cire, plus léger que l'eau, insoluble dans ce liquide et très-soluble dans l'alcool et l'é-ther, fusible à 60°, et formant des sels qui ont beaucoup d'analogie avec les stéarates, et qui sont de véritables savons.

On obtient cet acide en saponifiant les graisses.

Acide oléique.

Découvert par M. Chevreul. A l'état d'hydrate, il a l'aspect d'une huile incolore, odeur et saveur rances, se congelant à $+$ 6, et formant des aiguilles blanches; il est insoluble dans l'eau et soluble dans l'alcool à 0,822. Il forme, avec les bases, des savons connus sous le nom d'*oléates*. Comme le précédent, il est un produit de la saponification des graisses. Cet acide, ainsi que le margarique, se trouvent dans le gras des cadavres.

Acide phocénique.

Découvert par M. Chevreul. Liquide, semblable à une huile volatile, incolore; odeur forte, ana-logue à celle du vinaigre et du beurre fort, saveur acide, piquante; laissant sur la langue une tache blanche; ne se congelant pas à — 9°, peu soluble dans l'eau, soluble en toutes proportions dans l'alcool à 0,754; l'acide nitrique à 35 degrés le dissout diffi-cilement à froid et sans l'altérer. On l'obtient par la saponification de l'huile de dauphin.

Acide purpurique.

Le docteur Proust découvrit, en 1818, qu'en traitant l'acide urique par l'acide nitrique, on le transformait en une matière pourpre, qu'il annonça être composée d'ammoniaque et d'un acide particulier, que Wollaston appela *purpurique*, à cause de sa propriété de former des composés pourprés. M. Vauquelin répéta ces expériences, et en retira deux acides, l'un très-blanc, et l'autre coloré. Ce dernier lui parut être une combinaison du premier avec une substance colorante. M. Lassaigne, en soumettant à l'action de la pile les sels de cet acide coloré, reconnut qu'après avoir été attiré au pôle positif, il ne produisait plus alors que des sels blancs, semblables à ceux de l'acide blanc observé par M. Vauquelin.

Acide pyro-urique.

MM. Lassaigne et Chevallier ont constaté qu'en distillant l'acide urique ou des calculs d'urate d'ammoniaque, on obtenait un acide particulier, auquel ils ont donné le nom de *pyro-urique ;* lequel est très-volatil, très-soluble dans l'eau et l'alcool, et cristallise en petites aiguilles blanches.

Acide rosacique.

Découvert par Proust dans le dépôt formé par l'urine des goutteux et des malades atteints de fièvres intermittentes, nerveuses, etc., dans l'urine de l'homme sain.

Solide, couleur de cinabre, inodore, et presque insipide, déliquescent, soluble dans l'eau et l'alcool.

En s'unissant avec l'acide urique, il est peu soluble dans l'eau ; c'est dans cet état d'union qu'il existe dans les dépôts urineux ; on l'en extrait par l'alcool bouillant. L'acide nitrique le change en acide urique.

Acide sébacique.

Inodore, saveur faible, plus pesant que l'eau ; cristallise en petites aiguilles blanches peu consistantes ; inaltérable à l'air, soluble dans l'eau et beaucoup plus dans l'alcool ; rougit la teinture de tournesol. Il se produit par la distillation des graisses.

Acide stéarique.

Découvert par M. Chevreul. A l'état d'hydrate, il est liquide, incolore, cristallisant en belles aiguilles entrelacées, brillantes, et du plus beau blanc ; insipide, inodore, insoluble dans l'eau quand il est fondu ; il est soluble en toutes proportions dans l'alcool, et forme avec les bases de véritables sels. On le produit par la saponification des graisses.

Acide urique.

Découvert par Schéele, qui lui donna le nom d'acide *lithique*. Il existe dans l'urine de l'homme et des oiseaux, dans un grand nombre de calculs urinaires, etc., et constitue toute la partie blanche des excrémens des oiseaux. Inodore, insipide, dur, cristallisant en paillettes, plus pesant que l'eau, et rougissant le tournesol. On le prépare en dissolvant le sédiment des urines dans une solution bouillante de potasse, et le précipitant par l'acide hydrochlorique.

Des corps ni gras ni acides.

Les corps qui composent cette section sont au nombre de dix; tous, à l'exception du sucre, contiennent de l'azote.

Albumine.

Existe dans le blanc d'œuf, le sérum du sang, le chyle, la synovie, dans les liquides exhalés par les membranes séreuses, etc.; je l'ai rencontrée dans plusieurs végétaux, en grande quantité même dans l'infusion de moutarde.

L'albumine est incolore, liquide, transparente, inodore, plus pesante que l'eau, saveur particulière, moussant par l'agitation, verdissant le sirop de violettes, se coagulant à 74°, à moins qu'elle ne soit étendue d'eau, et présentant, quand elle est desséchée, à peu de chose près, les mêmes propriétés que la fibrine. Le calorique, l'alcool., l'iode, le chlore, les acides sulfurique, nitrique et hydrochlorique la coagulent de suite; il en est de même du tanin, qui s'unit avec elle. Les alcalis, loin de la coaguler, la rendent plus fluide. Soumise à l'action de la pile, elle se coagule. M. Lassaigne a prouvé que, si elle était coagulée au pôle positif, cet effet était dû aux sels qu'elle contient, dont l'acide s'unit à cette substance pour former un composé insoluble : il a vérifié ce fait en opérant sur de l'albumine privée d'hydrochlorate de soude par un procédé chimique.

Les sels de cuivre donnent par l'albumine un

précipité blanc-verdâtre très-abondant et sans action sur l'économie animale.

Le deutochlorure de mercure est converti en un précipité blanc floconneux, qui est un protochlorure; d'où l'on voit que cette substance est un bon anti-dote contre l'empoisonnement par ces sels. Outre les principes constituans des matières animales, l'albu-mine contient un peu de soufre.

Caséum.

On avait cru que cette substance n'existait que dans le lait, mais Cabal l'a trouvée dans les urines d'une femme veuve depuis plusieurs années; plu-sieurs chimistes l'ont rencontrée aussi dans les urines des femmes qui ne nourrissent pas leurs enfans, ou qui viennent de les sevrer. Le caséum est blanc, in-soluble dans l'eau et l'alcool, soluble dans les alcalis et les acides affaiblis, et à une température peu élevée.

Le caséum est la base de tous les fromages frais.

Fibrine.

Dans le chyle, le sang et les muscles, dont elle est la base. La fibrine est solide, blanche, insipide, ino-dore, plus pesante que l'eau, molle, un peu élastique, sans action sur le tournesol, devenant jaune, dure et cassante quand elle est desséchée, insoluble dans l'eau froide, et se putréfiant quand elle est long-temps en contact avec ce liquide; l'alcool à 810 la con-vertit, au bout d'un certain temps, en une espèce d'adipocire; il en est de même de l'éther: la potasse et la soude la dissolvent à froid. Le deutochlorure de mercure est converti par la fibrine en protochlorure.

Gélatine.

Dans la peau, la chair musculaire, les cartilages, les aponévroses, les membranes, et les os. Je l'ai également rencontrée dans quelques urines.

La gélatine est incolore ou jaunâtre, transparente, inodore et insipide; ayant, lorsqu'elle est desséchée, l'apparence de la corne; peu soluble dans l'eau froide et très-soluble dans l'eau bouillante; l'alcool l'en élimine, et le précipité devient soluble dans l'eau. Ce menstrue, l'éther et les huiles n'exercent aucune action sur elle; plusieurs acides la dissolvent sans la décomposer. Une solution de sublimé-corrosif concentrée est convertie en protochlorure. Le tanin a tellement d'affinité pour cette substance que, dans une solution ne contenant que $\frac{1}{7000}$ de gélatine, il forme un précipité blanc grisâtre, collant et élastique.

La gélatine est la principale substance alimentaire des viandes. Desséchée, elle constitue les diverses colles : celle de poisson, ou icthyocolle, est la membrane interne de la vessie natatoire de certains poissons.

Matière jaune de la bile.

Regardée par plusieurs chimistes comme du mucus altéré. Fait partie de la bile de presque tous les animaux et de la plus grande partie des calculs biliaires de l'homme; ceux du bœuf en sont entièrement formés.

Solide, pulvérulente quand elle est sèche, jaune,

insipide, inodore, plus pesante que l'eau, insoluble dans l'eau, l'alcool et les huiles ; soluble dans les alcalis, d'où les acides la précipitent en flocons bruns-verdâtres.

Matière colorante du sang.

La coloration du sang fut attribuée par Fourcroy à l'oxide de fer. Brandes et Vauquelin ontre connu qu'elle était due à une substance particulière qui, à l'état solide, était insipide, inodore, d'un rouge-pourpre quand elle venait d'être extraite du sang, et prenant ensuite la couleur noire et la cassure du jayet.

Mucus.

A la surface de toutes les membranes muqueuses, dans les cheveux, les poils, la laine, les écailles de poisson, et constituant presque en entier les ongles, les cornes, les écailles qui viennent sur la peau, les durillons, et cette substance épaisse et translucide qui vient sous les talons. Il existe aussi dans la bile, le mucus des narines, de la trachée, etc. Le mucus liquide est transparent, visqueux, filant, inodore et insipide ; il ne se coagule point par le calorique, ni ne se prend pas en gelée. Quand il est desséché, il est demi-transparent, fragile, et insoluble dans l'eau, l'alcool et l'éther.

Osmazone.

Ainsi nommée par M. Thénard, et décrite par Thouvenel. Dans la chair musculaire du bœuf, du mouton, etc., dans le cerveau, dans quelques champignons, etc. A l'état d'extrait, elle est brune-rougeâtre, d'une odeur aromatique, d'une saveur

analogue à celle du bouillon; attirant l'humidité
de l'air, s'aigrissant et se putréfiant; elle est soluble
dans l'eau et l'alcool.

Le bouillon lui doit son odeur et sa saveur; il est
d'autant meilleur qu'il en contient davantage. Les
proportions des bons bouillons sont de 7 parties de
gélatine sur 1 d'osmazone.

Picromel.

Quoique cette substance fasse partie de quelques
calculs biliaires contenus dans la vésicule humaine,
elle n'existe point dans la bile de l'homme, mais
dans celle des animaux.

Semblable à la térébenthine, incolore, saveur
âcre, amère et sucrée; odeur nauséabonde; très-
soluble dans l'eau et dans l'alcool, déliquescente, et
dissolvant la résine de la bile.

Sucre.

Nous avons parlé de cette substance à la page 511;
nous y renvoyons nos lecteurs.

Urée.

Découverte par Rouelle le cadet. Existe dans l'u-
rine de l'homme et dans celle de tous les quadrupèdes.

Pure, en lames minces, micacées, incolores, transparentes, assez dures, plus pesantes que l'eau, d'une
odeur d'urine, et d'une saveur fraîche et piquante;
attirant l'humidité de l'air; soluble dans l'alcool et
dans l'eau, et se convertissant en partie par l'acide
nitrique en acide urique. Cette substance influe

sur la forme cristalline des sels avec lesquels elle se trouve mêlée : ainsi l'hydrochlorate de soude, qui devrait cristalliser en cubes, cristallise en octaèdres, etc.

QUATRIÈME SECTION.

Substances salines et terreuses.

Toutes les substances animales contiennent des matières terreuses et salines en différentes proportions, et quelques-unes même, les oxides de fer et de manganèse. Parmi les sels on compte l'acétate de potasse, les benzoates de soude et de potasse, le souscarbonate de chaux, de magnésie, de potasse et de soude ; le lactate de soude, les hydrochlorates de potasse et de soude, l'oxalate de chaux, les phosphates de chaux, de soude, d'ammoniaque et de magnésie ; les sulfates de potasse et de soude, et l'urate d'ammoniaque. J'ai moi-même découvert l'hydrocyanate de fer dans quelques urines bleues (1). Si toutes les substances se trouvaient en même temps dans les mêmes corps, leur analyse serait bien difficile à faire ; le phosphate de chaux et le carbonate et hydrochlorate de soude sont les trois qu'on y trouve le plus communément. M. Berzélius pense même que la plupart de ces sels sont produits par la combustion.

CINQUIÈME SECTION.

Des produits immédiats de la digestion.

Les alimens broyés et mis en pâte, au moyen de

______

(1) *Voyez* mon mémoire sur l'urine, *Archives générales de médecine.*

la salive, de la sérosité et des mucosités de la bouche, traversent l'œsophage et se rendent dans l'estomac, où, s'unissant au suc gastrique, et y séjournant plus ou moins de temps, ils se convertissent en une bouillie, à laquelle on donne le nom de *chyme*, qui se rendant dans les intestins grêles, y rencontre de la bile et du suc pancréatique, qui réagissent sur elle, et donnent lieu à deux nouveaux composés, appelés chyle et bile. La durée de ces phénomènes s'appelle digestion : nous n'entreprendrons point d'en décrire la théorie ; nous renvoyons nos lecteurs aux ouvrages de physiologie. Nous nous bornerons à dire que le chyle est absorbé par ce nombre infini de vaisseaux capillaires qui tapissent les intestins grêles, et que la matière excrémentitielle traverse les gros intestins, et est excrétée par l'anus.

Du chyme.

Histoire imparfaite. Le docteur Marcet a analysé celui d'une poule d'Inde nourrie avec des substances végétales. Il était en bouillie opaque, brunâtre, sans action sur le sirop de violettes. Ce médecin y trouva de l'albumine, des substances salines et point de gélatine.

Du chyle.

Celui de l'homme n'a jamais été analysé. M. Vauquelin a trouvé dans celui du cheval de la fibrine, une substance grasse et divers sels. Il est très-difficile de l'obtenir pur, il est toujours uni avec la lymphe.

Matière fécale.

Variable suivant la nature des alimens et les

bonnes ou mauvaises digestions. Les excrémens ana-
lysés par Berzélius lui ont donné , sur 100 parties
en consistance molle ,

eau	73,3
bile	0,9
albumine	0,9
matière extract. particulière	2,7
sels	1,2
résidu des alimens	7
matière déposée dans l'intestin	14
	100

Macquer et Proust ont reconnu quelquefois le
soufre dans la matière fécale ; M. Vauquelin un
acide libre analogue au vinaigre; John, un alcali
libre; Vogel, du nitrate de potasse , etc.

Des gaz intestinaux.

Plusieurs chimistes se sont livrés à l'analyse de
ces gaz, et leurs résultats ont présenté plusieurs variations remarquables. MM. Chevreul et Magendie
ont examiné ceux de quatre suppliciés : ils ont
trouvé ceux de l'estomac et de l'intestin grêle composés, un , de gaz oxigène, d'acide carbonique, d'hydrogène pur et de l'azote; les trois autres n'offraient
point d'oxigène. Ces principes variaient singulièrement dans leurs proportions : ceux des gros intestins ne contenaient point d'oxigène, mais bien de
l'hydrogène carboné, et des traces d'acide hydrosulfurique.

SIXIÈME SECTION.

Du sang.

La formation du sang, comme celle du lait et des autres liqueurs animales , nous est inconnue; la nature a couvert ces opérations d'un voile impénétrable; nous laisserons de côté toute hypothèse , pour nous attacher à faire connaître les propriétés de cette importante liqueur.

Le sang, comme on sait, est ce fluide qui circule dans les artères et dans les veines. Il est rouge dans les premiers vaisseaux , et rouge-brun dans les derniers. Il a une odeur fade , un goût salé , et une pesanteur plus forte que celle de l'eau ; exposé à la vapeur de l'eau bouillante , il se coagule. Lorsqu'il a perdu sa chaleur vitale , il se prend en masse et se sépare en deux parties : l'une est molle ,.opaque, et d'un rouge-brun ; elle est appelée caillot ou cruor : l'autre est un liquide jaunâtre, transparent, connu sous le nom de sérum.

Du caillot. Suivant Berzélius il est formé d'albumine, de fibrine et du principe colorant.

Du sérum. Suivant le même chimiste , de 905 d'eau, 89 d'albumine , un peu de substance animale , et 14 de sels. Stewart Traill (1) a constaté l'existence de l'huile dans le sang de quatre individus affectés de deux maladies inflammatoires , et deux d'hépatite aiguë bien caractérisée. L'analyse du sang de l'un d'eux lui a donné 0,45 d'huile. Ayant analysé de nouveau celui de cet individu , lorsqu'il

____

(1) *Edinburg medical and surgical Journal.*

fut entièrement rétabli, il le trouva analogue à celui des personnes saines; d'où l'on peut conclure que, dans l'état pathologique, le sang éprouve des changemens dans sa composition (1). Le sang artériel diffère du sang veineux; voici leurs propriétés respectives :

SANG ARTÉRIEL.		SANG VEINEUX.	
rouge vermeil,		rouge-brun,	
odeur forte,		odeur faible,	
température	32 R.	température	31 R.
poids spécifique	1,049		1,051
capacité pour le calor.	839		id.

Soumis à l'action du calorique, le sang se coagule et prend une couleur brune-violette. Si on l'agite, quand on vient de l'extraire de l'animal, on en sépare beaucoup de fibrine; on peut alors le conserver long-temps : si cette opération se fait avec le contact de l'air ou de l'oxigène, la couleur du sang devient rose. Presque tous les acides un peu forts précipitent le sang, et s'unissent à l'albumine; l'alcool le précipite également, en se combinant avec l'eau; les alcalis le rendent liquide.

Le sang, comme nous l'avons déjà dit, éprouve des variations remarquables, suivant certaines affections morbifiques; ainsi :

Le *sang des diabétiques* contient, d'après MM. Nicolas et Guedeville, plus de sérum et très-peu de fibrine.

(1) Traill. *Ann. of philosop.*, mars 1823.

Celui *des ictériques* a offert de la bile à M. Orfila.

Celui *des scorbutiques* n'a que fort peu de fibrine,
suivant MM. Deyeux et Parmentier, etc.

Sang de bœuf.

M. Berzélius n'y a trouvé que les mêmes principes du sang humain. M. Vauquelin y a rencontré
une huile grasse, douce et jaune, et M. Schwilgué
assure avoir reconnu une substance grasse dans celui
de l'homme; enfin, Vogel dit avoir trouvé de l'a-
cide carbonique dans celui de cet animal.

MM. Prévost et Dumas ont entrepris une série
d'expériences sur l'ablation des reins dans les animaux, et ils ont observé que le sang de ceux qu'ils
avaient néphrotomisés était plus séreux que dans
l'état ordinaire, et que le sérum et le caillot séchés
et traités par l'eau donnaient un extrait qui, soumis
à l'action de l'alcool, laissait un résidu deux fois
plus fort que dans celui qui provenait du sang d'un
animal sain. Dans le premier cas, ce résidu, traité
par l'acide nitrique, se prenait en masse; ce qui annonce l'existence de l'urée. Cette urée, trouvée dans
le sang des chiens par MM. Prévost et Dumas, est
composée de

azote	42,23,
carbone	18,23,
oxigène	29,65,
hydrogène	98, 9.

Celle qu'on a trouvée dans l'urine de l'homme a donné à M. Bérard,

$$\begin{array}{ll} \text{azote} & 43,4, \\ \text{carbone} & 19,4, \\ \text{oxigène} & 26,5, \\ \text{hydrogène} & 10,8. \end{array}$$

D'où l'on voit qu'il existe une grande disproportion dans les quantités d'hydrogène.

La découverte de l'urée dans le sang est un fait bien curieux; mais comme elle n'a été encore trouvée dans cette liqueur qu'après l'ablation des reins, il reste toujours à prouver, dit fort judicieusement M. Gauthier de Claubry, que dans ce cas, comme dans une foule d'autres, des lésions extraordinaires ne produisent pas dans les animaux des changemens considérables dans la nature des sécrétions, comme dans le jeu et la nature des organes (¹).

Circulation.

Le chyle est absorbé, comme nous l'avons déjà dit, par les vaisseaux capillaires des intestins grêles, lesquels, en s'anastomosant, le conduisent dans le canal thoracique, qui le porte dans la veine sous-clavière gauche, et quelquefois dans la droite, où il s'unit au sang. Le composé formé par ce mélange se rend, par la veine cave supérieure, dans l'oreillette droite, et de là dans le ventricule droit, d'où il passe, par l'artère pulmonaire et sa bifurcation, dans

(¹) *Bull. gén. et univ. des nouv. scientifiques,* de M. de Férussac.

les diverses parties des poumons qui, à leur tour, et au moyen des veines qui leur appartiennent, le charrient dans l'oreillette et le ventricule gauche; de là il est versé dans l'artère aorte, de celle-ci dans l'aorte ascendante et dans la descendante, dont les ramifications le transmettent dans tout le corps. De l'extrémité des ramifications artérielles, il entre par les dernières ramifications veineuses dans les veines qui le portent dans la veine cave supérieure ou l'inférieure. Le sang est transmis ensuite dans l'oreillette droite, et de là dans le ventricule droit, et ramené dans les poumons, les cavités gauches du cœur, etc.

Tel est le phénomène qu'on nomme circulation. Nous avons vu que le sang veineux différait du sang artériel; en effet, lorsque celui-ci est arrivé à l'extrémité des artères, cette puissance vitale qui anime l'homme lui fait éprouver une décomposition qui sert à la nutrition des divers organes qui l'entourent, et auxquels il transmet une partie de ses principes, lesquels concourent à la formation des diverses sécrétions. Le sang, ainsi converti en sang veineux et en lymphe, rentre par divers vaisseaux dans le centre de la circulation.

De la respiration.

La respiration est la fonction la plus importante de la vie ; si par une cause quelconque on vient à la faire cesser, la mort en est la suite inévitable. L'air atmosphérique est le seul fluide élastique qui y soit propre; car, l'oxigène serait trop actif. Parmi les autres gaz, les uns agissent comme poisons, et les autres comme asphyxians. Les chimistes et les physiologistes se sont livrés à un grand nombre de recherches pour reconnaître les phénomènes de la respiration; ils ont démontré :

1º Que la quantité d'air expiré est égale à celle de celui qui a été inspiré;

2º Que cet air inspiré n'a pas perdu un atome d'azote;

3º Qu'il contient une vapeur qui constitue la transpiration pulmonaire, et une substance animale qui lui transmet une odeur particulière;

4º Qu'au lieu de 21 d'oxigène, il n'en donnait plus que de 18 à 19;

5º Que la quantité d'acide carbonique produite se portait de 3 à 4 centièmes, en sorte qu'elle était plus forte que celle de l'oxigène absorbé.

Le chyle, comme nous l'avons déjà dit, est versé dans la veine sous-clavière gauche, où il se mêle avec le sang veineux; ce nouveau liquide, en traversant les poumons, se trouve en contact avec l'air atmosphérique, et se convertit en sang artériel.

Lavoisier pensait que, peu après cette conversion, l'oxigène de l'air se portait sur le carbone du sang veineux et sur l'hydrogène pour former de l'acide carbonique et de l'eau, qui s'exhalaient par la transpiration pulmonaire, et que la chaleur vitale était due à l'oxigène absorbé.

Les faits exposés ci-dessus ne s'accordent point avec cette théorie.

Opinion actuelle. 1º Sur quelle partie du sang agit l'oxigène? On l'ignore.

2° Comment se forme l'acide carbonique? On l'ignore.

3° D'où provient la chaleur vitale ou l'élévation de température? On l'ignore.

4° D'où provient la transpiration pulmonaire ? d'une partie du sérum qui se détache des dernières divisions de l'artère pulmonaire, et d'une portion de la vapeur produite par le sang artériel, qui se distribue sur la membrane muqueuse des voies aériennes.

Il résulte de ces recherches qu'on ne peut, dans l'état actuel de nos connaissances, démontrer d'une manière exacte la manière dont agit l'oxigène dans cette importante fonction. Plusieurs chimistes ont calculé la quantité d'oxigène qu'un homme absorbait dans un jour. Le docteur Menzier l'évalue à 850 litres; Lavoisier et Seguin, à 754; et H. Davy, à 745. Il est certain que la proportion d'oxigène absorbée ne peut être regardée comme uniforme chez tous les individus, puisqu'il est des personnes qui ne respirent pas le même nombre de fois dans un temps donné. Ainsi Thomson a trouvé qu'il respirait dix-neuf fois par minute, et H. Davy, de vingt-six à vingt-sept. MM. Lavoisier et Seguin ont reconnu aussi qu'un homme à jeun, sans avoir éprouvé de fatigue, la température étant à 26 R., absorbait par heure 12,10 pouces $\frac{1}{6}$ d'oxigène, et que cette quantité était plus forte par un temps froid. Ces deux physiciens ont observé aussi que, lorsque le corps est en agitation, l'absorption d'oxigène est plus considérable. M. Seguin l'a trouvée égale à 3200 par heure; pendant la digestion, et dans l'état de tranquillité, elle était de 18 à 1900 ; et, en faisant pendant un quart d'heure un exercice violent, de 4600.

Quant aux sources de la chaleur vitale, nous renvoyons à ce que nous en avons dit à la page 54.

SEPTIÈME SECTION.

Liqueurs sécrétées.

Les physiologistes donnent le nom de *sécrétion* à cette fonction par laquelle les organes produisent, en décomposant le sang, des liqueurs particulières dont la plupart servent à la nutrition du corps, et les autres, au nombre de trois, le lait, la sueur et l'urine, sont portées hors du corps. Les premières sont alcalines, et doivent leur alcalinité à la soude ; les secondes sont acides, et doivent leur acidité, suivant Berzélius, à l'acide lactique, et suivant M. Thénard, à l'acide acétique. Nous allons les diviser en trois paragraphes.

§ Ier.

Du lait.

La formation du lait est un problème de plus à résoudre ; nous savons seulement qu'il est sécrété par les glandes mammaires des mammifères. Cette liqueur est blanche, opaque, sucrée, plus pesante que l'eau, et donnant, par l'évaporation, une pellicule de matière caseuse. Abandonné à lui-même, le lait se sépare en trois parties : crème, matière caseuse et petit-lait.

La *créme* est composée de beaucoup de beurre , de caséum et de petit-lait. Elle surnage les autres ; elle est incolore ou jaune doré , onctueuse , molle et d'une saveur agréable.

Le *caséum* est blanc, opaque et insipide ; les alcalis le dissolvent.

Le *petit-lait* est jaune-verdâtre ; il donne, au bout de quelques jours , de l'acide acétique ; par l'évaporation , on en retire le *sucre de lait.*

Les acides coagulent le caséum et le séparent du petit-lait en s'unissant avec lui.

Le lait est précipité par l'alcool , les sels neutres très-solubles , etc. Le sublimé corrosif est converti par cette liqueur en mercure doux.

Lait de femme.

Cette liqueur offre des variations dans quelques circonstances , et suivant l'époque plus ou moins éloignée de l'accouchement , et même les alimens que prennent les nourrices. Ce lait a une saveur très-douce ; peu coagulable et peu consistant ; ayant peu de caséum , beaucoup de crême et de sucre , des hydrochlorates de soude et de chaux. La crême de ce lait ne fournit pas de beurre , même par une agitation très-prolongée. Outre ces principes , le lait de femme offre une partie volatile , odorante , et peut-être du soufre.

Lait de vache. Moins chargé de sucre et de crême que le précédent , riche en beurre. Il est composé , suivant MM. Fourcroy et Vauquelin , de 0,02 de sucre de lait , 0,08 de matière butireuse , 0,1 de caséum et de sels, d'une matière analogue au gluten fermenté, d'eau, d'acide acétique libre, etc.

Lait de chèvre. Se rapproche du précédent par sa composition; le beurre en est plus ferme.

Lait de brebis. Plus de crême que le lait de vache; beurre plus mou; moins de petit-lait; caséum plus gras et plus visqueux.

Lait d'ánesse. Se rapproche de celui de la femme. Il offre moins de crême, un peu plus de matière caseuse. Le beurre ne se sépare de la crême qu'avec beaucoup de peine.

Sueur.

La sueur ou transpiration est séparée du sang par les vaisseaux exhalans de la peau. Elle est liquide, incolore, odeur plus ou moins forte et quelquefois désagréable; saveur salée; rougissant le tournesol et tachant les étoffes. Suivant M. Thénard, elle est composée d'acide acétique, d'un peu de matière animale, d'hydrochlorate de soude et peut-être de potasse, d'un peu de phosphate terreux et d'oxide de fer. Berzélius y admet l'acide lactique et le lactate de soude, et y nie l'existence de l'acide acétique et du phosphate terreux.

La sueur varie dans diverses affections morbides.

Celles des *ictériques* contient, suivant John et Orfila, de la bile.

Celle des *arthritiques* en bonne santé, de l'acide phosphorique, suivant Jordan.

Dans les *fièvres putrides,* Deyeux et Parmentier y ont trouvé de l'ammoniaque, etc.

De l'urine.

Cette liqueur est sécrétée par les reins ; sa composition varie ainsi que les proportions de ses principes constituans, qui sont en plus grande quantité le matin qu'après les repas. La première est appelée *urine de la digestion*, et l'autre, *urine à potu*. Dans un sujet sain, l'urine est liquide, transparente, d'un jaune doré, d'une saveur salée, un peu âcre, et d'une odeur particulière, qui devient bientôt ammoniacale ; elle rougit le tournesol. Abandonnée à elle-même, elle dépose, au bout de quelques heures, de l'acide urique ; quelque temps après, l'urée se décomposant, il se forme de l'ammoniaque qui réagit sur l'urine, et il se précipite de l'urate d'ammoniaque et des phosphates de chaux et ammoniaco-magnésien.

L'eau ne trouble pas l'urine ; l'alcool en précipite les substances qui sont insolubles dans ce menstrue ; les alcalis en saturent les acides et en précipitent les sels et le mucus ; quand elle est à l'état sirupeux, l'acide nitrique en élimine l'urée à l'état de nitrate. Suivant Berzélius, l'urine est composée, sur 100 parties, de :

eau	933,
urée	30,10,
sulfate de potasse	3,71,
— de soude	3,16,
hydrochlorate de soude	4,45,
phosphate *idem*	2,94,
d'ammoniaque	1,65,
hydrochlorate *idem*	1,50,
acide lactique libre et lactate d'ammoniaque	17,14,

phosphate terreux 1,
acide urique 1,
mucus de la vessie 0,32,
silice .... 0,03.

M. Thénard attribue l'acidité de l'urine à l'acide acétique, Vauquelin et John à l'acide phosphorique; Proust, John et Vogel y ont annoncé l'acide carbonique. Il n'y a pas de liqueur qui varie davantage, suivant l'état pathologique de l'homme; ainsi

L'urine des *ictériques*, contient de la bile, suivant Cruiskanck et Orfila.

Celle des *hystériques*, suivant Rollo et Cruiskanck, à peine de l'urée.

Celle des *goutteux*, suivant M. Berthollet, moins d'acide, excepté pendant les paroxismes.

Celle des *rachitiques*, suivant MM. Chaptal, Jacquin et Fourcroy, beaucoup de phosphate de chaux.

Dans l'*hydropisie générale*, suivant Thomson et Fourcroy, de l'albumine; et Brugnatelli, de l'acide hydrocyanique.

Dans le *diabétès sucré*, pas sensiblement d'urée ni d'acide urique, aucun acide libre, à peine des sulfates et des phosphates; du sucre et de l'hydrochlorate de soude. Aræteus, Rollo, Dupuytren et Thénard pensent que cette maladie peut être guérie dans toutes les périodes par un régime animal.

Dans les *fièvres nerveuses*, dépôt rouge, composé d'acides rosacique et urique.

Dans les *fièvres putrides*, de l'ammoniaque et moins d'urée.

(6i3)

Dans la *dispepsie*, se putréfie facilement et donne un précipité abondant par le tanin.

Urine laiteuse. Wurzel dit y avoir trouvé une matière caseuse et $\frac{1}{100}$ d'acide benzoïque.

Urine bleue. J'ai découvert dans cette urine l'hydrocyanate de fer ; *voyez* mon Mémoire sur une urine bleue, *Arch. gén. de Méd.* 1823.

Urine gélatineuse. Je l'ai trouvée dans quelques maladies des voies urinaires, en si grande quantité, que réduites au tiers elles se prenaient par le refroidissement en une masse tremblante, etc. *Voyez* mon Mémoire inséré dans les *Ann. de méd. clinique de Montpellier.*

Quelques alimens et quelques médicamens paraissent avoir une action directe sur l'urine ; ainsi les asperges lui donnent une odeur fétide ; la térébenthine, les baumes et les résines, une odeur de violette ; le camphre, une odeur camphrée, etc.

Des calculs urinaires.

Dans quelques états pathologiques, les urines déposent une partie de leurs principes salins et acides, et donnent lieu à des concrétions qui se forment le plus communément dans la vessie et quelquefois dans les reins, les uretères, la glande prostate, l'urètre, etc. Le docteur Marcet est porté à croire que la formation des calculs urinaires doit résulter de quelques causes générales, indépendantes d'aucune des particularités d'alimens ou de boissons auxquelles on l'a ordinairement attribuée, comme semble l'indiquer l'excessive rareté de cette maladie entre les tropiques et parmi les gens de mer, ainsi

que vient de l'annoncer M. Copland Hutchison (1).
Les recherches du docteur Marcet ont démontré
que cette maladie était très-fréquente parmi les enfans des classes les plus pauvres, et peu sensible
dans les autres, et qu'en Angleterre, et quelques
autres pays, il règne, sous le rapport de la fréquence de cette maladie, une uniformité remarquable, tandis que d'autres exemples offrent une
grande discordance, et qu'aucune des circonstances
qu'on avait soupçonnées d'influer sur les affections
calculeuses, ne peut fournir d'explication de cette
variété de résultats. Ne pourrait-on pas demander
si, parmi d'autres causes, il n'existerait pas quelque
rapport essentiel entre le système cutané et la plus
ou moins grande fréquence de cette maladie?

Le docteur Marcet a consigné dans son ouvrage
sur les calculs, le fruit de quarante-quatre années
d'observations recueillies à Norwich, Londres,
Edimbourg, Vienne, etc.; il résulte de ses recherches, que,

sur 181 calculs, il en a trouvé
    66 presque entièrement formés d'acide urique,
     4 de phosphate de chaux, ou alternant avec du
       phosphate triple,
    49 de fusibles, souvent mêlés de phosphate triple,
    41 muraux, ou d'oxalate de chaux,
    19 en couches distinctes alternantes,
     2 en mélanges indéfinis,

Relativement à ceux dont l'extraction présentait le

(1) *Trans. med. chir.* tome IX.

moins de succès, il a trouvé que la mortalité était chez

les premiers	de 1 sur	7	1/5
seconds	0	0.	
troisièmes	1	6	1/8
quatrièmes	1	20	1/2
cinquièmes	1	3	1/6.

Sur 181 calculeux le terme moyen des morts a été de 1 sur 7 1/4.

Il est bien reconnu : 1° que les calculs d'acide urique font le tiers de ceux qu'on extrait; 2° que la plus grande mortalité est parmi les mixtes, et la moindre parmi les muraux; ce qui semble prouver que ce n'est point tant l'irritation mécanique qu'occasionne la pierre, que la disposition morbide particulière des sécrétions des voies urinaires, qui influe sur l'événement de l'opération.

La probabilité de succès dans l'opération de la taille pourrait bien reconnaître pour cause quelque influence locale, puisque le terme moyen de la mortalité a été :

à l'hôpital Saint-Thomas, de 1 sur 12 1/2		
de Norwich,	1	7 1/4
de Guy,	3	20.
Terme moyen général	7	11/20.

Cinq cent six opérations faites à Norwich ont prouvé :

1° Que cette maladie est 17 fois plus fréquente chez les hommes que chez les femmes.

2° Que la mortalité chez les enfans opérés est de 1 sur 18.

3° — chez les adultes, de 1 sur 4

Nous terminerons cet article en disant que les principes constituans des calculs sont l'acide urique, l'oxide cystique et xanthique, une substance animale, l'urate d'ammoniaque, l'oxalate de chaux, le phosphate de chaux, le phosphate ammoniaco-magnésien, la silice, etc. On trouvera très-bien décrits les caractères propres à chaque espèce de calculs, dans les ouvrages de MM. Thénard, Marcet et Prout.

§ II.

Liqueurs alcalines.

Alcalinité due à un peu de soude. Nous allons les étudier dans l'ordre adopté par M. Thénard.

De la lymphe.

Liqueur incolore, transparente, qui circule dans des vaisseaux particuliers dits lymphatiques, lesquels partent des extrémités des artères et se rattachent par leurs troncs au canal thoracique; c'est la liqueur animale la plus abondante; Brandes est encore le seul chimiste qui s'en soit occupé. Celle qu'il a extraite du canal thoracique d'un animal qui n'avait rien mangé depuis un jour, était miscible à l'eau, sans action sur les couleurs végétales; non coagulable par le feu ni par les acides; l'alcool la troublait légèrement; elle donna par l'évaporation un résidu qui verdissait le sirop de violettes.

De la synovie.

Liqueur visqueuse qui suinte des capsules synoviales, des articulations et des coulisses des tendons.

M. Lassaigne est le premier et le seul qui ait analysé la synovie humaine; il l'a trouvée composée
d'albumine, d'une matière grasse, de chlorure de
sodium, de souscarbonate de soude, et de phosphate de chaux. Elle ressemble beaucoup à celle du
bœuf. M. Lassaigne n'y a point trouvé d'acide urique, quoique Fourcroy l'eût présumé.

Liqueurs contenues dans les membranes qui entourent le fœtus.

Le sac dans lequel est renfermé le fœtus est composé de trois membranes, l'amnios, l'allantoïde, et
le chorion.

Liqueur de l'amnios.

Composée, suivant MM. Vauquelin et Buniva,
d'un peu d'albumine, de soude, d'hydrochlorate de
cet alcali, de phosphate et de carbonate de chaux,
et d'une substance caseuse.

Celle de l'amnios de la vache contient, suivant
M. Lassaigne, du mucus, de l'albumine d'osmazone, de la soude, du chlorure de sodium et de potassium, une matière jaune analogue à la bile, etc.

Liqueur de l'allantoïde.

Celle de la vache a donné à M. Lassaigne beaucoup d'osmazone, d'albumine, une matière mucilagineuse azotée, d'acide allantoïque, d'acide lactique et de lactate de soude, d'hydrochlorate d'ammoniaque, de chlorure de sodium et de potassium,
de phosphate de chaux, de magnésie et de soude,
et beaucoup de sulfate de cet alcali.

52

De la salive.

Fluide, inodore, insipide et quelquefois salée, visqueuse, transparente, moussant par l'agitation, verdissant le sirop de violettes, et plus pesante que l'eau. M. Berzélius l'a trouvée composée de mucus, d'une matière animale particulière, de soude, de lactate de soude, d'hydrochlorate de cet alcali et de potasse.

Suc pancréatique.

Il a beaucoup d'analogie avec la salive. Il est inodore, jaunâtre, un peu salé et coagulable en partie par la chaleur. Peu étudié.

Sperme.

Le sperme ou liqueur séminale, lors de son émission, est mêlé avec la liqueur laiteuse de la glande prostate. Il est blanchâtre et épais; abandonné à lui-même, il devient liquide dans demi-heure; à l'air, il se dessèche et offre des écailles transparentes; si l'air est humide, il jaunit et s'altère. Il est composé, suivant M. Vauquelin, sur 100 parties, de 60 d'un mucus animal particulier, 30 de phosphate de chaux, et 10 de soude.

Liqueur spermatique du cheval.

Composée, suivant M. Lassaigne, d'une substance qu'il nomme *spermatine,* de mucus, de soude, d'hydrochlorates de potasse et de soude, et de phosphates de chaux et de magnésie.

Propriétés de la spermatine.

Soluble dans l'eau, et lui donnant de la viscosité

ne se coagulant point par la chaleur; les acides, les alcalis, les dissolutions de tanin, de deutochlorure de mercure, de nitrate d'argent, de sulfate de fer, de sousacétate de plomb, ne la précipitent point; le sousacétate y produit un précipité blanc, floconneux, etc.

Suc gastrique.

Ce liquide est sécrété par la membrane muqueuse de l'estomac; sa nature est très-variable; dans quelques circonstances, il est putrescible et paraît analogue à la salive; et dans d'autres, il est acide et ne se putréfie que difficilement. Ce suc peut être considéré comme le dissolvant des alimens.

De la bile.

Sécrétée par le foie. On la distingue en hépatique et cystique, suivant qu'elle coule immédiatement dans le duodénum, ou qu'elle séjourne dans la vésicule du fiel. La bile est verdâtre ou jaunâtre, rougeâtre ou incolore, amère, nauséabonde, visqueuse, et plus pesante que l'eau. Par la chaleur, elle se trouble et répand une odeur de blanc d'œuf. Les acides en précipitent de l'albumine et de la résine. 1100 parties sont composées, suivant M. Thénard, de

        1000 eau,
          42 albumine,
          41 résine,
    de 2 à 10 matière jaune,
         5   6 de soude,
         4   5 de sulfate, phosphate, et hydrochlorate de
                soude et de chaux, et d'oxide de fer.

Berzélius n'admet point de résine, mais une substance analogue aux résines.

(620)

Bile de bœuf.

Suivant le même chimiste , sur 800 parties ,

> 700 eau ,
> 69 picromel ,
> 15 matière résineuse verte ,
> matière jaune et sels.

La bile de chien , de mouton , de chat et de veau paraissent identiques avec celle de bœuf.

Bile du fœtus de la vache.

Suivant M. Lassaigne , elle est composée de

> matière jaune résineuse ,
> matière jaune ,
> mucus et sels.

Point de picromel.

Calculs biliaires.

La bile , ainsi que l'urine , donne lieu quelquefois à des concrétions qu'on appelle *calculs biliaires* ou *de la vésicule,* parce que c'est le plus souvent dans cette poche qu'on les trouve ; on les rencontre aussi dans le cholédoque. M. Thénard en a examiné plus de 300. Quelques-uns de ces calculs sont formés de cholestérine en lames blanches , brillantes et cristallines ; un grand nombre sont composés depuis 88 jusqu'à 94 de cette même substance, et de 6 à 12 d'une matière colorante jaunâtre ; d'autres enfin diversement colorés, et ayant peu de cholestérine et plus ou moins de bile , etc. On trouve aussi dans le tube intestinal des calculs analogues à ceux de la vésicule. Quoiqu'on n'ait pas rencontré de picromel dans la bile , cependant M. Caventou l'a trouvée dans un calcul biliaire, et M. Orfila a donné l'analyse d'un autre qui en contenait également avec un peu de picromel et de matière grasse de la bile, sans aucun indice de cholestérine.

Calculs de la vésicule des bœufs.

Ces concrétions sont plus rares parmi ces animaux que chez l'homme; elles sont assez grosses, jaunâtres, en grumeaux adhérant faiblement ensemble et formés de la matière jaune de la bile. Il est rare qu'on trouve plus d'un de ces calculs à la fois dans la vésicule des bœufs.

Calculs intestinaux des chevaux.

M. Lassaigne en a trouvé deux variétés :

La première, formée de phosphate ammoniaco-magnésien;

La seconde, de ce sel et de phosphate de chaux.

Concrétions pulmonaires des vaches.

Ce même chimiste les a trouvées composées d'une matière animale et de phosphate et carbonate de chaux.

§ III.

Liqueurs des membranes séreuses.

On donne le nom de *sérosité* à un fluide qui enduit les membranes séreuses, et qui, dans l'état normal, est peu abondant; lorsqu'il existe en grande quantité, et formant de nombreux épanchemens à travers le tissu cellulaire, il donne lieu à un genre de maladie connu sous le nom *d'hydropisie*. Ces épanchemens ont lieu dans le bas-ventre, la poitrine, les ovaires, le scrotum, etc. Cette liqueur contient de l'albumine et quelques sels; j'y ai trouvé de la gélatine, et une fois, dans celle d'un ascite d'un enfant de 12 ans, des traces d'acide hydrocyanique.

HUITIÈME SECTION.

Substances molles et solides.

_ M. Vauquelin a trouvé le cerveau de l'homme composé de

    80,00 d'eau,
    14,53 subst. grasse blanche,
    0,70   _id._   rouge,
    1,12 osmazone,
    7,00 albumine,
    1,50 de phosphore uni aux substances grasses,
    5,15 de soufre et de phosphate acide de potasse,
        de chaux et de magnésie.

Le cervelet offre les mêmes principes du cerveau.

Des nerfs.

Les nerfs se rapprochent du cerveau, mais contiennent moins de matière grasse, plus d'albumine, et de la graisse ordinaire. Insolubles dans l'eau, ils s'y blanchissent, s'y gonflent, et deviennent opaques, sans éprouver beaucoup d'altération; dans quelques jours la liqueur répand une odeur de sperme. Le chlore les rend plus blancs, opaques, plus consistans, et diminue leur longueur.

De la peau.

Comme l'écorce des arbres, la peau se divise en 3 parties : épiderme, tissu réticulaire, et derme.

L'*épiderme* est insoluble dans l'eau et l'alcool, très-soluble dans les alcalis, et peu soluble dans les acides sulfurique et hydrochlorique étendus d'eau.

M. Vauquelin le regarde comme du mucus durci; Hatchett, comme de l'albumine coagulée.

Le *tissu réticulaire* semble formé, selon Malpigni, de mucus, et peut-être de gélatine.

Selon John, celui des nègres paraît contenir du carbone.

Le *derme* ou *peau* est composé, selon M. Chaptal, de gélatine et de fibrine, et selon Thomson, de gélatine modifiée.

Des tendons de l'homme et des quadrupèdes mammifères.

Ils sont composés, selon Fourcroy, de beaucoup de gélatine, de phosphate de chaux, d'hydrochlorate de soude, etc. : il en est de même des aponévroses.

Des ligamens.

Selon Thomson, de gélatine et d'une espèce d'albumine coagulée.

Du foie.

Selon Baumé, d'une matière grasse analogue à la cétine, d'une liqueur albumineuse, et de soude.

Des muscles.

Les muscles ou chair ont pour base la fibre musculaire, unie aux vaisseaux lymphatiques et sanguins, aux nerfs, aux aponévroses, aux tendons, etc.

L'eau froide en extrait l'albumine, l'osmazone, les sels et la matière colorante rouge du sang; l'eau bouillante, la graisse, et la gélatine provenant du tissu cellulaire converti en cette substance.

A proprement parler, la gélatine et l'osmazone constituent le bouillon; car l'albumine est coagulée par la chaleur, et il est facile d'en séparer la graisse qui vient nager à la surface. Dans les bons bouillons, les proportions de gélatine sont à celle de l'osmazone :: 7 : 1.

On sait que 100 kilog. de viande contiennent ordinairement 20 kil. d'os et 80 kilog. de chair, qui donnent 400 bouillons de demi-litre et 50 kilog. de bouilli.

M. Braconnot, en traitant la chair musculaire par l'acide sulfurique, en a obtenu une substance blanche, grenue, plus légère que l'eau, ayant la saveur du bouillon, fusible au-dessus de 100, très-soluble dans l'eau et à chaud dans l'alcool. Il lui a donné le nom de *leucine*.

Des ongles, cornes et poils, en général.

Selon M. Vauquelin, ils sont également composés de beaucoup de mucus, identique avec celui des cheveux, et d'un peu d'huile.

Des os.

Les os dépouillés de la moelle, du périoste, des cartilages, et de cette substance rougeâtre et molle qui se trouve placée entre les deux tables des os plats, et à laquelle on donne le nom de *diploé*, sont regardés comme formés par un tissu cellulaire très-

épais, contenant du sousphosphate et du souscarbonate de chaux, un peu de phosphate magnésien, de
silice, d'alumine, et d'oxide de manganèse et de
fer. Morichini et Berzélius y admettent un peu de
fluate calcaire; mais Fourcroy et Vauquelin n'ont
trouvé ce sel que dans les os fossiles.

Le tissu cellulaire des os est une véritable gélatine; M. Darcet en a extrait jusqu'à 3o pour 100.
On peut séparer toute la gélatine des os en les faisant bouillir dans la marmite de Papin, ou bien en
les tenant immergés dans les acides étendus d'eau,
principalement l'hydrochlorique : les phosphate et
carbonate de chaux sont dissous, et il reste la gélatine presque pure, qui est demi-transparente et
conserve la forme de l'os. A l'exposition de 1823,
on a vu des os qui étaient, dans la moitié de leur
longueur, réduits à l'état gélatineux, et dont l'autre
n'avait subi aucun changement.

Cette gélatine unie à l'osmazone donne d'excellens bouillons ; elle peut servir à la fabrication de la
plus belle colle. Il est bon de faire observer que les
os des jeunes animaux sont très-riches en gélatine,
tandis que ceux des vieux abondent en phosphate
de chaux.

Les os, calcinés dans de vastes cornues de fer,
donnent une huile animale, du souscarbonate d'ammoniaque, etc.; et le résidu est un charbon animal
connu sous le nom de noir d'ivoire.

Des dents.

Les dents diffèrent des autres os par une plus
grande quantité de phosphate calcaire et moins de

tissu cellulaire; aussi sont-elles plus dures. Suivant
M. Pepis, elles sont composées de

DENTS DES ADULTES.	PREMIÈRES DENTS DES ENFANS.	RACINES DES DENTS.	ÉMAIL DES DENTS.
phosp. calc. 64	62	58	78
carb. calc. 6	6	4	6
tissu cellul. 20	20	28	»
perte et eau. 10	12	10	16

Cette analyse explique la plus grande dureté de
l'émail par l'absence du tissu cellulaire et la grande
quantité de phosphate calcaire. On voit aussi que
les racines, qui sont la partie des dents la moins
dure, contiennent le plus de tissu cellulaire et le
moins de gélatine.

Pour ne pas grossir davantage ce volume, nous
avons passé sous silence plusieurs substances animales d'un moindre intérêt. Nous avons cru aussi
ne pas devoir entrer dans aucun détail sur la manière d'analyser les gaz et les produits immédiats
végétaux et animaux : un semblable travail n'est
point du domaine d'un ouvrage élémentaire. Nous
n'eussions pu donner qu'un abrégé de celui de
M. Thénard ; et, lorsqu'il s'agit d'analyse chimique,
on ne saurait offrir un trop grand nombre de
moyens. Au reste, lorsque nous avons traité des
substances végétales et animales qui offrent le plus
d'intérêt, nous avons indiqué le mode d'analyse
qui a été suivi par les meilleurs chimistes, afin de
rendre cet ouvrage propre à faciliter à messieurs les
étudians en médecine, et à ceux des écoles vétérinaires, l'étude de la chimie, et à les tenir au courant
des découvertes les plus récentes.

F I N.

DESCRIPTION

DE

QUELQUES APPAREILS.

———

PLANCHE Iʳᵉ.

Figure 1ʳᵉ. Lorsqu'on se propose de filtrer de grandes quantités d'un liquide, on prend un châssis AA, sur lequel on place la toile B, qu'on fixe aux pointes en fer B B B B; on place sur cette toile une feuille de papier brouillard sur laquelle on verse légèrement la liqueur qui passe filtrée, et est reçue dans le vase T. Si l'on a quelques sirops à filtrer, on remplace la toile par une étoffe de laine, en supprimant le papier.

Figure 2. Entonnoirs. Les entonnoirs sont destinés à transvaser les liquides, à les filtrer, et à transvaser les gaz sur la cuve hydrargiro-pneumatique; ils sont en verre, parce que cette substance est inattaquable par presque tous les corps. Leur grandeur varie depuis un centilitre jusqu'à deux ou trois litres. Quand on en a plusieurs, on les place sur le support DD, qui se trouve soutenu par les montans E E; on y met dans l'intérieur le filtre en papier A, figure 3.

Figure 4. Cloche courbée AB, fermée à la lampe

à l'extrémité A. La partie courbe de cette cloche est destinée à recevoir quelques substances, qu'on chauffe ensuite au moyen de la lampe à l'alcool.

Figure 5. Eprouvette, ou petite cloche à laquelle est adapté le pied B. Elle est destinée à recevoir les gaz sur le mercure et sur l'eau, pour en reconnaître les propriétés; elle sert aussi aux diverses expériences aréométriques.

Figures 6 et 7. Cornues. La partie A s'appelle panse ou ventre; la partie B, voûte, et celle en C, col. Quand elles portent une tubulure, comme celle de la figure 7, en E, on les appelle tubulées. Les cornues sont de véritables vases distillatoires. Elles sont en verre, en grès, en porcelaine, en plomb, etc.

Figures 8, 9, 10. Ballons. Ils sont de verre, ont une forme sphérique et un col court et très-arrondi. Suivant les diverses opérations auxquelles on les destine, ils peuvent avoir plusieurs tubulures, comme on peut le voir aux figures 9 et 10.

Figure 11. Ballon à robinet. Il ne diffère des précédens qu'en ce qu'on adapte à son col une virole b, sur laquelle se visse le tube creux ee du robinet c. Ce ballon sert à peser les gaz.

Figure 12. Alambic de verre. A, cucurbite; C, chapiteau; DD, rigole qui communique au dehors par le bec E. Quelquefois la cucurbite et le chapiteau sont d'une seule pièce; alors il y a, à la partie supérieure, une tubulure en H.

Figure 13. Allonge; l'extrémité A s'adapte au vase distillatoire, et celle en B entre dans le récipient. Les allonges sont le plus souvent en verre;

elles sont destinées à écarter le récipient du fourneau.

PLANCHE II.

Figure 1re. Cuve pneumato-chimique ou hydro-
pneumatique. Caisse en bois F F, doublée en
plomb. Elle est supportée par quatre pieds BB,
CC, DD, EE. A environ O m, 16 au-dessous des
bords supérieurs, est une table G H I L, qui sert
de support aux cloches qu'on y dépose pleines d'eau
ou de gaz; à côté, est cette partie de la cuve qu'on
appelle fosse, et qui est indiquée par les lettres
L G K S.

TT indique une tablette qui s'engage dans deux
rainures placées à la partie supérieure de la fosse,
en GL et KS. Au milieu de cette tablette est une
ouverture circulaire N, en forme d'entonnoir, et
sur laquelle on place les vases destinés à recevoir
les gaz.

Sur cette même tablette est une échancrure M
qui sert à faire passer le tube qui porte le gaz sous
l'ouverture N. L'eau de la cuve est évacuée par le
robinet R. On fait également des cuves semblables
en marbre, et beaucoup plus petites, qu'on remplit
de mercure; elles portent alors le nom d'hydrargiro-
pneumatiques; elles sont destinées à recueillir les
gaz qui sont solubles dans l'eau.

Figure 2. Matras. Ils sont appelés tubulés, quand
ils ont, comme celui-ci, une tubulure.

Figure 3. Cloche graduée, dont chaque division
est égale à un décilitre. Elle a cinquante-cinq divisions semblables dans la longueur de son échelle,

qu'on trace avec un diamant. Cette cloche est destinée à mesurer le volume des gaz.

Figure 4. Petite cloche.

Figure 5. Cloche à robinet A. Ouverte à la partie supérieure, et munie d'une virole en cuivre bb, à laquelle est adapté le robinet d, surmonté d'une vis en f destinée à recevoir un second robinet, quand on veut transvaser les gaz dans des vessies, dans un ballon, etc.

Figure 6. Pipette. Cet instrument consiste en une boule de verre à laquelle sont adaptés le tube recourbé AB, et le tube droit DC; ce dernier est effilé à son extrémité C. Il sert à décanter de petites portions de liqueur par le moyen de la succion qu'on opère en portant dans la bouche l'extrémité A.

Figures 7, 8, 9, 10. Alambic de cuivre. A, fig. 7, représente la chaudière ou cucurbite; E, l'ouverture par laquelle on y introduit les liquides; FF, le rebord de la cucurbite; GG et CC, les anses et la gorge. P, figure 8, porte le nom de chapiteau; il est en étain, et a, à sa partie latérale, un tuyau conique gg un peu incliné, qu'on appelle bec. La partie inférieure bb de ce chapiteau entre dans la gorge CC de la cucurbite. ee, f f sont cette partie du chapiteau concave où l'on met un corps peu conductible du calorique afin que les vapeurs ne puissent pas se condenser; au-dessus du chapiteau est une ouverture en I qui sert à introduire les liquides quand on distille au bain-marie. H, anse du chapiteau. La figure 9 offre un serpentin : il se compose d'une caisse de cuivre SS, et d'un tube CCC contourné en spirale, et fixé dans cette caisse par les trois montans en cuivre MM, etc. L'extrémité supérieure C reçoit le bec gg du chapiteau; d est un robinet destiné à vider l'eau du serpentin; LL, anses du serpentin. La figure 10 est le bain-marie qu'on introduit dans la cucurbite jusqu'à son rebord EE, et qu'on recouvre ensuite du chapiteau P.

PLANCHE III.

Figure 1re. Appareil de Woulf monté. AA, fourneau évaporatoire; BB, bain de sable; C, ballon; LL, substances contenues dans ce ballon; D, D′, D″, flacons tubulés renfermant les liquides FF, FF′, FF″, destinés à l'absorption des gaz qui doivent se dégager de la cornue; M, bouchon de liége bouchant hermétiquement le ballon; SS, tube à trois branches servant à introduire les liqueurs dans le ballon C; EE, tube recourbé entrant par l'extrémité la plus courte dans le bouchon M; E′E′, E″E″, E‴E‴, tubes recourbés faisant communiquer les flacons D, D′, D″, et le dernier avec l'éprouvette I; M, bouchon de liége fermant la tubulure R du flacon D, qui donne passage à la branche la plus longue du tube EE qui part du matras. H, H′, H″, extrémités des tubes qui ne doivent pénétrer que de quelques centimètres dans les flacons, tandis que les extrémités G, G′, G″, doivent plonger au fond du liquide F.

P, P′, P″, tubes de sûreté droits, qu'on adapte, au moyen des bouchons perforés, aux tubulures du milieu des flacons D′D, et qui plongent de quelques millimètres dans les liquides F.

« Fig. 2. Ne diffère de la précédente qu'en ce qu'au lieu d'un ballon il y a une cornue, et que les tubes de sûreté qui établissent les diverses communications sont à boule; ce qui fait qu'on n'a besoin que de deux tubulures à chaque flacon. Chaque boule de ces tubes doit être à moitié remplie d'eau, etc.

Figure 3. Fourneau évaporatoire : aa, foyer; bb, cendrier; c, porte du foyer; d, porte du cendrier; ee, ee, échancrures par où passe l'air; f f, anses du fourneau; gg, grille. Ce fourneau n'est composé que d'une seule pièce; celui dit *à réverbère*, qui est représenté dans la figure 4, est formé du foyer aa, qui a une grille oo, qu'on peut voir à la figure 5; du cendrier, bb; de leurs portes, cd; du laboratoire ee, qui s'adapte au foyer aa, sur lequel on place le dôme ff, qui est surmonté de la cheminée g, et qui réfléchit la chaleur sur la cornue hh; tt, barres de fer servant à supporter la cornue; ll, échancrures pratiquées dans le laboratoire et dans le dôme pour laisser passer le col de la cornue; nn, anses du fourneau; ii, ii, ii, bandes ou fils de fer pour rendre le fourneau plus solide.

Figure 5. Parties diverses du fourneau à réverbère vues séparément.

Figures 6, 7 et 8. Plans des fourneaux.

TABLE DES MATIÈRES.

A

T

U

V

Y

Z

FIN DE LA TABLE.

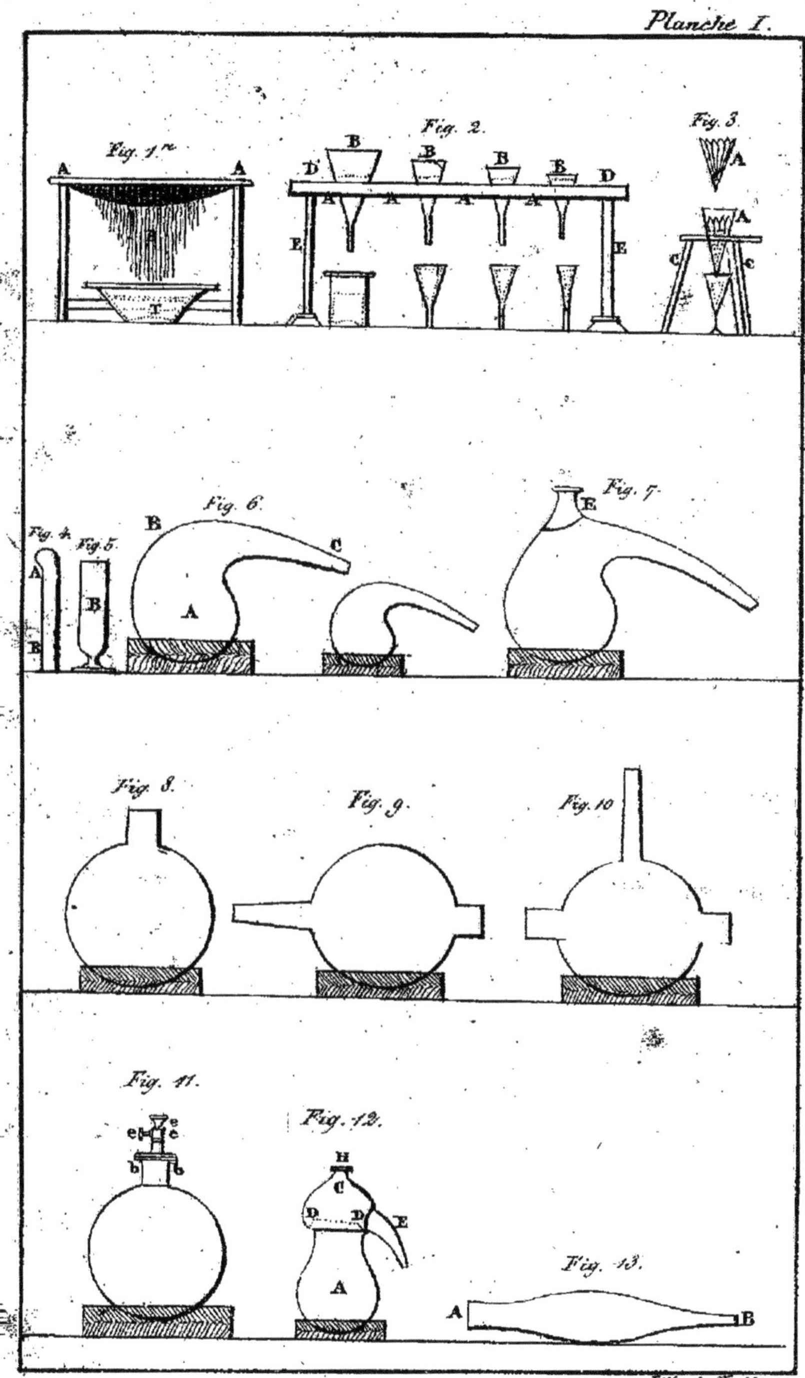

Planche I.
Fig. 1.re
Fig. 2.
Fig. 3.
A
A
B
B
B
B
D
D
A
A
A
A
E
E
A
A
c
c
T
Fig. 4.
Fig. 5.
Fig. 6.
Fig. 7.
A
B
B
B
A
c
A
E
B
Fig. 8.
Fig. 9.
Fig. 10.
Fig. 11.
Fig. 12.
e
e
b
b
H
C
D
D
E
A
Fig. 13.
A
B
Litho. de Noirbourg.

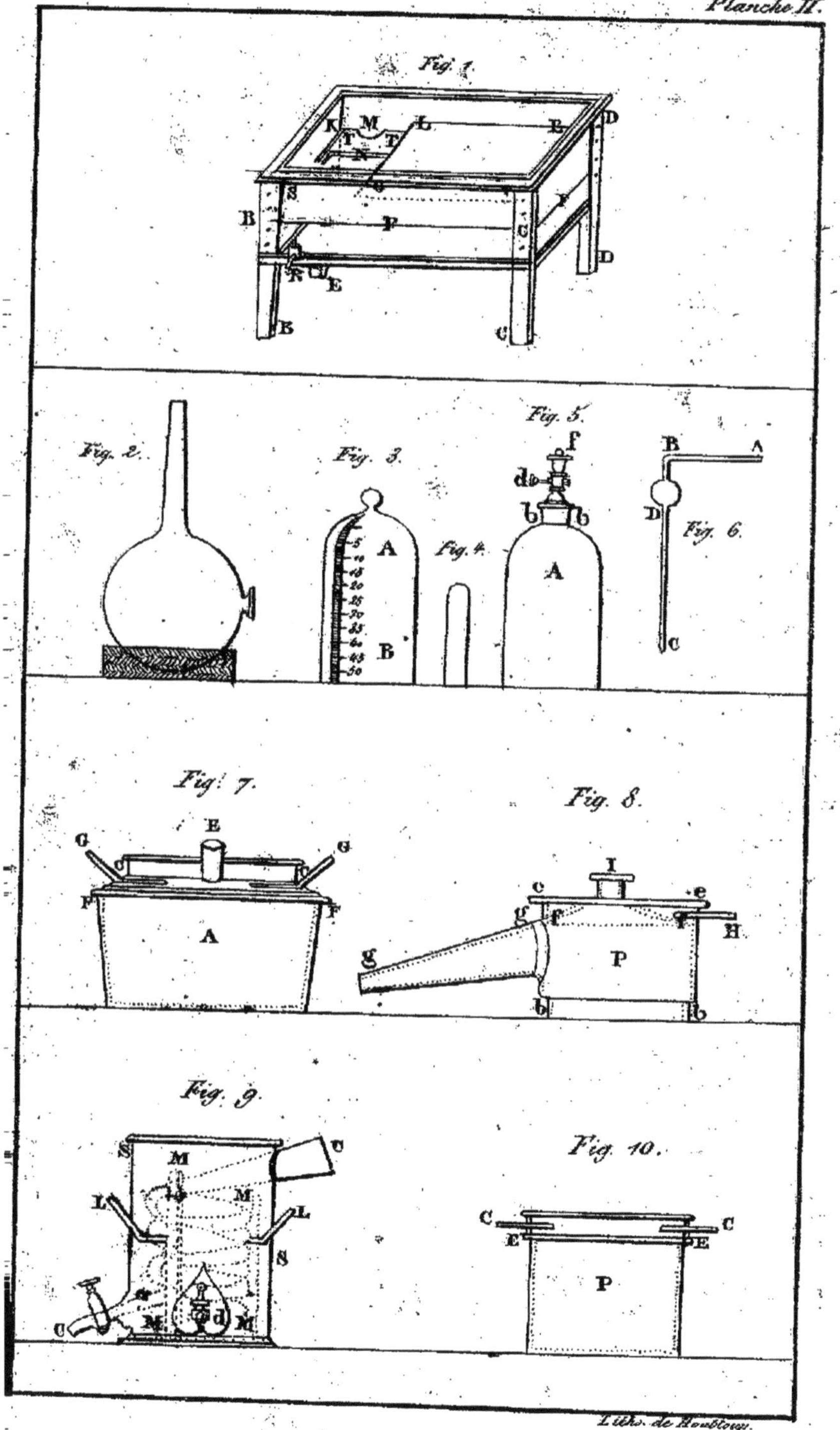

Fig. 1.
Fig. 2.
Fig. 3.
Fig. 4.
Fig. 5.
Fig. 6.
Fig. 7.
Fig. 8.
Fig. 9.
Fig. 10.

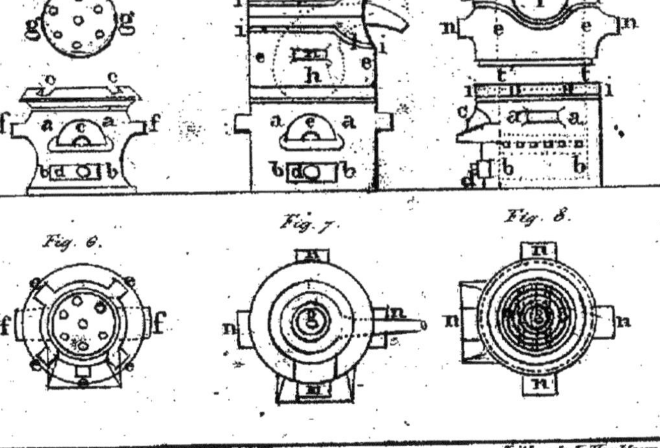

Fig. 1.
Fig. 2.
Fig. 3.
Fig. 4.
Fig. 5.
Fig. 6.
Fig. 7.
Fig. 8.

envoya, sous les ordres du duc d'Angoulêm
mée qui enferma les rebelles dans Cadix et
Trocadéro, l'un des forts de cette ville.

EUGÈNE. — Te rappelles-tu aussi, Maria, ll
bleau de Paul Delaroche, représentant ce fa
Mon père, qui connaissait ce grand peintre, e
dès ce moment, que cet artiste, bien jeune e
deviendrait une de nos gloires.

LE PÈRE. — C'est bien, mes enfants. J'au
l'occasion de vous adresser à mon tour des
et je compte bien m'assurer ainsi que vous é
ves studieux et intelligents. Au-dessous c
est, comme je vous l'ai dit, l'entablement E, ̄
comprend dans sa partie supérieure la corni
frise G, et qui se termine au bas par l'archi
corniche est surmontée d'une tablette sailla
le larmier E, dont le nom indique la destina
penses-tu, Eugène ?

EUGÈNE. — C'est que la pluie en tombant
du mur par cette saillie, et s'égoutte en form

LE PÈRE. — C'est cela. Complétons notre
ture nécessaire. L'archivolte K, est le bandea
courbe de l'arc, dont les extrémités donnen
des pieds-droits où elles s'appuient le nom c
les voussoirs sont les pierres taillées en cô
formant le cintre, et les tympans L, sont les
gles formés par l'archivolte, l'architrave et L
térieurs de l'encadrement des bas-reliefs.

MARIA. — Je vous remercie bien, mon pè
nant je pourrai vous suivre avec fruit, et je
tement les sculptures de la frise.

OUVRAGES NOUVEAUX

ANNALES DES SCIENCES NATURELLES, par MM. Audouin, Brongniart et Dumas, paraissant par livraison tous les mois, avec atlas in-4° : le tout, par an.   36 fr.

Par la poste.   40 fr.

AUTHENAC. — Manuel médico - chirurgical, ou élémens de médecine et de chirurgie - pratique; deuxième édition, augmentée d'un traité complet des fièvres, et d'un tableau des différentes classes de médicamens. Paris, 1821, 2 vol. in-8°.   12 fr.

On peut considérer cet Ouvrage comme un abrégé complet de pathologie médicale et chirurgicale.

BECLARD. — Élémens d'anatomie générale, 1 vol. in-8° de près de 900 pages. Paris, 1823.   9 fr.

BEULLAC. — Code des médecins, chirurgiens et pharmaciens; avec des notes sur les lois, etc. 1 vol. in-18. Paris, 1823.   3 fr. 50 c.

BEULLAC. — Guide de l'étudiant en médecine; 1 vol. in-12. Paris, 1824.   2 fr. 50 c.

JULIA-FONTENELLE. — Recherches sur l'air marécageux, ouvrage couronné par l'académie royale des sciences de Lyon; 1 vol. in-8°. Paris, 1823.   2 fr. 50 c.

RICHARD. — Botanique médicale, ou Histoire naturelle et médicale des médicamens, des poisons et des alimens tirés du règne végétal, etc. Paris, 1823; 2 vol. in-8°.   12 fr.

SABATIER. — De la médecine opératoire, nouvelle édition faite sous les yeux de M. le baron Dupuytren, par MM. avec in-8°,   28 fr.

EBEL.